U0216702

福建省高职高专农林牧渔大类十二五规划教材

茶学应用知识

主　　编 ◎ 蔡烈伟

副 主 编 ◎ 周炎花　罗学平　陈开梅

编写人员 ◎ （以姓名笔画为序）

朱晓婷　李丽霞　杨双旭
陈开梅　林艺珊　罗学平
周炎花　程艳斐　蔡烈伟

厦门大学出版社 XIAMEN UNIVERSITY PRESS
国家一级出版社
全国百佳图书出版单位

图书在版编目（CIP）数据

茶学应用知识 / 蔡烈伟主编. -- 厦门 ：厦门大学出版社，2014.7(2025.1 重印)
ISBN 978-7-5615-5154-7

Ⅰ. ①茶… Ⅱ. ①蔡… Ⅲ. ①茶叶-文化-中国 Ⅳ. ①TS971

中国版本图书馆CIP数据核字(2014)第139955号

总策划　宋文艳
责任编辑　陈进才
技术编辑　许克华

出版发行　厦门大学出版社
社　　址　厦门市软件园二期望海路 39 号
邮政编码　361008
总　　机　0592-2181111　0592-2181406(传真)
营销中心　0592-2184458　0592-2181365
网　　址　http://www.xmupress.com
邮　　箱　xmup@xmupress.com
印　　刷　广东虎彩云印刷有限公司

开本　787 mm×1 092 mm　1/16
印张　20.5
字数　495 千字
版次　2014 年 7 月第 1 版
印次　2025 年 1 月第 3 次印刷
定价　39.00 元

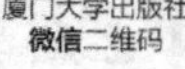
厦门大学出版社
微信二维码

厦门大学出版社
微博二维码

前言

中国是茶的故乡，是最早发现和利用茶叶的国家，经历了从药用到饮用、从利用野生茶树到人工栽培茶树的发展过程。中国是茶文化的发祥地，几千年来，源远流长、博大精深的中华茶文化以其深刻的内涵、鲜明的风格著称于世，并时时刻刻影响着人们的生活。

茶叶是社会生活不可缺少的日常用品，随着经济、社会快速发展，物质生活水平不断提高，以及对饮茶与健康的深刻认识，茶叶生产、茶文化服务得到社会更广泛的关心和重视，人们以茶为礼，以茶养廉，以茶育德，许多地方把茶文化作为中小学素质教育的必修课。可以说，茶学知识的学习，已逐渐融入到我国社会生活的现代化潮流中，成为促进我国精神文明建设的一部分。

茶学应用知识是农林类、旅游类专业的主修课程。本教材结合评茶员、茶艺师职业资格要求，以国家职业资格标准为依据，紧密结合茶叶生产、加工、消费实际，重点介绍茶树栽培技术、茶叶加工技术、茶叶审评技术、茶叶冲泡技巧和饮茶与健康等茶学应用知识，突出开放性和实践性，让学生学会解决生活中的实际问题。教材既有知识要点又有实训实操，体现了职业教育的特色，所选内容可操作性强，与企业实践紧密结合，注重学生实践技能和自主学习能力的培养。

本书是集体智慧的结晶，参加编写的同志都是长期从事高职教育的双师型教师，在茶叶生产技术方面具有丰富的实践经验。教材具体编写分工为：蔡烈伟、林艺珊编写第一章、第二章、第七章；杨双旭编写第三章、第四章；罗学平编写第五章；周炎花编写第六章；李丽霞编写第七章部分内容；陈开梅编写第八章、第九章；朱晓婷、程艳斐编写第八章、第九章部分内容。全书由蔡烈伟负责统稿。

本教材的编写参阅了许多同行、专家的论著、文献、资料、消息报道等，除去书中开列的参考书目外，还有其他许多文献、资料，恕不一一列出。在此一并向这些文献、资料的作者表示真诚的谢意。

限于笔者的学术水平和实践经验，书中的错漏在所难免，恳请各位同仁批评指正。

编者

2014 年 3 月

目 录

第一章 绪论

一、茶叶生产的意义

中国是茶的祖国，也是产茶大国，世界各国的茶种、种植技术最初都是从我国直接或间接传入的。成书于东汉的《神农本草经》中记载："神农尝百草，日遇七十二毒，得荼而解之"，这是迄今发现的关于茶的最早文字记载。此处的"荼"是"茶"字的古代异体字，指的就是茶，也就是说，在公元前的神农时代人们就发现茶具有解毒的功效，并加以利用。这说明中华民族在远古史前阶段就已经有了对茶的认识和利用，在其后的漫长岁月中，茶从药用到食用再到饮用，逐渐转变为人们普遍喜爱的饮料。

茶是一种天然饮料，对人体具有营养价值和保健功效。作为饮料，茶对人的保健作用，一直处在人们的不断发现与认定之中。数以百计的中医文献归纳了茶的医药功效为以下24个方面，即：少睡、安神、明目、清头目、止渴生津、清热、消暑、解毒、消食、醒酒、去肥腻、下气、利水、通便、治痢、去痰、祛风解表、坚齿、治心痛、疗疮治瘘、疗饥、益气力、延年益寿、其他等。现代医学研究利用先进的分离、分析仪器和方法，已从茶叶中分离、鉴定出700多种内含成分，其中具有较高营养价值的成分有各种维生素、蛋白质、氨基酸、脂类、糖类及矿物质元素磷、钾、钙、镁、铁等。在这些成分中，证明对人体有保健和药用价值的成分主要有茶多酚、咖啡碱、茶多糖、茶氨酸、茶黄素、茶红素、β-胡萝卜素、叶绿素、茶皂素、氟和硒等无机元素、维生素等等。

在20世纪，茶与咖啡、可可齐名，被誉为世界性的三大饮料。随着科学的发展和研究的深入，人们已经发现饮茶在保健等方面要明显优于喝咖啡，喝茶几乎没有副作用。目前已被现代科技证实的茶及其提取物的医疗和保健功效有：抗肿瘤和抗突变作用、抗衰老及美容作用、抗疲劳作用、抗辐射及重金属毒害作用、代谢调节和生理调节作用、对有害微生物的抑制作用、抗龋齿作用、增强记忆及改善大脑功能作用等。中国、印度、日本、美国、荷兰、英国等国科学家的研究结果证明，茶可以治疗痢疾，防龋齿，降血脂，治疗糖尿病，预防肝炎，防癌抗癌，防治辐射损伤，治疗高血压等。这正如唐代著名药学家陈藏器所著《本草拾遗》中说："诸药为各病之药，茶为万病之药。"著名药学家李时珍在《本草纲目》中全面地总结了茶的功效："茶苦而寒，最能降火。火为百病之源，火降则上清矣。"

茶不仅可以饮用，还在医学、药理学、日用化工、水产养殖和建筑材料等方面也有十分广阔的应用前景，人们对茶树的利用，不仅仅是将芽叶制成各类茶叶，还综合利用茶树的其他部分，开发出许多可为人们利用的其他茶产品。如茶籽中的含油量达24%～30%，粗蛋白11%，淀粉24%，还有其他糖类、氨基酸和皂素等，可利用其精炼食油、工业用油，茶油具有极高的营养价值和养生保健功效，被誉为"东方橄榄油"。茶籽还是化工、轻工、食品、饲料工业产品等的原料。所以茶树已经不是单一的叶用作物，其树体的各部分都具有综合利用的价值，茶产业也已经从基本的农业领域延伸到了食品和饮料业、医药保健业、文化及服务业等。

随着茶的医药保健功能不断被现代科技所证实，尤其是最近几十年来，茶医药功效的作用机理逐渐被揭示，茶医药保健产业迅速发展，实践中创造和积累了数以千计的保健茶配方，茶保健产品层出不穷。同时，茶保健食品也以其天然、绿色、安全等独特优势，成为保健食品市场中的后起之秀。目前茶保健食品产业已经取得坚实的科学基础，其产品研发、工业化生产和市场开发已取得可喜成果，成为茶产业经济新的增长点。在茶叶深加工产品的应用中，对经济和人们生活影响最大的当属即饮型的茶饮料。这种茶饮料产品在物理本质上与传统的茶叶产业没有什么本质的区别，但从产业的角度看，这是一个与传统茶产业有着很大区别的新兴产业，由于它的兴起，使茶产业大规模地从以农业为主的产业跃变为以工业为主的产业。有资料显示，2011 年中国茶饮料产量已超过 900 万 t，茶饮料消费市场已占整个饮料市场的 20%左右，并有继续上升的趋势。

同时，随着物质条件的改善，社会生活的发展，我国的文化产业和旅游业蓬勃兴起，茶馆业和茶文化旅游也成为茶经济的热点。茶馆业是最为历史悠久的茶延伸产业，在中国经久不衰，而且是随着时代进步而不断变化翻新，与社会、经济、文化的发展水平高度同步，且规模越来越大。茶文化旅游也在全国各地方兴未艾。这些都极大地推动了茶学知识的丰富与发展。

茶树一经发现与利用，就在我国广泛传播，并随着我国茶叶生产及人们饮茶风尚的发展，对外国产生了巨大的影响。中国茶叶、茶树、饮茶风俗及制茶技术，最早于 6 世纪传入朝鲜、日本，其后由南方海路传至印尼、印度、斯里兰卡等国家，16 世纪传播至欧洲各国并进而传到美洲大陆，由我国北方传入波斯、俄罗斯，并在世界各国广泛种植。目前世界上已有 60 个产茶国家。茶叶从中国传播到世界各国，受到各地人们的喜爱，消费量不断增长，成为主要饮料之一，茶叶的生产和消费有明显的增长趋势。

由于贴近社会、贴近生活、贴近百姓，茶成为人们生活的重要组成部分，是日常不可或缺的生活饮品。我国 56 个民族，自古爱茶，各族人民都有饮茶的习惯，都有以茶敬客、以茶祭祖、以茶供神、以茶联谊的礼俗，尤其是边疆少数民族地区更是把茶叶作为每天必不可少的食料。在我国南方，特别是山区，茶叶生产在地方经济中占有重要地位，目前全国共有 20 个省近 1 000 个县(市)产茶。如云南 129 个县(市、区)中，有 110 个种植茶叶，涉及茶叶种植、加工、流通、服务业的人口约占全省人口的 1/4。福建省除海岛平潭外，也是县县产茶。为了推进经济结构的战略性调整，促进产业升级，提高中国在国际社会中的综合国力和竞争力，2000 年国家颁布了《当前国家重点鼓励发展的产业、产品和技术目录》，共有 28 个领域 526 种产品位列其中，茶就是其中之一。

茶叶还是我国传统的出口商品，在国际市场上享有盛誉。现我国茶叶销往世界五大洲 110 多个国家，特别是非洲国家，对我国的绿茶情有独钟。我国还有许多特种茶如乌龙茶、普洱茶等也在许多国家畅销不衰。随着人们对茶的营养价值和药用功能的认识和发现，有专家预言茶将成为 21 世纪的饮料之王。美国可口可乐的专家也认为茶会成为 21 世纪人们最喜爱的饮料。

可以说，茶学知识在日常生产和生活中无处不在，因此，学习《茶学应用知识》，可以为我们今后的茶叶生产或从事涉茶事业提供理论指导，对提高生活品质也有帮助。

二、《茶学应用知识》的主要内容

在中国，人工栽培茶树的历史已有三千多年。随着人们对茶树利用经验的不断积累，有关茶的知识也不断丰富。成书于西汉的《神农本草经》中有记载："神农尝百草，日遇七十二毒，得茶而解之"，这是迄今发现的关于茶的最早文字记载。也就是说，在公元前的神农时代人们就发现茶具有解毒的功效，并加以了利用。这说明中华民族在远古史前阶段就已经有了对茶的认识和利用，在其后的漫长岁月中，茶从药用到食用再到饮用，逐渐转变为人们普遍喜爱的饮料。这一时期是茶知识的最初积累阶段，也可以认为是茶学应用知识体系形成的起源。

唐代陆羽（公元733—804年）撰写了世界上第一部茶学专著《茶经》，这标志着茶知识系统化的开始，从此茶学学科的雏形已经形成。《茶经》对茶的栽培、采摘、制造、煎煮、饮用的基本知识，迄至唐代的茶叶的历史、产地，乃至茶叶的功效，都做了简述，这些阐述迄今还有重要参考价值，其学术研究价值更是为中外茶学学者所关注，陆羽本人也因此书而被世人誉为"茶圣"。其后的一千余年中，茶的应用在茶医药功能方面的知识发展较多，有数以千计的含茶中药方剂和保健茶配方问世，有超过百种的中医著作中涉及茶的知识。茶学应用在这一时期的进展主要得益于中医学的快速发展。

20世纪30年代，美国威廉·乌克斯（Wiliam. H. Ukers）撰写的《茶叶全书》（All About Tea）内容包括茶的历史、生产技术、科学研究、经济贸易和品饮艺术等，是当时较为难得的茶学专著，对茶在欧美国家的流行与推广起了较大的作用。20世纪50年代以后，中国的一些农业高等院校和许多中专学校等纷纷开设茶学、茶叶专业，使茶学教育和茶学研究快速发展，逐步形成了各具特色的分支学科，如茶树栽培学、茶树遗传育种学、茶树栽培生理与生态学、茶树保护、茶叶加工学、茶叶机械、茶叶生物化学、茶的综合利用、茶药学、茶业经营管理学、茶叶市场营销、茶文化学等。数十年来，中国茶学研究成果卓著，在茶树栽培上，研究出快速成园的矮化密植速生栽培技术和理论依据，极大地提高了广大茶农的种茶收益与种茶积极性；在茶树新品种选育工作中，育成了一大批高产、优质、多抗的国家级茶树新品种，并普遍推广了无性繁殖技术，极大地提高了茶园良种化的比例，加速了茶园良种化的进程，使茶叶的产量、品质和抗性得到大幅度地提高；在茶叶加工上实现了大宗红、绿茶加工的全程机械化，探明了茶叶品质形成机理和品质检验技术；茶在日用化工、水产养殖、食品、建材等领域的综合利用也取得了重大突破。另外，在茶医学、茶文化、茶叶经济贸易、茶业经营管理、茶产业经济等领域也取得可喜进展。长期的茶学研究与生产历史，积淀了丰富的实践经验，现代科技文明又进一步完善和发展了茶学应用知识和技术，形成系统完整的茶学应用知识理论体系。

茶学是一门综合性的多门类交叉的复合型学科，研究范围包括茶树的遗传育种、栽培技艺、加工规程、生化、机械、品质审评与检验、茶业经济、经营管理、商贸流通、历史和文化等，其内容涵盖农业、工业、商业、文化、音乐和艺术以及医学保健等各个领域。茶学应用知识包括与茶产业及茶文化中生产实践联系最为密切的那一部分理论和技术，主要包括两个方面。

(一)茶的自然科学知识

涉及茶树品种、种植、茶叶加工、茶叶审评与检验、茶的综合利用、茶医药和保健等诸多方面,主要包含茶树栽培技术、茶叶加工技术、饮茶与健康等领域。具体内容有以下几个部分:

1.茶树栽培技术

茶树栽培技术方面。一是对茶树栽培历史及其演变扼要地加以概述,使学生能了解茶树栽培的过去以及它对世界茶叶发展的贡献。叙述茶树的原产地及其在国内外的传播历史,同时简要介绍了中国茶区的分布和世界茶区分布。让学生认识中国辽阔的茶区以及不同茶区自然条件,了解世界茶叶生产情况。二是系统归纳、阐明茶树栽培的生物学基础和茶园生态问题。简述茶树在植物分类学上的地位,茶树根、茎、叶、花、果的形态特征与内部结构,介绍了茶树的一生生育规律和周年生育规律。还简要介绍茶树的繁殖特性和当前主要育苗技术。三是阐述了一系列实用栽培技术措施,包括新茶园建立方法、茶园田间管理和树冠培养、茶叶采摘技术等内容。介绍了我国无公害茶园建设情况。

2.茶叶加工技术

茶叶加工技术方面。主要介绍茶叶的命名与分类,各类茶叶加工的原料基础和加工原理,要求学生了解各茶类品质形成的原因及影响品质形成的主要因子,重点掌握绿茶、红茶、乌龙茶的初加工技术。同时,叙述了茶叶的贮藏保鲜技术。

3.茶叶审评技术

茶叶审评技术方面。重点介绍评茶基础知识,各类茶的品质特征,茶叶感官审评的程序、项目、因子及评茶计价法,要求学生通过学习了解我国丰富多姿的茶叶种类和各类茶叶主要的品种特征及其成因,能根据茶叶品质特点熟练地应用评茶术语进行表达。

4.茶的综合利用

茶的综合利用方面。主要介绍茶的主要成分及茶叶的保健功效,阐述科学饮茶的重要意义及饮茶方法,使学生了解茶不仅可作为饮用,而且在医学、药理学、食品工业等方面都有十分广泛的应用前景。

(二)茶的社会科学知识

随着经济的发展和社会的进步,茶的社会属性正越来越受到人们的重视。20世纪末以来,茶文化逐渐形成了一个专门的学科分支,开始进入高等院校的教育体系。目前已经有一些高等院校将其设为一门专业,于2007年开始招生的全国首家茶业高等职业院校漳州科技职业学院(天福茶学院)的茶文化专业被评为福建省示范专业,浙江农林大学还专门设立了茶文化学院。全国各地的茶文化研究机构和培训活动也越来越多,并正在走向国际。这些机构的设立,标志着茶学知识在社会科学领域的广泛应用。

1.茶艺服务

一是茶艺服务方面。不同地区生产茶类不一样,饮茶器具和饮茶方式也有差别,在茶馆、茶庄经营服务时,要能够灵活掌握。茶艺服务就是根据这些需要,介绍中国茶艺的特点、礼仪及茶席设计，重点对中国茶艺的技术、形式、技巧进行系统的总结，要求学生掌握我国六大基本茶类的泡饮方法。

2.饮茶习俗

二是饮茶习俗方面。在中国传统文化中，含有大量茶的内容，茶与宗教、婚姻、祭祀的关系是茶文化内容的重要组成部分，不同地区、不同民族都有不同的饮茶习俗。同时，还介绍了国外一些饮茶方法。这些饮茶习俗可以作为茶叶市场营销的参考。

茶的自然科学知识与茶的社会科学知识之间相互关联，密不可分，前者是后者的物质基础，后者则是前者不断发展的高级状态，它的内涵和意义是巨大的。茶的社会科学知识的广泛传播，极大地推动了茶自然科学的发展。例如，茶文化的弘扬，促进了茶叶消费量的增长，拓宽了茶叶市场空间，同时还带动相关产业，如陶瓷茶具、民间工艺、茶文化旅游等。茶文化更是中国传统文化的组成部分，茶文化的弘扬与发展，提升了中国茶产业发展的层次，使茶产业在更高水平上得到进步，从而把茶学提升到一个新的水平。

三、课程教学方法

在20世纪，茶与咖啡、可可齐名，被誉为世界性的三大饮料。随着人们对茶的营养价值和药用功能的认识和发现，茶越来越被人们所喜爱。近些年，全球范围掀起一股中国茶文化热，世界各国人民对茶、特别是对中国茶的认识不断加深，各国友人对学习中华茶知识的兴趣正日益浓厚，很多人纷纷来到中国学习茶文化。2009年以来，有35个国家270多人来漳州科技学院(天福茶学院)学习茶学应用知识。

数千年的茶业发展过程中，人们对茶的栽培、加工、贸易以及对茶资源的深度开发利用、茶文化内涵的演化和运用等方面均积累了十分丰富的经验。进入21世纪，科学技术突飞猛进，已有越来越多的学科之间相互交叉。茶学横跨农业、工业、商贸、文化和医学等各个领域，茶学应用知识课程是非茶学类专业学生全面了解茶产业、茶文化概况的一条高效、便捷的途径。本课程的学习可以为我们今后的茶叶消费或从事涉茶事业提供理论指导，在推广中华茶文化和茶科学中发挥一定的作用。同时，茶学应用知识的学习，也将会对提高高等院校师生的综合素质和道德修养起到重要作用。

茶学应用知识课程是一门以推广茶产业、茶文化应用知识，提高大学生综合素质而开设的公共选修课，是为非茶学类专业学生了解茶学知识、掌握茶叶生产、加工、消费环节中基本技能的课程。在课程教学中，要遵循高职教育要求，理论教学以“必需、够用”为度，实践教学以培养学生技能为核心，突出教学内容的目的性、针对性、适用性，融科学性、系统性、趣味性于一体，把茶学应用知识深入浅出地介绍给同学。

在教学内容的组织安排上与社会生产生活实践相联系。茶学应用知识要突出其应用性，在教学中，要根据当前茶产业、茶文化发展实际，选择其中广泛应用的茶学专业知识和技术，科学、合理设计每个教学环节，充分体现课程教学的职业性、实践性和开放性，培养学生实践操作能力。

在教学方法上理论与实践相结合。同学们除了应该学好课堂理论知识以外，还要多多参加实训和实践课程的学习。理论联系实际，学好、学活茶学应用知识。要以培养学生动手能力和创新能力为目的，教师为主导，学生为主体，改革以课堂和教师为中心的传统教学组织形式，充分利用校内教学资源和校外实训基地，让学生边学边练，在学中做，在做中学，融“教、学、做”为一体。

茶学应用知识课程特别要注重实践教学环节。在教学中，通过茶树形态观察、田间耕锄与施肥、茶叶采摘等实践环节，让学生掌握从树型、分枝结构、叶型、芽叶颜色、发芽迟早等方面来识别茶树品种的实用性本领，学会茶园管理的基本技能；通过亲手制作绿茶、红茶学会茶叶初加工技术；通过在茶叶审评实训室对六大茶类茶叶样品的审评实训，学习和掌握茶叶品质感官审评的方法，从干看外形、湿评内质上来鉴别茶叶的外形、香气、汤色、滋味和叶底，以区分六大茶类的品质特征，比较茶叶品质的好坏优劣；通过使用玻璃杯、盖碗和小壶等茶具冲泡不同茶叶的茶艺实践，掌握我国的基本茶艺礼仪和茶叶泡饮技巧。另外，教学中还可以通过参观茶博物院、举办茶会、观看录像、技能竞赛、调查访问等多种形式，提高学生对茶学知识的应用能力。

学习茶学应用知识课程时，不仅在于学好本门课程的内容，还要查阅大量的课外学习资料，特别是关于茶叶历史文化、茶叶加工技术和茶叶品饮艺术等方面知识，不断吸取新成果、新经验，重视与社会生产生活实际相结合，多观察，多实践，从而掌握茶文化知识，提高自身综合素质。

本章小结

中国是茶的祖国，也是产茶大国，世界各国的茶种、种植技术最初都是从我国直接或间接传入的。在20世纪，茶与咖啡、可可齐名，被誉为世界性的三大饮料。

茶学是一门综合性的多门类交叉的复合型学科，研究范围包括茶树的遗传育种、栽培技艺、加工规程、生化、机械、品质审评与检验、茶业经济、经营管理、商贸流通、历史和文化等，其内容涵盖农业、工业、商业、文化、音乐和艺术以及医学保健等各个领域。茶学应用知识包括与茶产业及茶文化中生产实践联系最为密切的那一部分理论和技术，涉及茶树品种、种植、茶叶加工、茶叶审评与检验、茶的综合利用、茶医药和保健等诸多方面，主要包含茶树栽培技术、茶叶加工技术、饮茶与健康等领域。

随着经济的发展和社会的进步，茶的社会属性正越来越受到人们的重视，茶学知识在日常生产和生活中无处不在。茶学应用知识课程是一门以推广茶产业、茶文化应用知识，提高大学生综合素质而开设的公共选修课，是为非茶学类专业学生了解茶学知识、掌握茶叶生产、加工、消费环节中基本技能的课程，可以为我们今后的茶叶生产或从事涉茶事业提供理论指导，对提高生活品质也有帮助。

思考题

1. 有关茶的最早文字记载出于何处？
2. 茶学应用知识体系主要包括哪些方面？
3. 应该如何学好《茶学应用知识》这门课程？

第二章　茶的起源、传播与分布

中国是茶树的原产地，又是世界上最早发现、栽培茶树并利用茶叶的国家。中国茶树栽培的发展历史与世界茶树栽培历史密切相关，长期的不断传播和交流，中国的茶籽、茶苗、栽培技术等直接或间接地传入世界主要产茶国，并逐渐发展而形成现今的世界茶区布局。

一、茶树的原产地

茶树的原产地是近百年来国际植物学界争论的理论问题之一，许多学者对茶树原产地开展了广泛而深入的研究，提出了关于茶树原产地的多种观点。自20世纪以来，尤其是20世纪后半叶，各种研究结果都充分证明中国西南部是茶树的原产地，并以此为中心向外传播。

在植物学分类系统中，茶树属于被子植物门(Angiospermae)，双子叶植物纲(Dicotyledoneae)，山茶目(Theales)，山茶科(Theaceae)，山茶属(*Camellia*)，茶组(sect. Thea)。瑞典科学家林奈(Carl von Linne)在1753年出版的《植物种志》中，将茶树的学名定为 *Thea sinensis* L.。以后，茶树曾有20多个学名，但公认的是 *Camellia sinensis*(L.)O. Kuntze。

茶树的起源与原产地是两个既有联系又有区别的学术问题。茶树的起源目前还没有确切的依据和定论，有研究认为，茶树是由第三纪宽叶木兰和中华木兰(*M. mioclnica*)进化而来的。在漫长的古地质和气候等的变迁过程中，茶树形成其特有的形态特征、生长发育和遗传规律。

大量的历史资料和近代调查研究成果，不仅能确认中国是茶树的原产地，而且已经明确中国的西南地区，包括云南、贵州、四川是茶树的起源中心。

(一)中国的西南部山茶属植物最多

茶树所属的山茶科山茶属植物起源于上白垩纪至新生代第三纪，距今大约有7 000万年，它们分布在劳亚古北大陆的热带植物区系，当时我国的西南地区位于劳亚古大陆的南缘。目前，全世界山茶科植物有23个属计380余种，而在我国就有15个属260余种，大部分分布在我国西南部的云南、广西、贵州和四川等省区。根据我国科学工作者的考察和研究，常见的与茶树同属的植物有红山茶(*C. Japounica* Linn.)、油茶(*C. olifera* Abel)、红花油茶(*C. chekiangoleosa* Hu ex Chang)等，茶树与这些植物在植株形态、分枝习性、芽叶特征、花器构造等方面很相似，并在同一植物自然分布区相互混生。前苏联学者乌鲁夫在他的《历史植物地理学》中指出："许多属的起源中心在某一个地区集中，指出了这一植物区系的发源中心。"由于山茶科、山茶属植物在我国西南地区的高度集中，表明我国的西南地区就是山茶科山茶属植物的发源中心，当是茶的发源地。

(二)中国西南部野生茶树最多

野生茶树是在一定的自然条件下自然繁衍生存下来的一个类群。我国是野生大茶树发现最早最多的国家。唐代陆羽(733—804 年)在所著《茶经》中称:“茶者,南方之嘉木也。一尺、二尺乃至数十尺;其巴山峡川有两人合抱者,伐而掇之。”宋代沈括(1031—1095 年)的《梦溪笔谈》也称:“建茶皆乔木”,明代云南《大理府志》载:“点苍山(下关)……产茶树高一丈。”可见,我国早在 1 200 多年前就已发现野生大茶树。据统计,我国西南部发现的野生茶树占全国 10 个省(区)200 余处的 70%以上,其中树干直径在 1 m 以上的特大型野生大茶树几乎全部分布在云南;此外,云南省镇沅、澜沧、双江等地均发现连片野生茶树群落,其类型之多、数量之大、面积之广,均为世界罕见,这是原产地植物最显著的植物地理学特征。

2 700年的镇沅古茶树

1 000年的邦威大茶树

图 2-1 野生大茶树

(三)中国西南部茶树种变异最多

茶树原为同源植物,由于第三世纪后的地壳剧烈运动,出现了喜马拉雅山和横断山脉的上升,在冰川和洪积的影响下,我国西南地区的地形发生了重大的改变,这一地区的地形、地势被切割、断裂、上升或凹陷,高差明显,既有起伏的群山,又有纵横交错的河谷,地形变化多端,形成了立体气候,原属劳亚古北大陆的热带气候变成多种类型的气候块,从而使茶树发生同源隔离分居状况。在低纬度和海拔高低相差悬殊的情况下,使平面与垂直气候分布差异很大,原来生长在这里的茶树,慢慢地分散在热带、亚热带和温带气候之中。

处于热带高温、多雨、炎热区域的乔木型茶树,适者生存,逐渐形成了温润、强日照的性状;处于温带气候中的茶树,一部分死亡,一部分改变某些特性,如叶片变小、变厚,树型矮

化，从而适应较寒冷和较干旱的气候环境，形成了耐寒、耐旱、耐阴的小乔木或灌木型中小叶茶树；而位于上述两带之间茶树，则养成了喜温、喜湿的性状。最初的茶树原种逐渐向两极延伸、分化，最终出现了茶树的种内变异，发展成了热带型和亚热带型的大叶种和中叶种茶树，以及温带型的中叶种和小叶种茶树。中国西南部茶树有乔木、小乔木、灌木型（如图2-2），有大叶、中叶、小叶。因此，种内变异之多，资源之丰富，是世界上任何其他地方不能相比的。

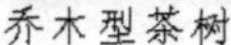

乔木型茶树　　小木型茶树　　灌木型茶树

图 2-2　各种类型的茶树

（四）中国西南部利用茶最早

1975 年云南省博物馆提供了宾川羊树村原始社会遗址出土的一块红土泥块中果实印痕标本，经专家鉴定是茶树果实（古茶字考析，李璠，1994），并认为中国古代甲骨文中就有了茶字。唐代陆羽《茶经》云："茶之为饮，发乎神农氏，闻于鲁周公。"并提到中国西南部巴山峡川有两人合抱的野生大茶树。北宋乐史《太平寰宇记》也有"泸川有茶树，夷人常携瓢攀登茶树采茶"的记载。此后，史书关于大茶树的描述更是不计其数。

西汉成帝时王褒在所著《僮约》（公元前 159 年）一文中就有记载"烹茶尽具"和"武阳买茶"（武阳为今四川省彭山县），表明当时那里已经饮茶成风，而且有了专门用具，茶叶已经商品化，出现了茶叶市场。这说明 2 000 多年前四川已经是种茶、饮茶的中心了。

茶的利用史和茶文化的发展从另一层面佐证了茶树起源于我国西南部。

二、茶的传播

中国是茶树的原产地，然而，中国在茶业上对人类的贡献，主要在于最早发现并利用茶这种植物，并由此形成整个世界的一种灿烂独特的茶文化。这种格局的形成与传播有关系，中国茶从原产地向全国，从中国向世界的传播是一个历史的过程，从传播途径上看存在着国内和国外两条最基本的线路。

（一）茶在国内的传播

1. 中国茶业的始发点在巴蜀

据文字记载和考证，在战国时期，巴蜀就已形成一定规模的茶区。顾炎武曾经指出，"自秦人取蜀而后，始有茗饮之事"，即认为中国的饮茶，是秦统一巴蜀之后才慢慢传播开来，也就是说，中国和世界的茶叶文化，最初是在巴蜀发展为业的。这一说法，为绝大多数学者所认同。

关于巴蜀茶业在我国早期茶业史上的突出地位，直到西汉成帝时王褒的《僮约》，才始见诸记载，内有"烹茶尽具"及"武阳买茶"两句。前者反映成都一带，西汉时不仅饮茶成风，而且出现了专门用具；从后一句可以看出，茶叶已经商品化，出现了如"武阳"一类的茶叶市场。

西汉时，成都不但已形成为我国茶叶的一个消费中心，由后来的文献记载看，很可能也已形成了最早的茶叶集散中心。不仅仅是在秦之前，秦汉乃至西晋，巴蜀仍是我国茶叶生产和技术的重要中心。

2. 茶沿长江而下，使长江中游或华中地区成为茶业中心

秦汉统一中国后，茶业随巴蜀与各地经济文化交流而增强。尤其是茶的加工、种植，首先向东部南部传播。如湖南茶陵的命名，就很能说明问题。茶陵是西汉时设的一个县，以其地出茶而名。茶陵邻近江西、广东边界，表明西汉时期茶的生产已经传到了湘、粤、赣毗邻地区。

三国、西晋阶段，随荆楚茶业和茶叶文化在全国传播的日益发展，也由于地理上的有利条件，长江中游或华中地区，在中国茶文化传播上的地位，逐渐取代巴蜀而明显重要起来。三国时，南方栽种茶树的规模和范围有很大的发展，而茶的饮用也更为广泛，流传到了北方豪门贵族。西晋时长江中游茶业的发展，还可从西晋时期《荆州土地记》得到佐证。其中有"武陵七县通出茶，最好"，说明荆汉地区茶业的明显发展，此时巴蜀独冠全国的优势，似已不复存在。

3. 东晋南北朝时期，长江下游和东南沿海茶业迅速发展

西晋南渡之后，北方豪门过江侨居，建康（南京）成为我国南方的政治中心。这一时期，由于上层社会崇茶之风盛行，使得南方尤其是江东饮茶和茶叶文化有了较大的发展，也进一步促进了我国茶业向东南推进。这一时期，我国东南植茶，由浙西进而扩展到了现今温州、宁波沿海一线。不仅如此，如《桐君录》所载，"酉阳、武昌、晋陵皆出好茗"，晋陵即常州，其茶出宜兴。表明东晋和南朝时，长江下游宜兴一带的茶业，名气也逐渐大起来。同时，两晋之后，茶业重心东移的趋势，更加明显化了。

4. 中唐以降，长江中下游地区成为中国茶叶生产和技术中心

唐朝中期后，如《膳夫经手录》所载"今关西、山东，闾阎村落皆吃之，累日不食犹得，不得一日无茶"。中原和西北少数民族地区，都嗜茶成俗，于是南方茶的生产，随之蓬勃发展了起来。尤其是与北方交通便利的江南、淮南茶区，茶的生产更是得到了快速发展。

唐中叶以后，长江中下游茶区，不仅茶产量大幅度提高，就是制茶技术，也达到了当时的最高水平，这种高水准的结果，就是湖州紫笋和常州阳羡茶成为了贡茶。茶叶生产和技术的中心，正式转移到了长江中游和下游。

江南茶叶生产，集一时之盛。当时史料记载，安徽祁门周围，千里之内，各地种茶，山无遗土，业于茶者无数。现在赣东北、浙西和皖南一带，在唐代时，其茶业确实有一个特大的发展。同时由于贡茶设置在江南，大大促进了江南制茶技术的提高，也带动了全国各茶区的生产和发展。

5.宋代茶业重心由东向南移

五代至宋初，中国东南及华南部的茶业获得了更加迅速发展，并逐渐取代长江中下游茶区，成为宋朝茶业的重心。主要表现在贡茶从顾渚紫笋改为福建建安茶，唐时还不曾形成气候的闽南和岭南一带的茶业，明显地活跃和发展起来。

宋朝茶业重心南移的主要原因是气候的变化，江南早春茶树因气温降低，发芽推迟，不能保证茶叶在清明前贡到京都。福建气候较暖，如欧阳修所说"建安三千里，京师三月尝新茶"。作为贡茶，建安茶的采制，成为中国团茶、饼茶制作的主要技术中心，带动了闽南和岭南茶区的崛起和发展。

由此可见，到了宋代，茶已传播到全国各地。宋朝的茶区，基本上已与现代茶区范围相符。明清以后，只是茶叶制法和各茶类兴衰的演变问题了。

（二）茶向国外的传播

由于我国茶叶生产及人们饮茶风尚的发展，对外国产生了巨大的影响，以至于朝廷在沿海的一些港口专门设立市舶司管理海上贸易，包括茶叶贸易，准许外商购买茶叶，运回到他们的国土消费。

1.茶在亚洲地区的传播

中国茶叶、茶树、饮茶风俗及制茶技术，是随着中外文化交流和商业贸易的开展而传向全世界的。最早传入朝鲜、日本，其后由南方海路传至印尼、印度、斯里兰卡等国家，16世纪至欧洲各国并进而传到美洲大陆，并由我国北方传入波斯、俄国。

2.茶在东亚地区的传播

在四世纪至七世纪中叶，茶叶传入朝鲜半岛。当时的朝鲜半岛是高句丽、百济和新罗三国鼎立时代。在南北朝和隋唐时期，中国与新罗的往来比较频繁，经济和文化的交流也比较密切。在唐朝有通使往来一百二十次以上，是与唐通使来往最多的邻国之一。新罗的使节大廉，在唐文宗太和后期，将茶籽带回国内，种于智异山下的华岩寺周围，朝鲜的真正种茶历史由此开始。朝鲜《三国本纪》卷十《新罗本纪》兴德王三年云："入唐回使大廉，持茶种子来，王使植地理山。茶自善德王时有之，至于此盛焉。"

至宋代时，新罗人也学习宋代的烹茶技艺。新罗在参考吸取中国茶文化的同时，还建立了自己的一套茶礼。高丽时代迎接使臣的宾礼仪式共有五种，迎接宋、辽、金、元的使臣，其地点在乾德殿阁里举行，国王在东朝南，使臣在西朝东接茶，或国王在东朝西，使臣在西朝东接茶，有时，由国王亲自敬茶。高丽时代，新罗茶礼的程度和内容，与宋代的宫廷茶宴茶礼有不少相通之处。

中国茶籽被带到日本种植，始于唐代中叶。据文献记载，公元805年，日本高僧最澄，从天台山国清寺师满回国时，带去茶种，种植于日本近江。南宋时期，日僧荣西曾两次来华。荣西第一次入宋，回国时除带了天台新章疏30余部60卷，还带回了茶籽，种植于佐贺县肥前背振山、拇尾山一带。荣西第二次入宋是日本文治三年（宋孝宗淳熙十四年，公元1187年）四月，日本建久二年（宋光宗绍熙二年，公元1191年）七月，荣西回到长崎，嗣后便在京都修建了建仁寺，在镰仓修建了圣福寺，并在寺院中种植茶树，大力宣传禅教和茶饮。

此外，在最澄之前，天台山与天台宗僧人也多有赴日传教者如天宝十三年（754年）的鉴真等，他们带去的不仅是天台派的教义，而且也有科学技术和生活习俗，饮茶之道无疑也是其中之一。

浙江名刹大寺有天台山国清寺、天目山径山寺、宁波阿育王寺、天童寺等。其中天台山国清寺是天台宗的发源地，径山寺是临济宗的发源地。并且，浙江地处东南沿海，是唐、宋、元各代重要的进出口岸。自唐代至元代，日本遣唐使和学问僧侣络绎不绝，来到浙江各佛教圣地修行求学，回国时，不仅带去了茶的种植知识、煮泡技艺，还带去了中国传统的茶道精神，使茶道在日本发扬光大，并形成具有日本民族特色的艺术形式和精神内涵。

3. 茶在亚洲其他地区的传播

约于公元5世纪南北朝时，我国的茶叶就开始陆续输出至东南亚邻国。

越南与我国毗邻，佛教自东汉末年传入越南，十世纪后，佛教被尊为国教。我国茶叶传入越南，最迟也在这一时期。越南的茶种植已有久远的历史，大规模的经营则起于19世纪。此后，还引入南亚的茶种与技术设备，茶叶生产与贸易有了快步发展。

东南亚的印度尼西亚真正从我国茶籽试种，始于1684年，以后又引入中国、日本及阿萨姆种试种。

南亚的印度于1780年由英属东印度公司传入我国茶籽种植。以后又引种、扩种，创办茶场，并派员赴中国进修种茶、制茶技术，招聘技术人员。至十九世纪后叶已是“印度茶之名，充噪于世”。

斯里兰卡于17世纪开始从我国传入茶籽试种，复于1780年试种，1824年以后又多次引入中国、印度茶种扩种和聘请技术人员。

茶叶传入阿拉伯国家，最早是在唐代对西亚阿拉伯国家的传播。据《新唐书·陆羽传》中载：“羽嗜茶，著经三篇，言茶之源、之法、之具尤备，天下益知饮茶矣……其后尚茶成风，时回纥入朝始驱马市茶”。回纥人将马匹换来的茶叶等，除了饮用外，还用一部分茶叶与土耳其等阿拉伯国家进行交易，从中获取可观的利润。不过西亚的土耳其种茶，始于1888年从日本传入茶籽试种，1937年又从格鲁吉亚引入茶籽种植。经过分批开发以后，茶业逐步走上规模发展之路。

4. 茶在欧洲的传播

宋、元期间，我国对外贸易的港口增加到八九处，这时的陶瓷和茶叶已成为我国的主要出口商品。尤其明代，政府采取积极的对外政策，使茶叶输出量大量增加。据资料记载，由欧洲人自己将茶叶传播到欧洲，最早始于公元1517年，葡萄牙海员从中国将茶叶带回自己的国家。公元1560年传教士克鲁兹公开撰文推荐中国茶叶，“此物味略苦，呈红色，可治病”。明神宗万历三十五年(1607年)，荷兰海船自爪哇来我国澳门贩茶转运欧洲，这是我国茶叶直接销往欧洲的最早纪录。以后，茶叶成为荷兰人最时髦的饮料。由于荷兰人的宣传与影响，饮茶之风迅速波及英、法等国。1631年，英国一个名叫威忒的船长专程率船队东行，首次从中国直接运去大量茶叶。公元1658年，英国出现了第一则茶叶广告，是至今发现的欧洲最早的茶叶广告。清朝之后，饮茶之风逐渐波及欧洲一些国家，在清代初期，美国人从我国厦门、广州购买大量茶叶，相继销往德国、瑞典和挪威等国。

茶叶传入东欧的俄罗斯历史较早，据传，中国茶叶最早传入俄国，在元代，蒙古人远征俄国，中国文明随之传入。至清代雍正五年(公元1727年)中俄签订互市条约，以恰克图为中

心开展陆路通商贸易，茶叶就是其中主要的商品，其输出方式是将茶叶用马驮到天津，然后再用骆驼运到恰克图。1883年后，俄国多次引进中国茶籽，试图栽培茶树。1884年，索洛沃佐夫从汉口运去茶苗12 000株和成箱的茶籽，在查瓦克——巴统附近开辟一小茶园，从事茶树栽培和制茶。1888年，俄人波波夫来华，访问宁波一家茶厂，回国时，聘去了以刘峻周为首的茶叶技工10名，同时购买了不少茶籽和茶苗。后来刘峻周等，在高加索、巴统开始工作，历经了3年时间，种植了80公顷茶树，并建立了一座小型茶厂。1896年，刘峻周等人合同期满，回国前，波波夫要托刘峻周再招聘技工，采购茶苗茶籽。1897年，刘峻周又带领12名技工携带家眷往俄国，种茶加工。

5. 茶在美洲、大洋洲的传播

茶是在16世纪传至欧洲各国后，进而传到北美大陆的。公元1626年，荷兰人把中国茶叶运销至其美洲的管辖之地。当时还未独立的美国，后又成为了英国的殖民地，英国人将从中国进口的茶叶销往其殖民地。

美国独立后将目光投向了太平洋彼岸的亚洲。1783年圣诞节前夕，排水量55吨的单桅帆船“哈里特”号满载花旗参自波士顿港出发，准备驶往中国。但碍于旅途艰险，“哈里特”号在好望角与英国商人交换一船茶叶后返航。1784年2月22日，也就是华盛顿总统生日这一天，由费城商人罗伯特·莫里斯、丹尼尔·派克和纽约公司共同装备的360吨级远洋帆船“中国皇后”号由格林船长率领，装载着40多吨花旗参离开纽约港，经好望角驶往中国。8月23日，在海上颠簸航行了半年多的“中国皇后”号抵达了葡萄牙人占领的澳门。一周后，“中国皇后”号抵达了他们此行的最终目的地广州港。美国正式与中国开始茶叶贸易。为保护对华贸易，美国国会在1789年通过了航海法，规定美国商人从亚洲进口货物除茶叶外给予12.5%的关税保护，并对美国商人从中国进口的茶叶转销欧洲给予免税政策。

值此之后，茶在南美洲国家，也开始了传播。公元1812年，巴西引进中国茶叶。公元1824年阿根廷输入中国茶籽在该国种植茶树。

大洋洲饮茶，大约始于19世纪初，随着各国经济、文化交流的加强，一些传教士、商船，将茶带到新西兰等地，茶的消费在大洋洲逐渐兴旺起来。在澳大利亚、斐济等国还进行了种茶的尝试，在斐济种茶成功。

6. 茶在非洲的传播

茶传入非洲，始于明代。郑和七次下西洋，历经越南、爪哇、印度、斯里兰卡、阿拉伯半岛，最后到达非洲东岸，每次都带有茶叶。显然，茶叶传入非洲的历史也较早，有记载说，摩洛哥人已有300余年饮茶历史。

东非的肯尼亚于1903年首次从印度传入茶种，1920年进入商业性开发种茶，然而规模经营则是1963年独立以后。依靠科技管理与普及，独辟蹊径，驱动茶叶生产的发展，并成为世界茶坛新崛起的国家。其发展速度之快，质量之优，出口茶比例之高，为世人瞩目。

到了19世纪，我国茶叶的传播几乎遍及全球，1886年，茶叶出口量达268万担。西方各国语言中“茶”一词，大多源于当时海上贸易港口福建厦门及广东方言中“茶”的读音。可以说，中国给了世界茶的名字、茶的知识、茶的栽培加工技术，世界各国的茶叶都直接或间接地与我国有千丝万缕的联系。总之，我国是茶叶的故乡，勤劳智慧的中国人民给世界人民创造了茶叶这一饮料，这是值得我们引以为豪的。

三、茶区分布

中国茶树栽培历史悠久，是世界上最古老的茶叶生产国。茶树适生地区辽阔，自然条件优越，随着茶的利用不断增多和深入，茶树的种植区域也不断扩大。

(一)中国茶叶生产区域

目前，中国的种茶区域南起北纬 18°N 的海南省三亚市，北抵北纬 38°N 附近的山东蓬莱，西自东经 94°E 度的西藏自治区察隅，东至东经 122°E 的台湾省阿里山。南北跨 20°N 纬度达 2 100 km，东西跨 28°E 经度纵横 2 600 km 的广大区域都有茶树栽培(图 2-3)。这片茶树分布区域，共包括浙江、云南、四川、贵州、广东、广西、海南、湖南、湖北、福建、台湾、江西、安徽、河南、江苏、陕西、山东、重庆、甘肃以及西藏等省(自治区、直辖市)，植茶区域主要集中在北纬 32°N 以南、东经 102°E 以东的浙江、福建、湖南、湖北、安徽、四川、云南、台湾等省。全国共有 1 000 多个县产茶，有的省如浙江、福建等，几乎县县产茶。

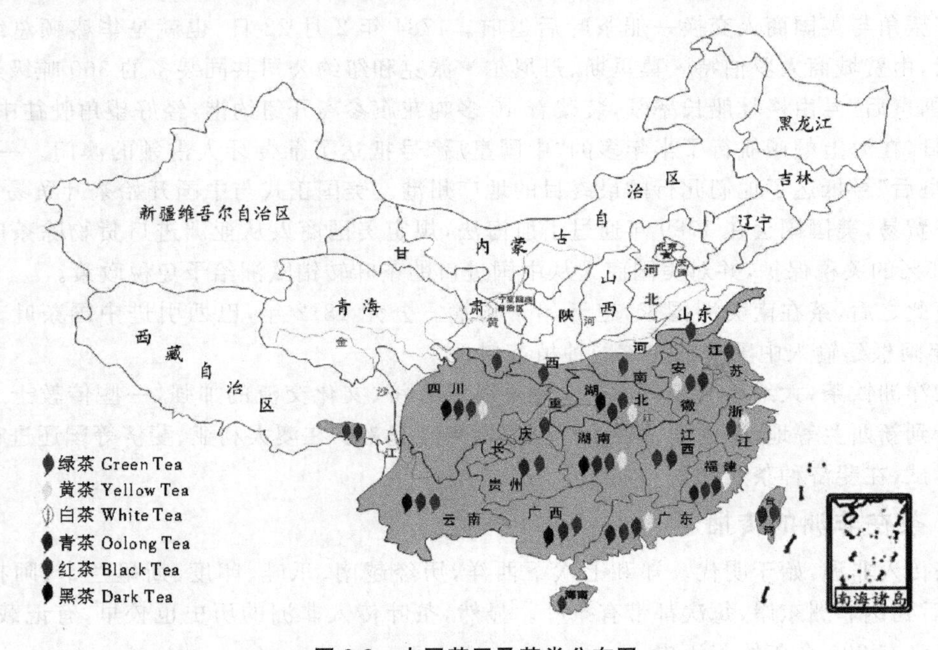

图 2-3　中国茶区及茶类分布图

由于地理纬度、海陆分布和地形条件的影响，中国茶区内的自然环境差异很大，整个茶区地跨 6 个气候带，即中热带、边缘热带、南亚热带、中亚热带、北亚热带和暖日温带，各地在土壤、水热、植被等方面存在明显差异。但主要产茶区则是分布在亚热带区域，中亚热带和南亚热带比较集中。从地形条件来看，有平原、盆地、丘陵、山地和高原等各种类型，海拔高低悬殊。在垂直分布上，茶树最高种植在海拔 2 600 m 的高地上，而最低仅距海平面几米的低丘。一般都在海拔 800 m 以下，尤其以海拔 200～300 m 的低山丘陵栽培较多。全国茶区地势东南低，西南高。不同地区生长的不同类型和不同品种的茶树，决定着茶叶品质及其

适制性和适应性，形成了一定的茶类结构。

由于纬度、海拔、地形和方位等不同，各地气候、土壤、地势条件都有很大差别。就气候而言最冷月(1月)平均气温，江北茶区的信阳在1 ℃左右，江南茶区的杭州在4～8 ℃之间，华南的广州在10 ℃以上，西南的重庆在6～8 ℃；最热月(7月)除云贵高原外，大都在27～28 ℃之间。年平均降水量，北部茶区较少，在1 000 mm以下，长江流域茶区在1 000～1 500 mm之间，华南在1 500～2 000 mm之间，长江流域4月雨量开始增加，5—6月为梅雨期，雨量多，7—8月雨量相对较少，9月雨量又较多。气温和雨量自北向南相伴增高；土壤自北而南呈黄棕壤、黄褐土、红壤、黑土、砖红壤分布，且多为酸性红黄壤。生态环境条件不仅对茶树生育有明显的影响，而且要求的栽培技术也有所不同。

表 2-1　1980—2010 年中国大陆茶园面积、总产量和单产统计表*

年份	总面积(万 hm^2)	总产量(万 t)	单产($kg/667\ m^2$)
1980年	104.10	30.37	19.46
1981年	104.08	34.26	21.96
1982年	106.08	39.73	24.98
1983年	109.69	40.06	24.36
1984年	110.47	41.42	25.01
1985年	107.74	43.23	26.76
1986年	102.40	46.05	30.00
1987年	104.40	50.80	32.46
1988年	105.60	54.54	34.45
1989年	106.50	53.50	33.51
1990年	106.10	54.01	33.95
1991年	106.00	54.16	34.08
1992年	108.40	55.98	34.45
1993年	117.10	59.99	34.17
1994年	113.50	58.85	34.58
1995年	111.50	58.86	35.21
1996年	110.30	59.34	35.88
1997年	107.60	61.34	38.02
1998年	105.70	66.50	41.96
1999年	113.00	67.59	39.90
2000年	108.89	68.33	41.85
2001年	114.07	70.17	41.03
2002年	113.42	74.54	43.83
2003年	120.73	76.81	42.44
2004年	126.23	83.52	44.13
2005年	135.19	93.49	46.12
2006年	143.13	102.81	47.91
2007年	161.30	116.50	48.17
2008年	171.94	125.80	48.80
2009年	184.85	135.90	49.04
2010年	197.02	147.50	49.94

*引自2012年《中国统计年鉴》；本表数据不包括台湾省；本表单产系总产量除以总面积之值。

(二)中国茶区的划分及其生产特点

茶区是自然、经济条件基本一致,茶树品种、栽培、茶叶加工特点以及今后茶叶生产发展任务相似,按一定的行政隶属关系较完整地组合而成的区域。中国茶树栽培历史悠久,在长期不同的发展过程中,茶叶生产区域内的生态环境、茶类生产、栽培技术、茶叶的产量、品质以及经济效益都经历了不同的变化,因此各时期茶区的划分也有差异。

1.茶区的划分意义及其演变

划分农业区域是为了更好地开发利用自然资源,合理调整生产布局,因地制宜规划和指导农业生产提供科学依据。科学地划分茶区,是顺利、合理发展茶叶生产,实现茶叶生产现代化的一项重要的基础工作,也是一项很有意义的宏观科学研究。几千年来的中国茶叶生产,在其历史发展的不同阶段,划分茶区的依据、方法、提法等等也不尽相同。

中国茶区最早的文字表达始于唐朝陆羽《茶经》。在《茶经》中,陆羽根据他对茶叶生产区的调查考察、资料收集以及实践经验等,结合当时的自然地理条件进行综合归纳,把当时植茶的43个州、郡划分为山南茶区、淮南茶区、浙西茶区、剑南茶区、浙东茶区、黔东茶区、江西茶区和岭南茶区等8大茶区。在很长时间内,对陆羽划分的茶区几乎没有异议,直到我国的茶叶生产经过几次起伏后,产区扩大,茶类增多,技术进步,才有不同的茶区分布理论。宋、元、明各代,茶树栽培区域又有进一步扩大,特别是宋代发展较快,至南宋时,全国已有66个州242个县产茶;元代茶区在宋代的基础上也有扩大;清代,由于国内饮茶的迅速扩大和对外贸易的开展,使茶树种植区域又有新的发展,并在全国范围内形成以茶类为中心的6个栽培区域。

表2-2 中国各地区茶园面积、产量、单产统计表(2011年)*

地区	总面积(万 hm^2)	总产量(万 t)	单产($kg/667\ m^2$)
云南	37.67	24.5	43.36
贵州	25.78	5.3	13.71
四川	23.24	17.0	48.79
湖北	22.87	16.6	48.39
福建	20.67	30.1	97.08
浙江	18.00	16.5	61.11
安徽	13.67	8.5	41.45
河南	11.20	4.7	27.98
湖南	9.95	10.5	70.35
陕西	9.12	2.6	19.01
江西	6.18	3.5	37.76
广西	6.84	3.8	37.04
重庆	4.40	3.3	50.00
广东	4.17	5.6	89.53
江苏	3.27	1.5	30.58
山东	2.62	1.1	27.99

*资料来源:农业部种植业管理司;本表单产系总产量除以总面积之值。

吴觉农等根据茶区自然条件、茶农经济情况、茶叶品质好坏、茶区分布面积大小及茶叶产品的主要销路等，系统地将全国划分为外销茶、内销茶两大类13个茶叶产区，其中外销茶8个区，包括红茶5个区（即祁红、宁红、湖红、温红、宜红茶区）、绿茶2个区（屯绿、平绿）和乌龙茶1个区（福建乌龙）；内销茶5个区（即六安、龙井、普洱、川茶、两广）。这一划分是根据当时各种条件综合提出的，对近代茶叶生产具有一定的指导意义。陈椽1948年在《茶树栽培学》中，根据茶区的行政区域、山川、地势、气候、土壤、交通及历史习惯等因素提出，将中国茶区划分为浙皖赣茶区、闽台广茶区、两湖茶区和云川康茶区。庄晚芳1956年在《茶作学》一书中，又提出将全国产茶区划分为4大茶区：华中北茶区，包括皖北、豫、陕南等产茶区；华中南茶区，包括苏、皖南、浙、赣、鄂、湘等省产茶区；四川盆地及云贵高原茶区，包括云、贵、川等地；华南茶区，包括闽、粤、桂、台和湘南等地。

中国茶叶编辑委员会1960年根据茶树分布、生长情况，土壤和气候特点，并结合各原产茶区的茶叶生产状况等因素，将我国茶叶产地划分为北部茶区、中部茶区、南部茶区和西南部茶区。中国农业科学院茶叶研究所1981年按照各产茶区的自然区划，分为淮北茶区、江北茶区、江南茶区、岭南茶区和西南茶区。1979年6月至1982年12月，中国农业科学院茶叶研究所根据国家对农业区域进行宏观研究的要求，开展了中国茶叶区域的研究工作，根据不同的自然条件，研究茶树的生态适应性、茶类适制性，划分适宜生产区域，并根据国内外市场需要和发展趋势，以及各地社会经济条件，研究提出了合理的生产布局和建立商品基地的依据。在对中国各茶区作大量调研的基础上，整理分析了大量数据，将我国茶区划分为华南茶区、西南茶区、江南茶区、江北茶区等4大茶区。

2. 中国茶区的生产特点

我国茶区辽阔，分布在几个生态气候带内，生态环境对茶树的生育有明显的影响。茶区的划分是按茶树生物学特性，在适宜茶叶生产要求的地域空间范围内，综合地划分为若干自然、经济和社会条件大致相似、茶叶生产技术大致相同的茶树栽培区域单元。茶叶区划的确立，有助于因地制宜采用相应栽培技术和茶树品种，发挥区域生态、经济、技术优势。基于这种指导思想，依据各地多年的研究和实践，较统一的认识是将全国划分为三级茶区。一级茶区系全国划分，国家根据区域进行宏观指导；二级茶区由各产茶省（自治区、直辖市）自行划分，利于区域内生产调控和领导；三级茶区由各地（市）划分，具体指挥茶叶生产。

目前，依据我国茶区地域差异、产茶历史、品种分布、茶类结构、生产特点，全国国家一级茶区分为四大茶区（如图2-4），即华南茶区、西南茶区、江南茶区、江北茶区。各个茶区具有其自然概况和生产特点。

(1)华南茶区

华南茶区属于茶树生态适宜性区划、最适宜区，位于福建大樟溪、雁石溪、梅江、连江、浔江、红水河、南盘江、无量山、保山、盈江以南，包括福建中南部、广东中南部、广西和云南南部以及台湾和海南，是我国气温最高的一个茶区。

华南茶区水热资源丰富，在有森林覆盖下的茶园，土层相当深厚，土壤有机质含量高。全区土壤大多为赤红壤，部分为黄壤。不少地区由于植被破坏，土壤暴露和雨水侵溶，使土壤理化性状不断趋于恶化，酸度增高。整个茶区高温多雨，水热资源丰富。年平均温度在

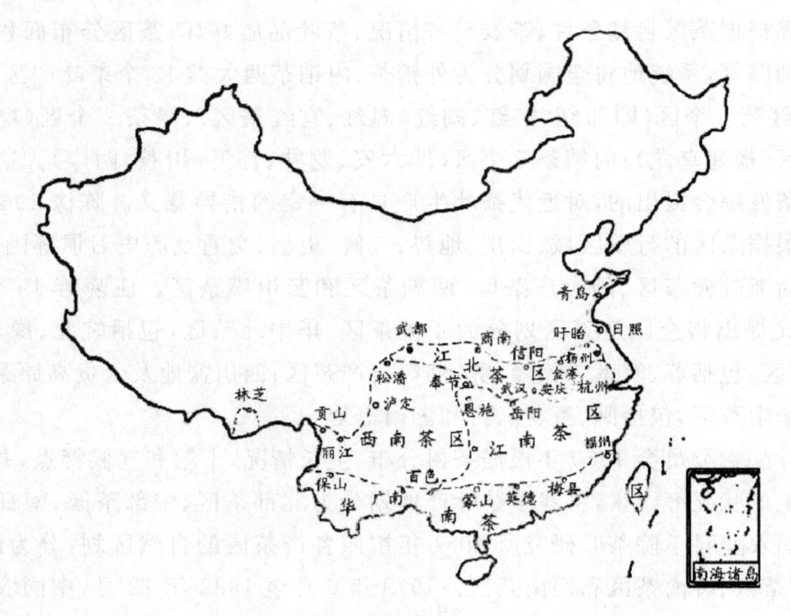

图 2-4　中国四大茶区分布

20 ℃以上，年极端最低温度不小于－3 ℃。≥10 ℃积温达 6 500 ℃以上，无霜期 300 d 以上，大部分地区四季常青。全年降水量可达 1 500 mm，降水量最多的地方年降水可达 2 600 mm。全年降水量分布不匀，冬季降水量偏低，易形成旱季。干燥指数大部分小于 1，但海南省等少数地区干燥指数大于 1。

华南茶区茶树资源极其丰富，茶树品种主要为乔木型或小乔木型茶树，灌木型茶树也有分布。主要生产的有红茶、普洱茶、六堡茶、大叶青、绿茶和乌龙茶等，所产大叶种红碎茶，茶汤浓度较大。

(2)西南茶区

西南茶区属于茶树生态适宜性区划适宜区，位于中国西南部米仓山、大巴山以南，红水河、南盘江、盈江以北，神农架、巫山、方斗山、武陵山以西，大渡河以东的地区，包括贵州、四川、重庆、云南中北部和西藏东南部等地。是中国最古老的茶区。

西南茶区地形复杂，地势起伏大。大部分地区为盆地、高原，土壤类型多。在云南中北部以赤红壤、山地红壤和棕壤为主，四川、贵州及西藏东南部则以黄壤为主，有少量棕壤，尤其川北土壤变化大。pH 5.5～6.5，土壤质地黏重，有机质含量一般较低。茶区内同纬度地区海拔高低悬殊，气候差别很大，大部分地区均属亚热带季风气候，水热条件总体较好，冬不寒冷，夏不炎热。茶区年均气温在 14～18℃，四川盆地年平均温度为 17 ℃以上，云贵高原年平均气温为 14～15 ℃。冬季一般最低温度为－3 ℃，个别地区如四川万源冬季极端最低温度曾到－8 ℃。≥10 ℃积温为 5 500 ℃以上，全年大部分地区无霜期在 220 d 以上，年降水量大多在 1 000 mm 以上，有的地区如四川峨嵋，年降水量可达 1 700 mm。冬季降水量不到全年的 10%，易形成干旱。干燥指数小于 1，部分地区小于 0.75。茶区雾日多，四川全年雾日在 100 d 以上，日照较少，相对湿度大。

西南茶区茶树资源较多，栽培茶树的品种类型有灌木型、小乔木型和乔木型茶树，主要生产红茶、绿茶、普洱茶、边销茶和花茶等。

(3)江南茶区

江南茶区属于茶树生态适宜性区划适宜区,在长江以南,大樟溪、雁石溪、梅江、连江以北,包括广东和广西的北部,福建中北部,安徽、江苏、湖南、江西、浙江和湖北省南部,是我国茶叶的主产区,年产量大约占全国总产量的 2/3。

江南茶区大多处于低丘低山地区,也有海拔在 1 000 m 的高山,如浙江的天目山、福建的武夷山、江西的庐山、安徽的黄山等,茶区土壤主要为红壤,部分为黄壤或棕壤,少数为冲积壤,pH 5.0～5.5。有自然植被覆盖下的茶园土壤,以及一些高山茶园土壤,土层深厚,腐殖质层在 20～30 cm,而缺乏植被覆盖的土壤层,特别是低丘红壤,"晴天一把刀,雨天一团糟",土壤发育差,结构也差,土层浅薄,有机质含量低。这些地区气候四季分明,气候温和,年平均气温在 15.5 ℃以上,冬季极端最低气温不低于－8 ℃。≥10 ℃积温为 4 800 ℃以上。无霜期 230～280 d 以上,常有晚霜。降水量比较充足,一般在 1 000～1 400 mm,全年降水量以春季最多。部分茶区夏日高温,会发生伏旱或秋旱。

江南茶区产茶历史悠久,资源丰富,历史名茶甚多,如西湖龙井、君山银针、洞庭碧螺春、黄山毛峰、庐山云雾等等,享誉国内外。该茶区种植的茶树大多为灌木型中叶种和小叶种,以及少部分小乔木型中叶种和大叶种。主要生产绿茶、红茶、乌龙茶、白茶、黑茶、花茶和各种名特茶。

(4)江北茶区

江北茶区属于茶树生态适宜性区划次适宜区,南起长江,北至秦岭、淮河,西起大巴山,东至山东半岛,包括甘肃、陕西和河南南部,湖北、安徽和江苏北部以及山东东南部等地,是我国最北的茶区。

江北茶区地形复杂,茶区多为黄棕壤,部分茶区为山地棕壤,这类土壤常出现粘盘层,不少茶区酸碱度略偏高。与其他茶区相比,江北茶区气温低,积温少,茶树新梢生育期短,大多数地区年平均气温在 15.5 ℃以下,≥10 ℃的积温在 4 500～5 200 ℃,无霜期 200 d 以上,极端最低气温在－10 ℃,个别地区可达－15 ℃。茶区降水量偏少,一般年降水量在 1 000 mm 左右,个别地方更少,往往有冬春干旱。全区干燥指数 0.75～1.00,空气相对湿度约 75%。

江北茶区茶树大多为灌木型中叶种和小叶种。有不少地方,因昼夜温度差异大,茶树自然品质形成好,适制绿茶,香高味浓。

(三)世界茶区分布

世界茶区分布面广(图 2-5),产茶国有 61 个(表 2-3),主要产区在亚洲。各国所处地理位置、气候条件不同,栽培的茶树品种、生产特点和生产茶类也有差异。

世界茶区分布图

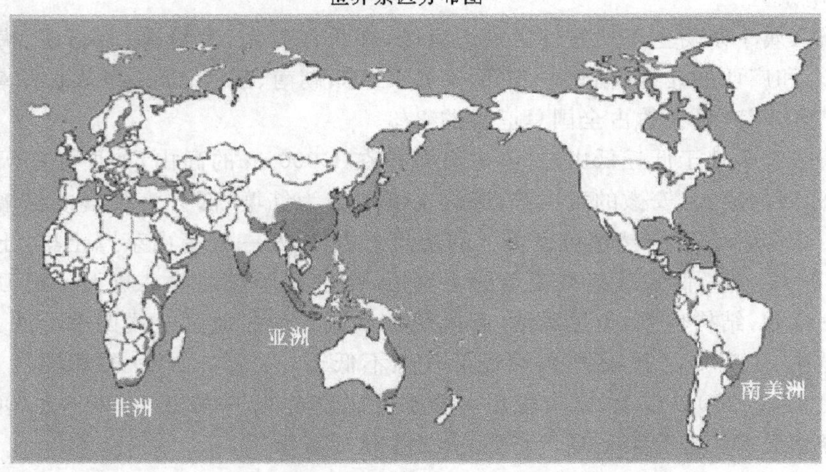

图 2-5　世界茶区分布图

表 2-3　世界茶叶生产国

洲别	产茶国数	国　名
亚洲	20	中国、印度、斯里兰卡、孟加拉、印度尼西亚、日本、土耳其、伊朗、马来西亚、越南、老挝、柬埔寨、泰国、缅甸、巴基斯坦、尼泊尔、菲律宾、韩国、朝鲜、阿富汗
非洲	21	肯尼亚、马拉维、乌干达、莫桑比克、坦桑尼亚、刚果、毛里求斯、罗得西亚、卢旺达、喀麦隆、布隆迪、扎伊尔、南非、埃塞俄比亚、马里、几内亚、摩洛哥、阿尔及利亚、津巴布韦、埃及、留尼汪岛
美洲	12	阿根廷、巴西、秘鲁、墨西哥、玻利维亚、哥伦比亚、厄瓜多尔、巴拉圭、圭亚那、牙买加、危地马拉、美国
大洋洲	3	巴布亚新几内亚、斐济、澳大利亚
欧洲	5	格鲁吉亚、阿塞拜疆、俄罗斯、葡萄牙、乌克兰

注：资料来源姚国坤著《茶文化概论》，2005 年

目前世界茶树分布区域界限，北从北纬 49°N 的乌克兰外喀尔巴阡地区，最南的为南纬 33°S 的南非纳塔尔，其中以北纬 6°～32°N 之间茶树种植最为集中，产量亦最大。茶树在世界地理上的分布，主要在亚热带和热带地区，垂直分布从低于海平面到海拔 2 300 m（印度尼西亚爪哇岛）范围内。五大洲都产茶，按 2010 年资料，亚洲茶叶产量占世界总产量的 81.84%，非洲占 14.93%，其他各洲仅占 3.23%（表 2-4）。全世界现有产茶国家 61 个，其中亚洲有 20 个，非洲有 21 个，美洲有 12 个，大洋洲 3 个，欧洲 5 个。

表 2-4　世界茶园面积、总产量和单产统计表

地区	总面积（万 hm^2）	总产量（万 t）	单产（$kg/667\ m^2$）
1940 年	94.1	51.23	36.29
1950 年	78.2	61.60	52.51
1960 年	120.0	95.20	52.89
1970 年	133.3	124.40	62.22
1980 年	233.7	184.80	52.72
1990 年	250.3	251.51	66.99
2000 年	238.4	292.90	81.91
2009 年	290.2	393.29	90.35
2011 年	290.5	421.71	96.78

从世界茶区分布来看，茶树对环境虽有特殊要求，但它对环境的适应能力很强，可在年平均温度相差较大的地区栽培，也可在降水量悬殊较大的区域里种植。由于茶树原产于亚热带地区，喜温和、湿润的气候，且世界上大部分茶区处于亚热带和热带的气候区域，因此在不同气候条件下，茶树生育情况也有差异。南纬16°S到北纬20°N之间的茶区，茶树可以全年生长和采摘，北纬20°N以上的茶区，茶树在年周期中有明显生长休止期。通常全年中1月与7月气温相差小于10 ℃下的茶区，茶树全年可生长，1—7月气温相差在10～15 ℃范围内的茶区为长季节性，而温差在15～25 ℃范围内的茶区为短季节性(表2-5)。

表2-5　世界茶区主要地点气温情况与茶树生长*

纬度	地点	月平均气温(℃)		1月与7月温差(℃)	茶树生长情况
		1月	7月		
北纬42°	格鲁吉亚	6.4	23.5	17.1	短季节性
北纬35°	日本名古屋	4.0	23.0	18.1	短季节性
北纬30°	中国汉口	4.4	28.6	24.2	短季节性
北纬27°	南印度托克莱	15.4	28.0	12.6	长季节性
北纬22°	中国广州	15.4	28.6	13.2	长季节性
北纬14°	越南土伦	17.9	19.3	1.4	全年性
北纬10°	南印度马拉巴	14.3	16.8	1.5	全年性
北纬7°	斯里兰卡科伦坡	18.1	18.1	0	全年性
北纬4°	印度圣丹	21.0	22.0	1.0	全年性
南纬6°	印度尼西亚茂物	23.0	24.7	1.7	全年性
南纬16°	东非尼亚萨兰	23.6	16.8	6.8	全年性

*引自骆耀平主编《茶树栽培学》第四版，中国农业出版社。

自2000年以来，全球茶叶总产量逐年递增，10年间增长38.85%。2010年，全球茶叶生产总量416.2万t(表2-6)，其中，中国茶叶产量世界第一，共产茶147.5万t，占全球茶叶总产量的35.4%；印度96.6万t，茶叶产量居世界第二，占全球茶叶总产量23.2%。产茶量列第三至第十位的国家分别是肯尼亚、斯里兰卡、越南、土耳其、印度尼西亚、阿根廷、日本和孟加拉国。上述10国茶叶产量之和占2010年全球茶叶总产量的92.3%。

表2-6　世界主要产茶国历年茶叶总产量(单位:万t)

年份	中国	印度	肯尼亚	斯里兰卡	越南
1961	9.71	35.44	1.26	20.65	0.75
1965	12.13	36.64	1.98	22.82	1.06
1970	16.35	41.85	4.12	21.22	1.47
1975	23.71	48.71	5.67	21.39	1.80
1980	32.85	56.96	8.99	19.14	2.10
1985	45.55	65.62	14.71	21.41	2.82
1990	56.24	68.81	19.70	23.32	3.22
1995	60.94	75.39	24.45	24.59	4.02
2000	70.37	82.60	23.63	30.58	6.99
2005	95.37	89.30	32.85	31.72	13.25
2010	147.50	96.60	39.90	33.10	15.70

注:资料来源:联合国两农组织粮农统计数据库(http://faostat.fao.org/，2012年)。

本章小结

中国是茶树的原产地，中国的西南地区包括云南、贵州、四川是茶树的起源中心。由于自然和人为的因素，经过漫长的时间，茶树传播到世界其他地区，形成今天的分布形势。茶树适生地区辽阔，自然条件优越，随着茶的利用不断增多和深入，茶树的种植区域也不断扩大。目前，依据我国茶区地域差异、产茶历史、品种分布、茶类结构、生产特点，全国国家一级茶区分为四大茶区，即华南茶区、西南茶区、江南茶区、江北茶区。

思考题

1. 茶树的起源地是哪里？
2. 茶树起源于我国西南地区的依据是什么？
3. 我国茶区划分为哪四大茶区？各有哪些特点？
4. 我国主要产茶省包括哪些省份？
5. 世界主要产茶国包括哪些国家？

第三章　茶树生物学基础

茶树所属的山茶科植物起源于上白垩纪至新生代第三纪的劳亚古大陆的热带和亚热带地区，至今已经有 6 000 万～7 000 万年的历史。在这漫长的地质和气候等的变迁过程中，茶树形成其特有的形态特征、生长发育和遗传规律，即具有与其他作物不同的生物学特性。了解茶树的生物学特性，对于实现茶叶高产、优质、低耗、高效栽培技术措施有重要意义。

一、茶树的植物学特征

茶树的植物学名称为 *Camellia sinensis*（L.）Kuntze，其植株是由根、茎、叶、花、果实和种子等器官构成的整体。根、茎、叶为营养器官，主要功能是担负营养和水分的吸收、运输、合成和贮藏，以及气体的交换等，同时也有繁殖功能；花、果实、种子等是生殖器官，主要担负繁衍后代的任务。茶树的各个器官是有机的统一整体，彼此之间有密切的联系，相互依存、相互协调。

（一）茶树的根

茶树根系由主根、侧根、吸收根和根毛组成。按发生部位不同，根可分为定根和不定根。

主根和各级侧根称为定根，而从茶树茎、叶、老根或根颈处发生的根称为不定根，如扦插苗形成的根。

主根是由胚根发育向下生长形成的中轴根，有很强的向地性，向土壤深层生长可达 1～2 m，甚至更深，当胚根伸长至 5～10 cm 时，就会发生一级侧根；一级侧根生长发育到一定阶段后，可发生二级侧根，以此类推，从而形成庞大的根系；侧根的前端生长出乳白色的吸收根，其表面密生根毛，如图 3-1 所示。

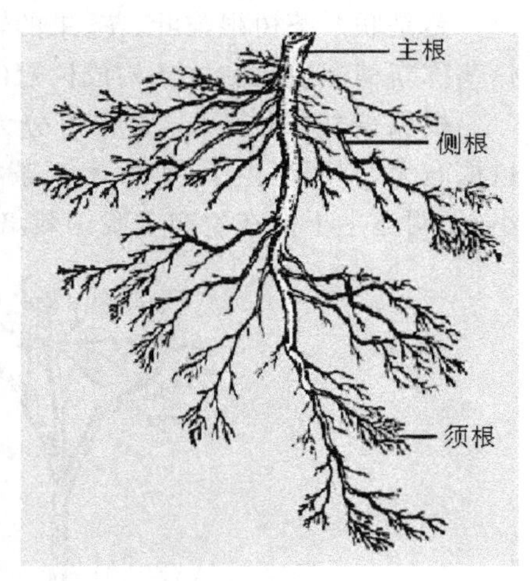

图 3-1　茶树的根系

主根和侧根呈红棕色，寿命长，起固定、贮藏和输导作用。吸收根主要是吸收水分和无机盐，也能吸收少量的 CO_2，但其寿命短，不断衰亡更新，少数未死亡的吸收根可发育成侧根。主根上的侧根是按螺旋形排列的，由于主根生长速度不均衡，以及各土层营养条件的差异，侧根发生有一定的节律，使茶树根系出现层状结构。

茶树根系在土壤的分布，与树龄、品种、种植方式与密度、生态条件以及农艺措施等因素有关。不同树龄茶树根系如图 3-2 所示。主根生长至一定年龄后，其生育速度慢于侧根，侧根向水平方向发展，其分布与耕作制度密切相关，若行间经常耕作，根系水平分布范围与树冠幅度大致相仿；在免耕或少耕的茶园内，根幅一般大于冠幅；吸收根一般分布在地表下 5～45 cm 土层内，集中分布处在地表下 20～30 cm 土层内。

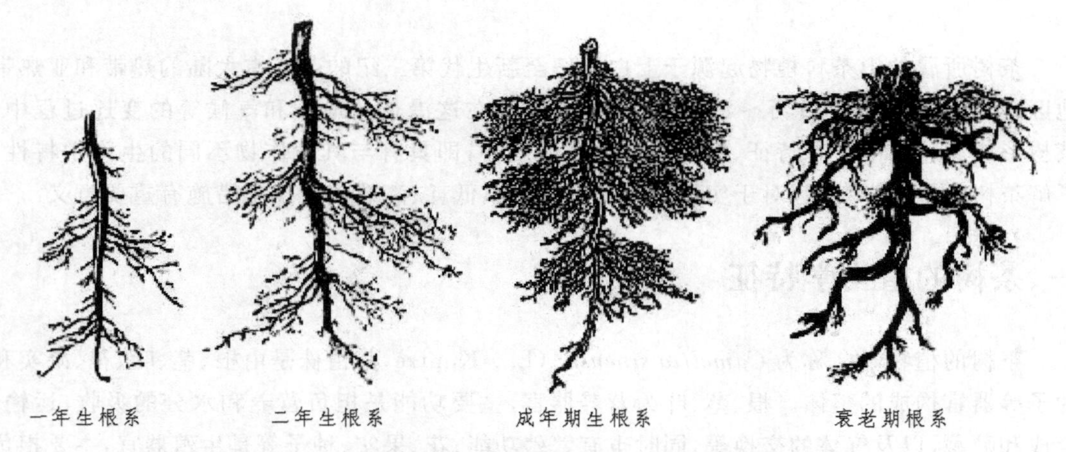

图 3-2　不同树龄的茶树根系形态（刘宝祥，1980）

茶树根系具有向肥性、向湿性、忌渍性，以及向土壤阻力小的方向生长等特性，故有时根系幅度和深度不一定与树冠幅度和高度相对应。

茶树的根系分布状况与生长动态是制订茶园施肥、耕作、灌溉等管理措施的主要依据。"根深叶茂"充分说明了培育好根系的重要性。

（二）茶树的茎

茎是联系茶树根与叶、花、果的轴状结构，其主干着生叶的成熟茎称枝条，着生叶的未成熟茎称新梢。主干和枝条构成树冠的骨架。

根据分枝部位不同，茶树可分为乔木、小乔木和灌木三种类型（图 3-3）。乔木型茶树，植株高大，有明显主干；小乔木型茶树，植株较高大，基部主干明显；灌木型茶树，植株较矮小，无明显主干。在生产上我国栽培最多的是灌木型和小乔木型茶树。

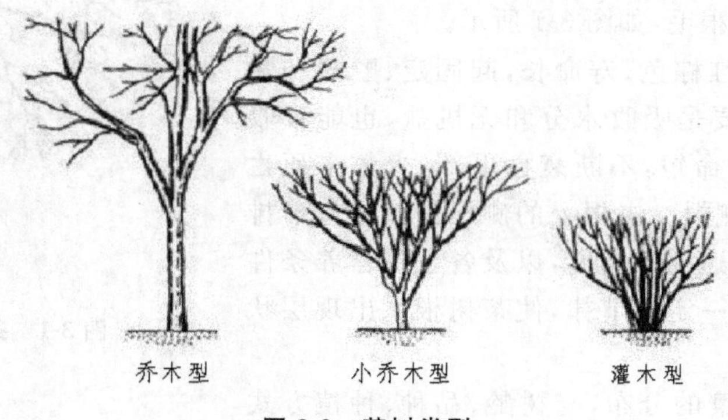

图 3-3　茶树类型

根据分枝角度不同，茶树冠分为直立状、半开展状和开展状（又称披张状）3种（图3-4）。茶树枝条按其着生位置和作用可分为主干和侧枝，侧枝按其粗细和作用不同又可分为骨干枝和细枝（生产枝）。

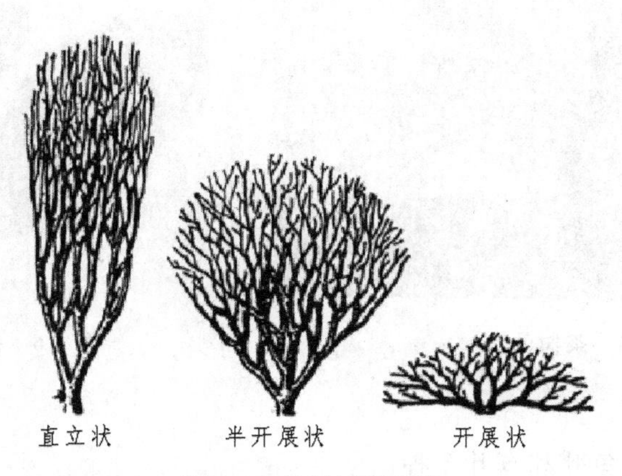

图3-4　茶树树冠形状

主干由胚轴发育而成，指根颈至第一级侧枝的部位，是区分茶树类型的主要依据。侧枝是主干上分生的枝条，依分枝级数命名，从主干上分生出的侧枝称一级侧枝，从一级侧枝上分生出的侧枝称二级侧枝，以此类推，它是衡量分枝密度的重要指标。骨干枝主要由一、二级分枝组成，其粗度是衡量茶树骨架健壮与否的重要指标之一，营养芽着生于细枝上，生长后形成新梢，所以细枝与新梢的数量、质量有密切关系。

茶树幼茎柔软，表皮青绿色，着生有茸毛，随着幼茎逐渐木质化，皮色由青绿—浅黄—红棕。1年生枝的茎上出现皮孔，形成裂纹，俗称麻梗，完全木质化时称为枝条。2～3年生枝条呈浅褐色，之后色泽由浅褐色—褐色—褐棕色—暗灰色—灰白色逐渐变化。

茶树分枝有单轴分枝与合轴分枝两种形式。自然生长的茶树，一般在二、三龄以内为单轴分枝（徒长枝亦为单轴分枝），其特点是顶芽生长占优势，侧芽生长弱于顶芽，主干明显。一般到四龄以后转为合轴分枝，其特点是主干的顶芽生长到一定高度后停止生长或生长缓慢，由近顶端下的腋芽生长取代顶芽的位置，形成侧枝。新的侧枝生长一段时间后，顶芽萎缩又由腋芽生长，逐渐形成多顶形态，依此发展，使树冠呈现开展状态。

（三）茶树的芽和叶

茶芽分为叶芽（又称营养芽）和花芽2种。叶芽发育为枝条，花芽发育为花。叶芽依其着生部位不同，分为定芽和不定芽。生长在枝条顶端的芽称为顶芽，生长在叶腋的芽称为腋芽。顶芽和腋芽均为定芽。

一般情况下顶芽大于腋芽，而且生长活动能力强。当新梢成熟后或因水分、养分不足时，顶芽停止生长而形成驻芽（图3-6）。驻芽及尚未活动的芽统称为休眠芽。处于正常生长活动的芽称为生长芽。在茶树茎及根颈处非叶腋部位长出的芽称为不定芽，不定芽又称潜伏芽。

按茶芽形成季节，分为冬芽与夏芽。冬芽秋冬形成，春夏发育，较肥壮；夏芽春夏形成，夏秋发育，较细小。冬芽外部包有鳞片3～5片，表面着生茸毛，能减少水分散失，并有一定

图 3-5　茶树的芽

图 3-6　茶树的驻芽

的御寒作用。

茶树叶片分鳞片、鱼叶和真叶 3 种。

鳞片无叶柄，质地较硬，呈黄绿或棕褐色，表面有茸毛与蜡质，随着茶芽萌展，鳞片逐渐脱落。

鱼叶是发育不完全的叶片，其色较淡，叶柄宽而扁平，叶缘一般无锯齿，或前端略有锯齿，侧脉不明显，叶形多呈倒卵形，叶尖圆钝。每轮新梢基部一般有鱼叶 1 片，多则 2～3 片，但夏秋梢无鱼叶的情况也时有发生。

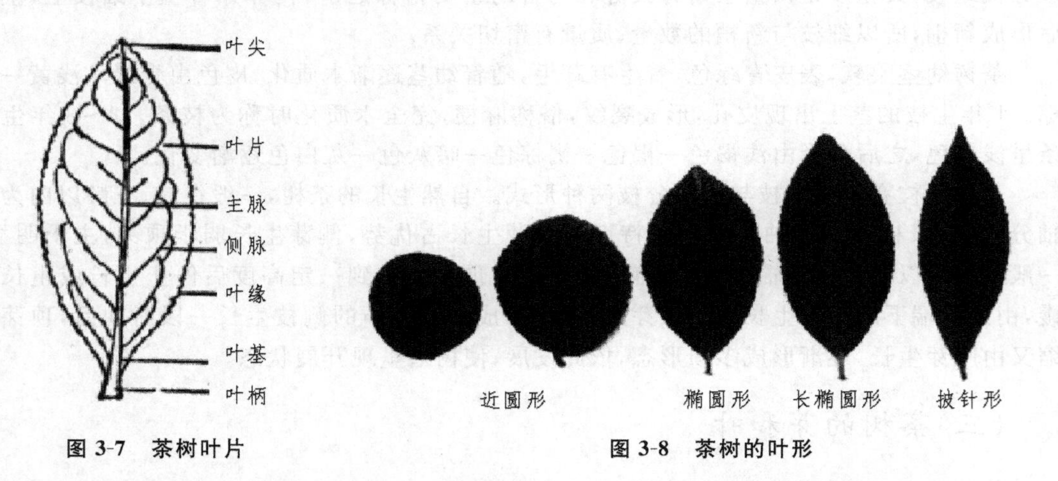

图 3-7　茶树叶片

图 3-8　茶树的叶形

真叶是发育完全的叶片。形态一般为椭圆形或长椭圆形，少数为卵形和披针形(图 3-8)；叶色有淡绿色、绿色、浓绿色、黄绿色、紫绿色，与茶类适制性有关。叶尖是茶树分类依据之一，分急尖、渐尖、钝尖、圆尖等。叶面有平滑、隆起与微隆起之分，隆起的叶片，叶肉生长旺盛，是优良品种特征之一。叶缘有锯齿，呈鹰嘴状，一般 16～32 对，随着叶片老化，锯齿上腺细胞脱落，并留有褐色疤痕，这也是茶树叶片特征之一。叶面光泽性有强、弱之分，光泽性强的属优良特征。叶缘形状有的平展，有的呈波浪状。嫩叶背面着生茸毛，是品质优良的标志。叶片着生状态有直立、水平和下垂之分。

茶叶主脉明显，主脉再分出细脉，连成网状，故称网状脉。侧脉呈＞45°角伸展至叶缘约

2/3 的部位，向上弯曲与上方侧脉相连接。侧脉对数因品种而异，多的 10～15 对，少的 5～7 对，一般 7～9 对。

叶片大小以定型叶的叶面积来区分，凡叶面积＞60 cm^2 的属特大叶，40～60 cm^2 的属大叶，20～40 cm^2 的为中叶，＜20 cm^2 的为小叶。叶面积的测量方法有求积仪法、方格法、称重法、公式法等，生产实际中以公式法应用为多，公式为：

叶面积（cm^2）＝叶长（cm）×叶宽（cm）×0.7（系数）

（四）茶树的花、果实和种子

1. 茶树的花

花芽与叶芽同时着生于叶腋间，其数为 1～5 个，甚至更多，花轴短而粗，属假总状花序：有单生、对生和丛生等（图 3-9）。茶花为两性花，由花柄、花萼、花冠、雄蕊和雌蕊五个部分组成。

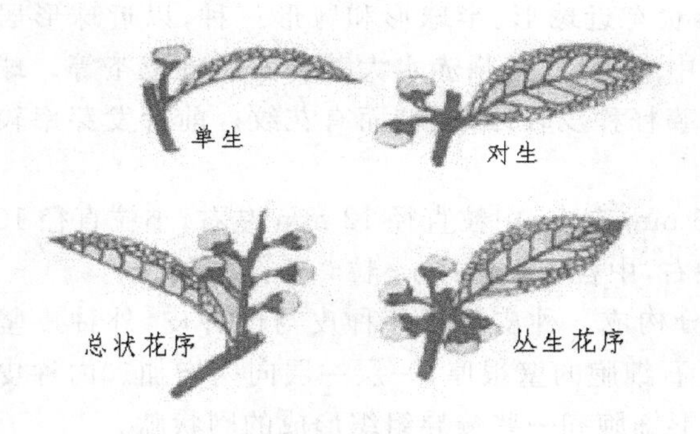

图 3-9　茶树的花序

图 3-10　茶树花

花萼位于花的最外层，由 5～7 个萼片组成，萼片近圆形，绿色或绿褐色，起保护作用；受精后，萼片向内闭合，保护子房直至果实成熟也不脱落。

花冠白色，也有少数呈粉红色。花冠由 5～9 片发育不一致的花瓣组成，分 2 层排列，花冠上部分离，下部联合并与雄蕊外面一轮合生在一起。花谢时，花冠与雄蕊一起脱落。花冠大小依品种而异，大花直径 4.0～5.0 cm，中花直径 3.0～4.0 cm，小花直径 2.5 cm 左右。

雄蕊数目很多，一般每朵花有 200～300 枚。每个雄蕊由花丝和花药构成。花药内含无数花粉粒。雌蕊由子房、花柱和柱头三部分组成。枝头 3～5 裂，开花时能分泌黏液．使花粉粒易于黏着，而且有利于花粉萌发。柱头分裂数目和分裂深浅可作为茶树分类的依据之一。

花柱是花粉管进入子房的通道。雌蕊基部膨大部分为子房，内分 3～5 室，每室 4 个胚珠，子房上大都着生茸毛，也有少数无毛的。子房上是否有毛，也是茶树分类的重要依据之一。

2. 茶树的果实和种子

茶果为蒴果，成熟时果壳开裂，种子落地。果皮未成熟时为绿色，成熟后变为棕绿色或绿褐色。果皮光滑，厚度不一，薄的成熟早，厚的成熟迟。

茶果形状和大小与茶果内种子粒数有关，着生一粒种子时，其果为球形；二粒种子时，其果为肾形；三粒种子时，其果呈三角形；四粒种子时，其果正方形；五粒种子对，其果似梅花形

(图 3-11)。

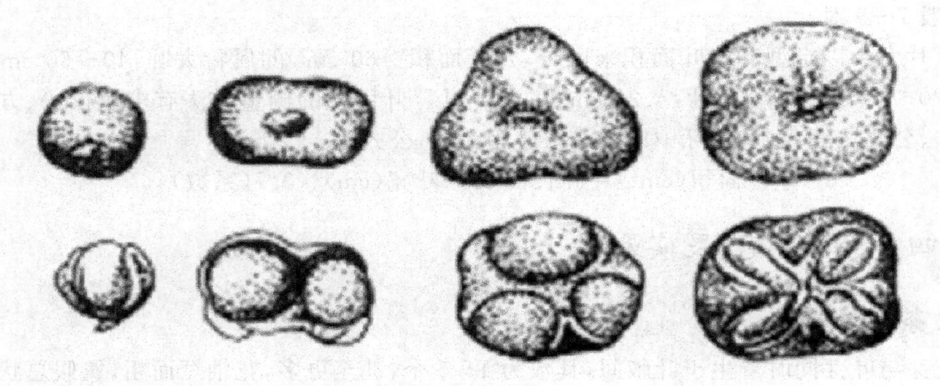

图 3-11　茶树的果实

茶籽大多数为棕褐色或黑褐色。茶籽形状有近球形、半球形和肾形三种，以近球形居多，半球形次之，肾形茶籽只在西南少数品种中发现，如贵州赤水大茶和四川枇杷茶等。球形与半球形茶籽种皮较薄，而且较光滑；肾形茶籽种皮较厚，粗糙而有花纹。前者发芽率较高，后者发芽率较低。

茶籽大小依品种而异。大粒茶籽直径 15 mm 左右，中粒直径 12 mm 左右，小粒直径 10 mm 左右。茶籽质量差异也明显，大粒 2 g 左右，中粒 1 g 左右，小粒 0.5 g 左右。

茶籽是茶树的种子，由种皮和种胚两部分构成。种皮又分外种皮与内种皮，外种皮坚硬，由外珠被发育而成，6～7 层石细胞组成。石细胞的壁很厚，一层一层向内增加。内种皮与外种皮相连，由内珠被发育而成，数层长方形细胞和一些输导组织形成的网状脉。

种子干燥时，内种皮可脱离外种皮，紧贴于种胚，并随着种胚的缩小而形成许多皱纹。种子内的输导组织主要是一些螺纹导管。内种皮之下有一层由拟脂质形成的薄膜，此膜可能与种子休眠有关。因为种子发芽时，膜上的脂类物质均被分解，采用 25～28 ℃温水处理，可以加速脂类物质的分解过程，使种子提前发芽。

二、茶树的一生

茶树的生长、发育有它自己的规律，这种规律是受茶树有机体的生理代谢所支配而发生、发展的。茶树是多年生木本植物，既有一生的总发育周期，又有一年中生长和休止的年发育周期。

所谓茶树总发育周期，即茶树的一生，是指茶树一生的生长、发育进程。茶树的生命，从受精的卵细胞(合子)开始就成为一个独立的、有生命的有机体。合子经过一年左右的时间，在母树上生长、发育而成为一粒成熟的茶籽。茶籽播种后发芽，出土形成一株茶苗。茶苗不断地从环境中获取营养元素和能量，逐渐生长，发育长成一株根深叶茂的茶树，开花、结实，繁殖出新的后代。茶树自身也在人为和自然条件下，逐渐趋于衰老，最终死亡。这一生育全过程称为茶树生育的总发育周期(图 3-12)。

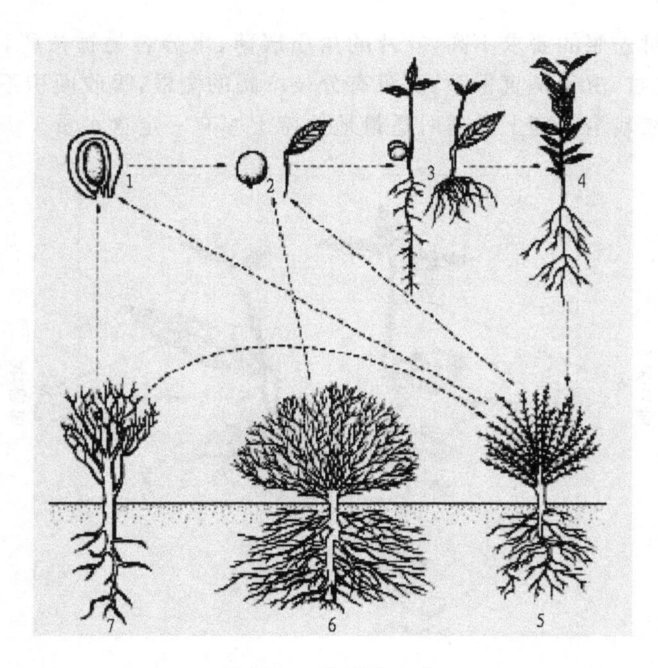

图 3-12　茶树的一生

1.合子;2.茶籽及插穗;3.幼苗期;4.幼年期;5～6.成年期;7.衰老期

茶树在自然下生长发育的时间为生物学年龄。按照茶树的生育特点和生产实际应用，我们常把茶树划分为四个生物学年龄时期，即幼苗期、幼年期、成年期、衰老期。

(一)幼苗期

高等植物的个体发育，理论上应当是从受精卵开始的。但是，在生产上计算植物的生物学年龄时期，通常是从种子萌发或扦插苗成活开始的。

茶树幼苗期就是指从茶籽萌发到茶苗出土直至第一次生长休止时为止。无性繁殖的茶树，是从营养体再生到形成完整独立植株的时间，大约需 4～8 个月的时间。

茶籽播种后，吸水膨胀，茶籽内的贮藏物质，趋向水解，供给胚生长、发育所需要的营养物质。种壳胀破后，胚根首先伸长，并向下伸展。这段时期，由于胚芽尚未出土，它生长、发育所需要的养分，主要来源是依靠种子贮藏的物质的降解而供给的。因此，它对外界环境的主要要求是要能满足水分、温度和空气三个条件。

茶苗出土后，当真叶展开 3～5 片时，茎顶端的顶芽，形成了驻芽，开始第一次生长休止。这一阶段，茶苗出土后，叶片很快形成了叶绿素，根系从土壤中吸收营养元素，茶苗自身具有光合作用能力，合成其生长、发育所需要的有机物质，从而由单纯地依靠子叶供给营养的异养阶段，过渡到双重营养形式阶段，子叶的异养和根系吸收矿质元素、水分，叶片进行光合作用制造营养物质的自养，最后完全由同化作用制造的营养物质所取代，进入自养营养阶段。

扦插苗在生根以前主要依靠茎、叶中贮藏的物质营养，此时水分及时供应非常重要，发根后从土壤中吸收养分，则保证水、肥供应成为影响生育的主要因子。

幼苗期茶树容易受到恶劣环境条件的影响，特别是高温和干旱，茶苗最易受害，因为这时的茶苗较耐阴，对光照的要求不高，叶片的角质层薄，水分容易被蒸腾，而根系伸展不深，一般只有 20 cm 左右，由于是直根系，更没有分枝广阔的侧根，吸收面积不大，抗御干旱等逆境的能力小，所以在栽培管理上要适时适量地保持土壤有一定含水量。

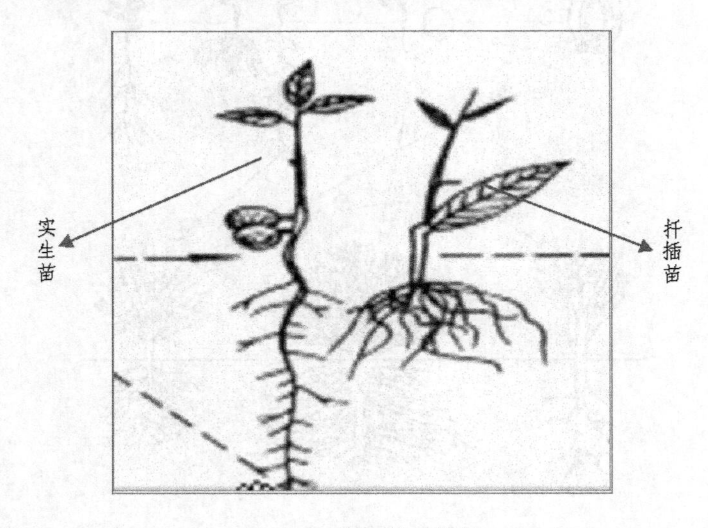

图 3-13　幼苗期的茶树

（二）幼年期

从第一次生长生长休止到茶树正式投产这一时期称为幼年期，约为 3～4 年，时间的长短与栽培管理水平、自然条件有着很密切的关系。完成这一时期后，茶树约有 3～5 足龄。有的茶树七八龄仍然不能正式投产，主要是管理或其他条件不善，引起茶树生长衰弱。

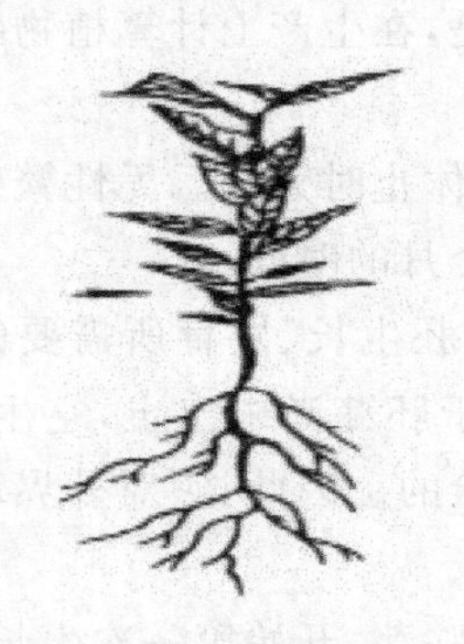
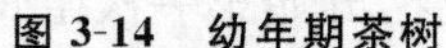

图 3-14　幼年期茶树

图 3-15　幼年茶园

幼年期是茶树生育十分旺盛的时期，在自然生长的条件下，茶树地上部分生长旺盛，表现为单轴分枝：顶芽不断地向上生长，而侧枝很少，当第一次生长休止后，在主轴上可能生长侧枝，但这些侧枝的生长速度缓慢，所以在茶树 3 年生之前，常表现出有明显的主干，但在人为修剪的条件下，这种现象则不显著。

幼年期茶树的根系，实生苗开始阶段为直根系，主根明显并向土层深处伸展，侧根很少，以后侧根逐渐发达，向深处和四周扩展，此时仍可以看出较明显的主根。一般在 3 年生前

后，茶树开始开花结实，而数量不多，结实率也低。

由于幼年期茶树的可塑性大，这一时期在措施上，必须抓好定型修剪，以抑制其主干向上生长，促进侧枝生长，培养粗壮的骨干枝，形成浓密的分枝树型。同时，要求土壤深厚、疏松，使根系分布深广。由于这时是培养树冠采摘面的重要时期，绝对不能乱采，以免影响茶树的生育机能，而这时茶树的各种器官，都比较幼嫩，特别是1～2年生的时候，对各种自然灾害（如干旱、冷冻、病虫）的抗性都较弱，要注意保护。

（三）成年期

成年期是指茶树正式投产到第一次进行更新改造时为止的时期，亦称青、壮年时期。这一生物学年龄时期，可长达20～30年。

成年期是茶树生育最旺盛的时期，产量和品质都处于高峰阶段。成年期的前期随着树龄增长，茶树分枝愈分愈多，树冠愈来愈密，到八九龄时，自然生长的茶树，已有7～8级分枝，而修剪的茶树，可达11～12级分枝。此时的茶树分枝方式，在同一株茶树上同时存在着单轴分枝和合轴分枝两种分枝形式，年龄较大的枝条已经转变为合轴分枝方式，而年龄较幼的枝条，仍然保持着单轴分枝的方式。茂密的树冠和开展的树姿，形成较大的覆盖度，充分利用周围环境中营养和能量的能力增强了，为高产创造了有利条件。

同时，地下部分的根系，也随着树龄增长而不断地分化，形成了具有发达侧根的分枝根系，而且以根轴为中心，向四周扩展的离心生长十分明显，一株10年生的茶树根系所占体积约为地上部分树冠的1～1.5倍。所以产量也是随着年龄增长而增长。

到了成年期的中期，由于不断地采摘和修剪，树冠面上的小侧枝愈分愈细，并逐渐受到营养条件的限制而衰老，尤其是树冠内部的小侧枝表现更明显。此时的茶树仍然有旺盛的生育能力，茶树树冠的四周可以萌发新的枝条，其萌芽的能力逐渐衰退，顶部的枯死小细枝增多。而且有许多带有结节的"鸡爪枝"，这种结节妨碍物质的运输，以致促使下部较粗壮的枝条上重新萌发出新的枝条，位侧枝更新，有的就会从根颈部萌发出徒长枝。这些徒长枝具有幼年茶树的生育特性，节间长、叶片较大，枝条又恢复单轴分枝方式，从而以这些徒长枝为基础形成了新的树冠，代替了衰老的树冠，称之为茶树的自然更新现象。

成年期后期，茶树在外观上表现为树冠面上细弱枯枝多，萌芽率低、对夹叶增多，骨干枝呈棕褐色甚至灰白色；吸收根的分布范围也随之缩小；生殖生长增强，开花结实明显增多，而营养生长减弱，产量、品质下降，就有必要进行树冠中下部枝的更新改造。

这一时期栽培管理的任务，要尽量延长这一时期所持续的年限，以便最大限度地获得高产、稳产、优质的茶叶。同时，要加强培肥管理，使茶树保持旺盛的树势，可采用轻修剪和深修剪交替进行的方法，更新树冠，整理树冠面，清除树冠内的病虫枝、枯枝和细弱枝。当然在投产初期，注意培养树冠，使之迅速扩大采摘面，也是前期的重要管理任务之一。

（四）衰老期

衰老期指茶树从第一次更新开始到植株死亡为止的时间。这一时期的长短因管理水平、环境条件、品种的不同而异，一般可达数十年，茶树的一生可达100年以上，而经济年限一般40～60年。

茶树经过更新以后，重新恢复了树势，形成了新的树冠，从而得到复壮。经过若干年采摘和修剪以后，又再度逐渐趋向衰老，必须进行第二次更新。如此往复循环，不断更新，其复壮能力也逐渐减弱，更新后生长出来的枝条也渐细弱，而且每次更新间隔的时间也愈来愈短，最后茶树完全丧失更新能力而全株死亡。茶树根系也随着地上部的更新而得到复壮，但当树冠重新衰老后，外围根系逐渐死亡，而呈向心性生长，以致形成近主根部位有少量的吸收根，这种状况虽然随着每次地上部分更新而得到改善，但总的趋势是与地上部分一样，逐渐向更衰老的方向发展，经过较长时间的反复，最后完全失去再生能力而死亡。

衰老期应当加强管理，以延缓每次更新所间隔的时间，使茶树发挥出最大的生产潜力，延长经济生产年限。茶树已十分衰老，经过数次台刈更新后，产量仍不能提高的，应及时挖除改种。

三、茶树的一年

茶树的年发育周期，是指茶树在一年中的生长、发育进程。茶树在一年中由于受到自身的生育特性和外界环境条件的双重影响，而表现出在不同的季节，具有不同的生育特点，芽的萌发、休止，叶片展开、成熟，根的生长和死亡，开花、结实等。

（一）茶树枝梢的生长发育

茶树树冠是由粗细、长短不同的分枝及茂密的叶片所组成的。枝条原始体就是茶芽，芽伸展首先展开叶片，节间伸长而形成新稍，新梢增粗，长度不断增长，木质化程度不断提高而成为枝条。

1. 茶树的分枝

茶树分枝方式是从幼年期的单轴分枝，逐步过渡到合轴分枝的，这种过渡是在成年时期逐步完成的，而且当从根颈部产生新的徒长枝时，这两种分枝方式在茶树上可以同时表现出来。这种分枝方式的改变，应该认为是合理的进化适应。因为，顶芽的生长阻碍了侧芽的发育，合轴分枝却改变了这种情况，使侧芽得到发育生长，新梢和叶片数量的增加，茶树的光合作用面积增大，是茶树丰产优质的基础。茶树分枝方式为什么有这样的改变，目前还没有完全清楚，大致有下列几种认识：

(1)茶树年龄不断增长，枝条顶端生长点细胞由于不断地分生，细胞原生质发生变化，因而顶芽的分生能力衰退。

(2)随着树龄的不断增长，开花结果数量增多，养分的消耗增多，由于养分不能充分供应顶芽生长的需要，顶芽生长受到抑制。

(3)茶树不断长高，顶端和根系之间的距离愈来愈长，根系吸收的水分、矿质盐类等向上运输的距离远，从而消耗的能量也多，物质交换困难，因而限制了顶芽的继续生育。

自然生长的茶树与栽培茶树的分枝级数是不同的。自然生长茶树达到 2 足龄时，高度可达 40～50 cm，有 1～2 级分枝；3 年生约有 2～3 级分枝，一般约每年增 1 级，达到 8 年生时，有 7～8 级分枝。在正常情况下，到分枝达 4～5 级时，便趋向开花结果。到一定年龄时，分枝级数便不再增加，所以自然生长的茶树分枝不符合生产的要求。而栽培茶树 8 年生可

以有 10～12 级分枝，形成分枝茂密、树冠采摘面大的树型。

2. 茶树新梢的生长

新梢是茶树的收获对象。采摘就是从新梢上采下幼嫩的叶片和芽(常称为芽叶)，进而加工成各种茶叶，所以了解新梢的生长发育规律，是制订合理的农业技术措施的重要依据。

冬季茶树树冠上有大量的呈休眠状态的营养芽，芽的外面授盖着鳞片越冬。第二年春季当气温上升达 10 ℃左右时，营养芽便开始活动，此时芽的内部进行着复杂的生理生化变化，为细胞的分生和伸长创造条件。

芽处于休眠状态时，细胞白由水减少，原生质呈凝胶状态、脂肪物质增多，许多生理活动进行缓慢。芽开始萌动时，呼吸作用显著加强，水分含量迅速增加，从而促进各种器官贮藏的物质如淀粉、蛋白质、脂类等水解，提供呼吸基质，并为细胞的分裂和扩大准备组成物质。这种状况是随着温度的升高、水分含量的不断增加而加强。

芽的膨胀使体积增大，达到一定程度时，鳞片便逐渐展开。第一片展开的是质硬脆、尖端呈褐色的鳞片，常在新梢生长过程中脱落，只能看到着叶处的痕迹。芽继续生长是色叶展开，鱼叶展开后才展开第一片真叶，以后陆续展开约 2～7 片真叶。真叶刚刚与芽分离时，叶上表面向内翻卷，嗣后叶缘向叶背卷曲，最后逐渐展开。

新梢展叶数的多少，决定因素是叶原基分化时产生的叶原基数目，同时受环境条件、水分、养分状况的制约。例如在气温适宜、水分、养分供应充足时，展开的叶片数多一些；反之，天气炎热、干旱或养分不足时，展开的叶片数就少一些。真叶全部展开后，顶芽生长休止，形成驻芽。驻芽休止一段时间后，又继续展叶，向上生长。

我国大部分茶区，全年可以发生 4～5 轮新梢，少数地区或栽培管理良好的，可以发生 6 轮新梢。在生产中如何增加全年发生的轮次，特别是增加采摘轮次，缩短轮次间的间隔时间，是获得高产的重要环节。

凡是新梢具有继续生长和展叶能力的都称为正常的未成熟新梢；当新梢生长过程中顶芽不再展叶和生长休止时，芽成为驻芽，称为正常的成熟新梢；而有些新梢萌发后只展开 2～3 片新叶，顶芽就呈驻芽，而且顶端的两片叶片，节间很短，似对生状态，称为对夹叶或称摊片，是不正常的成熟新梢。

3. 茶树叶片的生育

叶片是茶树进行光合作用与合成有机物质的重要器官，也是人们采收的对象。它含有许多无机和有机的成分，这些成分的含量都因叶位不同而有差异，从而也形成了品质特点的差异。

叶片在它的发育过程中，随着内部结构的变化，其生理机能也逐步加强。初展时的叶片，呼吸强度大，同化能力低，生长所需的养分和能量，来自邻近的老叶和根、茎部供给；但随着叶片的成长，各种细胞、组织分化更趋完善，其同化能力有明显的提高。

一般来说，叶片展开后 3 d 左右达到叶面积最大值，此时可称为成熟叶。叶片的寿命与叶片的着生部位、品种、环境条件有关。茶树虽然是常绿植物，但其叶片经过一定时间后也要脱落，只不过叶片的形成时间不同，落叶有前有后。叶片寿命因品种也有差异，多数叶片寿命不到一年就会脱落。研究表明，寿命一年以上的叶片只占 25%～40%，个别品种甚至只有 5%左右；叶片寿命一般不超过 2 年。另外，叶片着生部位和生长季节也对叶片寿命也有影响，着生在春梢上的叶片寿命比着生在夏秋梢上的长1～2个月，其中品种毛蟹春梢叶片寿命最长达409 d，而福鼎大白茶夏秋梢上着生的叶片寿命最短，仅259 d。

从不同时间的落叶情况看，落叶全年都在发生，但月份间和品种间有差异，落叶高峰期，福建水仙在5月份，占全年总落叶量的72%；其他品种的落叶高峰期分别为：毛蟹在8月份，福鼎大白茶和政和大白茶在3—5月份，龙井茶在4—5月份。

此外，气候条件不良、土层瘠薄、管理水平低以及病虫危害等因素，也会引起不正常的落叶。影响尤其严重的是冻害气候条件，严重时甚至会全株落叶，对产量影响很大。

(二)茶树根系的发育

1.根系作用

茶树的地上部与地下部是相互促进、相互制约的整体，地下部根系生长好坏，直接影响到地上部枝叶的生长。只有根系发达才能有茂盛的枝叶，即所谓根深才能叶茂。

茶树根系对地上部分不但起到支持和固定作用，而且更重要的是从土壤吸收养分供地上部生长发育所需。根系吸收的养分主要是矿质盐类，以及部分有机物质，如天门冬酰胺、维生素、生长素等，但不能吸收不溶于水的高分子的蛋白质、拟脂、多糖等有机化合物。根系可从土壤空气和土壤碳酸盐溶液中吸取二氧化碳，输送到叶片中供光合作用。根系也是贮藏有机物质的场所。同时，根系也是某些有机物质合成的场所，如酰胺类和茶叶中的特殊氨基酸——茶氨酸都在根系中合成。

2.根系更新

据观察，在浙江杭州的气候条件下，茶树根系在3月上旬以前，生长活动很微弱；3月上旬到4月上旬，根系活动较明显；4月中旬到5月中旬，地上部分生长活跃时，根的增长很少；6月上旬、8月中旬、10月上旬，根系的增长加快，尤其是10月上旬地上部分进入休眠时，根系的生长特别旺盛。茶树根系死亡更新主要发生在冬季的12月至翌年的2月的休眠期内。

在茶树进入休眠期之前施用铵态氮肥，被茶树吸收后转化成茶氨酸、精氨酸、谷酰胺并贮于茶根中，翌年春芽萌发时，输送到新梢。夏茶之前追肥施用的铵态氮，同样能提高根部茶氨酸、精氨酸的浓度，随新梢的生育而下降。

3.根系分布特征

根据研究，茶树根系分布具有以下特征：

(1)吸收根的分布随树龄而变化。成龄茶树的吸收根在水平和垂直两个方向的分布范围最广，随着茶树衰老，吸收根分布范围减小；但台刈更新后，吸收根的分布范围恢复扩大。

(2)从幼年到成年阶段茶树吸收根集中分布的部位，由根颈部附近逐渐向行间发展，衰老茶树则逐渐向内缩减，台刈以后吸收根又重新向外、向下发展。

(3)吸收根主要分布在土壤表层下10～30 cm处。在0～50 cm土层内根总重量的50%。根量随树龄增长而增加，根系的发育、分布随品种、栽培方式等不同而有差异。

茶树根系有较强的趋肥性。根系在肥沃、疏松的土壤中生长密集，发育良好；而在贫瘠的土壤上生长的根系少，尤其是吸收根总量少。施肥后，根系会向肥料集中的土层里伸展。在生产中，如果经常浅施化肥，而很少施用有机肥料，则吸收根多集中在土壤表层。经常深

施基肥的，则吸收根集中部位向下层伸展。在坡地上，如果只在上坡施肥的，则吸收根集中于上方。

影响茶树根系生育的外部因素主要是：温度、养分和水分。生产中如能正确调整好这几个因子的水平，尤其是保证养分供应，对实现高产优质十分有利。

（三）茶树的开花结实

茶树开花结实是实现自然繁殖后代的生殖生长过程。茶树一生要经过多次开花结实，一般生育正常的茶树是从第3～5年就开花结实，直到植株死亡。茶树开花结实的习性，因品种、环境条件不同而有差异。

1. 茶树开花结实因品种而异

茶树多数品种都是可以开花结实的，但有些品种，如政和大白茶、福建水仙、佛手等是只开花不结实，或者是结实率极低，称之为不稔性（不育性）。这些品种必须通过无性繁殖繁衍后代。

开花结实还受茶树年龄和环境条件影响，幼年茶树的结实少于老年茶树；在环境条件优越的情况下，幼年茶树营养生长旺盛，开花结实少；在不良环境条件（如干旱、寒冻、土层浅薄、管理水平低等）下生长的幼年茶树，常会引起早衰而提早开花结实。

2. 茶树开花结实规律

花芽发育成花蕾的过程是：首先花芽的生长锥开始分裂，其最外两个叶原基发育成为苞片，使花芽体积膨大，随着生长点细胞的分裂逐渐形成弯片；当萼片分化发育的同时，出现花瓣的原始小突起；花瓣的分化形成，使外形体积增大，并使萼片展开；当花瓣分化发育时出现雄蕊的原始体，再形成雌蕊原始体，并分别分化为花药、花丝、花柱和子房，最终成为完整的花蕾。从花芽分化到花蕾形成约需20～30 d时间。一般在7月下旬至8月上旬就可以看到直径约2～3 mm的花蕾。

花芽从6月份开始分化，以后各月都能不断发生，一般可以延续到11月，甚至至翌年春季，愈是向后推迟，开花、结实率都愈低。以夏季和初秋形成的花蕾，开花和结实率较高。

茶树的开花期，在我国大部分茶区是从9月中、下旬开始，有的在10月上旬。从花芽的分化到开花，约需100～110 d。9月到10月下旬为始花期，10月中旬到11月中旬为盛花期，11月下旬到12月为终花期。个别茶区如云南的始花期在9—12月，盛花期在12月至翌年1月。开花的迟早因品种和环境条件下而异，小叶种开花早，大叶种开花迟；当年冷空气来临早，开花也提早。还有少数花芽越冬后在早春开花，这是由于某些花芽形成时期较迟，遇到冬季低温，花芽呈休眠状态，待到春季气温上升，就恢复生育活动，继续开花，但是，这种花发育不健全，很快就会脱落。

茶花开放有一定次序，一般主枝上着生的花先开，侧枝上着生的花后开。就同一叶腋间的花蕾，其开花次序则无规则，一般是叶芽主轴上的花蕾先开，辅助花芽（即由花梗的鳞片处着生的花芽）发育成的花蕾后开。通常先开放的花，其生命力较强，结实率也高。

3. 影响开花结实因素

茶花尚未开放时，花药也未裂开，柱头干燥待花瓣开放后，雄蕊暴露于大气中，这时花药的膜内壁细胞失水而体积减小，由于内外侧细胞壁的厚薄不同，产生不均匀的收缩，使花药破裂,花粉粒散出。同时柱头湿润,蜜腺也分泌蜜汁,芬芳的花朵诱来蜜蜂、苍蝇、蚂蚁、甲虫等昆虫,其中以蜜蜂最多。借助昆虫的传播,将花粉粒传播到另外花朵的柱头上进行异花授粉,这些昆虫活动最旺盛的时期是在开花盛期,到终花期天气已较寒冷,昆虫活动不及初期。

另外在下雨或空气潮湿的情况下,也会影响昆虫的飞翔活动。由于这些原因,茶花授粉率较低,这也是茶树花多而结实率低的原因之一。在一般天气,它从花药上落下来以后撒到叶片、枝条和地面上,遇到下雨时易从植株上被落到土壤土,很少在空气里飞扬。而只有在特别适宜的气候条件下,干燥有风时才有携带花粉的可能。因此,茶树风媒授粉往往受到限制。

4. 茶树果实发育

茶树花受精后,翌年的10月份外种皮变为黑褐色,子叶饱满,种子含水量40%～60%之间,脂肪含量为30%左右,果皮呈棕色或紫褐色,开始从果背裂开,茶果局面果类,这时种子为蜡熟期,可以采收。

从花芽形成到种子成熟,约需一年半的时间。在茶树上,每年的6月到12月的6个月时间中,一方面是当年的茶花孕蕾开花和授粉,另一方面是上一年受精的茶果发育形成种子并成熟的过程;二年的花、果同时发育生长,这是茶树生物学的特性之一。这些过程是大量消耗养分的生理活动过程,此时茶树对养分供应要求很高。

茶树开花数量虽然很多,但是能结实的仅占2%～4%,其主要原因是:

(1)茶花受粉不育。茶树是异花授粉植物,而且一般柱头比雄蕊高,白花授粉困难。同时,茶树花受粉不育也是降低结实率的原因。从气候条件分析,10月份以后气温渐低,昆虫活动减少,花粉传播受到限制。一些花芽分化迟的茶花,授粉机会少,只有9—10月份开放的花才有较好的结实力。

(2)花粉有缺陷。茶花花粉粒在其发育的最后阶段,会有发育不规则的现象出现。因为一般双子叶植物的花粉母细胞,在最后阶段经过3次减数分裂,而成为4个细胞,即四分体。茶树的这一分裂过程常出现不规则现象,形成2个或3个细胞,这种花粉粒处于退化状态,有缺陷的花粉粒发芽不正常。另外,也有的是因为胚珠发育不健全而引起落果,即授粉后也产生脱落。

(3)外界不良环境条件影响。阴雨天气花粉的传播受到限制,即使在柱头上也易掉落或不能发芽,气温低也影响花粉粒发芽。另外,养分供应状况也会影响授粉和落花落果。据研究,各个时期都有落果,特别是幼果阶段落果数量最多。

5. 茶籽的采收、播种

霜降前后茶籽成熟,一般在10月中旬前后可采收。采收后的茶籽,是否要经过"后熟期"以后才能萌发,目前的看法尚不一致。有人认为,刚采收的茶籽外表虽已成熟,即使给予适宜的外界条件,也不能萌发,具有"后熟期"。也有人认为,只要外界条件适宜,刚采收的茶籽经3～5 d就会萌发,故不存在"后熟期"。

在常温条件下贮藏,茶籽的寿命不足1年。茶籽采收后,应及时去除果壳,立即播入土中,或者以适宜的条件进行贮藏,以保证春播时的发芽率。我国大部分茶区,茶籽采收后,在秋冬季立即播种,翌年春季开始萌发。贮藏越冬的茶籽,在春季播种后1个多月即可萌发。茶籽的萌发需要水分、温度和充足的氧气。

四、茶树适生环境

茶树生育对环境条件有一定要求。众多环境因子在时间和空间上对茶树的作用，在不同情况下是不同的。茶树生育环境中周边的气象因子、土壤因子、地形与地势因子、生物因子、人为因子等，都会对茶树带来各式各样的影响。茶树在长期的进化过程中，逐渐适应在一定的环境条件下生长发育，形成自身的特性："喜酸怕碱"、"喜光怕晒"、"喜温怕寒"、"喜湿怕涝"。下面从光、温、水、土等四方面介绍茶树对环境条件的要求。

（一）光线

茶树与其他作物一样，利用光能合成自身生长所需的碳水化合物，其生物产量90%～95%是光合作用产物。茶树喜光耐阴，忌强光直射。在其生育过程中，茶树对光谱成分（光质）、光照强度、光照时间等有着与其他作物不完全一致的要求与变化。光影响茶树代谢状况，也影响品质。

光是植物进行光合作用形成碳水化合物的必要条件，影响着植物生长发育。茶树幼苗在不同的光照条件下，强度遮光的茶苗外表形态表现为茎干细而长，叶子较小；中度遮光的茶苗外表形态与前者不同，植株高矮居中，叶大色绿，叶面隆起，植株发育良好；不遮光处理的茶苗则生长较矮，节间密集，叶子大小处于二个处理的中间，叶色呈深暗色，嫩叶叶面粗糙，但茎干粗壮。成年茶树也是如此，空旷地全光照条件下生育的茶树，因光照强，叶形小、叶片厚、节间短、叶质硬脆，而生长在林冠下的茶树叶形大、叶片薄、节间长、叶质柔软。茶园适度遮阴，可提高茶叶中氨基酸总量，芽梢含水量高，持嫩性强。

（二）温度

在茶树生育过程中，有三个主要的温度界限：最适温度、最高温度、最低温度。据研究，茶树的最适温度为20～25 ℃，最低温度为－6～－16 ℃。茶树耐最低临界温度品种间的差异很大，一般灌木型中、小叶种茶树品种耐低温能力强，而乔木型大叶种茶树品种耐低温能力弱。同一品种不同年龄时期耐低温能力不同，幼苗期、幼年期和衰老期的耐低温能力较弱，成年期耐低温能力较强。

茶树冬季的耐寒性往往强于早春，早春茶芽处于待生长状态，芽体内水分含量较高，酶活性增强，对突然低温胁迫会产生较强烈的反应；冬季茶树的各器官组织处于休眠状态，组织内细胞液浓度高，抗冻能力也较强，这种生物节律性的表现，使茶树能有效地度过严寒的冬季。茶树不同的器官耐寒性有差异，成叶和枝条的耐寒性较强，芽、嫩叶较弱。

高温对茶树生育的影响和低温一样，处于高温生境的时间长短决定其受害程度。一般而言茶树能耐最高温度是35～40 ℃，生存临界温度是45 ℃。在自然条件下，日平均气温高于30 ℃，新梢生长就会缓慢或停止，如果气温持续几天超过35 ℃，新梢就会枯萎、落叶。当日平均最高气温高于30 ℃又伴随低湿时，茶树生长趋于缓慢。

（三）水分

茶树光合、呼吸等生理活动的进行，营养物质的吸收和运输，都必须有水分的参与。水分不足或水分过多，都会不利于茶树生育。茶树生长所需的水分多来自自然降水。茶树性喜湿润，但很怕涝，适宜栽培茶树的地区，年降水量必须在 1 000 mm 以上。茶树生长期间的月降水量要求大于 100 mm，如连续几个月降水量小于 50 mm，而且又未采取人工灌溉措施，茶叶单产必将大幅度下降。

茶树对生育环境中的大气湿度也有一定要求。空气湿度能影响土壤水分的蒸发，也影响了茶树的蒸腾作用。空气相对湿度影响茶树的光合作用和呼吸作用，当相对湿度达 70％左右时，光合、呼吸作用速率均较高，当空气湿度大于 90％时，空气中的水汽含量接近饱和状态，这对茶树新梢生长虽然有利，但容易导致与湿害相关的病害发生。适宜茶树生育的大气相对湿度为 80％～90％，若小于 50％，新梢生长受抑制。空气湿度大时，一般新梢叶片大，节间长，新梢持嫩性强，叶质柔软，内含物丰富，因此茶叶品质好。

（四）土壤

土壤是茶树赖以立足，从中摄取水分、养分的场所，它具有满足茶树对水、肥、气、热需求的能力，是茶叶生产的重要资源。土壤疏松、排水良好的砾质、砂质壤土适宜茶树生长。在沙砾土壤上生长的茶树根发生量多，所产茶叶品质好。土层深厚，有效土层达 1 m 以上。要求土壤通气性、透水性或蓄水性能好。

茶树是喜酸植物，较适宜茶树生长的土壤 pH 为 4.0～5.5。茶树适宜在酸性土上生长的原因认为有以下几方面：

其一，茶树的遗传性决定了其对土壤的酸碱性有一定的要求。茶树原产于我国云贵高原，那里的土壤是酸性的，茶树长期在酸性土壤上生长，产生对这种环境的适应性，形成比较稳定的遗传性。其二，茶根汁液的缓冲能力在 pH 5.0 时最高，以后逐渐降低，至 pH 5.7 以上，缓冲能力就非常小了。其三，与茶树共生的菌根，需要在酸性环境中才能生长，与茶树根系共生互利。其四，茶树需要土壤提供大量的可给态铝。一般农作物的含铝量多在 100～200 mg/kg 以下，而茶树的含铝量却在数百以至 1 000 mg/kg 以上。茶树生长好的土壤，活性铝的含量也较高，土壤的酸性与活性铝的量密切有关。因此，可以认为在中性或碱性土壤上茶树之所以生长不好，其原因与土壤中活性 A1 的不足有极大关系。其五，茶树是嫌钙植物。茶树在碱性土或石灰性土壤中不能生长或生长不良，当土壤中含钙量超过 0.05％时，对茶叶品质有不良影响；超过 0.2％时，便不利于茶树生长。

本章小结

茶树的植物学名称为 *Camellia sinensis*（L.）Kuntze，其植株是由根、茎、叶、花、果实和种子等器官构成的整体。根、茎、叶为营养器官，主要功能是担负营养和水分的吸收、运输、合成和贮藏，以及气体的交换等，同时也有繁殖功能；花、果实、种子等是生殖器官，主要担负繁衍后代的任务。茶树的各个器官是有机的统一整体，彼此之间有密切的联系，相互依存、

相互协调。

茶树总发育周期，即茶树的一生，是指茶树一生的生长、发育进程。茶树的生命，从受精的卵细胞(合子)开始就成为一个独立的、有生命的有机体。合子经过一年左右的时间，在母树上生长、发育而成为一粒成熟的茶籽。茶籽播种后发芽，出土形成一株茶苗。茶苗不断地从环境中获取营养元素和能量，逐渐生长，发育长成一株根深叶茂的茶树，开花、结实，繁殖出新的后代。茶树自身也在人为和自然条件下，逐渐趋于衰老，最终死亡。

茶树的年发育周期，是指茶树在一年中的生长、发育进程。茶树在一年中由于受到自身的生育特性和外界环境条件的双重影响，而表现出在不同的季节，具有不同的生育特点，芽的萌发、休止，叶片展开、成熟，根的生长和死亡，开花、结实等。

茶树生育对环境条件有一定要求。众多环境因子在时间和空间上对茶树的作用，在不同情况下是不同的。茶树生育环境中周边的气象因子、土壤因子、地形与地势因子、生物因子、人为因子等，都会对茶树带来各式各样的影响。茶树在长期的进化过程中，逐渐适应在一定的环境条件下生长发育，形成自身的特性："喜酸怕碱"、"喜光怕晒"、"喜温怕寒"、"喜湿怕涝"。

思考题

1. 茶树的根系如何分布的？
2. 茶树的枝梢生育有哪些规律？
3. 茶树何时开花？何时果实成熟？
4. 茶树驻芽形成的原因？
5. 茶树的一生可划分为几个时期？各时期有何特点？
6. 茶树的年生育规律是怎样的？
7. 光线对茶树生育和茶叶品质有何影响？
8. 茶树生育对土壤有何要求？
9. 茶树喜酸的原因是什么？
10. 水分对茶树生育和茶叶品质有何影响？

实训一　茶树品种性状调查

一、实训目的

掌握茶树品种性状调查的内容及方法，初步了解优良品种的性状特征。

二、内容说明

茶树品种是人工长期培育和选择而形成的，具有一定的经济价值，是重要的农业生产资料。优良品种是指在适宜的地区，采用优良的栽培和加工技术，能够生产出高产、优质茶叶产品的品种。

在茶叶生产和研究上，通常根据来源和繁殖方法，将茶树品种划分为：有性系品种、无性系品种、地方品种、育成品种。每一品种都具有一定的形态特征和经济性状。形态特征是认识品种的基础。经济性状是生产上是否选择该品种的重要条件。

三、材料与设备

1.材料

选定不同品种的茶树四个，如表 S1-1。

表 S1-1

序号	1	2	3	4
茶树品种				

2.设备

卷尺、放大镜、测微尺、天平、计算器、书写板等。

四、步骤与方法

每 3 人为一组，在茶树品种园内，对选定的茶树品种进行调查。

1.树型

选择树龄 5 年以上自然生长植株。

乔木：基部到顶部主干明显；

小乔木：基部主干明显，中上部主干不明显；

灌木：无明显主干，从根部开始分枝

2.树姿

树姿是指树体的分枝角度状况，灌木型茶树测骨干枝与地面垂直线的夹角，乔木型和小乔木型茶树测一级分枝与地面垂直线的夹角，每株测 2 个。树姿分为直立、半开展、开展。

直立：分枝角度$<30^\circ$

半开展：30°＜分枝角度＜50°

开展：分枝角度＞50°

3.发芽密度

春茶第一轮萌发芽，随机选取3～5个点，目测记录蓬面中上部的芽数，如表S1-2。

表 S1-2

发芽密度	评价标准（个/33 cm×33 cm）
稀	灌木型和小乔木＜80，乔木型＜50
中	灌木型和小乔木80～120，乔木型50～90
密	灌木型和小乔木≥120，乔木型≥90

4.萌芽期

定点定株挂上标签（选择10个），每1～2天观察一次，以20%植株数通过为标准。连续观察3年，如表S1-3。

表 S1-3

萌芽期	评价标准
特早	鱼叶开展期，有效温度＜20 ℃
早	鱼叶开展期，有效温度20～30 ℃
中	鱼叶开展期，有效温度20～30 ℃
晚	鱼叶开展期，有效温度30～40 ℃

5.新梢

新梢调查内容包括：一芽三叶长、一芽三叶重、芽叶色泽、芽叶茸毛、持嫩性等，如表S1-4。

表 S1-4

项目	评价标准
一芽三叶长	基部到芽顶点的长度（单位：cm，精确到0.1 cm；测量30个，取平均值）
一芽三叶重	百芽重（100个一芽三叶的质量，单位：g）
芽叶色泽	玉白、浅绿、绿、深绿、紫红
芽叶茸毛	少：龙井43；中：多数茶树；多：福鼎大白茶、云抗10号。
持嫩性	感官判定＋质构仪（含水量、粗纤维含量）

6.定型叶

定型叶调查内容包括以下方面。

（1）叶长、叶宽、叶片大小，如表S1-5。

表 S1-5

项目	评价标准
叶长	叶基部至叶尖的长度(10—11 月;当年生枝干中部成熟叶片;单位:cm,精确到 0.1 cm)
叶宽	叶片最宽处的宽度(10—11 月;当年生枝干中部成熟叶片;单位:cm,精确到 0.1 cm)
叶片大小	叶面积=0.7×叶长×叶宽,精确到 0.1 cm^2(小叶:<20.0 cm^2;中叶:20.0～40.0 cm^2;大叶:40.0～60.0 cm^2;特大叶:>60.0 cm^2)

(2)叶色、叶形、叶面、叶身,如表 S1-6。

表 S1-6

项目	评价标准
叶色	叶片正面的颜色(黄绿、浅绿、深绿)
叶形	根据叶长、叶宽计算长/宽(近圆形:长比宽<2.0,最宽处近中部;椭圆形:2.0≤长比宽<2.5,最宽处近中部;长椭圆形:2.5≤长比宽≤3.0,最宽处近中部;披针形:长比宽>3.0,最宽处近中部)
叶面	叶片正面的隆起程度(平:福建水仙;微隆起:多数茶树;隆起:政和大白茶)
叶身	叶片两侧与主脉的相对夹角(内折、平、稍背卷)

(3)叶尖、叶缘、叶齿

①叶尖分为:急尖、渐尖、钝尖、圆尖等

②叶缘

叶片边缘形态包括:平直状、微波状、波状。

③叶齿

叶齿锐度:叶缘中部锯齿的锐利程度,锐、中、钝。

叶齿深度:叶缘锯齿的深度,浅、中、深。

叶齿密度:叶缘锯齿的稠密程度,稀(<2.5 个/cm)、中(2.5～4)、密(≥4)。

(4)叶质、叶脉

叶质:手感判定叶片的柔软程度,柔软、中、硬。

叶脉包括主脉、侧脉。

7. 抗性

抗寒性:强、中、弱。

抗旱性:强、中、弱。

抗病虫害:强、中、弱。

五、作业

1. 完成选定品种的性状调查表,如表 S1-7。

表 S1-7　茶树优良品种主要性状调查表

品种					
嫩梢	发芽密度（个/平方尺）				
	一芽三叶长（cm）				
	一芽三叶重（g）				
	持嫩性				
	嫩叶色泽				
	芽叶茸毛				
定型叶	叶长				
	叶宽				
	长宽比				
	叶面积（cm^2）				
	叶形				
	叶脉对数				
	叶面				
	叶身				
	叶色				
	叶质				
	叶齿锐度				
	叶齿密度				
	叶齿深度				

2. 比较分析各品种性状的异同点。

实训二　茶树短穗扦插技术

一、实验目的

茶树短穗扦插育苗是茶树良种繁育的最佳途径，它既能保持母树的优良特征特性，还能快速繁育茶树苗木，同时育苗成本也比较低，因此茶树短穗扦插育苗技术是当今世界上茶树苗木繁育最为有效的技术。通过本实验，要求掌握扦插苗圃地选择、整理、插穗、剪取技术。

二、内容说明

扦插育苗中应用最广泛的是短穗扦插法。即取带有叶片及一个芽的茶树枝条（约 3～4 cm 长）插在一定的土壤里，经一段时间培育管理后能长成一个完整的茶树植株。该方法具有无性繁殖法的共同优点，而且还有插穗短、用材省、繁殖系数高、土地利用经济、繁殖季节长、插穗成苗快、成活率高、移栽易成活等优点。短穗扦插可分为苗圃地扦插和营养钵扦插两种。

三、操作方法与步骤

1. 苗床准备

(1)苗圃地选择

选择地势平坦、土壤肥沃、排灌方便、不积水的地块做育苗地。土质以壤土或沙土为好，无顽固性杂草，凡种过薯类、麻类、烟草的园地不宜作苗圃地，以免发生根结线虫病。

(2)苗床的建立

先喷除草剂消灭杂草，对难以杀死的一些杂草如茅根和香附子要用人工清除。后将地深翻 20～30 cm，耙碎耙平，起畦，畦面宽 1.2 m，高 10 cm，畦间沟道宽 30 cm，长度依地势而定，一般 10～20 m。起畦后，按亩施入腐熟农家肥 1 000～2 000 kg，钙镁磷肥 25 kg，不含氯三素复合肥 20 kg，3 种肥料撒于畦面拌匀、整平。

(3)苗床的土壤消毒

苗圃连作或前作有根、叶病害的土壤，要对畦面进行土壤消毒，根据病菌种类选用杀菌剂喷淋畦面。

(4)铺黄心土

选择生荒地疏松、透气、透水性好的黄心土，除去表土和受污染土，底层坚硬难碎透气性差的坚实土也不要。取黄心土铺于畦面约 5 cm 厚，用圆木稍作压紧后有 3.5 cm 左右为宜，畦边用木块打实，待扦插。

2. 插穗的剪取和处理

(1)剪取插穗

取当年生、上绿、下棕的穗条，去掉未木质化较幼嫩和完全木质化过老的部分，选留半木质化的部分，剪成3～4 cm长的插穗，每穗带有1张完全叶和1个腋芽。插穗上端剪口略平，剪口离腋芽0.3 cm左右，以不损伤腋芽为准，下端剪成与叶片着生斜向相同的45°～50°角，剪口要平滑。

(2)插穗处理

为了促进插穗提早发根，宜采用有效药物处理插穗基部。药物处理主要使用生根粉、催根激素、生长激素、细胞分裂素等，单独或2种以上混合处理。生产上较常用的是用生根粉(ABT) 400～500 mg/L，浸插穗基部3～5 s，然后把插穗置于阴凉潮湿环境中2～4 h再扦插。

3.扦插方法

扦插前，先将畦面用水浇至充分湿润，稍干不沾手后便可进行扦插。扦插行株距以叶片不重叠，略有空隙为度，一般按行距8～10 cm，株距3～3.5 cm，插入深度为穗长的2/3，即以叶片不黏土，叶片与地面成10°～15°角，露出上端腋芽，插穗叶片与行距方向平行，统一朝一个方向插齐。插好后，将基部土壤轻轻压紧，使插穗与土壤紧密接触，以利发根。

4.扦插时间

茶树扦插一年四季均可进行，各时期扦插的管理水平和茶苗的培育期不同，春插插穗营养物质丰富，气温逐渐回升，利于插穗发根和长出芽叶，翌年春可出圃；冬插插穗较成熟，但气温逐渐降低，插穗发根长芽速度慢，需要采用尼龙薄膜遮盖进行增温保湿，育苗期1年余。

5.苗圃管理

(1)搭建遮阴篷

茶苗属喜温、喜湿、喜阴、怕渍水植物，为有效地调节苗圃内遮光度、温湿度，防止苗木和土壤水分蒸发过快，影响苗木成活率和正常生长发育，需搭建阴棚来调节苗圃小区气候。搭建阴棚要利于通风透气和苗圃的管理，一般以棚高2 m左右为宜。

(2)水分管理

苗圃水分以保持土壤湿润为原则，做到不干不渍。插穗扦插30～40 d才能发根，发根前，除雨天外，每天浇水2次，上午、下午各1次；发根后，每天浇1次；完全形成植株后，2天或数天浇1次；大雨或暴雨后宜及时喷水洗去叶片上的污物和及时排除积水。

(3)施肥

发根前，喷施0.2%～0.5%的尿素，发根后，进行根外施肥，用0.2%～0.5%的尿素和磷酸二氢钾混合液或稀薄人粪尿淋施，每7～10 d施1次，小心谨慎地施在行间，以后看苗长势适量增加肥料浓度。

(4)消除杂草、防治病虫害

苗圃地极易长杂草，杂草是茶田的大敌。苗圃里的杂草一般不能用除草剂，也不能用器械除草，要用手小心拔除，防止伤害茶苗。苗圃期虫害以蚜虫、卷叶、食叶类害虫为主，病害以赤叶斑、立枯病为主。虫害可用拟除虫菊酯类或有机磷类农药防治，病害宜用多菌灵可湿性粉剂或敌克松、波尔多液等防治，做到除小除了，以防为主，把病虫害消灭在早期。

四、材料与设备

1. 材料

插穗母树、塑料薄膜、竹帘、萘乙酸、酒精、基肥。

2. 设备

锄头、枝剪、筛土用的筛子、洒水壶、天平、量筒、搪瓷盆。

五、步骤及方法

以 5～10 人为一组。

1. 每组整理苗圃地一块，约 10 m^2，要求深耕、施基肥、整土、开厢、铺心土、划行钉木桩。

2. 每人剪母穗，剪插穗 50 株，扦插并管理至成活。

3. 每人做营养钵(塑膜的)10 个，并扦插。

4. 插穗药液处理。每人取插穗 20 根分别用萘乙酸 800 mg/L 及清水(对照)浸泡插穗下剪口 1 cm，然后扦插并观察以后的发根、成活情况。

表 S2-1　激素处理对茶树扦插效果调查表

项目 / 处理	成活情况			愈合发根情况		
	调查株数	成活数	成活率(%)	调查株数	愈合株数	发根数
处理						
CK						

表 S2-2　激素处理对茶树扦插苗生长影响调查表

生长情况 / 处理	地　上　部				地　下　部		
	新稍长(cm)	着叶数(片)	花果数(个)	新梢重(g)	根幅(cm)	根长(cm)	根鲜重(g)
处理							
CK							

5. 技能考核，如表 S2-3。

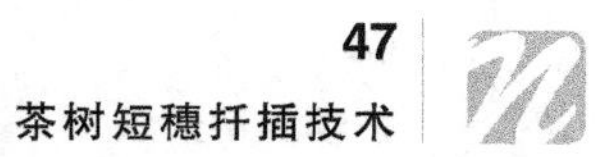

表 S2-3　技能考核标准

考核内容	要求与方法	评分标准	扣除分值	需要时间	熟练程度	考核方法
育苗床准备 20分	1.苗圃地选择应便于管理 2.准备好育苗材料和用具	1.苗床选址不适宜 2.育苗材料和用具准备不足 3.育苗时期确定不准 4.肥料搅拌不均匀	5 5 5 5	5 学时	掌握	分组实训或模拟考核以报告评分
床土配制 15分	1.床土选用符合要求 2.合理施用有机肥和化肥 3.浇水符合要求	1.床土选用不符合要求 2.有机肥和化肥施用不合理 3.浇水量不足或过足	5 5 5			
扦插 35分	1.插穗剪取符合要求 2.插穗处理符合要求 3.扦插方法符合要求 4.扦插时间合理 5.苗圃管理符合要求	1.插穗剪取不符合要求 2.插穗处理不符合要求 3.扦插方法不符合要求 4.扦插时间不合理 5.没有遮阴处理 6.施肥不符合要求 7.浇水不符合要求	5 5 5 5 5 5 5			
苗圃管理 30分	1.扦插后应及时进行管理 2.加强消除杂草、防治病虫害	1.水分管理不符合要求 2.施肥不符合要求 3.揭网炼苗不及时 4.杂草清除不符合要求 5.不能正确防治立枯病 6.不能正确防治蚜虫	5 5 5 5 5 5			

六、作业

1.每人扦插1小块地，做营养钵10个，并担任各项管理工作，直至插穗发根。

2.扦插时做药剂处理和对照（清水），分别调查插穗愈合和发根情况，填入观察记录表，分析激素处理对茶树扦插发根的效果，将结果填入观察记录表。

第四章　茶树栽培技术

茶树所属的山茶科植物起源于上白垩纪至新生代第三纪的劳亚古大陆的热带和亚热带地区，至今已经有6 000万～7 000万年的历史。在这漫长的地质和气候等的变迁过程中，茶树形成其特有的形态特征、生长发育和遗传规律，即具有与其他作物不同的生物学特性。了解茶树的生物学特性，对于实现茶叶高产、优质、低耗、高效栽培技术措施有重要意义。

一、茶树品种与繁育

茶树品种是茶叶生产最基本、最重要的生产资料，是茶叶产业化和可持续发展的基础。栽培品种选择正确与否，直接关系到茶叶品质、茶叶产量、劳动生产率以及经济效益。本章对我国主要栽培品种的特征、特性、适应性和适制性进行了全面的综述，对茶树有性繁殖和无性繁殖的原理、特点与技术进行了阐述。

（一）茶树良种

中国是茶树的原产地，利用、栽培茶树最早，长期的自然选择和人工选择形成了丰富的种质资源，为我国的茶叶生产现代化奠定了重要基础。

1. 茶树品种

茶树品种是指在一定的自然环境和生产条件下，能符合人类需要并在生物学特性和经济性状上相对一致的茶树群体。品系是指起源于一个单株，遗传性比较稳定、性状相对一致的一群个体。茶树品系经过品种比较和区域试验并经省级以上农作物品种审定委员会审（认）定后，即可成为品种。只有经审（认）定为品种的茶树，才可以进行大面积推广。茶树品种按其来源划分为地方品种和育成品种。

地方品种，即农家品种，是在一定的自然环境条件下，经过长期的自然选择和人工选择而形成的，对当地条件具有最广泛的适应能力。除了从单株中选育出的无性系品种外，地方品种常常是一个性状相对稳定的混杂群体。

育成品种，也称改良品种，是指由专业工作者或茶农采用各种育种手段（包括系统选种、杂交育种和人工诱变等）并按照育种程序选育出来，经过省级以上农作物品种审定委员会审（认、鉴）定的新品种，多数是无性系良种。

2. 良种的作用

良种是优良品种的简称。是指在适宜的地区，采用优良的栽培和加工技术，能够顺利生产出高产、优质茶的品种。良种在以下3个方面起着重要作用。

（1）提高单位面积产量。增加产量的良种一般都具有较大的增产潜力。茶叶产量由单

位面积的芽叶个数、单芽重、芽叶的生长速度等因素决定。高产的品种在推广范围内，对不同土壤、不同气候等因素的变化具有较强的适应能力。

(2)改进茶叶品质。茶叶的品质由色、香、味、形4个因子构成。品种不同，形成的芽叶的生化成分如茶多酚、氨基酸、香气成分等不同，制成的茶叶色泽、香气、滋味和外部形态也有不同。我国的名茶，如铁观音、龙井、碧螺春等，都与品种有密切关系。

(3)增强适应性和抗性。茶树长期以来形成了喜温暖湿润的气候条件，但良种具有较强的自我调节能力，能够在推广范围内对不同的气候和土壤等有较强的适应能力。

3. 中国主要的茶树良种

我国现有茶树栽培品种600多个。至2010年共有经国家审(认)定的品种123个，省级审(认)定的品种达150个。根据各茶树品种最适合制作的茶类，人为分为红茶品种、绿茶品种、乌龙茶品种等。

(二)茶树品种的选用与搭配

茶树品种是决定茶园产量、鲜叶质量和成茶品质最重要的因素。在建立新茶园时，首先考虑选择国家级和省级良种，充分发挥良种的作用。选择时要根据实际生产的茶类，结合各地生态条件以及各优良品种的适应性和适制性，确定主要栽培品种及搭配品种。

1. 茶树品种的选用

目前我国除了国家审(认)定的120多个茶树品种，省级审(认)定的150多个茶树品种外，还有许多生产上利用的地方品种和名丛。品种资源相当丰富，不同的品种有不同的特征特性，如树形、分枝密度、叶片大小、芽叶色泽和百芽重、制茶品质、产量高低、适制性、抗逆性与适应性、内含成分等，从而形成了茶树品种特征与特性的多样性。在茶树品种选用上，注意考虑以下几点：

(1)充分了解园地的生态条件，特别是土壤、光照、温度、水分、植被、天敌以及病虫草害的现状，选择与之相适应、抗性强的茶树品种。

(2)明确企业规划，确定适宜发展茶类的品种，选择适制性好、品质优异且互补的茶树品种进行搭配。

(3)在满足生态条件和适制茶类的前提下，茶树品种应尽可能多样化，充分利用不同茶树品种品质多样性提高茶叶品质。

(4)实现茶园机械化，特别是茶叶采摘机械化。降低劳动强度，提高劳动效率，已成为解决目前茶园管理中劳动力不足矛盾的重要措施。所以，在品种选择中，应选用无性系品种作为茶园的主栽品种。

2. 茶树品种的搭配

中国的茶树品种十分丰富，为适应各地生长和适制不同茶类提供了丰富的种质资源。但是不同的茶树，其发芽迟早、生长快慢、内含品质成分等差异很大。为了发挥品种间的协同作用，避免茶季"洪峰"，使劳动力安排与制茶机具使用平衡，生产单位所采用的品种，要有目的地科学搭配。

(1)萌芽期迟早的搭配

不同茶树品种的萌芽期不同，进行不同萌芽期品种的合理搭配，可以延长生产季节，有效调节茶叶生产的洪峰，缓解相同品种同时萌发带来的茶季劳动力、机械设备不足的矛盾，使茶季在一个相对均衡的生产条件下进行，以保证茶叶质量。同时，不同萌芽期品种的搭配，在一定程度上能避免品种单一性造成的病虫害快速蔓延和其他自然灾害的扩散，减少病虫害和其他自然灾害带来的损失。

关于萌芽迟早品种搭配，一般都愿意多选用春季茶芽萌发早的品种。但是应根据不同地区不同海拔高度的气候条件变化来搭配。在低山和阳坡，以早生种为主，早生种占50%～60%，中生种占30%～40%，而晚生种占10%左右；在高山及阴坡以中生种为主，中生种占60%～65%，早生种为25%～30%，晚生种占10%左右。

在生产上注意茶叶色泽一致或相近的品种搭配，以及百芽重相近的品种搭配，便于茶叶加工和成茶外形色泽及叶底的一致性。

(2)品质特性的搭配

品种的生化成分直接关系到成茶品质，一般在绿茶产区应选用氨基酸含量相对较高的品种合理搭配，红茶茶区宜选用茶多酚含量相对较高的品种合理搭配。

在生产中，为利用某些品种的品质成分的协同作用，提高茶叶的品质，要发挥各个品种各自的特点，如香气较好的、滋味甘醇的品种，茸毛的多少及叶形等进行组合，使鲜叶原料相互取长补短，提高产品的质量。如一般大叶类茶树品种制红茶，浓强度较高，而中小叶种茶树品种制红茶，香气较好，在红茶产区从提高品质考虑，应注意两者合理搭配。这种品质特征的搭配，利于精制茶生产加工时的产品拼配。

多毫型

中毫型

少毫型

图 4-1　不同茶树的嫩芽

(三)茶树无性繁殖

茶树繁殖包括有性繁殖和无性繁殖两大类。绝大多数茶树品种兼有有性繁殖与无性繁殖的双重繁殖能力。

1. 无性繁殖的原理和特点

(1)无性繁殖的定义及类别

无性繁殖，亦称营养繁殖。是利用营养器官或体细胞等繁殖后代的繁殖方式，主要有扦插、压条、分株、嫁接等方法。

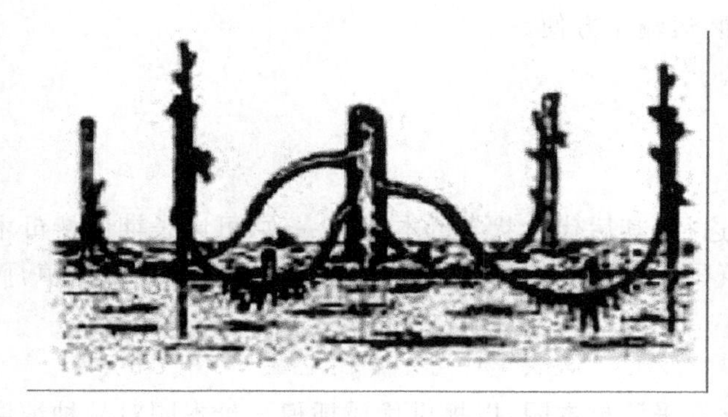
图 4-2　压条

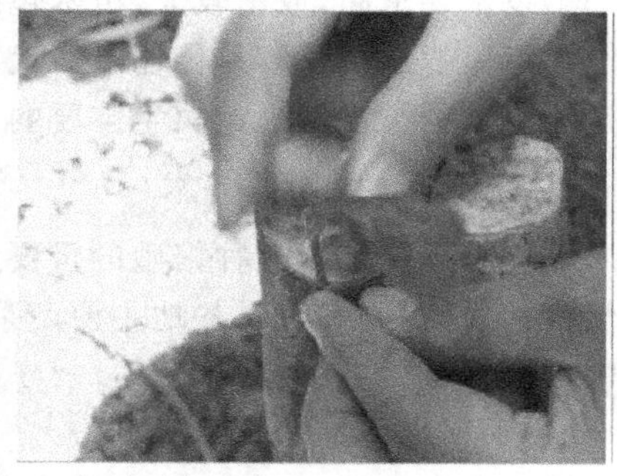
图 4-3　嫁接

茶树分株目前在生产上主要用于茶园补植；嫁接主要用于低产茶园的改造；压条在无性系繁殖中历史最久，这种方法育苗成活率高，茶苗生长速度快，操作技术简易，不需特殊设备和苗圃，但是繁殖系数低，对母树产量影响较大。茶树扦插在我国有200多年的历史，是茶树良种无性繁殖的主要方法。组织培养、细胞培养也属于无性繁殖方式，已成为进行工厂化的高质量无菌苗生产的重要手段，但目前在茶叶生产中还未进入生产实用化阶段。

(2)短穗扦插的原理

茶树无性繁殖是利用茶树营养体(细胞、组织、器官)的全能性，下再生成为完整植株。无性繁殖有多种方式，其中，短穗扦插的繁殖效率较高，管理方便，已成为茶树主要的繁殖方式。

茶树扦插是利用茶树的再生机能和极性现象，将离开母体的枝条扦插来培育苗木。当树体的某一部分受伤或被切除而使整体的协调受破坏时，能够表现一种弥补和恢复协调的机能，即植物的再生机能。

图 4-4　短穗扦插

茶树短穗扦插入土后，先在短穗两端切口表面产生愈伤木栓质膜，它是由细胞间隙的筛管分泌的油脂物质凝结而成。与此同时，下端切口木栓形成层或中柱鞘内侧的韧皮部薄壁细胞分裂形成根原基，进而发育成根原体。形成层细胞分裂长出愈伤组织，根原体继续分化和不断分裂，逐渐膨大生长，使其从皮孔或插穗颈部树皮与愈伤组织之间伸出，成为幼根。

(3)无性繁殖的特点

无性繁殖是以茶树营养体为材料，由于不经过雌雄细胞的融合过程，后代能完全保持母体的遗传特性。与有性繁殖相比，无性繁殖有如下优点：

①能保持良种的特征特性。

②无性繁殖后代性状一致，有利于茶园的管理和机械化作业，其鲜叶原料均匀一致，有利于保持和提高茶叶品质。

③繁殖系数大，有利于迅速扩大良种茶园面积，同时克服某些不结实良种在繁殖上的困难。

与有性繁殖相比，无性繁殖有如下缺点：

①技术要求高,成本较大,苗木包装运输不方便。

②母树的病虫害容易传输给后代。

③苗木的抗逆能力比实生苗要弱。

2.茶树无性繁殖技术

无性繁殖是茶树良种繁殖的重要途径,其后代性状与母本完全一致,可以长期保持母木的优良种性,我国和世界各地主要产茶国新育成的良种基本采用这种方式进行种苗繁殖,而其中又以扦插繁殖为主。

(1)采穗母树的培育

推广茶树无性系良种,首先要建立好采穗母本园,以提供优质插穗。母本园对品种纯度的要求更高,建母本园所用的苗木必须是原种无性系苗。我国采穗母本园多为生产、养穗结合,春茶生产名优茶,之后插穗留养。为了保证良种的纯度和获取多而壮的枝条,应加强对母树和插穗的培育工作,具体要做好以下几方面:

①加强培肥管理

采穗母本园在按采叶丰产茶园培肥的基础上,应增加磷、钾肥的施用比例,使其产生具有强分生能力的枝梢。

②合理修剪

修剪具有刺激潜伏芽萌发和促进新梢旺盛生长的作用。由生产茶园留养插穗,冠面枝条往往较细弱,必须经过一定程度的修剪,保持抽穗基础的茎秆粗壮,由此抽生的插穗也健壮。一般青、壮年母树,夏插的宜在早春留养,秋冬扦插的宜在春茶采摘后及时修剪。

③及时防治病虫害

采穗母树,应及时防治病虫害。在新梢生育过程中,特别要注意控制小绿叶蝉、螨类、茶尺蠖、茶叶象甲等的危害,保护母树新梢的生长,防止带病虫的枝条通过繁殖推广传播到异地。

④分期打顶

母树在加强修剪、水培、培肥管理后,新梢顶端优势十分突出。在肥力好的条件下,新梢的生长量达 40 cm 以上。用作扦插穗条的新梢,需要一定的木质化程度。为促进新梢木质化,提高稳条的有效利用率,一般在剪穗前 10～15 d 进行打顶,即将新梢顶端的一芽一叶或对夹叶摘除,以促新梢增粗,叶腋间的芽体膨大。

(2)扦插苗圃的建立

扦插苗圃是扦插育苗的场所。其条件的好坏,不但直接影响插穗的发根、成活、成苗或苗木质量,而且直接影响到苗圃地的管理工效、生产成本和经济效益。

①扦插苗圃地的选择

扦插苗圃地的选择一般考虑以下几个方面的问题:

土壤:要求土壤呈酸性,pH 在 4.0～5.5 之间,土壤结构良好,土层深度在 40 cm 以上,以壤土为好,肥力中等以上。一般连续多年种植茄子、番茄、豇豆、烟草等农作物的熟地,常有根结线虫的危害,不宜选用作扦插苗圃。

位置:苗圃地应选择交通方便,水源条件好,靠近母本园或待建茶园,以减少苗木运输路程和运输时间,便于苗木移栽,提高移栽的成活率。

地势:要求地势平坦,地下水位低,雨季不积水,旱季易灌溉。

②苗圃地的整理

苗圃地选择好后，进行苗圃地规划。一般每 1 hm^2 苗圃所育的茶苗，可满足约 30 hm^2 单行条列新茶园苗木的需要。进行苗圃的整理，需做好以下工作：

土壤翻耕：为了改良土壤的理化性质，提高土壤肥力，消灭杂草和病虫害。苗圃地要进行一次全面的翻耕，深度在 30～40 cm。翻耕一般结合施基肥进行，在翻耕前将基肥均匀撒在土面上，再翻耕，翻耕后整平畦面。

苗畦的整理：苗畦的规格以长 15～20 m、宽 100～130 cm 为宜，过长管理不便，过短则土地利用率不高；过宽苗床容易积水，不利于苗地管理，过窄则土地利用不经济。苗畦的高度随地势和土质而定，一般平地和缓坡地，畦高 10～15 cm。开沟前要先进行一次 15～20 cm 深耕，剔除杂草，碎土，然后做畦平土，待铺心土。

铺盖心土：铺上红壤或黄壤心土，可提高育苗成活率高。苗床整理好后，在畦面铺上经 1 mm 孔径筛过筛的心土 3～5 cm 作为扦插土。心土要求 pH 4.0～5.5。铺心土要求均匀，铺后稍加压实使畦平整，利于扦插时插穗与土壤充分密接。

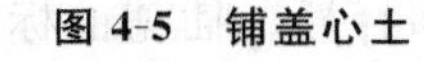

图 4-5　铺盖心土

图 4-6　搭棚遮阴

搭棚遮阴：为了避免阳光的强烈照射和降低畦面风速，减少水分的蒸发，提高插穗的成活率，扦插育苗必须搭棚遮阳。除少数茶园用铁芒箕等直接插在苗畦中遮阳外，大多数茶区采用荫棚遮阳。

(3)扦插技术

茶树扦插技术包括了扦插时间的掌握、插穗的选择和剪取、育苗地条件的调控和促使快速发根技术，等等。

①扦插时间的选择

一般而言，只要有穗源，茶树一年四季都可以扦插。但由于各地的气候、土壤和品种特性不同，扦插的效果存在一定的差异。

春插：2—3 月间利用上年秋梢进行的扦插叫春插。其主要优点是，管理得当，可苗木当年出圃，园地利用周转快，管理上也较方便和省工。缺点：但是由于地温较低，扦插发根很慢，需要 70～90 d 才能发根，且往往是先发芽后发根，造成养分消耗过多，如果得不到及时的补充，穗条本身的营养物质储藏不够，因而春插的成活率低；春插前期的保温和加强苗木后期的培肥管理尤为重要；春插的插穗来源不足。

夏插:6 月至 8 月上旬利用当年春梢和春夏梢进行的扦插,称为夏插。其主要优点:发根快,成活率高,苗木生长健壮。缺点:由于夏季光照强、气温高,光照和水分的管理要求高,且育苗时间需要一年半左右,相对成本较高,土地利用率低。

秋插:8 月中旬至 10 月上旬,利用当年的夏梢和夏秋梢进行的扦插称为秋插。秋季气温虽然逐渐下降,但地温稳定在 15 ℃以上。且秋季叶片光合能力较强。因而秋插的发根速度仍较快,秋插的成活率与夏插接近。秋插管理上比夏插方便、省工,苗圃培育时间较夏插短,成本较低,更重要的是采用秋插,春茶期间可利用母本园采摘高档名优茶,增加收入。不足之处是晚秋插的苗木较夏梢略小,所以加强苗木后期培肥管理是提高秋插苗木质量的关键。秋插选择在这一时间段的早期进行为合适,使冬季来临时,已有根系发生,第二年春能快速生长。

冬插:10 月中旬到 12 月间利用当年秋梢或秋冬梢进行的扦插,称为冬插。一般在气温较高的南方茶区采用。在气温较低的茶区采用冬插,须采用塑料薄膜和遮阳网双重覆盖,效果较好,但成本增加。

总之,从扦插苗木质量来看,以夏插为优,从综合经济效益来看,选择早秋扦插为理想,既可保证茶苗质量,又降低成本,增加茶园收入。

②剪穗与插穗

为了提高扦插成活率和苗木质量,必须严格把握剪穗质量和扦插技术。

穗条的标准与剪取方法:母树经打顶后 10～15 d 左右,即可剪穗条。用作穗条的基本要求是:枝梢长度在 2 cm 以上,茎粗 3～5 mm,2/3 的新梢木质化,呈红色或黄绿色。

穗条剪取时间以上午 10 时前或下午 3 时后为宜。为保持穗条的新鲜状态,剪下的穗条应放在阴凉、湿润处。尽量做到当天剪的穗条当天插完。如需外运,穗条要充分喷水,堆叠时不要使枝条挤压过紧,以减小对插穗枝条的伤害。在剪取穗条时,注意在母树上留 1 片叶,以利于恢复树势。

插穗的标准与剪取方法:穗条剪取后应及时剪穗和扦插。插穗的标准是:长度约 3cm,带有一片成熟叶和一个饱满的腋芽。通常一个节间剪取一个插穗。但节间过短的,可用 2 个节间剪取一个插穗,并剪去下端的叶片和腋芽,要求剪口平滑,稍有一定倾斜度,保持与母叶成平行斜面。

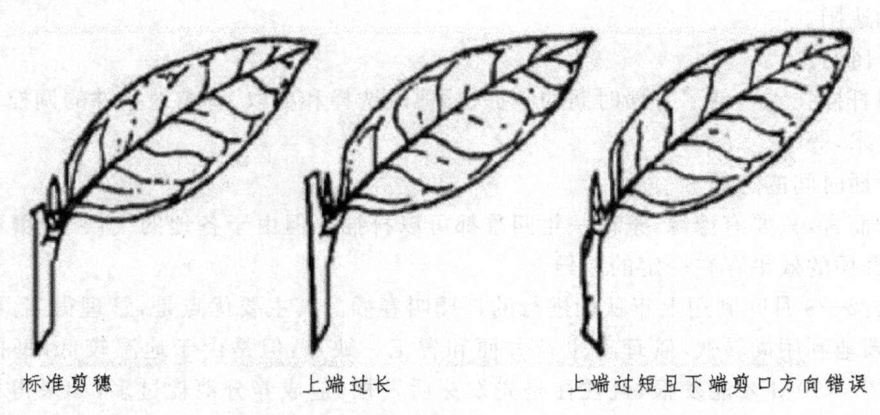

图 4-7　剪穗

插穗的处理：插穗剪取后，一般不经过任何处理可以进行扦插。为了促进插穗早发根，特别是提高一些难以发根的品种的发根率、成活率和出苗率，生产上采用植物生长类药剂处理，促进根原基的形成，提高生根能力。

扦插密度：生产上常用的扦插规格，行距 7～10 cm，株距依茶树品种叶片宽度而定，以叶片稍有遮叠为宜，中小叶种的穗间距 1～2 cm，每公顷可插 225 万～300 万株。春插、秋插的生长周期较短可适当密些；夏插生长周期长，生长量大，为防止部分小苗生长受压制，扦插密度应稀些。

扦插前，将苗畦充分洒水，经 2～3 h 水分下渗后，土壤呈湿而不黏的松软状态时，进行扦插为宜。这样既防止土壤过干造成扦插过程损伤插穗，又解决土壤过潮湿，扦插时容易黏手，影响扦插的质量，工效低等问题。

扦插时，沿畦面划行，留下准备扦插行距印痕，按株距要求把插穗直插或稍倾斜插入土中，深度以插入插穗的 2/3 长度至叶柄与畦面平齐为宜。边插边将插穗附近的土稍压实，使插穗与土壤密切接触，以利于发根。插完一定面积后立即浇水，随时盖上遮阳物。如果在高温烈日下，要边扦插、边浇水、边遮阳，以防热害。

图 4-8　茶树扦插

(4)扦插育苗管理措施

扦插后，必须加强管理，这是提高成苗率、出苗率和培养壮苗的关键。

①水分管理

一般以保持土壤持水量 70%～80%为宜，发根前高些，保持在 80%～90%之间，而后降低。在扦插发根前，晴天早晚各浇水 1 次。阴天每天 1 次，雨天不浇，注意及时排水。发根后(插后 40 d)采用每天浇 1 次，天气过于干旱时，也可每月沟灌 2～3 次。

为了省工，也可采用塑料薄膜封闭育苗，不必每天浇水。上盖遮阳网，经 40～50 d 插穗发根即可揭膜炼苗，入冬前再重新盖上薄膜越冬。此期间注意防病除草，并在塑料膜内放置温度计，检查膜内温度变化，若膜内温度高至 30 ℃以上，要注意采取降温措施，以免温度进一步升高灼伤插穗。因苗圃环境阴湿易染病，最好在扦插后喷一次波尔多液(每 100 L 水加 0.3～0.35 kg 生石灰和 0.6～0.7 kg 硫酸铜)，以后发现病害及时喷药。

②光照管理

阳光是插穗发根和幼苗生长的必需条件。但光照过强，叶片失水，会造成插穗枯萎甚至死亡。光照不足，叶片光合作用较弱，影响发根和茶苗生长。所以，在遮阳时必须控制好遮阳度，一般遮阳度以 60%～70%为好。在实际生产中，应结合品种特性和不同生育阶段灵活掌握。

③培肥管理

应根据扦插期、苗圃土壤肥力、品种以及幼苗生长状况，做好培肥管理工作。如生长势较强的品种和土壤肥沃的苗圃，应少施追肥；反之，则应多施肥。

就不同扦插期而言，春插、晚秋及冬插的苗木，为了保证翌年出圃，必须增施肥料，以弥补生长时间的不足，一般在发根后开始追肥；秋插的幼苗在翌年 4 月开始追肥，可结合洒水防旱进行，以后每隔 20 d 左右施一次。夏插和早秋插的苗木从插到出圃，生长周期达 15 个月以上，过多施肥，一方面在冬季易发生寒害，而且造成次年夏徒长，大苗往往压抑小苗生长，从而降低出苗率。所以一般扦插当年不施肥，待第二年春芽萌发后，再开始追肥。总之，根据苗木生育状况，看苗施肥。

扦插苗幼嫩柔弱，不耐浓肥。在施追肥时，注意先谈后浓，少量多次。初期的追肥最好施用加 10 倍水左右的稀薄人粪尿或腐熟的厩肥，如用化肥，尿素 0.2%、硫酸铵 0.5%的水溶液浇灌。茶苗长至 10 cm 左右，浓度可提高 1 倍。每次追肥后，要喷浇清水洗圃，以防肥液灼伤茶苗。

④中耕除草与病虫害防治

扦插苗床，因水、温适宜，杂草容易发生，苗圃杂草要及时用手拔除，做到"拔早、拔小、拔了"，这样才不至于让杂草长太长而在拔草时损伤茶苗幼根。扦插苗圃环境阴湿、容易发生病害，随着茶苗长大，虫害渐增加，根据各地病虫害发生情况及时防治。

⑤防寒保苗

当年冬天前未出圃的茶苗，在较冷茶区及高山苗圃要注意防冻保苗。冬前摘心，抑制新梢继续生长，促进成熟，增强茶苗本身的抗寒能力。其他防寒措施，可因地制宜，以盖草、覆盖塑料薄膜，留遮阳棚，寒风来临方向设置风障等遮挡方法保温，或以霜前灌水、熏烟、行间铺草等以增加地温与气温。目前生产上采用的塑料薄膜加遮阳网双层覆盖，可以控制微域生态条件，有效地提高苗床的气温和土温，既可以促进发根，又可防寒保苗。

(5)苗木出圃与装运

①茶籽检验标准

种子种径：大叶种不小于 1.2 cm，中、小叶品种不小于 1.1 cm。

发芽率：不低于 75%。

②一足龄有性系苗木的检验标准

苗高：大叶种不低于 25 cm，中、小叶种不低于 30 cm。

茎粗：大叶种不小于 2.5 mm，中、小叶种不小于 2.0 mm。

③一足龄无性苗木的检验标准

苗高：大叶种不低于 25 cm，中、小叶种不低于 20 cm。

茎粗：大叫种不小于 2.5 mm，小、小叶种不小于 1.8 mm。

④种苗检疫

茶树种苗国家标准规定，无论是有性苗木，还是无性苗木，均不得携带茶根结线虫，茶饼病、茶根疥、根癌病等危险性病虫。凡低于上述标准的，均是不合格的种子或苗木，不得出圃或用于播育苗。

中国的对外检疫内中华人民共和国进出境检验检疫局负责，国内检疫由农业部管理。

种苗检疫是防止危险性病虫害随种苗扩散的强制性措施，未经检疫或检疫不合格的种苗不得外调。

⑤种苗包装与运输

目前我国茶区，茶籽育苗约1年左右达到出圃标准。不同时期扦插的茶苗，约在1～1.5年内达到出圃标准。

茶苗达到出圃标准后，一般于当年秋季或翌年春、秋季出圃。起苗时，苗圃土壤必须湿润疏松，起苗时多带泥土，少伤细根。如苗圃土壤干燥，可在起苗前一天进行灌溉。最好在阴天或早晨与傍晚起苗。茶苗起后，按生长好坏分级，一般分为二级，分开移栽，使同块茶园茶苗生长一致。生长不良和有病虫害的茶苗应及时剔去。茶苗出圃时间依移栽时间而定，尽量做到缩短出苗至移栽的时间。

外运茶苗，途中需2 d以上的必须包装。将茶苗每100株捆成一束，用泥浆蘸根，然后用稻草扎根部，上部约一半露出外面。再把5～10束绑成一大捆。起运前用水喷湿根，保持湿润。如长远运输，最好外面再用竹篓等装载。

远途运输过程中，茶苗不要互相压得太紧，注意通气，避免闷热脱叶，防止日晒风吹，茶苗运到目的地后，应立即组织劳力及时移栽，或将茶苗放置在阴凉处。如果因故不能及时移栽应假植。

（四）茶树有性繁殖

1. 有性繁殖的原理和特点

（1）有性繁殖的定义

有性繁殖，亦称种子繁殖。是指通过有性过程产生的雌雄配子结合，以种子的形式繁殖后代的繁殖方式。

我国有很多优良的有性群体品种，对于冬季气温低的北部茶区或一些较寒冷的高山茶区，仍不失为重要的繁殖手段。在发展新茶园过程中，许多地区有用茶树种子进行繁殖，尤其是一些温、湿条件较差的地区，较多地选用这一方法进行茶树的繁殖。

（2）有性繁殖的原理

茶树有性繁殖是茶树繁衍后代的主要方式之一，其基本原理是：由茶树的双亲提供配子，按照独立分配原则，自由组合成新的合子。在适宜的条件下，新的合子发育成完整的种子，以种子进行后代繁衍。

（3）有性繁殖的特点

与无性繁殖相比较，茶树有性繁殖有如下优点：

幼苗主根发达，抗逆能力强。

采种、育苗和种植方法简单，茶籽运输方便。便于长距离引种，成本低，有利于良种的推广。

有性繁殖的后代具有复杂的遗传性，有利于引种驯化和提供丰富的育种材料。

与无性繁殖相比较，茶树有性繁殖有如下缺点：

后代个体出现性状分离和差异，芽叶色泽、萌芽期都有不同，对机械化采茶作业有影响，原料的差异也会导致加工作业和品质保证的困难。

对于结实率低的品种,难以用种子繁殖加以推广。

2.茶树有性繁殖技术

有性繁殖过程中的采种、育苗及种植技术较简便,比较省工,种苗的成本低;茶苗的主根发达,对外界条件的变化较易适应;茶籽适于长期运输,便于推广。

(1)采种园的建立

我国目前设立专用留种茶园甚少,一般都在采叶园中采种,常常是有种就采,容易导致茶籽杂乱,后代经济性状差异大。当前,为了满足生产需要,必须利用现有采叶茶园,通过去杂、去劣、提纯、复壮等改造措施,建立采叶采种兼用留种园。

兼用留种园的选择,一要选择优良品种;二要选择茶树生长势旺盛,茶丛分布较均匀.没有严重的病虫害;三要选择坡度小,土层深厚肥沃,向阳或能挡寒风、旱风吹袭的茶园。

兼用留种园选定后,为了提高品种后代遗传纯度,对园中混杂的异种、劣种茶树,采用修剪、重采等办法,抑制花芽的发育,推迟花期,避开对良种授粉的机会。如果混杂的异种、劣种茶树不多,对茶叶产量影响不大,最好连根挖掘,补植同品种优良茶树。

(2)采种园的管理

兼用采种茶园的管理,主要围绕"获取高产、优质茶籽"为目的,根据各地的经验,采种茶园应采取以下主要管理措施:

①采养结合

兼用采种茶园,采叶与留种是主要的矛盾。

茶树的花芽在6—7月开始出现在当年生的新梢枝条上,因此,春茶留叶采,夏茶不采,才能增加茶树花芽分化的场所。同时由于春茶留叶采,夏茶不采,可以加强茶树光合作用能力,增加养分的制造和积累,这对于保花、保果和提高茶籽质量有很大意义。秋梢的腋芽虽也能孕育花果,但有寒流侵袭,多不能达到开花结实,所以可以采摘秋茶。凡树势旺盛和分枝稠密的,可适当多采春茶和秋茶;树势不旺和树冠低矮及分枝稀疏的,要以养树为主,少采多留,甚至全年不采。特别要留养好春末茶和夏茶,采摘时保护好花果,是保证茶叶、茶籽都能获得较高产量的关键。

②加强培肥管理

合理施肥是保证采叶和采种所需的营养物质基础。根据茶树开花结果的习性,春梢是茶树花芽分化的场所,故促进春梢健全地生长发育,对提高茶叶与花果数量与质量都具有极重要意义。

每年3—10月是芽叶生长期,也是茶果发育期,尤其是6—10月,当年花芽大量形成和发育,上年受精幼果在这时旺盛生育,迅速膨大,形成种子,因此,茶树需大量的养分供应,如果不适时追施肥料,必将造成养分脱节,以致引起大量落花落果。

采种茶园需施适量氮肥,以增强茶树生长势。磷钾是形成花芽和茶果不可缺少的元素,适当增施磷钾肥,可以促使开花多,结果盛,防止落花落果,并且种子饱满。我国中部和南方红壤及黄壤茶园,氮素含量少,有效磷普遍缺乏,更要注重氮肥和磷肥的施用。

施肥量应根据采种园的土壤肥力,茶丛数目和茶树生长情况而定,一般兼用留种园,氮肥按采叶茶园标准,按三要素的配比,决定磷肥和钾肥的用量。基肥于9—10月间将有机肥和一半磷、钾肥搅拌后施入;追肥氮按采叶园标准分次施入,另一半磷、钾肥在春茶后(5月下旬)或二茶后(6月下旬)施入。

③适当修剪

幼龄期的采种茶树和采叶茶树一样要进行定型修剪，以促进骨干枝的形成。到了采种以后，留养枝条逐渐增多，如母株枝条过密，在春、夏季雨水多，降雨量也大的季节，常常引起落果。为了防止幼果脱落，便利昆虫活动，增加授粉机会，在茶树休眠的冬季应剪去枯枝、病虫害枝及一部分由根颈处抽出的细弱枝、徒长枝，并剪短沿树冠面较突出的枝条。据调查有85%左右的茶果是着生在短枝上，修剪时应注意这一特点。

④抗旱和防冻

我国大部分茶区，夏末和秋季，常有干旱现象，不但影响花、果的生育，并且引起大量落花、落果。所以留种茶园在旱季来临之前，应加强中耕除草，在旱季进行灌溉。如果缺乏水源不能进行灌溉，要铺草防旱。

低温时茶树枝叶受冻，影响新梢的发育，树势转弱，茶果发育也受阻碍，易引起脱落，所以冬季也应和普通采叶园一样注意防寒。

⑤防治病虫害

茶园病虫害的发生，对茶树生育以及茶叶和茶籽的产量和质量都有很大影响，应注意防治。在留种茶园中，还要特别注意对危害茶花和茶籽害虫的防治。我国各茶区发生较普遍的有茶籽象，它的成虫和幼虫均能危害茶果，造成大量落果和蛀籽。主要防治方法，茶园秋季深挖，可以杀灭入土幼虫，成虫可利用其假死性，摇动茶树，捕杀落地成虫。

⑥促进授粉

茶树是虫媒花，异花授粉。虫媒少，授粉不足，常是茶树结实率不高的原因之一。为了增加授粉机会，提高结实率，有条件地区，可以进行人工授粉。

据湖南省茶叶研究所报道，在开花期，喷射25%的甘油溶液，可以延长授粉时间。于开花季节，在留种园中放养蜜蜂，传播花粉，提高授粉率，从而增加结实率。茶园放养蜂群，必须选用中蜂，因茶花蜜含有较多半乳糖，由于茶树和中蜂都原产我国，长期共存，自然选择的结果，有消化半乳糖能力。

(3)茶籽采收

茶籽在茶树上经过1年左右的时间才能成熟，茶籽趋向成熟期，其生理变化主要是可溶性的简单有机物质向种子输送，经过酶的作用，转化为不易溶解的复杂物质(如淀粉、蛋白质和脂肪等)，并贮藏在子叶内，随着茶籽成熟，营养物质进一步积累，水分逐渐减少。

我国多数茶区，茶果最适采收期在霜降(10月22日)前后10 d。当多数茶果已成熟或接近成熟时即可采收。茶果成熟的标志为：果皮呈棕褐色或绿褐色；背缝线开裂或接近开裂；种子呈黑褐色，富有光泽；子叶饱满，呈乳白色。一般而论，茶树上有70%～80%茶果的果皮褐变失去光泽，并有4%～5%的茶果开裂时，便可采收。

过早采收，茶籽没有成熟，含水量高，营养物质少，采下的种子容易收缩或霉变而丧失活力，即使能发芽，其茶苗生长也不健壮。如果采收太迟，则果皮开裂，种子大多数落到地面，受到曝晒和霜冻等不良环境影响，种子内部贮藏的物质遭受损耗，也易引起霉烂，丧失发芽能力，且拣拾落地茶籽很费劳力。因此，掌握茶籽成熟期，适时采种，甚为必要。

茶果采回后，薄摊在通风干燥处，翻动几次，使果壳失水裂开，便于剥取茶籽。已脱壳的茶籽要及时拣取，脱壳后的茶籽应摊放在阴凉干燥的地方，以散失过多的水分。摊放厚度约10 cm左右，切忌摊放过厚和日晒，并经常检查，翻动以防种子温度太高，烫坏种胚。阴干至种子含水量为30%时即可贮藏,如含水量低于20%也会降低茶籽生活力。

(4)茶籽的贮运

茶籽的贮藏就是创造良好的环境,控制茶籽的新陈代谢,使之缓慢进行,消除影响茶籽变质的一切可能因素,确保茶籽的生活力。

影响茶籽生活力的因素主要包括茶籽的含水量、贮藏环境的温度、湿度和通风条件等。茶籽含水量的高低对生活力影响很大,据研究,茶籽含水量超过40%,大都在贮藏期间已发芽;茶籽含水量低于20%,发芽率下降至80%左右;而低于15%,发芽率降至70%;若低于10%,其发芽率最高不超过30%。由此可知,茶籽贮藏期含水量既不宜过高,也不宜过低,以保持在30%左右为宜。茶籽贮藏的适宜温度条件为5~7 ℃,以控制呼吸作用,减少种子内含物质的消耗,茶籽贮藏的湿度条件为60%~65%,同时,在茶籽贮藏中,注意通风,以调节温度、湿度和保证茶籽生理活动的需要。

茶籽包装与运输的关键是防止出现不良环境造成茶籽风干或受潮、发热,进而引起茶籽的腐烂、霉变相非细菌性质变,以及因不恰当的包装和装载而造成茶籽受压破损。因此,在茶籽包装和运输工作中要注意保湿、通风、隔热、防压。在生产上若长途运输常采用木箱包装,短途运输可采用竹(柳)篓包装,无论何种包装需标明品种、数量及注意事项,以防混杂。茶籽运输过程中,除了妥善包装外,还要注意加盖篷盖,以防日晒、风吹、雨淋;不要堆积太高,以防压损;到达目的地后要立即拆除包装,并及时播种或贮藏。

(5)茶籽播种与育苗

播种方法对幼苗的生长势和抗逆性以及成活率的影响很大。茶籽育苗技术的核心是设法促进胚芽早出土和幼苗生长。为保证育苗质量,播种时必须掌握下列关键技术:

①适时播种

茶籽的适播期,在我国大多数茶区为11月至翌年3月。从各地的表现来看,冬播(11—12月中旬)比春播(2—3月)提早10~20 d出土。若延迟到4月以后播种,不仅出苗率低,而且幼苗亦易遭受旱、热危害,故在冬季不发生严重冻害的地区,采用冬播比春播好。对于冬季冻害较严重,或播种地未整理,可将播种时期移至第二年早春进行,并通过浸种、催芽等方法,促使其早出苗。

②浸种

茶籽经浸种后播种,可提早出土和提高出苗率。方法为:将茶籽倒入容器中,用清水浸泡2~3 d,每日换水1次,除去浮在水面的种子,取沉于水底的种子作为播种材料。经过清水选种和浸种、茶籽出苗期可以提早10 d左右,发芽率提高12%~13%。

③催芽

浸种后的优质茶籽,经过催芽后播种,一般可以提早1个月左右出土。具体方法为:首先把细砂洗净,用0.1%的高锰酸钾消毒;再将浸过的茶籽盛于砂盘中,厚度为6~10 cm,置于温室或塑料薄膜棚内,加温保持20~30 ℃,每日用温水淋洒1~2次,春播催芽15~20 d,冬播催芽20~25 d,当有40%~50%茶籽露出胚根时,则可播种。

④适当浅播和密播

茶籽脂肪含量较多,当种子萌发时,脂肪被水解转化为糖类,需要充足的氧气,同时茶籽子叶大,萌发时顶土能力弱。因此,播种时盖土不宜太厚,最适宜的播种深度为3~5 cm。但又随季节、气候、土壤的变化而异,即冬播比春播稍深,砂土比黏土深,旱季亦适当深播。

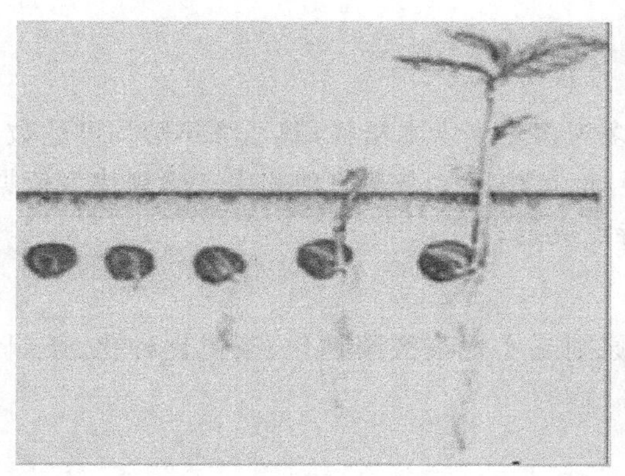

图 4-9　茶籽萌发

茶籽播种可分为大田直播和苗圃地育苗两种。大田直播简便易行，但苗期管理工作量大。苗圃地育苗方式，苗期管理集中，易于全苗、齐苗和壮苗。大田直播则按照茶园规划的株行距直接播种，每穴播种 3～5 粒。苗圃地育苗播种方式有穴播、撒播、单株条播、窄幅条播及阔度条播等。在生产上采用较多的为穴播和窄幅条播。

一般穴播的行距为 15～20 cm，穴距为 10 cm 左右。每穴播 5 粒种子，播种量为 1 200～1 500 kg/hm^2。窄幅条播的行距为 25 cm，播幅 5 cm 左右，每公顷播种量 1 500～1 800 kg。

播种时，先按播种深度挖好沟、穴，如果做苗畦时未施基肥，可同时开沟施肥，沟深 10 cm，施肥后覆土至播种深度，然后再按播种技术要求播下茶籽，最后覆土，并适当压紧。

⑤幼苗培育

培育幼苗的最终目标是达到壮苗、齐苗和全苗。不论是采用大田直播，还是苗圃地育苗，播种后，要精心培育幼苗。

一般情况下，茶籽播种后要到 5—6 月间才开始出土，7 月间齐苗，在华南和西南部分茶区以及经过催芽处理的茶籽，常可提前到 4—5 月间出土，;5—6 月间齐苗。几经过精心培育的茶苗，当年苗高可达 25 cm 以上，最高的可达 60 cm 以上。

幼苗培育主要应抓好如下几项工作：第一，及时除草，减少杂草与茶苗争夺水分和小绿叶蝉等害虫的危害；第二、多次追肥，一般在茶籽胚芽出土至第一次生长休止时，则可开始施用追肥。追肥一般在 6—9 月间追施 4～6 次，以施用稀薄人粪尿或畜液肥(加水 1～10 倍)，或用 0.5%浓度的硫酸铵。浇施人粪尿后能使土壤“返潮”，有吸收空气中湿气的作用，并有一定的抗旱保苗效果。第三，及时防治病虫害，确保茶树正常生长。

二、新茶园建设

随着茶叶需求量的增加，从远古仅仅利用茶的野生资源进而发展到人工栽培，从原始栽培发展到今天的可持续栽培，其间不断注入了各时代的经营思想和与之相适应的茶叶科技。茶叶生产的显著特点是商品竞争性强，为能提供更多更好的适销对路的茶叶商品，必须建设好茶叶生产基地，使茶区向现代化农业方向发展。

(一)茶园规划

茶树及配置在生态茶园中的其他作物，大多为多年生木本植物，其经济年龄均可达数十年。因此，在茶园建立时，必须认真做好规划设计，严格以生态学原理和生态学规律为依据，根据茶树生育规律及所需的适宜环境条件的特点决定。

1.现代茶园建设原则

茶园建设应坚持高标准、高质量。其基本原则是实现茶区园林化、茶树良种化、茶园水利化、生产机械化、栽培科学化。

(1)茶区园林化

茶区园林化。要因地制宜、全面规划，逐步实现茶区区域化、专业化。在国家农业区划总体范围内，以治水改土为中心，实行山、水、田、林、路综合治理，充分利用自然条件，建立高标准茶园。要求茶园相对集中，在原有茶园面积基础上，以改造为主，添建新茶园，使园地成块，茶行成条，适于专业经营。并在适当地段营造防护林，沟、渠、路、园地四周要大力提倡多种树，美化茶区环境。

(2)茶树良种化

充分发挥良种的作用，尽量采用良种，逐步更新那些单产低，品质差的不良品种，提高良种化水平。要根据当地实际生产茶类、生态条件等确定主要栽培品种及搭配品种，利用各品种的特点，取长补短，从鲜叶原料上，充分发挥茶树良种在品质方面的综合效应。

(3)茶园水利化

要广辟水源，积极兴建水利工程，因地制宜，发展灌溉，不断提高控制水旱灾害的能力，茶园建立应有利于水土保持，建园坡地应以25°为限，25°以上坡地以造林为主，建园时不要过量破坏植被，以控制水土流失。基地内原有沟道、池塘等设施，力求做到雨水多时能蓄能排，干旱需水时能引水灌溉；小雨、中雨水不出园，大雨、暴雨不冲毁农田。

(4)生产机械化

茶叶基地规划设计，园地管理，茶厂布设，产品加工等，都要适宜机械化与逐步实行机械化的要求。

(5)栽培科学化

运用良种，合现密植，改良土壤，要在重施有机肥的基础上适施化肥，做到适时巧用水肥，满足茶树对养分的需要，掌握病虫发生规律，采取综合措施，控制病虫与杂草的危害；正确运用剪采技术，培养丰产树冠，使茶树沿着合理生育进程发展，达到高产、优质、低成本、高效益的目的。

2.园地选择

茶树为常绿植物，一年种，多年收，有效生产期可持续40～50年之久，管理好可维持更长年限。茶树的生长发育与外界条件密切相关，不断改善和满足它对外界条件的需要，能有效地促进茶树的生长发育，达到早成园、高产优质的栽培目的，为此，建园时必须重视园地的选择。

(1)我国适宜种茶的区域

生态茶园必须建立在生态条件适宜区。我国曾在20世纪70年代起对农作物的种植区

划进行了研究，关于中国茶叶区划，于1979年6月在杭州组成了全国茶叶区划研究协作组，其任务是根据不同的自然条件，研究茶树的生态适应性，茶类适制性，划分适宜生产区域，并根据国内外市场的需要和发展趋势，以及各地社会经济条件，研究提出合理生产布局和建立商品茶基地的依据。1982年底，该协作组提出了全国和各省的茶叶区划意见，为建立茶园的适宜地域的选择提供了依据。研究表明，根据茶树对气候生态条件的要求，我国秦岭、淮河以南大约260万km^2的地区是适合茶树经济栽培的。其中又可分为最适宜区和适宜区。

①最适宜区

秦岭以南、元江、澜沧江中下游的丘陵或山地。行政区域包括滇西南、南、桂中南、广东、海南、闽南和台湾，适宜于乔木型大叶类茶树品种的种植。

②适宜区

长江以南，四川盆地周围以及雅鲁藏布江下游和察隅河流域的丘陵和山地。行政区域包括苏南、皖南、浙江、江西、湖南、闽东、闽西、闽北、鄂南、贵州、川中、川南、东、藏东南等，适宜于小乔本、灌木型中、小叶类茶树品种的种植。

(2)园地选择条件

园地应该是在上述茶树生长的最适宜区或适宜区范围。但同一地区，地形上存在差异。不同的地形、地势条件对微域气候及土壤状况都有一定的影响。一般山高风大的西北向坡地或深谷低地，冷空气聚积的地方发展茶园，易遭受冻害，而南坡高山茶园则往往易受旱害。

茶园选择以环境条件作为重要依据，同时，应充分考虑茶园对园地的坡度有一定要求。一般地势不高，坡度25°以下的山坡或丘陵地都可种茶，尤其以10°～20°坡地起伏较小是最理想的。

除上述气候条件，土壤条件及地形地势条件，作为选择园地时的主要依据外，为使达到能生产绿色产品或有机产品的环境要求，茶园周围至少在5 km范围内没有排放有害物质的工厂、矿山等；空气、土壤、水源无污染，与一般生产茶园、大田作物、居民生活区的距离在1 km以上，且有隔离带。此外，亦应考虑水源、交通、劳力、制茶用燃料、可开辟的有机肥源以及畜禽的饲养等。

3. 园地规划

目前的茶场大多数以专业茶场为主，但为了保持良好的生态环境和适应生产发展的要求，茶场除了茶园以外，还应该具有绿化区、茶叶加工区和生活区；在有机茶园建设中，为了保证良好的有机肥来源，可以规划一定面积的养殖区。

以下用地比例方案，可作为茶场整体规划时参考：①茶园用地70％～80％；⑦场(厂)生活用房及畜牧点用地3％～6％，③蔬菜、饲料、果树等经济作物用基地5％～10％；④道路、水利设施(不包括园内小水沟和步道)用地4％～5％；⑤绿化及其他用地6％～10％。

(1)主要建筑物布局

规模较大的茶场，场部是全场行政和生产管理的指挥部，茶厂和仓库运输量大，与场内外交往频繁，生活区关系职工和家属的生产、生活的方便。故确定地点时，应考虑便于组织生产和行政管理。要有良好的水泥和建筑条件，并有发展余地，同时还要能避免互相干扰。

(2)园地规划

首先按照地形条件大致划分基地地块，坡度在25°以上的作为林地，或用于建设蓄水池、有机肥无害化处理池等用途；一些土层贫瘠的荒地和碱性强的地块，如原为屋基、坡地、渍水的沟谷地及常有地表径流通过的湿地，不适宜种茶，可划为绿肥基地；一些低洼的凹地划为水池。在宜茶地块里不一定把所有的宜茶地都恳为茶园，应按地形条件和原植被状况，有选择地保留一部分面积不等的、植被种类不同的林地，以维持生物多样性的良好生态环境。安排种茶的地块，要按照地形划分成大小不等的作业区，一般以0.3～1.3 hm^2 为宜，在规划时要把茶厂的位置定好，茶厂要安排在离几个作业区中心，且交通方便的地方。

(3)道路系统设置

为了便于农用物资及鲜叶的运输和管理，方便机械作业，要在茶园设立主干道和次干道，并相互连接成网。主干道直接与茶厂或公路相连，可供汽车或拖拉机通行，路面宽8～10 m；面积小的茶场可不设主干道。次干道是联系区内各地块的交通要道，宽4～5 m，能行驶拖拉机和汽车等；步道或园道有效路面宽2 m左右，主要为方便机械操作而留，同时也兼有地块区分的作用，一般茶行长度不超过50 m，茶园小区面积不超过0.67 hm^2。

(4)水利网设置

茶园的"水利网"具有保水、供水和排水三个方面的功能。结合规划道路网，把沟、渠、塘、池、库及机均等水利设施统一安排，要沟渠相通，渠培相连，长藤结瓜，成龙配套。雨多时水有去向，雨少时能及时供水。各项设施完成后，达到小雨、中雨水不出园，大雨、暴雨泥不出沟，需水时又能引提灌溉。

(5)防护林与遮阴树

凡冻害、风害等不严重的茶区，以造经济林、水土保持林、风景林为主。一些不宜种植作物的陡坡地、山顶及地形复杂或割裂的地方，则植树为主，植树与种植多年生绿肥相结合，树种须选择速生、防护效果大、适合当地自然条件的品种。乔木与灌木相结合，针叶树与阔叶树相结合，常绿树与落叶树相结合。灌木以宜作绿肥的树种为主。园内植树须选择与茶树无共同病虫害、根系分布深的树种。林带必须与道路、水利系统相结合，且不妨碍实施茶园管理使用机械的布局。

适合的遮阴树种也因地区有差异：西南、华南茶区多用巴西橡胶、云南樟、棺木(又称水冬瓜树)。江南茶区可用合欢、马尾松、湿地松、泡桐、乌桕等。为了提高茶园生态效益，有些地方在茶园中间种果树作为遮阴树，如西南和华南地区种植荔枝、李等；在江南茶区可种植梨、枇杷、柿、杨梅、板栗等。

(二)园地开垦

园地开垦是新茶园建设基础工作之一。在园地开垦过程中，必须按照园地的总体规划设计为依据，以水土保持为中心，深翻改土为重点，选择适宜的开垦时期，采取正确的农业技术措施。

1. 地面清理

在园地开垦之前，先要进行清理地面。按照总体规划要求，防护林带的地段，要保留全部植被；道路两旁、水沟两侧的树木做好标记，留出不砍，直接保留使用，原则上大树都要保留。这样既可减少砍伐树木，保护生态，同时还减少种植行道树所需要的树苗和培育工作，节省开支，其他树木和杂草可以全部刈除。

具体操作时，先砍除必须砍伐的树木，将树蔸连根清除。然后刈割并挖除柴根和多年生

草根。对于杂草，刈除后可以作为堆肥或烧焦泥灰的材料，充作茶园肥料，如果杂草数量不多，可以在开垦时将其翻入土层深处，用以提高茶园土壤有机质和肥力，对小竹、金刚刺、蕨类、茅草等宿根类植物必须彻底清除，否则由于这类植物的块根、根茎生存力特别顽强，在建园后会很快恢复生长，而且往往是很难达到除尽要求的。

在刈除植被以后，还必须将园地内部的乱石等清除干净。石块可以作为道路、水池、水沟等的建材，清理的深度应该达到离地面 1 m 以下。另外，如果发现园地内部有白蚁，必须采取相应的灭蚁措施加以消灭，以免茶园建成后茶树受到白蚁危害。

2. 平地及缓坡茶园的开垦

平地茶园由于地势平坦，一般地形也比较规则，开垦工作比较容易。若是生荒地，一般要进行初垦和复垦两次深耕。

初垦一般全年都可进行，尽量安排在秋冬季节，耕翻后的土块经日晒雨淋或严寒冰冻，更有利于土壤熟化。初垦最好用挖掘机深翻土地，深度要求达到 50 cm 以上，对于地面高低差异较大而不利于茶行布置和田间管理的地段，需要适当平整。耕后的土块不必弄碎，这样更有利于蓄水和风化，提高土壤深耕效果。地面杂草清除后要深埋，以增加土壤肥力。

复垦一般在茶树种植前进行，深度要求 30 cm 左右，垦挖时应将土块打碎，避免下层土壤形成空洞而影响茶树吸收水分，导致茶树生长发育不良。同时，复垦时要进一步清除前期未能除去的草根和树根，平整地面。复垦工作完成后，即可进行划行种植。

计划留出作为干道和支道的部分，不必开垦。一方面可以减少开垦工作量，另一方面可以让这部分土壤保持结实，有利于道路建设。

坡度在 15°以下的丘陵地或山脚缓坡地的开垦，同样要按照平地茶园初垦和复垦的规格要求进行。但由于地形比平地茶园复杂，开垦时首先要根据坡度大小、道路网、水系沟渠等设计要求，进行分段开垦。缓坡地的地表是倾斜的，要沿等高线横向开垦，这样可使坡面达到相对一致，转弯处要掌握“大弯随势，小弯取直”的原则。因长期冲刷水土流失严重的少数坡面，推平后加客土，使表土层厚度达到种植的要求。

3. 陡坡梯级茶园的开垦

坡度大于 25°的地段一般不提倡种茶，如要种茶，应开成水平样梯级茶园。水平样梯级茶园是在山坡上沿等高线一层一层修筑的梯面水平、梯壁整齐的台阶式茶园，简称水平梯级茶园。修建水平梯级茶园可改造地貌，消除或减缓地面坡度，是山坡地保持水土的有效措施。

水平梯级茶园的主要作用：拦泥蓄水，减少冲刷；便利耕作，有利灌溉；增加地力，高产稳产。

(1)梯形茶园建设原则

梯形茶园建设过程中应遵循以下几个原则：

①梯面宽度便于日常作业，更要考虑机械化作业；

②茶园建成后，要能最大限度地控制水土流失，下雨能保水，需水能灌溉；

③梯田长度 60～80 m 之间，同梯等宽，大弯随势，小弯取直；

④梯田外高内低，外埂内沟，梯梯接路，沟沟相通；

⑤施工开梯田，要尽量保存表土，回沟植茶。

(2)梯面宽度的确定

梯形茶园的梯面宽度有一定标准,一般随坡度而定。如茶树行距1.5 m,加上内侧沟宽,因此每梯种植一行茶树的梯面宽度应在2 m左右,种植两行茶树的应在3.5 m左右,依次类推。在可能条件下,梯面应尽量做宽,便于田间管理和机械操作。局部地段因坡度变化,会出现等高不等宽的现象,可以采用插短行的办法弥补,使茶园面貌整齐美观,同时也提高土地利用率。在坡度最陡处,梯面宽度也应不小于1.5 m,否则有碍管理。

(3)梯级茶园的修筑

梯级茶园的修筑方法有两种,一种是自下而上筑梯层,它自山坡最下一条等高线开始,采用里挖外填,生土筑壁,整理出第一层梯级,然后将上一层坡面表土取下,作为梯面用土。然后修筑第二层梯级,将第三层表土覆在第二层梯面上,依次逐层向上修筑,这叫表土保留法。它可以真正做到"生土筑巢,表土盖面"的要求,同时施工时,也容易掌握梯面宽度,工程质量较好。

另一种是自上而下修筑梯级,这叫表土混合法。这种方法比较省工,底土翻在上面,容易风化熟化。但其缺点是将表土填到梯壁附近。梯面土壤肥力降低,影响茶树苗期生育。在经验不足,测量不准的情况下,梯面宽度往往达不到要求。因此最好采用表土保留法修筑梯级茶园。修筑梯级的施工事项,主要包括修筑梯壁和整理梯面。

①修筑梯壁

梯壁质量的好坏,直接影响梯层的稳固性。根据因地制宜,就地取材的原则,通常梯壁类型主要有石坎、草皮坎和泥坎三种。草皮坎和泥坎的梯壁高度依坡度大小和土质状况而定,一般不宜过高,尽量控制在1 m之内,最高不要超过1.5 m,倾斜度在75°左右,石坎梯壁倾斜度可在80°左右。

不论采用哪种材料修筑梯壁,其方法基本相同。首先以等高线为中心线,清除表土,挖至心土,并做成宽50 cm左右的倒坡坎基,踏实夯固。如果是筑泥坎,应在坎基上填生土,边踩紧边夯实,宽度要有30 cm以上,至梯壁筑到一定的高度,再从该梯的内侧取土,一直堆筑而成,并随即捶紧梯壁。

筑草皮坎方法同筑泥坎,首先挖出倒坡坎基,将挖取的草皮砖分层顺次倒置在坎基上,上一层草皮砖应紧压在下层草皮砖的接头处,成"品"字形排列,依次逐层叠成,如有缺口夹缝,必须填土打紧。修筑泥坎和草皮坎梯壁,要做到"清基净、坐底稳、填生土、扣拍紧、夯踏实",筑坎、拍打、填土密切配合进行。

在土层薄、石料相对丰富的山区,可修筑石坎梯田,就地取材,成本较低。石坎梯田挡土墙底部应进行清基开挖接合槽,以保证原坎与地面能良好的结合,防止挡土墙塌陷和滑动。石坎挡土墙一般先用较大、规则的石料搭砌而成,大石在下,小石在上,大面向外,间隙填以细石和土料,使其衔接面增大,提高整体性能,回填土层应不低于梯田耕作层,田面基本填平,使同一层梯田田面平整,以便耕作。

②整理梯面

梯壁修好后,进行梯面平整,先找到开挖点,即不挖不填的地点,以此为依据,取高填低,填上的部分应略高于取土部分,其中特别要注意挖松靠近内侧的底土,挖深60 cm以上,施入有机肥,以利于靠近基脚部分的茶树生长。

在坡度较小的坡面,按照测定的梯层线,用拖拉机顺向翻耕或挖掘机挖掘,土块一律向

外坎翻耕，再以人工略加整理，就成梯级茶园，可节省大量的修梯劳动力。种植茶树时，仍按通用方法挖种植沟。

③梯壁养护

梯壁好后，随时受到水蚀等自然因子的影响，故梯级茶园的养护，是一件经常性的工作。梯园养护要做到以下几点：

第一，雨季要经常注意检修水利系统，防止冲刷；每年要有季节性的维护。

第二，种植护梯植物，如在梯壁上种植紫穗槐、黄花菜、多年生牧草、爬地兰等固土植物。保护梯壁上生长的野生植物，如遇到生长过于繁茂而影响茶树生长或妨碍茶园管理时，一年可割除1～2次，切忌连泥铲削。

第三，新建的梯级茶园，由于填土挖土关系，若出现下陷、溃水等情况，应及时修理平整。时间经久，如遇梯面内高外低，结合修理水沟时，将向内泥土加高梯面外沿。

（三）茶树种植及初期管理

茶树种植技术和初期管理工作对植后茶树的成活、生长有很大影响，关系到茶树能否快速成长、成园。

1. 种植前整地与施基肥

茶树能否快速成园，及成园后能否持续高产，与种前深垦和基肥用量有关。种前深垦既加深了土层，直接为茶树根系扩展创造了良好的条件，又能促使土壤发生理化变化，提高蓄水保肥能力，为茶树生长提供了良好的水、肥、气、热条件；深垦结合施有机肥料作为基肥。

2. 茶苗移栽

保证移栽茶的成活率，一是要掌握农时季节，二是要严格栽植技术，三是要周密管理。

(1)移植时间

确定移栽适期的依据，一是看茶树的生长动态，二是看当地的气候条件。当茶树进入休眠阶段，选择空气湿度大和土壤含水量高的时期移栽茶苗最适合。在长江流域一带的广大茶区，以晚秋或早春(11月或翌年2月)为移栽茶苗的适期；而云南省干湿季明显，芒种至小暑(6月初至7月中)已进入雨季，以这段时间为移栽茶苗的适期。海南省一般在7—9月移栽。故移栽适期主要根据当地的气候条件决定。具体时间可在当地适期范围内适当提早为好；因为提早移栽，茶苗地上部正处于休眠阶段或生长缓慢阶段，位移栽过程损伤的根系有一个较长的恢复时间。

(2)种植规格

种植规格是指专业茶园中的茶树行距、株距(丛距)及每丛定苗数，是“合理密植”的重要参数。

所谓“合理密植”就是要使茶树在一定的土地面积上形成合理的群体密度，充分利用光能和土壤营养，正常地生长发育并获得高产优质。“合理密植”的密度范围，因栽植区域、茶树品种以及管理水平等不同存在差异。一般认为中叶种茶园单行条列式种植的，行距150～170 cm，丛距26～33 cm，每丛栽种2株茶苗。气候寒冷的地区，培养低型树冠以提高茶树抵御低温的能力，可适当提高密度，行距可缩小到115 cm，丛距26 cm左右。

(3)移栽技术

起苗前，应做好移栽所需的准备工作，开好栽植沟，施入基肥，肥与土拌匀，上覆盖一层表土，然后栽植茶苗。栽植沟深 33 cm 左右。茶苗要保证质量，中叶种每丛栽 1～2 株，大叶种单株栽植，亦可 2 株栽植。一丛栽植 2 株的茶苗，其规格必须一致，不能同丛搭配大小苗。凡不符合规格的茶苗，加强培育，待来年再移植。实生苗若主根过长，要把超过 33 cm 的部分剪掉，但应注意保存侧根多的部位。移栽茶苗，要一边起苗，一边栽植，尽量带土和勿损伤根系，这样可提高成活率。如果连同育苗的营养钵移栽，如果营养钵未腐烂，需去除营养钵，以免茶苗根系与土壤不能充分接触而影响其生长。

移栽时应保持根系的原来姿态，使根系舒展。茶苗放入沟中，边覆土边踩紧，使根与土紧密相结，不能上紧下松。待覆土至 2/3～3/4 沟深时，即浇定根水，水要浇到根部的土壤完全湿润，边栽边浇，待水渗下再覆土，填满踩紧。

3. 幼苗期管理

幼苗期管理主要指茶苗移栽后两年内这段时间的管理，它是关系到茶苗的成活率、茶苗能否正常生长发育和新茶园建立成败的关键时期。“成园不成园，关键头一年”，这一时期非常重要，必须要以高水平高标准管理幼龄茶园，才能快速成园，早投产早收益。其管理的主要内容有：树冠培养、抗旱保苗、加强肥水管理、病虫防治等农事活动。

(1)树冠培养

茶树幼苗期进行定型修剪，其作用是促进分枝，控制高度，加速横向扩展，使骨干枝粗壮、树冠分枝结构合理，为培养优质高效树冠骨架奠定基础。其具体方法一般分三次进行。

第一次定型修剪，可按茶苗实际生长状况而定。若在移栽时茶苗已高出 20 cm 以上，并具有 1～2 个分枝，则可进行第一次定型修剪；或者在翌年 2—3 月份第一次生长期开始之前进行。其修剪方法是：用整枝剪在离地面 15 cm 左右处剪去主枝，保留侧枝，剪时注意保留 1～2 个较强分枝。

第二次定型修剪是当树高达到 50～60 cm 时，则在第一次定型修剪的剪口之上，离地面 30～45 cm 处剪去上部枝叶，主枝保留高度 30 cm，侧枝保留高度 40 cm。第一、二次修剪是关系到茶树骨干枝是否合理，因此，工作必须细致，用整枝剪逐株逐枝修剪，同时还要注意选择剪口下的侧芽向外的部位下剪，使侧枝向外扩展，形成披张的树型。

第三次定剪应在第二次定剪后一年左右，当树高达 75～90 cm 时，离地面 60～70 cm 处剪去上部枝叶，主枝保留高度 60 cm，侧枝保留高度 70 cm。

(2)抗旱保苗

茶苗种植后成活与否，最重要的是水分管理。根据气候条件，在干旱季节，种植后 1 周，要求每天淋水一次，以后依次减少；淋水时间在每天上午或傍晚，不能在强光高温的中午淋水。淋水必须透彻，北方干风大，更应多淋水。雨天要做好排水工作，特别是大雨、暴雨，不能长时间积水。

茶苗耐阴性强，对光线较敏感，从苗圃移栽到大田，对光的适应性差，小苗由于植株幼嫩，叶片角质层薄，蒸腾作用大，容易烧伤。移栽后可采用遮阴方法，有条件的可搭建遮阴篷，也可插树枝叶遮阴和间作遮阴物(大豆、玉米等)，掌握遮阴度为 60%左右。

新茶园还可铺草覆盖，既保湿保温，还能抑制杂草滋生。覆盖材料有稻草、杂草、作物秸秆、修剪枝叶等有机物料。覆盖厚度 10 cm 左右，每 1～2 年一次。腐烂翻埋入土，能改善土壤理化性状、提高土壤肥力。

(3)间苗补苗

保证单位面积有一定的基本苗数，是正确处理个体与群体关系的一个方面，是争取丰产的基本因素；不论直播或移栽的茶园，及时查苗补苗，凡每丛已有 1 株茶苗成活的就不必再补苗，缺丛则每丛补植 3 株茶苗。这是达到全苗、壮苗的重要措施。凡出苗迟、生长差的茶苗，要增加水、肥，倍加抚育。齐苗后当年冬季或次年，要抓紧补苗，否则，待成园以后再补，所补的茶树参差不齐，更严重的是有些不能成丛，故需在一、二年生内将缺丛补齐，保证全苗。补缺用苗，必须用同龄茶苗，一般应用“备用苗”补缺，若用间苗补缺，苗木不能拔，而要挖，否则根系损伤，不易成活。补缺的方法和补后的管理与移栽茶苗相同。

(4)科学施肥

按照茶树生长发育的规律，每一茶季长一次新梢。故在每一个生长季节到来之前，都要提供充足的营养，以促进新梢正常生长发育。

具体的做法是：在茶苗移栽后三个月以前使用 1%尿素液肥淋根部，补充肥水。三个月以后分别在 5 月中旬和 8 月上旬开挖浅沟撒施尿素，亩施尿素 10 kg，施后盖土。在 11 月份以后挖深沟施有机复合肥，每亩施用 150 kg，保证充足的养分供应茶树过冬，为次年抽发粗壮的新梢下足冬肥。同时，在条件允许的情况下，进行抗旱淋水铺草。经验证明，在茶行内侧修筑“竹节沟”蓄水保苗，减少水土流失，效果非常明显。

三、茶园土壤管理

土壤是茶树生长的立地之本，也是茶树优质、高产、高效益的基本条件。茶树生长所必需的水分、营养元素等物质都是通过土壤进入茶树体内。土壤的性质直接影响到茶树生育、产量和品质。所谓茶园土壤管理就是泛指一切与茶园土壤有关的栽培活动，其目的和作用主要是加强营养元素的供应，提高土壤肥力，加强水土保持，为茶树根系生长提供良好的条件。茶园土壤管理具体包括耕作除草、水分管理、施肥、土壤覆盖和土壤改良等措施。

(一)茶园耕作

茶树作为多年生常绿作物，茶园合理耕作，既可以疏松茶园表土板结层，协调土壤水、肥、气、热状况，翻埋肥料和有机质，熟化土壤增厚耕作层，提高土壤保肥和供肥能力，同时还可以消除杂草，减少病虫害。不合理的耕作，不仅破坏土壤结构，引起水土流失，加速土壤有机质分解消耗，还会损伤根系，影响茶叶产量和品质。

根据茶园耕作的时间、目的、要求不同，可把它分为生产季节的耕作和非生产季节的耕作。

1. 生产季节的耕作——浅耕和中耕

生产季节的茶树地上部分，处于旺盛生长发育阶段，芽叶不断地分化，新梢不断地生育和采摘，因此，要求地下部分不断地、大量地供应水分和养分，但这一时期往往也是茶园中杂草生长茂盛的季节，杂草繁生必然要消耗大量的水分和养分，同时也是土壤蒸发和植物蒸腾失水最多的季节。

不仅如此，生产季节中，由于降雨和人们在茶园中不断采摘等管理措施，造成茶园表层板结，结构被破坏，给茶树生育造成不利影响。为此，在茶园中就要进行不断耕作，疏松土壤，增加土壤通透性，及时除草，减少土壤中养分和水分的消耗，提高土壤保蓄水分的能力。

根据以上要求，生产季节的耕作以中耕（15 cm 以内）或浅锄（2～5 cm）为合适。耕锄的次数主要根据杂草发生的多少和土壤板结程度、降雨情况而定。一般专业性茶园应进行 3～5 次，其中春茶前的中耕、春茶后及夏茶后的浅锄 3 次认为是不可缺少的，且常结合施肥进行。具体耕作次数要从实际出发，因树因地而异。

(1)春茶前中耕

春茶前中耕是增产春茶的重要措施。茶园经过几个月的雨雪，土壤已经板结，而这时土温较低，此时耕作可以疏松土壤，去除早春杂草，耕作后土壤疏松，表土易于干燥，使土温回升快，有利于促进春茶提早萌发。这次中耕的时间，长江中下游茶区一般在 3 月份进行，南部的茶区应提前，而在山东半岛却要推迟到 4 月份。这次中耕主要是为了积蓄雨水，提高地温，所以耕作深度可稍深一些，深度一般为 10～15 cm，不能太深，否则损伤根系，不利于春季根系的吸收。这次中耕结合施催芽肥。

(2)春茶后浅锄

春茶后浅锄是在春茶采摘结束后进行的。长江中下游茶区多在 5 月中、下旬。此时，气温较高，而且降水量较多，也正是夏季开花植被旺盛萌发的时期，同时春茶采摘期间土壤被踩板结，雨水不易渗透，必须及时浅锄。深度一般比春茶前中耕稍浅，在 10 cm 左右。这次浅渤由于春夏条间采茶间隔的时间很短，另外在许多茶区也正是农作物夏收夏种忙季，时间紧，任务重，要合理安排、组织、调配劳动力，妥善安排好。

(3)夏茶后浅锄

夏茶后浅锄是在夏茶结束后立即进行，有的地区是在二茶期间进行。时间在 7 月中旬。此时天气炎热，夏季杂草生长旺盛，土壤水分蒸发量大，并且气候也较干旱，为了切断毛细管减少水分蒸发，消灭杂草，要及时浅锄，深度在 7～8 cm。此次耕作要特别注意当时的天气状况，如持续高温干旱，就不宜进行。

除了上述三次耕锄外，由于茶树生产季节长，还应根据杂草发生情况，增加 1～2 次浅锄，特别是 8—9 月间，气温高杂草开花结籽多，一定要抢在秋季植被开花之前，彻底消除，减少第二年杂草发生。幼年茶园，由于茶树覆盖度小，行间空隙大，杂草容易滋生，而且茶苗也容易受到杂草的侵害，故耕锄的次数应比成年茶园多，否则易形成草荒，茶苗生长受影响。

2.非生产季节的耕作——深耕

深耕是秋季茶叶采摘结束后进行的一次较深（15 cm 以上）的耕作。我国很早以前就有关于深耕的记载，因此深耕历来受到广大茶区群众的重视，认为是增产的关键。

深耕是深度较深的耕作，对改善土壤的物理性状有良好的作用，通过深耕可以提高土壤的孔隙度，降低土壤容重，对土壤结构，提高土壤肥力有着积极作用。深耕后土壤疏松，含水量提高，而且，土壤通透性提高，促进好气性微生物活跃生长，加速土壤中有机物分解和转化，提高土壤肥力。但是，深耕对茶树根系损伤较大，对茶树产量和茶树生长会带来影响。

在进行深耕时，应根据具体情况分别对待，灵活掌握。不同树龄的茶园，应根据根系分布情况而进行深耕；其次，深耕时还应根据不同种植方式和密度来确定深耕的深度和方法。

(1)不同树龄茶园的深耕

幼年期茶园的深耕，对于种植前已经过深垦的茶园，行间深耕一般只是结合施基肥时挖

基肥沟，基肥沟深度在 30 cm 左右，种茶后第一年基肥沟部位要离开茶树 20～30 cm，以后随着茶树的长大，基肥沟的部位离开茶树的距离也应逐渐加大。

成年期茶园的深耕，由于整个行间都有茶树根系分布，如行间耕作过深，耕幅过宽，都会使茶树根系受到较多损伤，因此一般成年茶园，深耕深度不超过 30 cm，宽度不超过 40～50 cm，近根基处应逐渐浅耕约 10～15 cm。

衰老茶园的深耕，应结合树冠更新进行，深耕以不超过 50 cm×50 cm 为宜，并结合施用较多的有机肥。

(2)不同种植方式茶园的深耕

种植方式和种植密度不同的茶园，深耕时也应区别对待。丛播茶园行株距大，根系分布比较稀疏，深度可深些，可达 25～30 cm。同时要掌握丛边浅，行间深的原则。

条栽茶园。行间根系分布多，深耕的深度应浅些，一般控制在 15～25 cm，尤其是多条栽密植茶园，整个茶园行间几乎布满根系，为了减轻对根系的伤害，在生产上采用隔 1～2 年深耕一次的办法，同时深耕挖掘深度在 10～15 cm，并结合施基肥。

(二)茶园除草

茶园除草是茶园土壤管理中一项经常进行的工作。茶园杂草对于茶树的危害很大，它不仅与茶树争夺土壤养分，在天气干旱时会抢夺土壤水分，而且杂草还会助长病虫害的滋生蔓延，给茶树的产量和品质带来影响。

1.茶园杂草的种类

茶园中杂草种类繁多，适宜在酸性土壤生长的旱地杂草，通过多种途径传播到茶园中来，并在茶园中生长繁衍。由于各地生态环境不一致，茶园杂草种类变化较大。

茶园杂草中有一二年生的，也有多年生的；有以种子繁殖的，也有以根、茎繁殖的，甚至种、根、茎都能繁殖的；有在春季生长旺盛的，有在夏季或秋季生长旺盛的，因而一年四季中杂草种类不尽相同。

茶园中发生数量最多，为害最严重的杂草种类，有马唐、狗尾草、蟋蟀草、狗牙根、辣蓼等几种。了解这几种主要杂草的生物学特性，掌握其生育规律，有利于对杂草发生采取有效的控制措施。

(1)马唐

禾本科，一年生草本植物，它的茎都匍匐地面，每节都能生根，分生能力强，6—7 月抽穗开花，8—10 月结实，以种子和茎繁殖。

(2)狗尾草

禾本科，一年生草本植物，茎扁圆直立，茎部多分枝，7—9 月开花结实，穗呈圆筒状，像狗尾巴，结籽数量多，繁殖量大，而且环境条件较差时，也能生长。

(3)蟋蟀草

禾本科，一年生草本植物，茎直立，6—10 月开花，有 2～6 个穗状枝顶，以种子、地下茎繁殖。

(4)狗尾草

禾本科，多年生草本植物，茎平铺在地表或埋入土，分枝向四方蔓延，每节下面生根，以根茎繁殖，两侧生芽，3 月发新叶，叶片形状像犬齿。

(5)辣蓼

蓼科，一年生草本植物，茎直立多分枝，茎通常呈紫红色，节部膨大，繁殖。

(6)香附子

又名回头青，莎草。莎草科，多年生草本植物，地下有匍匐茎，丛生，细长质硬，3—4 月间块茎发芽，5—6 月抽茎开花，以种子和地下茎繁殖。

(7)菟丝子

旋花料，一年生寄生蔓草，全株平滑无毛，茎细如丝，无叶片茎上吸盘吸收寄主养分，夏天开花，以种子繁殖。

上述茶园杂草，它们对周围环境条件都有很强的适应性，尤其一些严重为害茶园的恶性杂草，繁殖力强，传播蔓延广，在短期内就能发生一大片的特点，但是各种杂草在其个体发育阶段中也有共同的薄弱环节。一般地，草种子都较细小，顶土能力一般不强，只要将杂草种子深翻入土，许多种子就会无力萌发而死亡；杂草在其出土不久的幼苗阶段，株小根弱，抗逆力不强，抓住这一时机除草，效果较好；极大部分茶园杂草都是喜光而不耐阴，只要适当增加种植密度或茶树行间铺草，就会使多种杂草难以滋生。因此，生产上要尽量利用杂草生育过程中的薄弱环节，采取相应措施，就能达到理想的除草效果。

2. 茶园除草技术

茶园杂草的大量发生，必须具备两个基本因素：一是在茶园土壤中存在着杂草的繁殖体种子或根茎、块茎等营养繁殖器官；二是茶园具备适合杂草生长的空间、光照、养分和水分等。改变或破坏这两个因素，茶园杂草就会难以发生。茶树栽培技术中很多措施都具有减少杂草种子或恶化杂草生长条件的作用，从而防止或减少杂草的发生。

(1)人工除草

人工除草目前是我国茶区主要的除草方式，人工除草可采用拔草、浅锄或浅耕等方法。对于生长在茶苗、幼年茶树及攀缠在成年茶树上的杂草可采用人工拔草，并将杂草深埋于土中，以免复活再生。使用阔口锄、刮锄等人为工具进行浅锄除草，能立即杀伤杂草的地上部分，起到短期内抑制杂草生长的作用。用板锄、齿耙进行浅耕松土，同时兼除杂草，能把杂草翻斥入土，除草效果比浅锄为好。

(2)化学除草

茶园化学除草具有使用方便，杀草效果好，节省大量人工，经济效益明显等优点。化学除草剂可以分触杀型和内吸传导型。

触杀型除草剂只能对接触到植株部位起杀伤作用，在杂草体内不会传导移动，应用这类除草剂只作为茎叶处理剂使用。内吸传导型除草剂可被杂草茎叶或根系吸收而进入体内，向下或向上传导到全株各个部位，首先使最为敏感部位受毒害，继而整株被杀死，这类除草剂既可作茎叶处理剂也可做土壤处理剂。

除草剂的种类有很多，在茶园中使用必须具有除草效果好，对人畜和茶树比较安全茶叶品质无不良影响，对周围环境很少污染的特点。我国茶园应用的有西玛津、茅草枯、百草枯和草甘膦等。

近年来，欧盟等国家对茶园中除草剂的选用有严格的限制，大部分除草剂不得在茶园中使用。因此，使用除草剂时应谨慎。

(3)耕锄除草

土壤翻耕包括茶树种植前的园地深垦和茶树种植后的行间耕作,它既是茶园土壤管理的内容,也是杂草治理的一项措施。在新茶园开辟或老茶园换种改植时,进行深垦可以大大减少茶园各种杂草的发生,这对于茅草、狗芽草、香附子等顽固性杂草的根除也有很好的效果。浅耕可以及时铲除1年生的杂草,但对宿根型多年生杂草及顽固性的蕨根、菝葜等杂草以深耕效果为好。

(4)行间铺草

茶园行间铺草的目的是减轻雨水、热量对茶园土壤的直接作用,改善土壤内部的水、肥、气、热状况。同时对茶园杂草也有明显的抑制作用。茶园未封行前由于行间地面光照充足,杂草易滋生繁殖,影响茶树的生长。

在茶园行间铺草,可以有效地阻挡光照,被覆盖的杂草会因缺乏光照而黄化枯萎,从而使茶树行间杂草发生的数量大大减少。茶园覆盖物可以是稻草、山地杂草,也可是茶树修剪枝叶。一般来说茶园铺草越厚,减少杂草发生的作用也就越大。

(5)间作绿肥

幼龄茶园和重修剪、台刈茶园行间空间较大,可以适当间作绿肥,这样不仅增加茶园有机肥来源,而且可使杂草生长的空间大为缩小。

绿肥的种类可根据茶园类型、生长季节进行选择。在1～2年生茶园可选用落花生、大绿豆等短生匍匐型或半匍匐型绿肥。3年生茶园或台刈改造茶园可选用乌豇豆、黑毛豆等生长快的绿肥。一般种植的绿肥应在生长旺盛期台刈青后直接埋青或作为茶园覆盖物。

(三)茶园水分管理

茶树是耐阴喜湿的多年生叶用作物。俗话说:"有收无收在于水,收多收少在于肥"。水分既是茶树有机体的重要组成部分,也是茶树生长发育过程不可缺少的生态因子。茶树的光合、呼吸等生理活动的进行,以及营养物质的吸收和运输,都需要水的参与。水分不足或过多,都不利于茶树的生长发育。茶园水分管理是运用栽培手段,改善茶园生态环境中水分因子,以维持茶树体内正常的水分代谢,促进其良好的生育,保证茶叶的产量和品质。

1.茶园保水

我国绝大多数茶区都存在明显的降雨集中期。如长江中下游茶区之降雨往往集中在春季和夏初,而4—6月、7—9月常是少雨高温,12月至翌年2月冬季干旱现象常有发生,这些使得茶园保水的任务十分繁重。又因茶树多种植在山坡上,一般缺少灌溉条件,水土流失的现象较严重,因而保水的工作显得特别重要。

广大茶农在长期的实践中积累了许多关于茶园保持水土的经验,如茶园铺草、挖伏土、筑梯式茶园等。随着科学技术和工业(如塑料工业)的发展,给茶园保水提供新的手段。

(1)茶园水分散失途径

要做好茶园保蓄水工作,必须明了茶园土壤水分散失的途径(或方式),以便有针对性地采取相应措施,最大限度地减少流失现象,提高茶树对水分的经济利用系数。

茶园水分散失的方式主要有地面径流、地面蒸发、地下水移动(包括渗透和转移)、茶树及其他植物的蒸腾等。除茶树本身的蒸腾在一定程度上为茶树生长发育过程的正常代谢所必需外，其他散失都是无效损耗，应尽可能避免或减少到最低程度。

①地面径流

茶园地面径流主要是暴雨形成的，当降水强度大于土壤渗透速率时就会发生地面径流。它和土壤质地、含水量、降水强度及持续时间有关，如土层浅薄的坡地茶园尤其容易产生径流损失。地面径流所导致的流失，最终将导致不少坡地茶园土层浅薄、肥力低下。另外，新辟茶园的第1～2年，由于地面覆盖度小，水土流失同样很严重。

②地下水移动

地下水移动是指土壤饱和水在重力作用下在土壤中通过空隙，由上层移向下层，然后再沿不透水底层之上由高处向低处潜移。它是一种渗透性流失，故远不及地面径流运动的速度快。但在上层土层较疏松时，这种形式的流失是不可忽视的。

适度的渗透作用有利于降水和灌溉水下渗，从而使得水分和养分在整个活土层内分布均匀，以供各层根系的吸收利用。但过强的渗透作用，除了会加大水分损失外，还会带走许多溶解于土壤水中的养分。如坡地茶园，尤其是下层含砾石较多茶园土壤，这种渗透损失是相当严重的。

在新建梯式茶园，这种水往往给梯壁施以压力，有时强大到足以胀垮梯级。不同土壤由于空隙大小不同，渗透系数不一样，地下水移动损失的速率也不一样，黏土中移动速率最小，壤土居中，沙土最大。

③地面蒸发

茶园土壤表面空气层湿度往往处于不饱和状态，尤其是裸露度大，受风、阳光的作用，空气湿度不饱和状态会加剧，从而使土壤表层的水分以气体的形式进入空气中。

随着表层水分的蒸发，在毛管力的作用下，中下层土壤中的水分不断沿着毛管上升，直至毛管水破裂为止。在表层土壤板结或黏性重的情况下，毛管水的上升运动特别强烈，这些上升的毛管水除少部分为根系吸收外，大部分被地面蒸发所损耗，从而使得整个土层水分亏缺严重。成年茶园与幼龄茶园相比，地面蒸发失水尤以幼龄茶园强度大。

④蒸腾作用

茶树、茶园的间作物及各种杂草会通过它们的蒸腾作用，从土壤中带走相当数量的水，当地面完全为植被覆盖时地面直接蒸发的水量最少，主要是植物的蒸腾。一般，茶园植株蒸腾速率日变化呈早、晚低，中午高的规律。

(2)茶园保水技术

①土类选择

不同土壤具有不同的保蓄水能力，或者说有效水含量不一样，黏土和壤土的有效水范围大，砂土最小。建园应选择相宜的土类，并注意有效上层的厚度和坡度等，为今后的茶园保水工作提供良好的前提条件。

②深耕改土和健全保水设施

显而易见，凡能加深有效土层厚度，改良土壤质地的措施(如深耕、加客土、增施有机肥等)，均能显著提高茶园的保蓄水能力。

坡地茶园上方和园内加设截水横沟，并做成竹节沟形式，能有效地拦截地面径流，将雨水蓄积于沟内，再徐徐渗入土壤中，也是有效的茶园蓄水方式。新建茶园采取水平梯田式，且能显著扩大茶园蓄水能力。另外，山坡坡段较长时适当加设蓄水池，对扩大茶园蓄水能力

也有一定作用。

③合理种植

茶树种植的形式和密度对茶园内承受降雨的流失有较大的关系。一般是丛式的大于条列式的，单条植大于双条或多条植，稀植大于密植；顺坡种植茶行大于横坡种植的茶行；尤其是幼龄茶园和行距过宽、地面裸露度大的成龄茶园的流失严重。

④地面覆盖

地面覆盖是减少茶园土壤水分散失效果最好的方法，最常用的方法是铺草。此法是我国许多茶区的一项传统的栽培经验，其保水效果十分显著。

⑤合理间作

虽然茶园间作物本身要消耗一部分土壤水，但相对于裸露地面，仍可不同程度地减少水土流失，且坡度越大作用越显著。据我国不少茶区经验，间种花生等夺水力强的作物，往往有加重幼龄茶树旱象的现象。因此，合理地选择间作物种类是十分重要的。

⑥耕锄保水

俗话说“锄头底下三分水”，及时中耕除草，不仅可免除杂草对水分的消耗，而且可有效地减少土壤水的直接蒸散，这主要是由于中耕阻止了毛管水上行运输。但中耕必须合理，不宜在旱象严重、土壤水分很少的情况下进行，否则往往因锄挖时带动根系而影响吸水，加重植株缺水现象，这在幼龄茶园尤需注意。最好掌握在雨后土壤湿润、且表土宜耕的情况下进行。

⑦造林保水

在茶园附近，尤其是坡地茶园的上方适当营造行道树、水土保持林、或园内栽遮阴树，不仅能涵养水源，而且能有效地增加空气湿度，降低风速和减少日光直射时间，从而减弱地面蒸发。

⑧抗蒸腾剂

国内外已有在茶树上施用化学物质以减少蒸腾失水的尝试。抗蒸腾剂以其作用方式分为“薄膜型”和“气孔型”两类。前者是在叶片上形成一层薄膜状覆盖物，以阻止水蒸与透过。但抗蒸腾剂当前仍处试验或试用阶段，有的尚有降低植株生长和产量的副作用。作为茶园保水措施之一。抗蒸腾剂在茶树上的应用尚待进一步探讨。

2.茶园灌溉

灌溉是茶叶大幅度增产和品质提高的一项积极措施。灌溉能一定程度上改善茶叶品质，主要表现在改善有效成分的比例。据研究，喷灌后茶叶氨基酸增加，而儿茶素总量减少，这对于夏秋季生产绿茶来说，可以减少苦涩味，而提高鲜爽味，品质有所改善。

目前，茶园灌溉的方式有四种，即浇灌、流灌、喷灌和滴灌。茶园灌溉方式的确定必须充分考虑合理利用当地水资源、满足茶树生长发育对水分的要求、提高灌溉效果等因素。只有了解各种灌溉方式的特点，确定合理的灌溉方法，才能取得良好的灌溉效果。

(1)浇灌

浇灌是一种最原始的劳动强度最大的给水方式。故不宜大面积采用，仅在未修建其他灌溉设施，临时抗旱时局部应用，具有水土流失小、节约用水等作用。

(2)流灌

茶园流灌是靠沟、渠、塘(水库)或抽水机埠等组成的流灌系统进行的。茶园流灌能做到一次彻底解除土壤干旱。但水的有效利用系数低，灌溉均匀度差，易导致水土流失，且庞大的渠系占地面积大，影响耕地利用率。茶园流灌对地形因子要求严格，一般只适于平地茶园、水平梯式茶园以及某些坡度均匀的缓坡条植茶园。

(3)喷灌

喷灌相对于地面流灌有许多优点，归纳有以下6点：

①提高产量和品质。

②节约用水。通过喷灌强度等的控制可有效避免土壤深层渗漏和地面径流损失，且灌水较均匀，一般达80%～90%，从而水的有效利用系数高，一般达60%～85%，较之地面流灌可省水30%～50%。

③节约劳力。小型移动机组可以提高功效20～30倍，固定式喷灌系统工效则更高。

④少占耕地。喷灌可以大大减少沟渠耗地。因其输水主要取管道(暗)式，很少用明渠输水。

⑤保持水土。喷灌可以喷灌强度等，从而有效地根据土壤质地如黏性的轻重和透水性大小，相应地调整水滴的大小和喷灌强度等，从而有效地避免了对土壤结构的破坏和地面冲刷而引起的流失现象。

⑥扩大灌溉面积。喷灌较之地面流灌，对地形要求不严格，适应范围更广，加上节约用水的特点，能有效地扩大灌溉面积。

喷灌也带有某些局限性。如风力在3～4级以上时，水滴被吹走，灌水均匀度大大降低；一次灌水强度较大时往往存在表面湿润较多，深层湿润不足，乃至出现局部径流现象，这时宜采用“低强度喷灌”(即慢喷灌)；另外，固定喷灌投资较高，一般需2～3年收回投资。移动方式喷灌则费用较低，一般当年可回收投资。

我国喷灌设备研制与技术试验研究及应用推广工作始于1954年，到目前为止，已形成了基本配套的多种类型的喷灌设备产品。喷灌设备主要由喷头(摇臂式喷头)、喷灌管材及管件、喷灌泵、喷灌机、自动调乐泵站组成。目前，我国茶园中喷灌系统有固定式和移动式两种类型。

固定式喷灌系统除喷头外的各组成部分均固定安装，具有机械化程度、操作简便、运行可靠，但需材较多、投资较大、投资回收年限较长，比较适宜于人力成本较高的茶区与高投入高产出的茶叶生产系统。

移动式喷灌系统的水泵、动力、管道及喷头均是可移动的，它具有一机多用、需材较少、节省投资等优点，仅移动较为麻烦，灌溉规模和效益也受到一定限制。

(4)滴灌

近20余年来，国内外茶园中已有应用滴灌技术的，它是将水在一定的水头作用下通过一系列管道系统，进入埋于茶行间土壤中(或置于地表)的毛管(最后一级输水管)，再经毛管上的吐水孔(或滴头)缓缓(或滴)入根际土壤，以补充土壤水分的不足。

这种灌溉方式，能相对稳定土壤含水量于最适范围，有经济用水、不破坏土壤结构和方便田间管理等特点，还可配合均匀施肥和药杀地下害虫。

灌溉方式确定后，就应配置相应的水利系统、水建工程和机具设备等，但各类灌溉系统的设置与规划涉及不少工程建设的具体技术问题，可参阅茶园机械、测量学。在此，仅从栽培学的角度提出几点要求，供设置灌溉系统时参考。

①水质良好，水源不受污染；

②充分利用水源水势，既扩大灌溉面积又节省灌溉水；

③工程、设施及一应机具合理配套，确保供水及时；

④与排、蓄水设施相配合。既充分发挥各项工程设施的效益，做到一物多用，又减少占地，降低造价；

⑤与道路、林带等有机结合，方便交通运输和茶园管理。

3. 茶园排水

超过茶园田间持水量的水分，对茶树的生长都是有害无益的，必须排除。强降雨、大雨往往引起茶园渍水和土壤侵蚀，产生一系列问题，地下水位过高也会引起湿害。排水是免除湿涝灾害，将茶园地表径流和渗漏控制在无害范围内的必要措施，同时也能有计划地将雨季余水集中贮存，以供旱季灌溉之用。

一般而言，幼龄茶园地下水位下降到 90 cm 以下的时间不超过 48 h，成龄茶园不超过 72 h，对茶树是安全的，说明达时的土壤排水状况良好，它也成为茶园排水有效性的参考标准。雨量分布不均，常常使地下水位大幅度波动，雨季上升至根际，旱季又下降至根际之下，这不仅造成湿害，而且反硝化作用还造成氮的大量流失。因此，茶园排水不仅要减少茶园地表径流和过量渗漏所带来的损失，而且要保证茶园适合地下水位，尽量避免地下水位的大幅度波动。

大多数茶园建在山坡或低山台地上，通常不存在土壤积水的问题，故对这些茶园只是一个如何及时排除过量降水，防止水土流失的问题。

土地不平整的茶园最易于低处发生茶树湿害现象。特别是当低洼处土层浅、透水性差时，高处的地表径流和地下重力水多集中于这里，造成地下水位的抬高，甚至有时水位高出地面。生长在这种地方的茶树在雨季和雨后的一段时间内生长势差，萌芽迟，只是在少雨季节开始之后才相对好转。

坡脚茶园，一般说来，山坡下段土层厚，宜茶生长；但有时也有坡下段的茶树长势反较上段茶树差，这种情况往往与湿害有关。这是因为雨水过多时，土壤中的大量重力水（又称饱和水）便沿山坡土层下板岩的自然坡面由上而下移动，至坡脚由于坡度减缓，水移速度大为降低，如果这儿的土壤透水性又差，水流前进方向受到某种阻力（如坚硬路基或水田水位侧压），这时土壤中便常常停滞过量的水，从而危害茶树。

要使茶园涝时能排，必须建立良好的茶园排水系统。茶园排水系统的设置要兼顾灌溉系统的要求，平地茶园的排灌体系应有机融为一体。茶园排水多为地表排水。茶园地表排水系统也是一个系统工程，可以综合采取如下措施：

（1）新建茶园在栽茶之前，按实际情况平整茶园土地。

（2）沿等高线开挖宽 20～30 cm、深 30 cm 的侧边竖直的横水沟，沟的间距根据土面坡度常年雨季的雨量和土壤特点综合设置，沿茶园主坡设置合适的排水口，并采用种草、设置消力池、积淤坑等有效的水土保持措施，控制表土流失。

（3）设置隔离沟，将不需要的外来水在进入茶园前导排流走。

（4）在易于遭受洪水袭击的地方筑坝防洪。

（四）茶园施肥

茶园施肥是茶树持续高产优质的物质基础。施肥能改善土壤结构，提高土壤肥力，使茶树能从土壤中较多的吸收各种营养元素，以满足茶树生长的需要，生产实践和科学试验都证明，施肥对于培养壮苗，提早成园及提高茶叶产量和品质有着显著的效果，是茶园管理中一项重要的技术措施。

1.茶园施肥的基本原则

（1）重施有机肥，有机肥和无机肥配合

有机肥可以为茶树提供成分完全、比例协调的营养元素。大量增施有机肥有许多好处：

第一，可促进土壤微生物生长，由于微生物的活动，大大促进了土壤熟化进程，同时在各种微生物的生长和有机质的分解过程中可以形成各种酚、维生素、酶、生长素及类激素等物质，它们都有促进根系生长和吸收的作用。

第二，大量施用有机肥，可以增加土壤代换量，提高茶园保肥能力，同时促进土壤可以吸收更多的铵、钾、镁、锌等营养元素，防止淋失。

第三，有机肥中含有许多有机酸、腐殖质酸及其他含羟基和羧基的物质，它们与活性铁（Fe^{2+}）和活性铝（Al^{3+}）都有很强的螯合能力，可以防止铁和铝与磷结合形成茶树很难吸收的闭蓄态磷。

第四，有机肥还有很强的缓冲能力和团聚能力，可以防止茶园自然酸化，并形成理化性质良好、保水保肥能力很强的有机无机团聚体。所以，茶园施肥必须重施有机肥。

但是，有机肥料也有自身的缺点，如有效成分低、养分释放慢、体积大、施肥费工等，因而单施有机肥有时无法保证茶树食品需肥的要求。所以必须有机、无机肥料配合施用，这样既能满足茶树生长过程对养分的集中需求，又能改良土壤，可以收到良好的施肥效果。

（2）重施基肥，基肥与追肥配合

茶树作为一种多年生常绿作物，对养分的吸收具有明显的贮存和再利用特征。在年生长周期中，即使地上部停止生长，根系还在不断吸收，把吸收的养分贮存在根系、根颈部。这些贮存物质成为翌年春茶萌发的物质基础，贮存物质的多少对翌年春茶萌发早晚、茶芽多少等影响极大。

春茶产量高，品质好，经济效益也高，尤其是当前随着名优茶生产的发展和开发，对春茶产量和品质追求更为突出，要求春茶能早发、多发、发壮、发齐，其关键是早春茶树体内有足够的贮存养分。因此，基肥成为名优茶生产和开发的关键措施。

但是，茶树年生长周期中的养分吸收有阶段性，在某一生长时期需肥十分集中，如只施基肥，不追肥加以补充，就不能满足茶树生产对养分集中的需求，就会影响茶树的产量和品质。所以，在施足基肥的基础上，还必须根据茶树生长情况，在生长不同时期按照需肥的实际情况和栽培要求，分期追肥，以补充土壤养分，满足各个不同生长发育时期对各种营养元素的需求。

（3）以春肥为主，春肥与夏、秋肥配合

茶园追肥要以春茶追肥为主，使春茶追肥与夏、秋茶追肥相结合。因为，茶树经过一个秋冬的物质积累、休整和恢复，到翌年春季，一旦水分和温度条件适宜，便开始萌发、生长。

这时长势好，生长快，仅仅依靠秋冬体内所贮存的物质很难维持春茶迅猛生长对养分的需求，必须大量吸收养分，以防体内贮存的养分耗尽，保证春茶生长。

春季地上部开始萌发和生长是，根系也迅速吸收养分，这里吸收强度大，施肥效果好，是通过施肥进一步提高春茶产量、优化品质的极好机会。如果春肥不足，体内积累物质被耗尽，春梢生长得不到必要的物质补充，不仅直接影响到春茶产量和品质，同时也会影响到茶树的树势，对夏、秋茶生长也极为不利。所以，施足春肥也是为夏、秋茶生长打下良好基础。

施足春肥，即使部分肥料未完全被著作权吸收，余留部分，夏、秋茶期间茶树仍可利用。但夏、秋期间，茶树要发好几轮新梢，根系还会发生多次的吸肥高峰，仅靠秋冬基肥和春肥的后效是无法保证茶树生长对养分需求的，还要根据情况，因地制宜地追施夏、秋肥，确保夏秋期间茶树对养分的需求。

(4)以氮肥为主，配合磷钾肥等

茶树是叶用作物，叶片的含氮量较其他无机质营养元素都要高，尤其是春茶含氮量更高。据研究每采100 kg茶鲜叶，要从茶树体内带走1.0～1.5 kg氮。茶树创造经济产量的同时生物体的其他器官，如根、茎、留叶、花、果等也要消耗氮素，一般是经济产量带走氮的3～5倍。

如果把肥料譬作茶树食粮的话，氮肥则是它的主粮。所以凡属采摘茶园都要以氮肥为主。但是，长期大量施用氮肥，不配施其他营养元素肥料，土壤营养元素平衡关系将会遭到破坏，土壤肥力下降，并会引起茶树营养元素缺乏症，氮肥的效果也逐步下降。只有在氮肥的基础上配施磷、钾及其他微量元素肥料，保证茶树对各种营养元素平衡吸收，才会收到施肥的良好效果。

(5)以根部施肥为主，配合叶面肥

茶树根系分布深而广，主根可伸展到2 m以下，吸收根在行间盘根错节，其主要功能是从土壤中吸收养分和水分。茶树施肥无疑应以根部施肥为主，使根的吸收养分功能得到充分发挥。

但是茶树叶片多，叶表面积大，除进行光合作用外，还具吸收养分的功能，也是茶树施肥的好场所，尤其是在土壤干旱、湿涝、根病等根部吸收障碍时，叶面施肥效果更好。叶面施肥还能促进根部吸收。但叶片的主要生理功能是光合作用和呼吸作用，对养分的吸收不如根系。因此，叶面施肥不能代替根部施肥，只有在根部施肥的基础上配合叶面施肥，相互促进，取长补短，才能全面发挥茶园施肥的良好效果。

(6)因地制宜，灵活掌握

我国茶区广大，土壤类型繁多，气候条件复杂，生产的茶类不同，在确定某地区或某茶园具体施肥技术时，除了要按以上几点原则外，还要根据当地的品种特点、茶树生长状况、茶园类型、气候条件、土壤肥力水平以及灌溉、耕作、采摘等农业技术的实际情况，因地制宜，灵活掌握。

2.茶园主要肥料种类

茶园肥料品种很多，所含养分各不相同，对培肥土壤的作用也不一样，所以，各种肥料对茶树生长的影响，以及对茶叶产量和品质的作用不尽相同。现就茶园主要肥料的类型及作用介绍如下。

(1)茶园有机肥料

茶园常用的有机肥料有饼肥、厩肥、人粪尿、堆肥和沤肥及腐质酸类肥料等。

①饼肥

饼肥是我国茶园重要的有机肥料之一，其中施用较多的有茶籽饼、桐籽饼、茶籽饼、棉籽饼等。饼肥的营养成分完全，有效成分高，尤其是氮素含量丰富，除茶籽饼含有一定的皂素等生物碱，对分解发酵有一定的影响外，其他各种饼肥施入茶园都易发酵分解，养分释放迅速，适应性广，既可作基肥，经堆腐后又可作追肥。其特点是纤维素含量低，碳氮比(C/N)低，因此，作为增加有机成分以达到改良土壤理化性质的作用稍差。

②厩肥

厩肥品种主要有猪栏肥、羊栏肥、牛栏肥和免栏肥等。由于垫栏材料的不同，其养分含量及性质差异很大。如北方山东等产茶地区，栏底主要是泥土，所以该地栏肥有机质含量较低，质量较差。而长江中下游及以南各地区，栏底若是青草、蒿草等，纤维素含量高，养分丰富，碳氮比远比饼肥大，可作各种茶园的底肥的基肥，尤其是对于新辟的幼龄茶园以及土壤有机质少、理化性质差的茶园，是改土较理想的有机肥料；其缺点是呈弱碱性反应，对于 pH 值偏高的茶园，一般要经过充分堆腐，使垫草发酵后才可施用。

③人粪肥

人粪肥一般呈中性反应，速效养分含量高，可作基肥和追肥施用。在干旱季节，用腐熟的稀薄人粪尿作茶苗追肥，抗旱保苗效果好。

④堆肥和沤肥

茶园中可用的堆肥和沤肥可采用枯枝落叶、杂草、垃圾、污水、绿肥、河泥、粪便等物质混杂在一起经过堆腐或沤泡而成。它取材方便，堆制沤泡方法简单，在各茶园边角空地上到位处可以利用，所以是茶园有机肥料的主要来源。堆肥和沤肥的纤维素含量高，改土效果好，对茶叶的增产效果也十分显著。

⑤腐殖酸粪肥

腐殖酸粪肥料主要是含有较高腐殖质酸的天然资源泥炭、草碳等为原料，它们的不同性质通过氨化后制得。由于它含有大量的腐质酸，对提高茶园有机质含量，改良土壤理化性质，增加土壤含氮量以及减少茶园土壤对磷的固定作用都有良好的效果；同时腐殖酸是多酚类化合物，施于茶园后对增加茶园土壤及茶根的呼吸作用也有良好的反应。

(2)茶园无机肥料

无机肥料又称化学肥料，按其所含养分分为氮素肥料、磷素肥料、钾素肥料、微量元素肥料和复混肥料等。

①氮肥

茶园常用的氮素化肥有硫酸铵、尿素、碳酸氢铵等。

硫酸铵是茶园较好的氮肥之一，它是一种生理酸性肥料，对于 pH 值较高的茶园，不仅提供氮素营养，而且是土壤酸化剂。对于土壤本来酸度适中或偏高的茶园，长期大量使用，会使 pH 值不断下降，理化性质恶化，钙、镁、锰等一些微量元素被溶解而淋失。

尿素属于中性肥料，施于土壤后在脲酶的作用下被氨化成碳酸铵，铵被茶树吸收后，碳酸分解成二氧化碳和水，所于尿素在土壤中不残留其他物质，既不酸化土壤也不碱化土壤，适用各种茶园。尿素虽不挥发，但在脲酶的作用下，转化成碳酸氢铵易挥发，因此应适当深施。此外，尿素在分解前是极性很弱的分子，土壤对其吸附力差，易被雨水淋失，因此施后不

能及时灌水或下大雨，以免影响肥效。

碳酸氢铵属生理中性肥，它是一种不稳定性氮肥，容易分解脱氮，造成挥发损失。因此，茶园施用碳酸氢铵时必须做到边施边盖，深施密盖，只有这样才能提高增产效果。

②磷肥

适合茶园使用的磷素化肥主要有过磷酸钙、钙镁磷肥两种。

过磷酸钙为灰色粉末，稍有酸味或酸甜味，也有制成颗粒状的。主要成分是水溶性磷酸钙和30%～50%的石膏。此外，还含有3%～5%的游离磷酸，所以呈酸性反应，为茶园较好的速效磷肥，可作追肥，也可作基肥施用。但因茶园土壤呈酸性反应，对磷的固定作用较强，所以单独施用效果不易发挥，最好与有机肥料拌匀后作基肥用对；钙镁磷肥的主要成分是磷酸三钙，还有钙、镁、硅等的氧化物。为弱酸溶性，不溶于水，用于强酸性土壤的茶园最好。本身呈弱碱性反应，不宜在微酸性土壤的茶园中施用。

③钾肥

我国茶园施用的钾素化肥主要有硫酸钾、氯化钾等。

在江北茶区茶园往往多为微酸性土壤，施用硫酸钾效果较好。氯化钾中因含有较多氯，所以一般说不如硫酸钾好，但是若用量低，并和硫酸铵、过磷酸钙混合施用，则氯化钾中氯离子对茶树的为害作用大为减少，增产效果同硫酸钾相当。如果氯化钾单独施用，尤其是在幼龄茶园中施用，如果用量较多，对茶树有一定的危害性。

④微量元素肥

茶园常用的微量元素肥料有硫酸锌、硫酸铜、硫酸锰、硫酸镁、硼酸、钼酸铵等，可用作基肥或追肥施入中，生产上多采用叶面喷施。

⑤复混肥料

复混肥料是含有氮、磷、钾三要素中的两种或两种以上元素的化学肥料，按其制造方法，分为复合肥料和复混肥料 。

复合肥料又称合成肥料，以化学方法合成，如磷酸二铵、硝酸磷肥硝酸钾和磷酸二氢钾等。复合肥料养分含量较高，分布均匀，杂质少，但其成分和含量一般是固定不变的。

混合肥料又称混配肥料，肥料的混合以物理方法为主，有时也伴有化学反应，养分分布较均匀。混合肥料的优点是灵活性大，可以根据需要更换肥料配方，增产效果好。

(3)茶园生物肥料

生物肥料是一含有若干种高效、能固定大气中的氮、使土壤中磷素、钾素由不可利用态变为可利用态和促进植物吸收其他营养元素的微生物组成的活性肥料，亦称为微生物肥料。目前茶园微生物肥料归纳起来大致有三种类型。

一类是茶园生物活性有机肥，它既含有茶树必需的营养元素，又含有可改良土壤物理性质的多种有机物，也含有增强土壤生物活性的有益微生物体。如中国农业科学院茶叶研究所研制的“百禾福(Biofert)”，以畜、禽粪为主要原料，经过无害化处理后添加茶籽饼肥、腐殖质酸、土壤有益微生物活性以及N、P、K、Mg、S等无机营养元素。生物活性有机肥是一种既提供茶树营养元素、又能改良土壤，既可作追肥、又可作基肥的综合性多功能肥料。

另一类是微生物菌肥，即有益菌类与有机质基质混合而成的生物复合肥。常用的微生物包括固氮菌、固氮螺菌、磷酸盐溶解微生物和硅酸盐细菌。固氮菌系中最有效的菌系为MAC68和MAC27，制剂中的微生物可合成生长素、维生素和抗菌物质。在印度等国推广使用结果表明，使用后每公顷可固氮 30～40 kg ，并促进茶树根系发育，促进茶树根系对大量元素和微量元素的吸收，同时改善茶叶滋味。

第三类是微生物液体制剂。目前茶园使用的微生物肥料主要是广普肥料，专用肥料很少。生物肥料的使用可改善土壤肥力，抑制病原菌活性，对环境不造成污染，并且使用成本低于化肥。生物肥料既可用作基肥，也可用作追肥施用。

3. 茶园施肥的次数与时期

(1)基肥施用时期

幼年茶园不论是新垦土壤还是熟地，一般应大力施用有机肥料和磷肥作基肥，以改良土壤，提高肥力，在较长时间内保证源源不断地供应茶树养分。施用基肥的时期，由于各茶区茶季长短不一，因此，很不一致，但原则上应根据茶树生长规律和当地气候条件而定。

一般在地上部相对停止生长而根系生长旺盛，这时结合深耕进行，而且宜早，不宜迟。由于提早施基肥，在一定土温下肥料分解较快，提供足够的营养物质，利于根系的生长，利于植株的抗寒越冬，也利于越冬芽的正常发育。但也不能施得过早，否则会引起秋梢徒长，冬季易受冻。

对于采秋茶的地区，长江中下游以南广大茶区和云贵高原的部分茶区，一般在 10 月上旬至 10 月下旬茶树才停止生长，基肥宜在 10 月中旬至 11 月中旬施下；长江中下游以北茶区，由于气温低，冻害较严重，宜在 9 月上旬至 9 月下旬施下；在广东、广西和闽南茶区，气温高，茶树生长期长，以 11 月下旬至 12 月上旬施基肥为宜；海南茶区则推迟到 12 月上旬后施肥为宜。

(2)追肥施用时期

施用追肥主要是在茶树生长发育过程中不断补充所需的营养元素，以进一步促进当季茶芽的生长，达到持续高产优质的目的。从追肥的目的出发，追肥必须及时，要在茶树生长季节里分期施入茶园，通常是结合耕锄进行的。全年追肥的次数、时期各地不一。

①春追肥

茶树经过一冬的“休整”，翌年春天当气温、雨水条件成熟，开始长势猛，但上年施用基肥，分解缓慢，对提早春茶发芽的养分供应还是不够的。为了促使茶芽早发、多发、发齐、发壮，及时施下第一次追肥十分重要，群众称为“催芽肥”。由于我国茶区广阔，气候、土壤、品种等差异大，催芽肥的施用时期也有差异，大部分茶区常在 3 月中、下旬至 4 月初施下。

②夏追肥

茶树经过春茶的采摘，消耗了体内大量的营养物质，必须补充土壤中的营养物质才能保证夏、秋茶的正常生长。因此，春季后结合浅耕应进行第二次追肥，有的地方，群众称这次追肥为“接力肥”，大部分茶区在 5 月下旬施肥。

③秋追肥

夏茶结束后，在采秋茶的茶园，就进行第三次追肥，约在 7 月上、中旬施肥。在肥料较丰富的地区，可进行四、五次追肥，尤其是南方茶区，茶季时间长，萌发轮次多在茶树生长期的各个时期适当增加追肥次数是有利的。

四、茶树剪采技术

茶树树冠培养是茶园生产主要管理措施之一，它直接影响茶叶生产中优质与高产的获得，影响生产能力的可持续性。茶树修剪与采摘介绍了优质高产茶树树冠的要求、培养方法，茶树修剪技术、树冠综合维护技术及茶叶采摘技术。

（一）优质高产茶树的树冠要求

人们根据茶树生长发育规律，外界环境条件变化和茶园栽培管理要求，人为地剪除茶树部分枝条，改变原有自然生长状态下的分枝习性，塑造理想的树型，促进营养生长，延长茶树的经济年龄，从而达到持续优质、高产、高效的目的。从茶树栽种之后，就必须采用人为的修剪措施，将茶树树冠培育为理想的高产优质型树冠。

1. 分枝结构合理

茶树的分枝结构包括了分枝级数、数量、粗细等，它们随树龄增大而发生变化。茶树种植后，以根颈部为中心，枝叶和根系不断向远离根颈部的方向伸展，称之为离心生长，长至一定时期，高度和幅度达一定范围，不再向外继续扩展。据观察，自然状态下生长的茶树，经8～9年生长，有7～8级分枝，茶树基本成型，树体较高，分枝稀疏。

到达一定分枝级数之后，茶树分枝密度不再增加，只是进行上层枝梢的更新。当采摘面生产枝变得细弱，出现较多结节枝，芽叶中有较多的对夹叶发生时，说明其育芽力下降，需要用修剪的方法，剪除树冠面衰老的枝条，人为地恢复树冠面健壮生产枝结构，以维持较好的育芽能力。

2. 树冠高度适中

按现行的种植规格，当茶树达一定高度之后，茶树的树冠能覆盖整个生长空间，形成较好的树冠覆盖度，树冠高度的进一步增高，茶树枝条的空间分布显得拥挤，无助于提高茶树对光能的利用，增加了非经济产量的物质消耗。树冠过于低矮，茶树分枝则不能有效地占据整个生产空间，分枝稀疏，产量下降。过高或过矮的树冠都不利于茶叶的采收与修剪管理。

按我国茶区气候条件和品种差异，栽培茶树树冠大致可分为高型、中型、低型三种。在云南、广东、广曲、福建、台湾等南方茶区，出气候温暖，多雨湿润，茶树品种多为直立型乔木、小乔木大叶种，年生长量大、树势旺，通常培养成高达1 m左右的高型树冠；在长江流域，从四川到浙江的我国中部茶区，多栽培灌木型中小叶种或少量种植小乔木型大叶种，茶树生长量已不及南方茶区，通常培养成80～90 cm的中型树冠；矮化密植茶园和我国高山及北方茶区，因种植密度提高，不必达到常规茶园的高度就能有较高的分枝密度，或因气候条件差，年生长量小，这些茶园多培养成50～70 cm的低型树冠。

综合茶树生产枝空间分布密度和茶叶生产管理，茶树树冠培养高度控制在80 cm左右为合适，即便是南方茶区栽植乔木型大叶种，树冠亦以不超过90 cm为好。

3. 树冠覆盖度大

控制茶树树冠高度的前提是，在这一高度下，经人为的修剪与其他管理措施的运用，能使茶树的生产枝布满整个茶行的行间，形成宽大的绿色采摘面，高幅比达到1∶1.5左右。

树冠面形状有弧型、水平型、三角型、斜面等不同的修剪树冠，这些大多属于怎样高效利用光能的探索性试验茶园，或者是为了特殊地域条件下采用的茶树树冠。确定将树冠面修剪成什么形状，应视品种和栽培的地域条件而定。

4. 有适当的叶层厚度

叶片是光合作用的场所，光合产物的运转，水分的蒸腾，矿质元素的利用，呼吸作用的进行都离不开叶片。高产优质的茶树树冠应有一定的叶层，以维持正常的新陈代谢，尤其是接近采摘而叶片的数量和质量，左右着新芽生长的好坏，直接影响茶叶的高产和优质。

高产茶园的实践揭示，一般中小叶种高产树冠面保持有 10 cm 左右厚的叶层，大叶种枝叶较稀，有 20 cm 左右的叶层厚度。

茶树树冠面留有一定数量叶片、茶芽粗壮，芽叶大而重。反之，则芽叶瘦小。留在树上的老叶对新生芽叶营养起着重要的作用。因此，保留一定数量的叶片越冬，对保证春茶生产起重要作用。新芽大量萌发生长，渐趋成熟，老叶逐渐脱落，这是叶层更迭的自然规律。

（二）茶树修剪技术

我国广大茶区在茶树树冠管理上推广应用的修剪方法，主要为定型修剪、轻修剪、深修剪、重修剪和台刈五种。

就修剪的作用而言，定型修剪是为培养茶树骨架，促使分枝，扩大树冠；轻修剪和深修剪是为维持采摘面有效的生产面貌和利于生产管理；重修剪和台刈则是树冠更新复壮的主要手段。合理地根据茶树的生长特点，树势和环境状况，运用各种修剪技术，能有效促使高效、优质茶树树冠形成。

1. 茶树定型修剪

茶树的定型修剪指对幼年茶树的定型修剪，也包括衰老茶树改造后的树冠重塑。所谓定型，即塑造茶树一定外在形状结构。一般来说，灌木型的幼年茶树，常规茶园定型修剪需要经过 3～4 次。

第一次在茶苗移栽之时。种子直播茶园，可在茶苗出土后的第 2 年进行修剪。苗高达到 30 cm，有 1～2 个分枝，在一块茶园中达到上述标准的茶苗占 80%时，便可对该茶园进行第一次定型修剪。在离地面 12～15 cm 处剪去主枝，侧枝不剪，剪时注意选留 1～2 个较强分枝。

第二次定型修剪，在第一次定型剪的次年进行。此时树高应达 40 cm，剪口高度为 25～30 帆，也就是在第一次定型修剪的基础上，提高 10～15 cm，如果茶苗高度不够标准的，应推迟第一、二次定型修剪是关系到一、二级骨干枝是否合理的问题，因此，工作必须细致，除了用整枝剪逐株逐枝修剪外，还要选择剪口下的侧芽朝向，保留向行间伸展的侧芽，以利于今后侧枝行间扩展，形成披张的树型。另外，要注意修剪后留下的小桩不能过长，减少对养分消耗。

第三次定型修剪是在第二次定型修后一年进行。修剪高度在第二次剪口的基础上，提高 10 cm 左右。

若进行第四次定型修剪，可再在第三次定型修剪后的一年进行，修剪高度在第三次剪口的基础上，提高 10 cm 左右。幼年茶树在进行 3～4 次定型修剪后，一般高度达 50～60 cm，

幅度达 70～80 cm，以后可以通过轻采留养来进一步扩大树冠。

2. **茶树轻修剪**

轻修剪是在完成茶树定型修剪以后，培养和维持茶树树冠面整齐、平整，调节生产枝数量和粗壮度，便于采摘、管理的一项重要修剪措施。较多的是将茶树冠面上突出的部分枝叶剪去，整平树冠面，修剪程度较浅；为了调节树冠面生产枝的数量和粗度，则剪去树冠面上 3～10 cm 的叶层，修剪程度相应较重。

配合以其他农业生产措施的应用，轻修剪可以增产提质，较多的生产单位每年都会进行轻修剪。一般地，每年进行一次轻修剪为合适，否则树冠迅速升高，树冠面参差不齐，影响管理和采摘。轻修剪时必须考虑树冠面保持一定的形状，一般应用最多、效果较好的是水平型、弧型两种。纬度高、发芽密度大的灌木型茶树，以弧形修剪面为好；生长在低纬度地区的乔木、小乔木茶树，发芽密度稀，生长强度大以修剪成水平采面为合适。

3. **茶树深修剪**

深修剪，又称回剪，是一种比轻修剪程度较重的修剪措施。

当树冠经过多次的轻剪和采摘以后，树冠面上的分枝愈分愈细，在其上生长的枝梢细弱而又密集，形成鸡爪枝（又名结节技），阻碍营养物质的输送。这些枝条本身细小，由此处萌发出的芽叶瘦小，对夹叶量增加，育芽能力衰退，新梢生长势减弱，产量、品质显著下降。这种情况。需用深修剪的方法，除去鸡爪枝，使之重新形成新的具旺盛生产力的枝叶层，恢复提高产量和品质。

深修剪的深度，依鸡爪技的深度而定，约为 10～15 cm。深修剪后重新形成的生产枝层较之未剪前的粗壮、均匀，育芽势增强，但仍需在此基础上进行轻修剪，隔几年后再次进行深修剪，修剪程度一次比一次重。深修剪大体上可每隔 5 年左右时间，或更短的时间进行一次，具体应根据各地茶园状况、生产要求来掌担。

深修剪虽然能起恢复树势的作用，但由于剪位深，对茶树刺激重，因而对当年产量略有影响，剪后的当季没有茶叶收获，下季茶产量也较低。在茶园处于正常管理条件下，气候无剧烈变动，而茶叶产量又连续下降，树冠面处于衰老状况下，才实施探修剪。

4. **茶树重修剪**

茶树经过多年的采摘和各种轻、深修剪，上部枝条的育芽能力逐步降低，即使加强培肥管理和轻、深修剪也不能使树势得到较好的恢复，表现为发芽力不强，芽叶瘦小，对夹叶比例显著增多，开花结实量大，产量和芽叶质量明显下降，根颈处不断有新技（俗称徒长枝）发生。这类茶树，按衰老程度的不同，可采用重修剪或台刈改造茶树，更新树冠结构，重组新一轮茶树树冠。

重修剪对象是未老先衰的茶树和一些树冠虽然衰老，但主枝和一、二级分枝粗壮、健康，具较强的分枝能力，树冠上有一定绿叶层，管理水平尚高的茶树（采取深修剪已不能恢复冠面长势）。

重修剪程度要掌握恰当，过重过深，树冠恢复较慢，恢复生产期推迟；修剪程度过轻则达不到改造目的，甚至改造后不久较快衰老，失去改造意义。因此，要求根据树势确定修剪深度。常用的深度是剪去树高的 1/2 或略多一些，长年失管的茶树，因茶树高度过高，不利于管理，重修剪掌握留下离地面高度 30～45 cm 的主要骨干技部分，以上部分剪去。重修剪前，应对茶树进行全面调查分析，确定大多数茶园的留养高度标准，同时剪后加强培肥管理。

5. 台刈

台刈是彻底改造树冠的方法。由于台刈后新抽生的枝梢都是从根茎部萌发而成的，其生理年龄幼，所以抽出的枝条比前几种修剪获得的枝梢更具生命力，掌握恰当，并加强培肥管理，能使茶树迅速恢复生产，达到增产提质的目的。树势不是十分衰老，不宜采用。

台刈的茶树必须是树势衰老，采用重修剪方法已不能恢复树势，即使加强培肥管理产量仍然不高，茶树内部都是粗老枝干，枯枝量高。起骨架作用的茎秆上地衣苔藓多，芽叶稀少，枝干灰褐色，不台刈不足以改变树势的茶树。

台刈高度是关系到今后树势恢复和产量高低的重要因素。一般在采取离地面 5～10 cm 处剪去全部地上部分枝干。实践证明，台刈留枝过高，会影响树势恢复。

不同类型的茶树台刈高度把握有所不同，小乔木型茶树和乔木型的茶树台刈留桩宜适当高些，可在离地 20 cm 左右处下剪，过低往往不易抽发新枝，甚至会逐渐枯死。灌木型茶树，台刈高度可稍低些。

台刈要求切口平滑、倾斜、不撕裂茎秆，必须选用锋利的弯刀斜劈或手锯刈割，也可选用圆盘式割灌机切割。尽量避免材桩被撕裂，以防止切口感染病虫，而且破裂部分会有较多雨水滞留，影响潜伏芽的萌发。

（三）茶树采摘技术

茶树栽培的最终目的，是为了从茶树上最大限度地采取量多质好的幼嫩芽叶，作为制茶的原料，所以鲜叶采摘既是个收获过程，又是茶叶制造的开始。同时，茶树是一种一次种植，一年多次收获，多年重复收获的叶用作物，采摘不仅关系到当季、当年茶叶产量和质量的高低，而且直接影响茶树的生长发育以及能否长期高产、稳产、优质。因此，采摘还是栽培管理上的重要措施之一。

1. 不同茶类的采摘标准

我国茶类丰富多彩，品质特征各具一格，因此，对鲜叶采摘标准的要求，差异很大。归纳起来，大致可分为 4 种情况。

（1）高级名茶的细嫩采

如高级西湖龙井、洞庭碧螺春、君山银针、黄山毛峰等名茶，对鲜叶的嫩度要求很高，一般是采摘茶芽和一芽一叶及一芽二叶初展的新梢。这种采摘标准，花工大，产量不多，季节性强，大多在春茶前期采摘。

（2）大宗茶类的适中采

我国目前内销和外销的大宗红、绿茶，如眉茶、珠茶、工夫红茶、红碎茶等，它们要求鲜叶嫩度适中，一般以采一芽二叶为主，兼采一芽三叶和幼嫩的对夹一、二叶。这种采摘标准，茶叶产量比较高，品质也好，经济收益也较高，是目前较普遍的一种采摘标准。

（3）边销茶类的成熟采

销到边疆兄弟民族的边茶，为适应消费者的特殊需要，茯砖茶原料的采摘标准需等到新梢基本成熟时，采去一芽四、五叶和对夹三、四叶。南路边茶为了适应藏民熬煮掺和酥油麦粉的特殊饮食习惯，要求滋味醇和，回味甜润，所以，采摘标准需待新梢成熟，且枝条基本已

木质化时，才刈下新枝基部一、二片成叶以上的全部新梢。

(4)乌龙茶的“开面采”

乌龙茶，要求有独特的香气和滋味。采摘标准是新梢长到3～5叶快要成熟，而顶叶6～7成开面时采下2～4叶梢比较适宜。这种采摘标准俗称“开面采”。实践表明，如鲜叶采摘太嫩，色泽红褐灰暗，香气低，滋味涩；如太老，外形显得粗大，色泽干枯，且滋味淡薄。

2. 手工采摘技术

我国茶类丰富，采摘标准各异，尤其是各地名茶，对鲜叶采摘要求很高。手工采摘茶叶的效率虽然很低，但对各类茶叶的采摘标准与对鲜叶的采留结合，比较易于掌握。因此，手工采摘仍然是一项不可忽略的采摘技术。

采摘手法因手掌的朝向不同，以及指头采取新梢着力的不同，有以下几种不同的采法。

(1)掐采

主要用于名贵细嫩茶的采摘。具体手法：左手按住新梢，用右手的食指和拇指的指尖把新发的芽和细嫩的1～2叶轻轻地用手掐下来。注意切勿用指甲切下芽叶。这种采法鲜叶质量好，但工效低。

(2)提手采

主要用于大宗红、绿茶的采摘。这种采法因手掌的朝向和食指的着力不同可分为横采和直采。直采：用拇指和食指挟住新梢拟采摘部位，要求掌心向上，食指向上稍着力采下新梢。横采：与直采基本相式，只是掌心向下，用拇指向内或左右用力采下新梢。这种采法鲜叶质量好，工效也较高。

(3)双手采

左右手同时放在采面上，同时用横采或直采手法把符合标准的新梢采下。这种采法工效高，质量好，是生产上应大力提倡的一种采摘方法。

另外，在采摘技术上，应该注意以下几点：

①随时注意观察茶树新梢的生长动态，掌握季节、抓住标准开采，及时分批多次留叶采；②要尽量做到在采面上采，树不够高度、新梢不达标准就不采；③采时注意不要采伤芽叶、采碎片、老叶、老梗等；④采下的芽叶在手中不能握的过紧，应及时放入篮中，篮中的芽叶也不能压得过紧，避免发热引起鲜叶变质；⑤每季开采前尽量先采下对夹叶。

3. 机械采摘技术

茶叶采摘是一项季节性很强的工作，所花工时也最多，据统计用手工采摘大宗茶所花工时约占茶园管理用工的50%以上，许多茶叶生产企业在茶叶生产旺季要从各地招收采茶工，为解决采茶工的吃、住、行等问题，投入大量的人力、物力，致使生产成本提高，另外，采茶工流动性大，临时观念严重，在采茶高峰期有时很难保证充足的采茶工。因此，机械化采茶越来越为人们所接受。近些年来，机械化采茶面积迅速扩增，缓解了劳力不足的矛盾，保证了大宗茶的及时采摘，降低了生产成本，提高了生产效益和经济效益。

机采茶园采摘批次少，每次采摘量大，科学掌握采摘适期、采摘标准和操作方法，对产量、品质、茶树生长、安全作业均有着十分重要的作用。

(1)机采适期

就茶园产值而言，春茶标准新梢80%开采，夏茶标准新梢60%开采时，经济效益达到最高值。考虑到茶叶市场有向高档、优质化方向发展的趋势，一般认为红、绿茶类标准新梢达到60%～80%时，为机采适期。

此外，春茶开采期迟早对夏茶生育及全年产量也有一定影响。随着春茶采摘期的推迟，夏梢的萌发期逐渐变晚，规律性很强。上轮茶开采期对下轮茶新梢密度的影响表现在，开采期适中的下轮新梢密度较大。开采期适中的对全年产量有利，若开采期过早，不仅当季产量低，而且影响全年产量；若开采期过迟，虽当季产量高，但影响了下轮茶的生长，全年产量反而低。

(2)机采标准

机采标准随着茶类的变化而有很大差异。浙江省福泉山茶场珠茶机采标准，除对新梢物候期有要求外，还有芽叶长度的要求。一般适宜加工珠茶的芽叶长度为5 cm。结合新梢长度与物候期两个因子，提出机采开采期标准为：5～6 cm长的一芽二、三叶和同等嫩度的对夹叶比例，春茶达70%～75%开采，夏茶达60%～65%开采，秋茶达50%开采。

通常情况下，机采鲜叶可以按照手采鲜叶的进厂验级标准予以定级。经过多年的生产与试验表明，机采鲜叶在等级上明显优于手采鲜叶。杭州茶叶试验场1988—1989年两年对500亩机采茶园与200亩手采茶园进厂鲜叶的评级结果进行统计情况：机采鲜叶多为2～4级，其中1～3级高档鲜叶占38.6%，比手采高10.76个百分点，6～7级低档鲜叶占1.44%，比手采低14.86个百分点。机采鲜叶全年综合评级平均为3级6等，比手采鲜叶4级7等平均提高1个等。

(3)不同树龄茶园的机采方法

幼龄茶园属树冠培养阶段，一般经过2～3次定型修剪，树高达50 cm、树幅达80 cm时，就可以开始进行轻度机采。在茶树高幅度尚未达70 cm×130 cm时，应以养为主，以采为辅。用平形采茶机，每次提高3～5 cm，留下1～3张叶片采摘。开采期也相应地比成龄茶园推迟。

更新茶园的采摘方法，需根据修剪程度而定。一般做法是：修剪程度重的茶园，如台刈、重修剪，在当年只养不采，第二年春茶前进行定型修剪，以后推迟开采期，每轮提高采摘面5 cm左右采摘春、夏、秋茶；第三年每轮采摘提高3 cm左右；当茶树高幅度在70 cm×130 cm以上时才能转入正常采摘。

壮龄期茶园是稳产、高产阶段，这一时期的采摘原则是以采为主，以养为辅。在机采时，春、夏茶留鱼叶采，秋茶根据树冠的叶层厚薄情况，适当提高采摘面，采养结合。必要时秋茶可留养不采。

(4)机械采茶作业

①双人采茶机的操作

双人采茶机可由两人操作，即一名主机手，一名副机手，集叶袋拖拽前进。为提高机采工效，减少集叶袋的损坏，一般以五人组成一个机组，三人同时操作，二人轮换休息与运送采下的鲜叶。操作方法是主机手(非动力端)背向采茶机的前进方向，后退作业；副机手(动力端)面向主机手前进作业。在作业时，主机手应时刻注意刀片的剪切高度与鲜叶的采摘质量，使刀片保持在既采尽新梢，又不采入老梗、老叶的位置。副机手应密切配合主机手作业，在一般情况下由于采茶机墙板的遮挡，副机手看不到刀片的运动情况。但采茶机在动力端墙板的下方设有一个红色的标志，这一标志正好与刀片的高度一致。副机手在作业时应观

察标志的位置，确定切割面的高度。另外，将采茶机的导叶板托在茶篷上前进，也是掌握切割面高度的好办法，这样既方便于高度的掌握，又可由茶蓬支撑一部分重量，减轻劳动强度。集叶手手持集叶袋尾端，面向采茶机随主机手前进。当集叶较多时，则集叶手应用右手持集叶袋的尾端，左手托起集叶袋的中部，随主机手前进，这样既可减少两名机手前进时的负荷，又可减少集叶袋的磨损。

双人采茶机在前进时应与茶行走向呈一定角度，角度大小由采摘面的宽度与采茶机切割幅度来确定。150 cm 行距的弧形茶树，行间留 15～20 cm 操作间隔，树幅 130～135 cm，若使用切割幅度为 100 cm 的采茶机，适宜的前进夹角为 60°左右。

双人采茶机需要来回两次才能采完一行茶树，去程应采去采摘面宽度的 60%，即剪切宽度超过采摘面中心线 5～10 cm，回程再采去剩余的部分。回程时副机手应特别注意两点：一是使回程的剪切面高度与去程一致，采摘面两边不形成阶梯。二是既采尽采摘面中央部位的新梢，又尽可能减少重复切割的宽度，降低鲜叶中的碎片比例。

采茶机在操作时，还应注意前进速度不可太快或过慢。太快时虽工效高，但采摘净度低，采摘面不平整，而且操作不安全，容易使操作者致伤或损坏采茶机。太慢时既降低采摘工效，又增加了重复切割机率，碎片增加，鲜叶采摘品质降低。适宜的前进速度是匀速前进，即采茶机中速运转时，机采前进速度以每分钟 30 m 为宜。

②单人采茶机的操作

单人采茶机一般由两人组成一个机组，一人操作，一人在地头轮休。操作方法为背负汽油机，手持机头。左手握住机头前侧的手柄，右手握住机头后侧的手柄与集叶袋的尾端，面朝采茶机，背向前进的方向后退作业。单人采茶机能适应于较复杂的地形，但操作难度较大。在作业时，采摘弧形茶树应保持机头的前进方向与茶行走向垂直，每刀均从树冠边缘，采至采摘面的中心线。同时，应注意尽量减少两刀之间及采摘面中央部位的重复切割面积，以提高鲜叶完整率。采摘平形茶树时，虽不要求机头前进方向与茶行走向绝对垂直，但为了减少重复切割、提高效率，仍以垂直为宜。

本章小结

茶树品种是茶叶生产最基本、最重要的生产资料，是茶叶产业化和可持续发展的基础。茶树品种是指在一定的自然环境和生产条件下，能符合人类需要并在生物学特性和经济性状上相对一致的茶树群体。茶树品种按其来源划分为地方品种和育成品种。地方品种，即农家品种，是在一定的自然环境条件下，经过长期的自然选择和人工选择而形成的，对当地条件具有最广泛的适应能力。除了从单株中选育出的无性系品种外，地方品种常常是一个性状相对稳定的混杂群体。育成品种，也称改良品种，是指由专业工作者或茶农采用各种育种手段(包括系统选种、杂交育种和人工诱变等)并按照育种程序选育出来，经过省级以上农作物品种审定委员会审(认、鉴)定的新品种，多数是无性系良种。

茶园建设应坚持高标准、高质量。其基本原则是实现茶区园林化、茶树良种化、茶园水利化、生产机械化、栽培科学化。

茶树种植技术和初期管理工作对植后茶树的成活、生长有很大影响，关系到茶树能否快速成长、成园。保证移栽茶的成活率，一是要掌握农时季节，二是要严格栽植技术，三是要周密管理。

茶园土壤管理就是泛指一切与茶园土壤有关的栽培活动，其目的和作用主要是加强营养元素的供应，提高土壤肥力，加强水土保持，为茶树根系生长提供良好的条件。茶园土壤管理具体包括耕作除草、水分管理、施肥、土壤覆盖和土壤改良等措施。

茶树树冠培养是茶园生产主要管理措施之一，它直接影响茶叶生产中优质与高产的获得，影响生产能力的可持续性。茶树修剪与采摘介绍了优质高产茶树树冠的要求、培养方法，茶树修剪技术、树冠综合维护技术及茶叶采摘技术。

思考题

1. 茶树品种的选用应注意什么？
2. 茶树品种搭配的原则？
3. 茶树无性繁殖的优点与缺点？
4. 茶树有性繁殖的优点与缺点？
5. 茶树扦插技术要领？
6. 现代茶园建设的原则是什么？
7. 如何进行平地茶园开垦？
8. 如何进行梯级茶园开垦？
9. 茶树幼苗期管理技术？
10. 茶园耕作的方法？
11. 如何进行茶园除草工作？
12. 简述茶园的保水技术？
13. 茶树施肥的基本原则？
14. 优质高产茶树的树冠要求是怎样的？
15. 简述茶树的修剪技术？

实训三　茶苗种植实践

一、实验目的

通过本实验，要求掌握茶籽播种、苗木假植等方法。

二、内容说明

1.茶籽播种

茶籽播种前应选择优良品种种子，浸种催芽并适时播种。

(1)浸种催芽

将经过筛选和水选的种子用25～30 ℃的温水浸4～5 d，每隔4～5 h换水一次，以保持一定的温度。取出浸过的种子放在铺有3～4 cm厚湿砂的发芽盘内，铺放茶籽7～10 cm厚，再在茶籽上盖3 cm厚的砂，喷水后放入发芽箱中，箱中温度保持在25～30 ℃左右，每日淋水一次，当50％以上茶籽长出胚根时即可播种。

(2)播种时期

在无严寒地冻和冬季干旱地区，茶籽从采收后到第二年3月都可播种。通常秋播在10月下旬至11月底进行，春播在2月下旬至3月上旬进行。

(3)播种技术

茶子播种多采用穴播，每穴播4～5粒，让其自由散落在穴中，茶子间互不重叠、距离均匀。种子播下后盖以3 cm左右的疏松生泥，以减少杂草滋生.或覆盖混有焦泥灰的泥土，使雨后不易结壳，利于出苗。覆土的深度应严格控制，过浅，茶子裸露地面，经日晒、雨淋影响发芽；过深，则胚芽不易出土。一般掌握为种子直径的2～3倍的覆土深度。

2.条苗移栽

(1)移栽时期

确定移栽适期，一是看茶树生长动态，二是看当地的气候条件。当茶树进入休眠阶段，选空气湿度大、土壤含水量高的时期移栽最适合。长江中下游地区以晚秋或早春为移栽适期。云南可在雨季(6月初至7月中旬)移栽，海南可在7—9月移栽。

(2)起苗

起苗宜在晴天或雨后晴天无风的早晨和傍晚进行。此时土壤较湿，阳光不强烈，可减少茶苗水分蒸发，起苗时如土壤干燥应事先灌水湿润.挖取时先用锄头在第一畦沟外开约深30 cm以上的沟，然后用铲插入茶苗另一行的行间，将茶根连土撬人沟内，用土箕盛接，挖取时应尽量减少对根系的损伤。

(3)定植

苗木定植以带土随起随栽为好，宜在阴天或雨后晴天傍晚进行。先在预定的种植行上开沟，深宽度比苗木根系深宽6～7 cm左右。然后一手拿2～3株茶苗(在每一指中央一株苗),使根系自由舒展于沟中。每株茶苗的根颈部与地面相平或略低于地面,过长的主根可略剪去。扶正茶苗,一手将松土填入沟内,填至一半时,用手将茶苗轻轻向上提,使根系舒展,然后将土压实。如土壤干燥,可在此时浇水以定根,使土与根系密接。再继续填土至地平,压实浇水,浇透土层,再覆 3～4 cm 浮土。为减少茶苗水分蒸发,在种植前或种植后将茶苗地上部离地 15～20 cm 剪去。定植后及时浇透定根水,确保茶苗生长。

3. 苗木包装

苗木挖起后,按苗木生长情况分为若干个等级分别包装、以便于定植后的培育管理。患有病虫害的植株,或苗木过于细弱矮小、生长畸形、品种不纯或受严重损伤的苗木,弃去不用。按茶苗分级标准见表 S3-1。

表 S3-1　茶苗分级标准

等　级	茶　苗　高　度
一　级	30 cm 以上
二　级	25～30 cm
三　级	20～25 cm
待培育	20 cm 以下

分级后苗木大的可以剪去部分枝叶和主根,苗木不太大的可在定植时修剪。包扎以苗木大小每 50 抹或 100 株或 500 抹扎成一捆,并随手挂上标签。如需外运,途中不超过一天的,可直接装车。如需长途运输的,必须妥善包装,一般三天以内的可用箱草裹扎,超过三天的,宜用篓装或箱装。

(1)稻草包扎

取一束稻草,一端扭转几下作为中心,另一端用稻草,将预先扎成束的苗木放于苔藓或水草上,根向下将散开的稻草包在苗木之外,上部用稻草扎紧即可。另一端向四周散开或在根部涂抹黄泥浆。

(2)篓或箱装

如用木箱应在四周开数个直径 2～3 cm 的小孔以便通气。箱与篓应比苗木高 0～12 cm,将箱或篓横放在地上,在苗木根部铺湿土(含水 60%左右)一层,约 2～3 cm 厚,然后将苗一束束放入篓内,每放好一层苗,在根部铺湿土 2 cm 左右直到装满,最后再铺一层土。装好后振动下篓子,使茶苗根与土接触紧实,将箱钉好即可。

4. 苗木假植

苗木运到目的地后,如不能及时定核,为避免苗木水分蒸发过多影响成活,应实行假植。假植 1～2 周的,可以 50 株成束进行,假植 2～3 周的,要把成束茶苗散开。假植地点应选避风、土壤排水良好之处,开深 40 cm、宽 6 cm 的倾斜沟、将苗木一一分开排列斜放在沟中,根部将土压紧,覆土深度应赂高于根颈处原土壤痕迹以上。注意防晒,以使成活率不受影响。

三、材料与设备

1. 材料:茶籽。

2. 设备:锄头。

四、步骤及方法

1. 每组播种茶籽达 10 m 长茶行，种后覆盖稻草。
2. 每组移栽茶苗 5 m，栽后浇水。

五、作业

1. 每人移栽茶苗 50 株左右并观察。
2. 每组假植茶苗 500 株，待来年移栽。

实训四　鲜叶采摘技术

一、实训目的

茶树采摘的主要技术环节是留叶采、标准采和适时采三项。通过实训，学生应掌握茶叶采摘标准、采摘时间、采摘方法，为提高茶叶质量及培育丰产茶园奠定基础。

二、实训条件

1. 工具

茶刀、采茶机、背筐。

2. 实训场所

校外(或校内)成年茶园。

三、操作方法

1. 采摘期与时间

茶树的萌芽生长是有季节性的，而且与品种、海拔高度、气候条件及茶园管理等有一定差异，尤其是茶园的施肥修剪、技术调节措施等，是调整采摘期的关键。优质高档生态茶叶的采摘应选择晴天，时间最好是上午 9 时至下午 4 时，俗称“午青”叶，质量最好；上午 9 时以前采的茶叶称“早青”，质量次之；下午 4 时以后采的茶叶为“晚青”，质量较差。

2. 采摘方法

(1)手摘法

采用横采或直采手法进行双手采摘.

(2)刀割法

刀割法常采用半月形割茶叶。

(3)机采法

目前多采用双人抬往返切割式采茶机采茶。

3. 采摘标准

(1)细嫩采

采用这种采摘标准采制的茶叶，主要用来制作高级名茶。如高级西湖龙井、洞庭碧螺春、君山银针、黄山毛峰、庐山云雾等，对鲜叶嫩度要求很高，一般是采摘茶芽和一芽一叶，以及一芽二叶初展的新梢。这种采摘标准，花工夫，产量不多，季节性强，大多在春茶前期采摘。

(2)适中采

采用这种采摘标准采制的茶叶，主要用来制作大宗茶类。如内销和外销的眉茶、珠茶、工夫红茶、红碎茶等，要求鲜叶嫩度适中，一般以采一芽二叶为主，兼采一芽三叶和幼嫩的对

夹叶。这种采摘标准，茶叶品质较好，产量也较高，经济效益也不差，是中国目前采用最普遍的采摘标准。

(3)成熟采

采用这种采摘标准采割的茶叶，主要用来制作边销茶。采摘标准需待新梢成熟，下部老化时才用刀割去新枝基部一、二片成叶以上全部枝梢。这种采摘方法，采摘批次少，花工并不多。茶树投产后，前期产量较高，但由于对茶树生长有较大影响，容易衰老，经济有效年限不很长。

(4)特种采

这种采摘标准采制的茶叶，主要用来制造一些传统的特种茶。如乌龙茶，它要求有独特的滋味和香气。采摘标准是待新梢长到顶芽停止生长，顶叶尚未"开面"时采下三、四叶比较适宜，俗称"开面采"或"三叶半采"。

4.采摘注意事项

一是鲜叶成熟度要适宜，鲜叶不宜太嫩或过于粗老。二是春茶持嫩性较强，可适时分批采，即"初期适当早，中期刚刚好，晚期不粗老"。以夏茶适当嫩，秋茶适度老的原则。

四、考核标准

考核标准如表S4-1。

表 S4-1

考核内容	要求与方法	评分标准	扣除分值
采摘时期30分	1.掌握适宜的开采期	1.开采期不适宜	10
	2.掌握适宜的采摘周期。	2.采摘周期不合理。	10
	3.掌握停止采茶的日期	3.封园期控制不好	10
采摘方法70分	1.掌握留叶时期	1.不按季节进行留叶采摘	15
	2.掌握留叶数量	2.留叶数量不适中	15
	3.掌握留叶方法	3.青年茶树没有分批留叶	15
	4.掌握标准采方法	4.壮年茶树没有进行集中留叶	15
	5.注重适时采摘	5.不注意新梢的采摘嫩度	10

实训五　茶园施肥技术

一、实训目标

肥料提供茶树生长所需要的营养元素，是茶树有机体新陈代谢的物质基础，也是进行营养生长和生殖生长的物质基础。本技术与整地、灌溉排水、茶树苗情诊断、病虫害防治等技术密切相关。通过实训，学生应理解茶树规律和特点，熟练掌握茶树施肥技术，为茶树丰产丰收奠定基础。

二、实训条件

1.材料

厩肥、堆肥、粪尿、绿肥、饼肥、尿素、过磷酸钙、钙镁磷、复合肥等。

2.工具

塑料桶、铁锹、耙子及运输工具等。

3.实践场所

学生实训茶园

三、施肥基本原理

1.茶树需肥的特点

根据茶树的吸肥特性及时补充茶树所需的养分，茶树所需的大量营养元素为氮、磷、钾简称肥料三要素，三要素的配合比例一般采用 3∶1∶1，磷肥是一种迟效肥，一般在深耕改土重施有机肥时配合施入茶园，氮肥和钾肥在各季节按比例施入茶园。

2.施肥量的计算

一般按产量的大小来计算施肥量，每生产 100 kg 干茶应施追肥 30 kg 尿素，配施 8～10 kg 硫酸钾(不能用氯化钾，因茶树是忌氯植物)。

四、操作方法与步骤

1. 肥料种类

(1)有机肥：厩肥、堆肥、粪尿、绿肥、饼肥等。

(2)无机肥：尿素、过磷酸钙、钙镁磷、复合肥等。

2.施肥次数和时间

茶树施肥分为施基肥和追肥两种。每年施基肥一次，在茶树茶叶接近停止生长的 11 月进行。追肥一年施 3 次，第一次在夏茶萌发前 5 月施用，第二次在夏茶后期 7—8 月间施用，春茶前还施一次催芽肥。

3.施肥量

根据茶树树龄大小、产量不同决定施肥量，N、P、K 三要素配合使用。树龄 1～2 年，亩施纯氨 2～4 kg，N∶P∶K 比例为 1∶2∶1；3～4 年生茶树，亩施纯氮 5～6 kg，N∶P∶K 比例为 2∶2∶1；5～6 年生茶树，亩施纯氮 7～9 kg，N∶P∶K 比例为 3∶1∶1。

4.施肥方法

茶园施肥，一般采用开沟施肥，复土埋盖的方法，施肥沟开在树冠边缘垂直的地方。施肥沟深度为：基肥 6～7 寸，追肥 2～3 寸深。

5.茶树根外追肥

把肥料按浓度兑入清水，配好的液体肥料，用喷雾器喷洒在茶树叶片背面，以喷湿为度。目前普遍使用的肥料有：尿素、硝酸铵、过磷酸钙、生物肥料等。

6.注意事项

(1)在实训过程中要作好记录，出现问题及时解决。

(2)有机肥应充分腐熟，防治杂草和病虫传播。有机肥堆底要铲净，防治茶树徒长。

五、考核标准

考核标准如表 S5-1。

表 S5-1

考核内容	要求与方法	评分标准	扣除分值
有机肥施用 30 分	结合耕地或整地施用有机肥	1.有机肥未充分腐熟	10
		2.施用方法不正确	10
		3.施肥不均匀	10
化肥施用 70 分	结合整地、合理施用化肥作基肥	1 施用量计算不准确	10
		2.撒肥不均匀	10
		3.施肥后不能及时整地	10
		4.施用时期不合理	15
		5.施用方法不正确	15
		6.根外追肥不正确	10

第五章　茶叶加工与贮藏

谚语云："茶叶喝到老，茶名记不了。"这是对我国多如繁星的茶叶名称和类型的形象概括。可是茶叶是怎么命名和分类的呢？茶叶的命名、分类跟茶叶的加工工艺有关吗？制作出来的新茶又要如何贮藏和保鲜才能使其风味犹存？学习了本章的内容，上述疑问自然解决。

一、茶叶命名与分类

在日常生活中，我们都可以看到各种各样的"茶"，如绞股蓝茶、菊花茶、苦丁茶、减肥茶……然而，这些"茶"却往往在某些方面给我们造成了混淆。因此，为了便于人们识别和利用，通常在食品领域，我们将 *Camellia sinensis*（L.）Kuntze 的嫩叶加工而成的饮料称之为茶叶；而其他植物的嫩叶，按照茶叶加工方法制作的饮料，我们称之为非茶之茶或代茶饮料。

然而，我国茶区辽阔，茶名众多，这些不同的茶叶是如何命名的呢？

（一）茶叶命名

茶叶命名方法众多，在茶叶命名过程中，往往根据产地环境、制茶技术、品质风格、季节气候、茶树品种、消费市场甚至创制人名等来进行命名，方法特点各异，茶名称呼繁多。茶叶各种命名方法与举例应用如表 5-1 所示。

表 5-1　茶叶命名方法与示例

茶叶命名依据		示例
产地环境	所在区域	西湖龙井、洞庭碧螺春、安溪铁观音、武夷岩茶、普洱茶
	海拔高低	高山茶、平地茶
制茶技术	干燥工艺	炒青绿茶、烘青绿茶、晒青绿茶
	发酵程度	不发酵茶、微发酵茶、半发酵茶、全发酵茶、后发酵茶
	蒸压工艺	散茶、篓装茶、紧压茶
季节气候	采摘时间	明前茶、雨前茶
	采制季节	春茶、夏茶、暑茶、秋茶、冬茶
品质风格	色泽	绿茶、红茶、黄茶、白茶、黑茶、青茶
	香气或滋味	舒城兰花、江华苦茶、白芽奇兰、武夷肉桂、芝兰香、玉兰香
	外形特点	瓜片、珠茶、眉茶、针形茶、卷曲形茶、扁形茶、砖茶
消费市场		内销茶、边销茶、侨销茶、外销茶
创制人名		熙春、大方
茶树品种		铁观音、大红袍、水仙、肉桂、金萱、翠玉、黄观音
包装形式		袋泡茶、小包装茶、罐装茶

而事实上，茶叶的命名并不是只采取一种方法，例如，"安溪铁观音"就包含了所在区域和茶树品种两种命名依据，而"炒青绿茶"则包含了色泽和干燥工艺两种命名依据，同时炒青绿茶既可以是高山茶，也可以是平地茶。因此，我们在对茶叶命名时要具体情况具体分析。

(二)茶叶分类

茶叶名称繁多在一定程度上会对茶叶的消费市场带来不利影响，因此，有必要采取一些措施对茶叶进行分类。

我国唐代时主要生产蒸青饼茶，陆羽就以烹茶方法不同将茶分为粗茶、散茶、末茶、饼茶；宋朝由蒸青团茶发展到蒸青散茶，则又分为片茶、腊茶和散茶；元朝团茶逐渐被淘汰，散茶大发展，又从鲜叶老嫩不同而分为芽茶和叶茶两类；明朝冲破绿茶的范围，发明红茶、黄茶和黑茶；清朝制茶技术相当发达，白茶、青茶、花茶相继出现，为了应用，曾以产地、销路、品质等为依据建立若干不同的分类系统。

此外，欧美国家根据当地茶叶的主要销售品类，只划分为绿茶(Green Tea)、黑茶(Black Tea)和乌龙茶(Oolong Tea)三类，日本则根据茶叶发酵程度，将茶叶划分为不发酵茶、半发酵茶、全发酵茶和后发酵茶四类，前苏联根据茶叶外形划分为散叶茶类和紧压茶类两类。

从我国古代和国外茶叶分类方法来看，这些分类方法，既不全面，又未能表示茶类不同的特点，不合乎这种分类条件的茶叶，则未包括在内，因而这些分类方法不尽完善。

1.基本茶类

我国真正提出茶叶分类方法，并且被茶叶界所广泛公认的是安徽农业大学的陈椽教授。陈椽教授认为：茶叶理想的分类方法必须要表明该类茶叶品质的整体系统性，同时又要求制法工艺相近或相似，即制法的系统性，此外还要求内含物质尤其是茶叶中的儿茶素变化要有系统的规律性。同时结合茶类起源先后将基本茶类划分为绿茶、黄茶、黑茶、白茶、红茶和青茶(乌龙茶)六大基本茶类。

(1)绿茶类

绿茶类是我国产量最多的一个茶类，其基本品质风格为"绿汤绿叶"。绿茶类都有相近或相似的工艺：鲜叶→杀青→揉捻→干燥，其中杀青是形成绿茶品质的关键工序。

根据杀青或干燥方式不同，绿茶可进一步划分为蒸青绿茶、晒青绿茶、烘青绿茶、炒青绿茶以及特种绿茶，其中特种绿茶是我国近年来的主销绿茶，其典型的代表有西湖龙井、洞庭碧螺春、黄山毛峰、庐山云雾、信阳毛尖、六安瓜片、竹叶青等。

在各大基本茶类中，因绿茶中的儿茶素减少程度最低，因此绿茶又称为不发酵茶。

(2)黄茶类

黄茶是在绿茶的基础上发展起来的。明·闻龙《茶笺》在记述绿茶制造时说："炒时，须一人从傍扇之，以祛热气，否则色黄，香气俱减。扇者色翠，不扇色黄。炒起出铛时。置大瓮盘中，仍须急扇，令热气稍退……"后来人们发现，在湿热作用下引起的"黄变"，如果掌握适当，也可以改善茶叶香味，因而发明了黄茶。

黄茶要求有三黄即色黄、汤黄、叶底黄的品质特征，其基本加工过程为：鲜叶→杀青→闷黄→干燥，其中闷黄是决定黄茶品质的关键工序。

我们以鲜叶采标标准为依据，进一步将黄茶划分为黄芽茶、黄小芽和黄大芽三类，其中黄芽茶中的君山银针和蒙顶黄芽是黄茶中的极品,极其珍贵。

(3)黑茶类

黑茶也是我国特有的一大茶类。黑茶生产始于明朝,最早是由四川绿毛茶渥堆做色蒸压而成。在16世纪末期,逐渐为湖南黑茶所代替。黑茶的品质特点是叶粗、梗多,干茶黑褐,汤色棕红,叶底暗棕。黑茶的销售以边销为主,因此习惯上称之为边销茶,其毛茶基本加工工艺为:鲜叶→杀青→揉捻→渥堆→复揉→干燥,渥堆是形成黑茶风格的必要工序。黑茶由于经过杀青,叶片中的酶活性已经丧失,故通过渥堆,利用微生物作用和湿热作用促进茶叶中儿茶素的氧化和色泽的变化,因此我们习惯上又称之为后发酵茶。

黑茶的生产历史悠久,产区广阔,销售量大,品种花色很多。主要的代表类型有湖南茯砖茶、湖北老青茶、四川康砖茶、云南普洱茶、广西六堡茶等。

(4)白茶类

白茶主产于福建省福鼎市、政和县、建阳市、松溪县等地,台湾也有少量生产。白茶干茶外表满披白色茸毛,色白隐绿,汤色浅淡、味甘醇,第一泡茶汤清淡如水,故称白茶。其基本工艺过程为:鲜叶→萎凋→干燥,其中长时间的萎凋是形成白茶品质的决定性工序。

白茶根据鲜叶原料不同,可分为白毫银针、白牡丹、贡眉、寿眉等花色品种,其中白毫银针为单芽制作,是白茶中的极品。此外,又可根据品种不同,划分为大白(采自福鼎大白茶、政和大白茶等品种)、小白(采自当地的菜茶群体种)以及水仙白(采自水仙茶树品种)三种花色。近年来,白茶茶区开发出新工艺白茶(工艺为:鲜叶→萎凋→轻发酵→轻揉捻→干燥),品质与传统白茶稍有区别,主销港澳地区和东南亚。

(5)红茶类

红茶是全球产量最高的茶类,主产国有印度、斯里兰卡、肯尼亚、印度尼西亚、中国等国家和地区。红茶的品质特点是“红汤红叶”,即干茶黑色,汤色红艳,叶底红亮。形成红茶品质的加工工艺为:鲜叶→萎凋→揉捻(或揉切)→发酵→干燥。其中,发酵是利用萎凋叶中的酶来氧化茶叶中的儿茶素类物质,促进叶色转化和风味的形成。在红茶的发酵中,儿茶素的减少程度较高,因此红茶又被称为全发酵茶。

根据红茶加工中,揉捻或揉切方法的不同,红茶又可分为红条茶和红碎茶,其中红条茶又可分为工夫红茶和小种红茶,例如祁门工夫红茶被誉为世界三大高香红茶之一,具有一定的国际市场,而近年来发展起来的金骏眉则是小种红茶中的极品。红碎茶是国外制作袋泡茶的主要来源,主产国有印度、斯里兰卡和肯尼亚,其中肯尼亚红碎茶因其具有红艳明亮、浓强鲜爽的品质特征而具有较高的国际售价。

(6)青茶(乌龙茶)类

青茶俗称乌龙茶,主产于我国的福建、台湾和广东省,近年来在四川、浙江、湖南、湖北等地也有少量生产。此外,越南、泰国等国家已经引进台湾乌龙茶栽培和加工技术,发展乌龙茶产业。乌龙茶具有花香味醇、绿叶红镶边的品质特征,其基本加工工艺为:鲜叶→晒青→做青→炒青→揉捻→干燥。其中做青与乌龙茶的香高味醇和绿叶红镶边的品质密切相关。在做青过程中,叶片细胞部分损伤而导致儿茶素部分氧化,其氧化程度介于绿茶和红茶之间,因此乌龙茶又称半发酵茶。

各地的乌龙茶制法特点有所差异,例如产于闽北武夷山的武夷岩茶、广东潮汕地区的凤凰单枞以及台湾北部地区的文山包种茶外形为条形,因此采用揉捻的方法即可完成造型,而

产于闽南的安溪铁观音和台湾的冻顶乌龙茶、高山乌龙茶则为颗粒形，则需采用包揉的方法才能塑造其外形特点。

综上，各大茶类具有各自的特点，加工方法均不相同，儿茶素的氧化程度相差甚大，因此，上述六大基本茶类的分类依据是具有科学性和可行性的。

六大基本茶类分类的科学依据归纳如表 5-2 所示。

表 5-2　六大基本茶类分类的科学依据

基本茶类	基本工艺	茶类品质	发酵程度
绿茶	鲜叶→杀青→揉捻→干燥	绿汤绿叶	不发酵
黄茶	鲜叶→杀青→闷黄→干燥	黄汤黄叶	微发酵
黑茶	鲜叶→杀青→揉捻→渥堆→复揉→干燥	叶粗梗多，色棕褐，具陈香	后发酵
白茶	鲜叶→萎凋→干燥	白毫披露，汤浅味甘，显毫香	轻发酵
红茶	鲜叶→萎凋→揉捻(或揉切)→发酵→干燥	红汤红叶	全发酵
青茶	鲜叶→晒青→做青→炒青→揉捻→干燥	香高味醇，绿叶红镶边	半发酵

注：(1)基本工艺中，带下划线的工序表示为该茶类品质形成的特征工序；(2)按茶类发展先后次序排列。

然而，我们在日常生活中还会碰到一些茶，如茉莉花茶、紧压茶，这些茶又如何分类呢？这就涉及再加工茶类的分类了。

2. 再加工茶类

再加工茶是指以毛茶为原料，经过精制加工整理外形后，通过窨花或压制等方法而制作的，风格特点与毛茶有较大区别的茶类，称为再加工茶。例如，茉莉花茶就是典型的再加工茶。

茶叶再加工后，有的品质与原毛茶相比差异不大，但有的却相差甚远。例如，茉莉烘青绿茶是以烘青绿茶和茉莉鲜花为原料加工而成的，制成后的品质与绿茶比较接近；而普洱熟茶(饼茶)则是以晒青绿毛茶为原料，经过渥堆、蒸压而成的饼茶，则品质与晒青绿毛茶相差较大。因此，如何对再加工茶类分类也是一个值得探讨的问题。

中国农业科学院茶叶研究所陈启坤先生提出，再加工茶叶的分类，应以毛茶为依据，再加工后，品质变化较小，则哪一类毛茶再加工，仍就归哪一类；如变化较大，与原来的毛茶品质不同，则以变成靠近哪个茶类，改属哪个茶类。这就是目前较为公认的再加工茶类的分类依据。

例如，茉莉烘青在再加工茶类分类中，其品质接近绿茶，因此，按再加工茶分类原则，则茉莉烘青属于绿茶类。同理，桂花乌龙属于乌龙茶类。同理，再加工后的普洱茶，普洱生茶品质与绿茶类相近，则属绿茶类，而普洱熟茶划分为黑茶类。但是，普洱生茶在陈放过程中，逐渐形成了黑茶的风格特点，此时则应属黑茶类。因此，再加工茶的分类不是绝对的。

综上，我们将上述基本茶类的分类方法和再加工茶的分类方法进行结合，我们称之为茶叶的综合分类法，如图 5-1 所示。

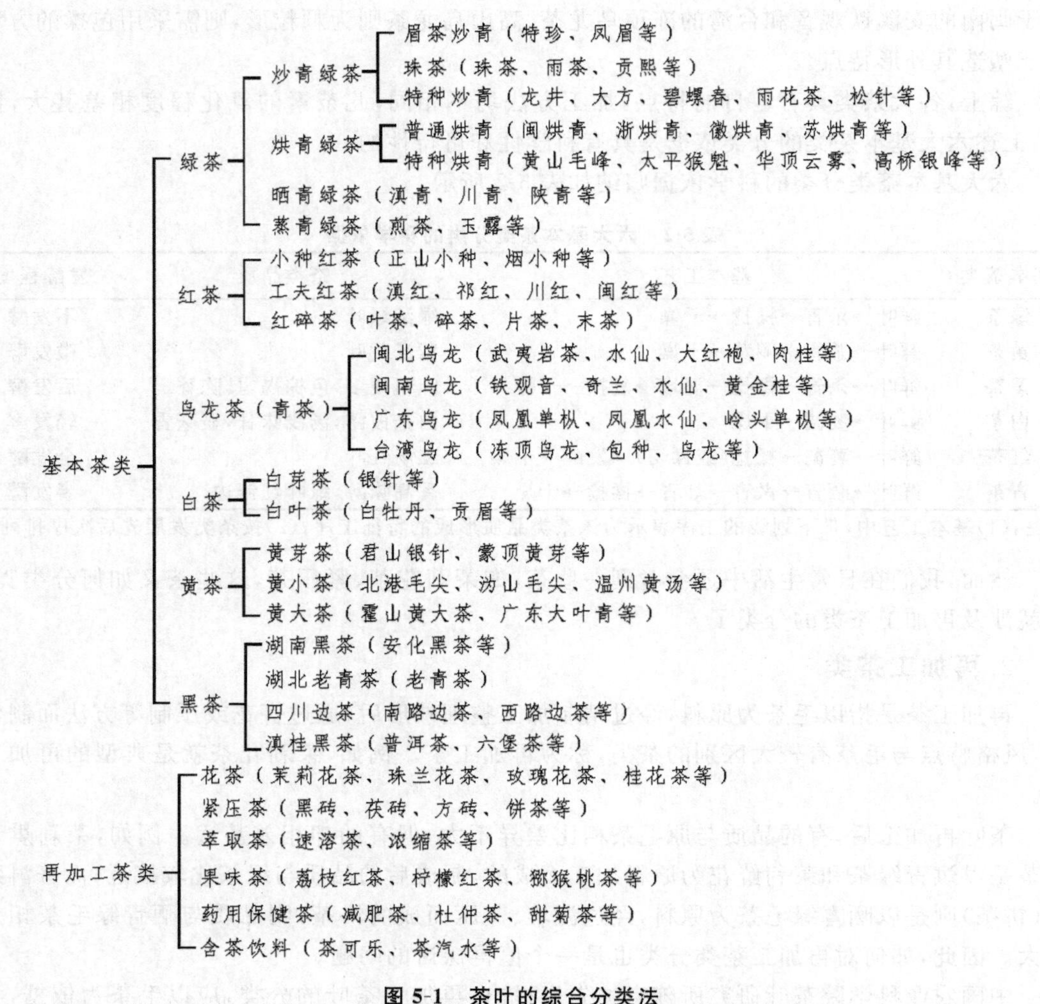

图 5-1　茶叶的综合分类法

（资料来源：施兆鹏主编. 茶叶加工学. 中国农业出版社，1997）

二、茶叶的原料基础

茶叶的原料是指茶树上的鲜叶，即专门供制茶用的茶树新梢，包括新梢的顶芽、顶芽往下的第一、二、三、四叶以及着生嫩叶的梗，又称茶鲜叶、茶青、茶草、生叶、青叶等。

鲜叶是制造茶叶的物质基础，只有优良质量的鲜叶才能制出优良的茶叶。衡量鲜叶的质量主要有嫩度、匀度、新鲜度和净度四个方面的指标，另外还要考虑鲜叶的适制性。

（一）鲜叶的质量

1. 嫩度

所谓嫩度，是指新梢的伸育程度。茶树的新梢是由营养器官发育而成的。据研究，茶树越冬后，当气温高于 10 ℃以上的累计积温达到一定界限时，营养芽开始萌动，芽体膨胀，鳞

片展开，芽尖露出，鱼叶和真叶相继展开。之后随着气温升高，新梢每隔3～4 d展开一个叶片，形成一芽一叶初展、一芽一叶、一芽二叶初展、一芽二叶……芽叶从展开到定型（即叶片面积不再大幅增加）需14～28 d。此时，新梢顶芽变小称为驻芽，成为成熟新梢。驻芽及其附近的一、二片叶，称为开面叶。还有一种鲜叶有驻芽，但节间极短，二片叶片形似对生，又小又薄又硬，是一种不正常新梢，叫做对夹叶。

不同茶类或不同等级的茶叶有不同的鲜叶嫩度要求。一般绿茶、红茶的原料嫩度为一芽一叶、一芽二叶，部分特种绿茶、极品红茶和其他名茶，鲜叶嫩度则为单芽或一芽一叶初展。产自福建、台湾和广东的乌龙茶的原料嫩度为开面二、三叶，较为成熟，而对于部分边销黑茶、紧压茶的原料嫩度则为成熟的开面七、八叶。

不同茶类只有采用符合该类茶叶所需的鲜叶嫩度规格，并结合该类茶的加工工艺，方能确保茶叶的品质。

2. 匀度

鲜叶匀度是指同一批鲜叶质量的一致性。合理的制茶技术要根据鲜叶质量来决定。无论哪种茶类，都要求鲜叶匀度好，如果鲜叶质量混杂，制茶技术就无所适从。例如，同一批原料的鲜叶因老嫩不一，绿茶则会造成杀青不匀，红梗红叶，红茶揉捻则会导致嫩叶折断，老叶不成条，且发酵不匀，而乌龙茶做青则会出现死青，抑制青叶走水不畅，滋味青涩，从而导致茶叶品质明显下降，甚至加工失败。

鲜叶色泽不匀也会造成茶叶品质下降。如在绿色鲜叶中加入了部分紫色芽叶，制作绿茶出现滋味苦涩，色泽发暗等问题，品质明显低于绿色鲜叶制作的绿茶。这是因为紫色鲜叶中含有大约1%左右的花青素，花青素具有苦味，所以制作绿茶时，不可将紫色芽叶混入到绿色芽叶当中。

保持鲜叶质量均匀一致的有效方法是采摘同一品种的鲜叶，并且要采摘标准基本相同。但是，在生产中，采摘标准很难达到均匀一致，因此，进厂后的鲜叶可以用鲜叶分级机进行分级（图5-2），以提高鲜叶的匀度。

图5-2　利用鲜叶分级机提高鲜叶匀度

3.新鲜度

鲜叶保持原有理化性状的程度称为新鲜度。当鲜叶采摘后放置时间过久、存放时的温度较高或者发生机械损伤时,叶子就会慢慢失去新鲜感,并逐渐变红,这时的鲜叶就开始丧失其新鲜度,简称失鲜。失鲜的鲜叶则会朝着劣变方向发展,从而失去制茶的价值。

然而在茶叶生产中,鲜叶往往很难达到现采现制,尤其是茶叶加工的高峰期。一般情况下,鲜叶采摘后需要1 d内进行加工是比较正常的,而高峰期有时候会在鲜叶采摘后2～3 d才能进行加工,因此,对鲜叶的处理就显得非常重要。

为了维持鲜叶的新鲜度,我们在采摘的时候就要求采用按操作规程进行,避免抓伤芽叶。

鲜叶在收集运送中,要避免阳光直射,同时使用专用鲜叶筐盛装鲜叶,且要注意不可紧压,否则容易产生机械损伤。没有专门的鲜叶框时,可使用透气的袋子替代,但勿压紧超载,运输时间也不宜超过1 h,否则鲜叶因呼吸作用和化学物质分解所放出的热量不能及时散发,造成高温而渥坏鲜叶,甚至能使鲜叶变红而不能使用。

鲜叶进厂验收后,要及时加工,如不能及时付制,则需采用合理的技术措施进行保鲜。

保鲜的常用方法是使用专门的贮青室,室温控制在20 ℃左右,室内相对湿度控制在85%～90%,并每隔3～4 h翻动一次,可以保持鲜叶新鲜12～24 h。

4.净度

鲜叶的净度,是指鲜叶中含夹杂物的程度。鲜叶中的夹杂物有的是茶类夹杂物,如茶梗、茶籽、茶花蕾、花托、幼果、老叶等;也有非茶类夹杂物,如其他树叶、杂草、虫尾、虫卵、泥沙及其他杂物。

净度不好的鲜叶,不可能加工出好的成品茶,即使通过加工毛茶后再行拣剔,但品质已造成严重损害。茶叶是一种健康饮料,鲜叶中的夹杂物,尤其是非茶类夹杂物易损害人体健康,因此要保证茶叶的卫生,就必须要抓好鲜叶的净度。

上述四个方面是鲜叶质量好坏的重要指标,生产企业也主要根据上述指标对鲜叶进行等级划分(如表5-3),以确保茶叶质量。

表5-3 长炒青对鲜叶品质的一般要求

级别	感官指标			
	嫩度	匀度	净度	新鲜度
一级	色绿微黄,叶质柔软,嫩茎易折断。 正常芽叶多,叶面多呈半展开状。	匀齐	净度好	新鲜有活力
二级	色绿,叶质较柔软,嫩茎易折断。 正常芽叶较多,叶面有半展,多呈展开状。	尚匀齐	净度尚好 嫩茎夹杂物少	新鲜有活力
三级	绿色稍深,叶质稍硬,嫩茎可折断。 正常芽叶尚多,叶面呈展形状。	尚匀	净度尚好	新鲜尚有活力
四级	绿色较深,叶质稍硬,茎折不断,稍有刺手感。 正常芽中较少单片,对夹叶稍多。	尚匀	稍有老叶	尚新鲜
五级	深绿梢暗,叶质硬,有刺手感。 单片、对夹叶多。	欠匀齐	有老叶	尚新鲜
六级	深绿较暗,叶质硬,刺手感强。 单片、对夹叶多。	欠匀齐	老叶较多	尚新鲜

资料来源:施兆鹏主编.茶叶加工学.中国农业出版社,1997。

(二)鲜叶的适制性

鲜叶质量标准,除了匀度、新鲜度要求都相同之外,其他指标依各种茶类有所差异。同一质量的鲜叶既可加工绿茶,又可加工红茶,还可加工其他茶类,但是制茶品质却差异较大。如开面二、三叶鲜叶制作乌龙茶则往往具有花果香味,但是制作红茶则往往叶色花青,发酵不匀。因此,有的鲜叶制作红茶绿茶较好,而有的鲜叶却不适宜,从而体现出鲜叶的适制性。

所谓鲜叶的适制性,是指具有某种理化性状的鲜叶适合制造某种茶类的特性。根据鲜叶的适制性,当我们要制造某种茶类时,我们可以有目的地去选择鲜叶,以充分发挥鲜叶的经济价值,提高茶叶的质量。

鲜叶中与适制性有关的主要因子有鲜叶化学成分、鲜叶色泽、地理条件、季节以及鲜叶形状等。

1.鲜叶化学成分

鲜叶的化学成分是决定鲜叶适制性的关键因素。资料显示,多酚类化合物和水浸出物含量高的鲜叶适制红茶(表5-4)。这是因为多酚类化合物具有苦涩味,其含量高制作绿茶则显苦涩,但是如果制作红茶,则多酚类物质在发酵过程中被氧化成具有鲜爽味的茶黄素以及具有醇和滋味的茶红素,可使苦涩味消失,进而增进红茶品质。

表5-4　云南大叶种、福鼎大白茶化学成分与适制性

品种	化学成分				红茶品质			绿茶品质		
	多酚类(%)	水浸出物(%)	咖啡碱(%)	灰分(%)	香气	滋味	叶底	香气	滋味	叶底
云南大叶种	18.18	42.20	3.65	6.48	浓厚香甜	醇浓刺激	红匀亮嫩	浓有熟味	厚苦涩	黄熟
福鼎大白茶	14.66	40.25	4.07	6.12	浓香	醇厚淡薄	嫩匀叶薄	嫩清香	厚带苦	黄粗大

资料来源:陈椽主编.制茶学(第二版).中国农业出版社,1988。

但是,有部分品种多酚类含量很高仍适合制作绿茶的,如表5-5所示,云抗10号的多酚类含量高达34.95%,但其制作绿茶品质仍较佳。因此,多酚类含量高低不是判断鲜叶适制性的绝对依据,有时我们还需考虑鲜叶中的多酚类与氨基酸的比值,即酚氨比。普遍认为,鲜叶酚氨比小于8适制绿茶,在8～15之间红绿兼制,大于15适制红茶,如表5-5所示。

表5-5　红绿茶品种茶多酚、氨基酸及酚氨比(程启坤,1983;唐明熙,1996)

品种	茶多酚(%)	氨基酸(%)	酚氨比	适制茶类
福鼎大白茶	21.62	4.57	4.7	绿茶
婺源大叶种	22.62	5.48	4.1	
碧云	21.87	6.07	3.6	
日本薮北种	15.80	4.35	3.6	
鸠坑种	20.93	4.06	5.2	
龙井种	20.85	3.98	5.2	
翠峰	22.29	5.91	3.8	

续表

品种	茶多酚(%)	氨基酸(%)	酚氨比	适制茶类
云南大叶种	37.85	2.07	18.3	红茶
阿萨姆种	40.29	2.38	16.9	
台湾大叶种	37.33	2.16	17.3	
海南大叶种	35.17	2.33	15.1	
云抗10号	34.95	3.23	10.8	红绿兼制
槠叶齐	26.65	2.39	11.2	
菊花春	28.30	2.27	12.5	

鲜叶的化学成分对鲜叶适制性的影响尤为重要，鲜叶色泽、地理条件、季节等因素的变化都会造成化学成分的变化，从而呈现出不同的适制性。

2. 鲜叶色泽

鲜叶颜色与制茶品质关系很大，而且不同色泽的鲜叶适制性不同。一般情况下，深绿色鲜叶制绿茶比制红茶的品质优，浅绿色的鲜叶制红茶比制绿茶的品质好。紫色鲜叶不适宜制作绿茶，这是因为紫色鲜叶中花青素含量高而呈现苦味，且色泽发暗。但是紫色鲜叶仍可以制作红茶，制红茶的品质比深绿色的鲜叶好，却不如浅绿色鲜叶制作的红茶品质。

3. 地理条件

地理条件也是影响鲜叶适制性的一个重要因素，从小到海拔落差百余米的茶山顶部与山脚，大到跨越几个温度带的产茶国家的分布，都会因地理条件不同而影响到鲜叶的适制性。

例如，生长在武夷山竹窠岩的正岩水仙、生长在武夷山边缘地带的企山半岩水仙和生长在靠近武夷山的赤石洲水仙，同是水仙品种，因生长地理条件不同，制成的乌龙茶品质却相差悬殊。正岩水仙香高味醇厚，岩韵突出；半岩水仙香平味醇和，岩韵不明显；洲水仙则香低味平淡，无岩韵。这是在很小的一个武夷山地区，仅仅由于山上、半山和山下平地之分，就造成了这么大的制茶品质上的差异性，地理上距离远的差别影响鲜叶质量的差异性就更大了。

从世界产茶国来说，亚热带地区的我国云南、海南，热带地区的斯里兰卡、印度、印度尼西亚、肯尼亚等国，生产的红茶品质较好，地处温带地区的我国浙江、安徽、湖北、山东等省市和日本，制绿茶比制红茶的品质好。这是由于气候条件影响茶树生长，使鲜叶理化性质不同所造成的。因此大部分情况下，热带和亚热带地区生产的鲜叶，适宜制红茶，温带地区的鲜叶，适宜制绿茶。

4. 季节

不同季节制作不同的茶类可提升茶叶的经济价值。一般情况下，春季鲜叶氨基酸含量高，多酚类相对较低，制作绿茶具有滋味醇和，香气高长的特点。但是到了夏季，因气温升高，鲜叶生长速度加快，茶多酚含量增加迅速，而氨基酸含量降低，制作绿茶香低味苦，品质较差，因此可将夏季鲜叶制作红茶，可提高经济效益，提高收入。

5. 鲜叶形状

鲜叶形状主要影响到制作的茶叶的外形。例如，扁形的龙井茶如果选用长形鲜叶，则容易造成茶条折断，且外形又窄又长，呈韭菜状扁条，十分难看。如果采用圆形鲜叶，则制作的

龙井茶容易形成典型的宽而短的碗钉形扁条。相似的，如果将圆形鲜叶制作针形茶，则条索较粗，难以形成美感。但是换作长形鲜叶制作，则所制作的针形茶形状如纤细的绣花针或松针状，符合针形茶的特点。

一般情况下，圆形鲜叶适合制作瓜子形、尖形或扁形的茶叶，而长形鲜叶则适合制作条形、针形、卷曲形或颗粒形的茶叶。

总之，鲜叶的适制性要综合考虑多方面的因素，上述各因素对品质的影响也并非绝对的。我们在生产中可以利用少量的鲜叶，按照所制茶类工艺要求制作小样，并与该类茶的典型代表进行比较，如果符合该类茶的品质要求，则适合制作该类茶叶。

三、茶叶初加工技术

茶叶加工是指将茶鲜叶按照特殊的工艺，制作成供饮用的茶叶的过程，又称为制茶。根据茶叶加工的不同阶段，可以分为初加工、精加工和再加工，其中初加工是将鲜叶制作成毛茶的过程，是传统茶叶加工中最为关键、技术含量最高的一个环节。

（一）茶叶初加工原理

在茶叶初加工过程中，要将含有75%左右水分的鲜叶，制作成含水率仅为5%左右的干茶，并且要形成油润的色泽、馥郁的香气、甘醇的滋味和优美的外形，因此，在茶叶初加工中，要特别注重鲜叶中酶的促进或抑制、叶的揉捻与造型、水的控制与去除。

1. 酶的促进或抑制

酶是广泛存在于生物体内能促进化学变化的生物催化剂。鲜叶中与茶叶加工有密切关系的酶有多酚氧化酶、过氧化物酶、过氧化氢酶、糖苷酶等，它们对茶叶品质影响较大。如多酚氧化酶、过氧化物酶和过氧化氢酶等氧化酶类可氧化多酚类物质，形成有色的茶黄素和茶红素，因此它们是有利于红茶品质的形成的，在红茶加工中要充分促进并利用它们的活性；但对于绿茶品质而言则不利，因此要抑制它们的活性。又如糖苷酶可催化鲜叶中的糖苷类物质发生水解，并释放出香气，像乌龙茶做青过程中形成的花香与之密切相关。

温度是影响鲜叶中酶活性的主要因素。以多酚氧化酶为例，在15～55 ℃范围内，其活性随着温度升高而逐渐增强，但当温度高于55 ℃以上时则呈减弱趋势，当温度达到75 ℃时多酚氧化酶活性几乎完全消失（图5-3）。因此，我们将酶活性最强时的温度称为该酶的最适温度。一般而言，多酚氧化酶的最适温度在35～55 ℃之间。因此，我们在加工不同茶类的时候，就要利用不同的温度来促进或抑制酶活性。如红茶发酵时，发酵初期叶温控制在25～30 ℃左右，并随着发酵进程，叶温逐渐升高，此时多酚类氧化充分，并能形成良好的红茶香气和滋味。而对于绿茶加工，则需要利用高温杀青来钝化酶活性，一般情况下，要使叶温上升到80 ℃以上方可达到钝化酶活性的目的。

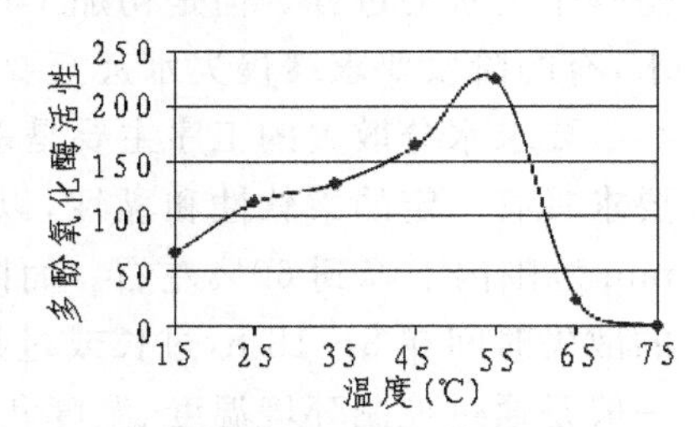

图5-3　温度对鲜叶中多酚氧化酶的影响（整理自：周静舒，1988）

水分也会影响到鲜叶中的酶活性。鲜叶水分多，细胞汁液浓度低。在茶叶加工中，可人为的去除鲜叶中部分水分，使细胞液浓度增加，细胞通透性增强，细胞环境酸化，酶及其作用物的相对浓度升高，结合态的酶可部分转化为游离态。因此红茶在加工中必须要采用萎凋工艺，散失部分水分，提高酶活性，以更有利于发酵的进行。

此外，氧气是影响酶活性的又一重要因素。据资料显示，加工 1 kg 红茶，从鲜叶到发酵结束，大概需要氧气 35 L(表 5-6)。如果供氧量不足，则会使多酚类的酶促氧化难以为继，发酵叶花青，制作红茶品质低劣，因此在红茶发酵过程中都需要翻动一至二次，目的就是促进空气交换，确保氧气供应。

表 5-6　红茶初加工过程中的耗氧量

工序	鲜叶	萎凋叶	揉切叶	发酵叶	合计
制作 1 kg 红茶平均小时耗氧量(L/h)	1.0	1.5	3.0	4.5	—
制作 1 kg 红茶总耗氧量(L)	2.0	12.0	6.0	15.0	35.0

资料来源：周巨根，朱永兴主编. 茶学概论. 中国中医药出版社，2007。

2. 叶的揉捻与造型

绝大部分茶类都要经过揉捻来破坏叶细胞组织，挤出茶汁，方便冲泡。这些被挤出的茶汁中的一部分成分之间相互混合，并在加工过程中发生理化变化，进一步形成茶叶滋味成分和香气成分。同时，叶细胞组织在揉捻中被破坏，使其茶汁在冲泡时能及时溶出，但其细胞破损程度要因茶类不同而有所差异。一般红茶尤其是红碎茶的饮用习惯是一次性冲泡，因此常采用使揉捻叶细胞破损率达 90%以上的重揉捻，或采用揉切的方式。各种绿茶或乌龙茶均需要多次冲泡，因此常使用叶细胞破损率在 40%～60%之间的轻揉捻或中揉捻。

茶叶的细胞在炒制干燥和造型过程中将进一步被破损。干燥时一方面蒸发水分，另一方面也在机械力的作用下造型，并进一步破坏叶细胞，例如，龙井茶的辉锅过程中采用拓、挺、磨、压等手法使叶片在干燥的同时，逐渐形成扁平光滑的外形特点。

3. 水的控制与去除

茶叶初加工是将含水率为 75%左右的鲜叶，制作成含水率为 5%左右的毛茶，整个过程是一个失水的过程。但是初加工过程中，失水并不是平稳下降的，而是有的阶段要求快速失水，有的阶段要求缓慢失水甚至要控制水分的散失。

要求水分散失的工序主要是杀青、萎凋、做青和干燥。在绿茶制造中，杀青后的在制品要求具有一定的柔软性和黏性，以方便揉捻，因此，一般情况下要求杀青叶含水率在 3～5 min 范围内下降到 60%左右。而同样是要求含水率下降到 60%左右的萎凋叶，则要求水分的散失时间在 8～18 h，过长或过短都不利于后续之作的红茶品质。做青过程水分的散失一般是通过控制环境温度、湿度和气流进行的。做青时，做青间温度控制在 20～25 ℃、相对湿度 70%～80%，并要有一定的空气流动，在这样的参数下，大约 10 小时后做青叶含水率下降到 68%左右，同时内含成分的转化达到乌龙茶的要求。干燥是所有茶类都要进行的工序，其失水则要分为三个阶段，即失水速度快速增加的预热阶段、失水速率恒定的等速干燥阶段和失水速度减慢的降速干燥阶段，通过三个阶段的失水后，茶叶含水率下降到 5%左右，即可包装贮藏。

而红茶的揉捻、发酵以及乌龙茶的做青后期则要求适当控制水分。在红茶揉捻和发酵

中，为了保证叶条中的酶能正常的氧化多酚类，则需要在一定的叶片水分环境下进行。因此，在红茶揉捻和发酵过程中，均要求叶片中含水率在60%左右，同时控制环境相对湿度在95%以上，防止叶条表面过早失水而不能正常发酵。而在乌龙茶做青后期和白茶萎凋后期，都需要将茶叶适当的堆积起来，同时提高空气相对湿度至80%左右，目的就是为了抑制叶片中的水分向空气中扩散过快，以促进发酵或后熟。

总之，在茶叶初加工过程中，酶活性的促进或抑制、叶子的揉捻与造型以及水分的控制与去除是紧密联系在一起的，在抑制酶活性的同时也伴随着水分的散失，在揉捻的同时也进行着酶活性的促进与利用，在干燥的同时也有造型的作用。因此，在具体加工过程中，要严格按照茶叶加工的操作规程进行，以保证能制造出形美、色润、香高、味醇的茶叶。

（二）绿茶初加工技术

绿茶是我国的主要生产茶类，全国20多个产茶省市均有生产。绿茶在中国茶叶家族中品种多、产量高、质量好、产区广，国际市场竞争力强。

我国生产的绿茶主要有炒青绿茶、烘青绿茶、蒸青绿茶、晒青绿茶以及名优特种绿茶等，其中炒青（含名优特种炒青）是绿茶中产量较高的一类，长条形的炒青（眉茶）和圆珠形的炒青（珠茶）是我国主要的外销绿茶。绿茶的基本品质特征是“绿汤绿叶”，具体而言，绿茶外形规格各异，色泽绿润，汤色黄绿明亮，香气高长，滋味醇爽，叶底绿亮。

炒青绿茶原料一般采用一芽二、三叶制作而成，其制作过程能反映典型的绿茶加工工艺。下面以炒青绿茶为例介绍绿茶初加工技术。

炒青绿茶基本加工工艺为：鲜叶→杀青→揉捻→干燥。

1. 杀青

绿茶的品质要求绿汤绿叶，而鲜叶中的多酚氧化酶能够氧化多酚类，使叶色变黄、变红，因此，从绿茶品质角度出发，需要利用高温钝化鲜叶中的酶活性，这个过程就是杀青。

（1）杀青目的

如上所述，杀青除了维持绿茶的绿汤绿叶品质外，还有一些重要的目的和作用：

①彻底破坏鲜叶中的酶活性，抑制多酚类化合物的酶促氧化，以便获得绿茶应有的色、香、味。

②散发部分低沸点的青草气物质成分，发展绿茶特有的香气。

③利用杀青中热的作用，改变叶子内含成分的部分性质，促进绿茶品质的形成。

④蒸发一部分水分，使叶质变软，增加韧性，便于揉捻。

总之，利用高温破坏鲜叶的组织与结构，改造鲜叶的性质，为绿茶独特的品质奠定良好的基础，这既是杀青的目的，也是杀青技术措施的基本根据。

（2）杀青设备

绿茶传统的杀青设备是电热炒茶锅（图5-4）。炒茶锅加热均匀，操作灵活，使用方便，但仅限于手工炒制，效率低，对工艺要求较高，一般仅用于一些名优茶的加工，如杭州的高档西湖龙井多采用手工炒制。

对于炒青绿茶，现各地主要使用滚筒式杀青机（图5-5）。滚筒式杀青机主要由滚筒、滚筒内的导叶板、投茶口、炉膛等部分组成，炉膛将滚筒加热至所需温度，鲜叶从投茶口送入高

图 5-4　各地利用电热炒茶锅举办的手工制茶大赛

图 5-5　滚筒式杀青机

温滚筒中，在滚筒内导叶板的带动下不断翻滚，并缓缓向出茶口移动，完成杀青。滚筒杀青机具有杀青质量均匀、生产量大、可连续化操作等优点，是目前各茶区的主要杀青机械。

(3)杀青技术

要使杀青质量高，则在杀青过程中要处理好杀青温度、投叶量、杀青时间、杀青方式、原料老嫩等一系列问题。归纳起来，主要要灵活掌握以下三个杀青原则：

①高温杀青，先高后低

杀青的目的是钝化鲜叶中的酶活性，因此要求采用高温处理。但是温度要多高才合适呢？

一般情况下，在杀青前期，鲜叶进入杀青机后，要求在极短的时间内使叶温上升到 80 ℃并维持 1 min 以上，此时可迅速钝化鲜叶的酶活性，并使鲜叶的翠绿色得到固定，同时可使低沸点的青草气物质大部分挥发散失，从而高沸点的芳香物质透发出来。

而在杀青后期，酶的活性已经钝化，部分水分蒸发，此时应适当降低温度，否则杀青叶芽尖、叶尖、叶缘部位容易炒焦，且叶子内部的化学成分也会受到损失，影响杀青品质。

因此，滚筒杀青机的炉膛一般设在靠近进叶口部分，以达到高温杀青，先高后低的效果。

另外，杀青温度与投叶量有关，杀青温度高时，投叶量应多些，反之宜少些，同时要根据杀青机类型灵活掌握。

在生产中，常常在滚筒加温处内壁微微有点发红，或见火星在筒内跳跃时，即可上叶，开始上叶时量要多，以免焦变。

②抛闷结合，多抛少闷

要使叶片的温度能快速达到 80 ℃以上，除了采用高温杀青外，采用闷炒可以使叶温迅速升高。闷炒时，叶片与高温滚筒长时间接触，叶片中的水分迅速汽化，并穿透叶片使叶温升高，使杀青过程中叶片各部位升温一致；但另一方面，如果长时间闷炒，叶片中的青草气和水汽散发不出来，会造成茶叶有严重的水闷气，而且色泽偏黄，发暗，同时也可能会造成叶片产生爆点，因此闷炒之后需要进行抛炒。

不同老嫩度的鲜叶对抛闷的要求略有区别。一般而论，嫩叶宜多抛，老叶要多闷。1～2 级较嫩鲜叶，以多以抛为好；而 4～5 级较老鲜叶，则应适当多闷。对于某些芽叶肥壮，节间较长的鲜叶，亦应适当多闷，但闷炒时间过久，则会使叶子变黄。在这种情况下，可以采取分二次闷炒，每次闷炒 1～2 min。

滚筒杀青机在设计时就考虑了闷与抛的问题。对于细嫩的原料要求多抛，因此适用于细嫩原料的名优茶滚筒杀青机筒体直径一般都较小，在 30～50 cm 之间，长度在 120～200 cm 左右，炉膛设在进叶口附近，即叶子入筒后高温闷炒，并在导板的带动下，在 50～60 s 即可从滚筒流出，并在冷风作用下带走水汽。对于大宗绿茶的滚筒杀青机，则筒体直径在 60 cm 以上，长度 4～5 m，并在滚筒前部分设 2～3 个炉膛，根据鲜叶老嫩情况决定加热的炉膛数量及火势的高低，并在滚筒出口端设置排气装置，以去除水汽，防止闷黄。

③嫩叶老杀，老叶嫩杀

所谓老杀、嫩杀，是针对于杀青后鲜叶的含水量而言。老杀，主要标志是叶子失水多些，所谓嫩杀，就是叶子失水适当少些。

嫩叶中酶活化较高，含水量也较高，如果嫩杀，则酶活化未彻底破坏，易产生红梗红叶。同时，在揉捻时液汁易流失，加压时易成糊状，芽叶易断碎。而粗老叶含水量少，纤维素含量较高。叶质粗硬，如杀青叶含水量过少，揉捻时难以成条，加压时易断碎。有一些较老的叶子，为了杀匀杀透，有时还在杀青前往叶子上洒水，以提高叶子的含水量，确保在杀青时能够杀透而又不至于失水太多，为后续工序造成困难。

“高温杀青，先高后低”、“抛闷结合，多抛少闷”，“老叶嫩杀，嫩叶老杀”是炒青绿茶杀青过程中必须注意的三大原则，只有灵活运用这些原则，鲜叶杀青的质量才能得到保证。

(4)杀青程度

杀青质量的良好与否，是决定炒青绿茶品质的重要环节。杀青叶适度的判断方法，主要有两种：

①以减重率或杀青叶含水量来判断

一般情况下，高档杀青叶的减重率 40%～45%，含水率 58%～60%；中低档杀青叶的减重率在 30%～40%之间，含水率 60%～62%。

②以杀青外观叶相来判断

打油诗“叶色暗绿水分少，梗子弯曲断不了，香气显露青气消”是对杀青适度时外观叶相的形象描述。具体而言，当叶色由鲜绿转为暗绿，手捏叶软，略有黏性，嫩茎梗折之不断，紧捏叶子成团，稍有弹性，青草气消失，略带茶香，即为杀青适度。

2. 揉捻

揉捻是炒青绿茶第二工序，是利用外力使茶条卷紧，破坏叶组织的过程，是造就绿茶紧直外形所不可缺少的技术措施。

(1)揉捻目的

揉捻是为了卷紧茶条，缩小体积，为炒干成条打好基础；同时适当破坏叶组织，既要茶汁容易泡出，又要耐冲泡。揉捻时要叶条而不要叶片，要圆条而不要扁条，要直条而不要弯条，要紧条而不要松条，要整条而不要碎条。同时，还要求揉捻叶色泽翠绿，不泛黄，香气清高，不低闷。

(2)揉捻设备

传统的揉捻或部分名优特种茶是采用手工揉捻(图 5-6)，而大规模生产绝大部分采用揉捻机揉捻。揉捻机由机架、揉盘、揉桶和加压装置组成(图 5-7)。工作时，揉桶带动茶叶在揉盘上呈圆周运动，叶片在揉盘上棱骨的搓揉作用、揉盖和揉桶壁的挤压作用以及叶子之间的摩擦作用下，逐渐折叠、卷曲，形成条形。

图 5-6　茶叶的手工揉捻

图 5-7　三足式茶叶揉捻机

(3)揉捻技术

影响揉捻的技术因子有叶子老嫩、投叶量、温度、时间、压力等，要根据生产需要来灵活掌握这些技术因子。投叶量一般根据揉捻机型号并按说明书进行操作，或投叶量略低于揉桶即可，而其他方面的揉捻技术总的来说有三个方面值得注意。

①嫩叶冷揉，老叶热揉

"嫩叶冷揉，老叶热揉"是针对于揉捻温度而言的。

所谓热揉，就是杀青叶不经摊凉趁热揉捻；而冷揉，就是杀青叶出锅后，经过一段时间的摊晾，使叶温下降到一定程度时揉捻。

嫩叶纤维素含量较低，揉捻时容易成条，如果在较高温度下揉捻，则嫩叶中的叶绿素容易发生分解，造成叶色黄变，香气低闷，因此嫩叶一般采用冷揉，可保持色泽的翠绿和香气的清纯。老叶恰恰相反，纤维素含量高，常温揉捻时不易成条，因此往往在杀青后趁热揉捻，此时茶条柔软，并在具有黏性的果胶作用下，逐渐折叠、卷曲成条。同时可使部分果胶物质水解，以增进茶汤滋味。而对于最为普遍的一芽二、三叶，属中等嫩度，宜采用温揉，即杀青叶稍经摊放，叶温略高于室温时揉捻为好。

②嫩叶短揉，老叶长揉

"嫩叶短揉，老叶长揉"指不同嫩度茶叶的揉捻时间。

嫩叶揉捻时成条容易，如果长时间揉捻则会产生过多的碎条、断条，造成芽叶断碎、汤色浑浊，同时使细胞破损程度过高，造成滋味偏浓却又不耐冲泡，使品质下降。因此，嫩叶一般揉时宜短，时间以 20～30 min 为宜，这是保证揉捻叶"要揉透，不断碎，即成条，保毫尖"的重要手段。

老叶揉捻时间要长一些。老叶纤维素含量高，揉捻时间太短，叶片茶汁没有揉出，则使茶叶不耐冲泡，同时叶片不成条，外形粗松。因此，为了保证老叶揉捻成条，一般需要揉捻 50～60 min。为了保证揉捻质量，一般分两次揉捻，揉捻过程中要解块一次。

③嫩叶轻揉，老叶重揉

"嫩叶轻揉，老叶重揉"指揉捻中不同嫩度的茶叶采用不同加压力度。

嫩叶纤维素含量低，细胞尚未完全成熟，如果重压容易造成芽叶断裂，毫尖脱落，因此嫩

叶揉捻时力度宜轻。可根据原料情况采用不加压揉捻或轻压。

对于老叶要求重压才能使其条索更加紧结，但是值得注意的是，老叶的重压要遵循“先轻后重，轻重交替”的原则进行，即揉捻的前 10 min 左右以不加压，然后加压揉捻 5 min，再松压揉 5 min，再重压 5 min，反复如此，最后 5 min 不加压。

对于中等嫩度的一芽二、三叶，则以中压为好。

需要说明的是，揉捻过程中加压过早、过重或一压到底，均难以达到揉捻的良好效果。

揉捻过程中，根据茶叶的质量情况，结合揉捻机型号，在投叶量符合规定的情况下，严格按照上述三条原则进行揉捻，可确保茶条紧细，不断碎。

揉捻叶下机后，应该送往解块筛分机进行解块筛分(图 5-8)。解块筛分机的主要工作部件是解块梳齿和一面前小后大的筛网，筛网在传动机构的作用下抖动，解块后的揉捻叶在筛面上跳动，一方面散失揉捻过程中产生的热量，另一方面，一些细小的茶条即顺利通过筛孔，粗大的茶条则从筛面流出，从而起到初步分级的作用。筛面粗大的茶条可进行复揉，以利条索。

图 5-8 茶叶解块筛分机

(4)揉捻程度

揉捻程度主要从细胞破损率及揉捻叶外观进行判断。揉捻适度时，叶子的细胞破损率一般为 45%～55%。从外观上看，要求揉捻均匀，并使嫩度在一芽二、三叶以上的叶子成条率要达 80%以上，嫩度在一芽三叶以下的叶子成条率达 60%以上，同时要求茶汁黏附叶表，手摸有湿润黏手的感觉。

3. 干燥

干燥是决定炒青绿茶品质的最后一道工序，是整形、固定品质、发展茶香的重要工序。由于揉捻后叶子水分含量仍然很高，因此干燥时一般采用多次干燥，并结合摊凉的方式进行。

(1)干燥目的

干燥的目的主要有三点：

①使叶子在杀青的基础上内含物继续发生变化，提高内在品质；

②在揉捻的基础上进一步整理条索，改进外形；

③排除过多水分，充分干燥，防止霉变，便于贮藏。

(2)干燥设备

炒青绿茶传统的干燥方式是在电炒锅或斜锅里炒干的，整个过程全手工操作，具有质量不稳定、制茶效率较低等缺点。现代炒青绿茶加工中，多采用三次干燥的方式进行，且每次使用的设备有所不同(图 5-9)。

第一次干燥称为二青，各地使用的设备及参数不一，但一般以烘二青为好。烘二青中使用的烘干机多为链板式自动烘干机。

第二次干燥称为三青。三青既可以使用炒锅，也可以使用滚筒，使用锅式炒茶机的称为炒三青，使用瓶式炒茶机的称为滚三青。

第三次干燥称为足干或辉锅，一般使用瓶式炒茶机，又称滚足干。

链板式自动烘干机

锅式炒茶机

瓶式炒茶机

图 5-9 各种干燥设备

(3)干燥技术

炒青绿茶干燥过程中,从以下三个方面进行操作,可提高茶叶的品质。

①多次干燥,先烘后炒

揉捻后的叶子含水率还有60%左右,且茶条表面湿润,如直接采用锅式或瓶式炒茶机进行二青,下锅后会粘紧成团,并且翻炒困难,此外还会使茶汁粘在锅面上,形成"锅巴",进而在高温下产生烟焦,以至于降低品质。因此绝大部分茶区在二青时都使用烘干机。烘干达到一定程度后再使用锅式或瓶式炒茶机炒干。

需要指出的是,一般情况下不可一次烘炒至足干。这是因为叶片表面积大,含水量低,高温烘焙或辉炒时失水快;嫩梗表面积小,含水量高,高温烘焙或辉炒时失水慢;叶片和嫩梗表面失水快,内部失水慢。烘炒时间过久可能导致叶片和梗失水不均匀,容易造成干燥不匀,甚至出现表面烘焦、炒焦,而内部仍然湿润等现象。因此要多次干燥,并结合摊凉,使叶片和梗中水分重新分布,以达到干燥均匀的目的。

炒青绿茶干燥一般分三次进行,第一次采用烘干,第二次采用炒干或滚干,第三次采用滚干,每次间隔摊晾40~60 min。

②高温干燥,先高后低

不同干燥阶段对干燥温度的要求是不一样的。

在干燥前期,在制品含水率高,需用较高的温度使其水分快速去除,防止闷烝黄变,同时,高温干燥还可弥补杀青不足,保持茶叶色泽翠绿。

在干燥后期,茶条含水率较低,如果仍然用较高的温度进行烘炒,则会使茶叶发生烟焦现象,造成品质下降。

因此,在炒青绿茶的干燥中,一般烘二青时的热风温度为120 ℃左右,炒三青时锅温为100~110 ℃左右,而最后的滚足干温度为60~80 ℃。

③长时干燥,先短后长

同样,不同干燥阶段有不同的干燥时间要求。

在干燥前期,温度高,要求烘时宜短,否则使茶条干燥程度过高,以至于在干燥后期难以炒紧条索,并造成过多的碎茶。

在干燥后期,为了使茶条趋于紧细,需要在较低温度下长时间的翻炒和滚炒,从而形成炒青绿茶优美的外形。同时,低温长炒还有利于茶叶中内含成分的转化,从而形成炒青绿茶典型的烘炒香。

具体而言,一般烘二青时摊叶厚度为1~2 cm,烘10 min左右即可;炒三青时投叶量大

约为 10 kg/锅，炒时 40 min 左右；而滚足干时投叶量以有少量的叶子流出滚筒为度，滚炒时间长达 100 min 以上，直到足干为止。

④干燥程度

不同干燥阶段有相应的干燥程度指标。

烘二青：手捏叶子有弹性，不易捏成团，但又不松散，稍有黏性。含水率 35%～40%，嫩叶可干些，老叶可湿些。

炒三青：手捏有部分叶子发硬，不会断碎，有刺手感觉。含水率约为 20%。

滚足干：条索紧卷，色泽绿润，香气清高，手捻成末。含水率约为 5%。

炒青绿茶是最典型的绿茶品类，其他绿茶如蒸青绿茶、烘青绿茶、晒青绿茶的加工原理与其基本相同，不同之处在于，蒸青绿茶采用蒸汽杀青和烘干，烘青绿茶采用烘干机烘干，晒青绿茶利用太阳晒干，限于篇幅，此处不再赘述。

(三)红茶初加工技术

红茶是全世界产量最高的一个茶类，主产于印度、斯里兰卡、印度尼西亚、肯尼亚、中国等国家，其基本品质特征是"红汤红叶"。根据产品特点，可分为工夫红茶、红碎茶和小种红茶。

工夫红茶具有外形条索紧细、油润，香气高甜，汤色红浓，滋味甜醇，叶底红亮的品质特点，主要由中国生产，其典型代表祁门工夫红茶(简称"祁红")具有类似于玫瑰花香或铃兰的香气，称"祁门香"。祁红与印度大吉岭红茶、斯里兰卡乌龙茶被誉为世界三大高香红茶。此外我国云南生产的滇红工夫也有较高的国际知名度。

一般情况下，红茶的原料采摘标准为一芽二、三叶。近年来，各地红茶的鲜叶原料趋于细嫩化，采摘标准提高至一芽一叶初展，甚至只采单芽。

工夫红茶的初制工艺为：鲜叶→萎凋→揉捻→发酵→干燥。

1.萎凋

萎凋是在特定的条件下，鲜叶正常而均匀地失水，使细胞液浓缩，并促使内含成分的变化，控制鲜叶的物理变化与化学变化达到工夫红茶品质要求的变化程度，是工夫红茶初加工中的基础工序。

(1)萎凋目的

萎凋的目的主要有二：

①适当散失水分，减少细胞张力，使叶片变软，韧性增强，为揉捻造型和提高叶细胞损伤程度创造必要的条件。

②随着水分的散失，细胞液浓缩，细胞膜渗透作用加强，酶逐渐活化，多酚氧化酶和过氧化物酶的活化，使多酚类化合物开始氧化，并引起内含物一系列的相应变化。

(2)萎凋技术

工夫红茶的萎凋过程中，环境温度、环境相对湿度、气流、摊叶厚度以及萎凋时间等是影响萎凋效果的主要技术因子。广大劳动人民在生产中灵活运用萎凋的技术因子，发明了室内萎凋、槽式萎凋、日光萎凋等萎凋方法及技术(图 5-10)。

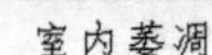

室内萎凋　　槽式萎凋　　日光萎凋

图 5-10　各种萎凋技术

①室内萎凋

室内萎凋是利用自然或人工气候条件，在室内进行萎凋的一种萎凋方式。萎凋时，在室内排设萎凋架，架上置萎凋帘，鲜叶摊于帘上萎凋。一般情况下，萎凋时的空气温度以 25 ℃、相对湿度 60％～70％、摊叶厚度 1～2 cm 为宜，并室内要求通风良好，避免日光直射。

在萎凋过程还要根据情况适当翻拌，但要注意避免损伤叶子。一般 8～12 h 可完成萎凋，不可超过 18 h。

室内萎凋质量容易保证，因此不论国内还是国外，高档红茶的萎凋都采用室内萎凋。但室内萎凋时间长，占用厂房面积和劳动强度大，不适应大批量生产，生产少量高档红茶时可采用。

②槽式萎凋

槽式萎凋即用萎凋槽萎凋。萎凋槽是以人工控制的半机械化加温萎凋设备，具有造价低廉、操作方便、节省劳力、提高工效、降低制茶成本等优点。萎凋槽可克服室内萎凋的缺点，萎凋质量可与自然萎凋媲美，目前一般茶厂已普遍使用。

萎凋槽萎凋系统包括槽体、萎凋帘架、热源、通风机、排湿装置以及一些辅助设备等。操作时，把鲜叶摊放于槽体上的萎凋帘架上，厚度 18～20 cm，开启通风机鼓热风。此时热空气穿透摊放在萎凋帘架上的叶层，带走叶子的水汽，从而加快叶子失水，达到萎凋的目的。

萎凋过程中，送风温度要先高后低，并要注意槽体各部位的温度情况，及时调节冷热风门，以调节温度。萎凋过程中热空气温度不宜超过 35 ℃，鼓风时间不宜超过 1 小时，通常鼓热风 50 min，再停止鼓风 10 min。在停止鼓风期间，将叶子翻拌一次，可使萎凋质量均匀。对于雨水叶要先鼓冷风，待茶叶表面水去除后再鼓热风。在萎凋结束前 30 min 停止加热，只鼓冷风。另外，当气温超过 30 ℃时，只需鼓冷风即可。一般经过 8～10 h 的萎凋槽萎凋，即可达到萎凋适度。

③日光萎凋

日光萎凋俗称晒青，使鲜叶直接受阳光照射，促进水分散失。

日光萎凋以气温 25 ℃左右较为理想。具体操作：将鲜叶摊放晒席上，摊放约 0.5 kg/m^2，以叶片互不重叠为适度，适时翻叶 1 次。萎凋达一定程度，移到阴凉处摊凉散热，继续蒸发水分，直到达到萎凋程度。有阳光较弱，也可一直在阳光下萎凋到程度。

这种方法简便，萎凋速度快，设备少。但受自然条件限制大，萎凋程度很难掌握，较大型茶叶生产企业不宜采用。

(3)萎凋程度

萎凋是否符合要求，将会影响到红茶品质，萎凋不足或过度，都会对外形和内质不利。根据鲜叶嫩度不同，萎凋程度掌握“嫩叶重萎凋，老叶轻萎凋”的原则，一般要求“宁轻勿重”，严防萎凋过度。

生产中，萎凋适度的判断方法，主要有两种：

①以萎凋减重率或含水率来判断

一般情况下，萎凋叶的减重率27%～40%，含水率以60%～64%为宜。春季鲜叶含水量高，掌握适度偏低，萎凋叶含水率约60～62%；夏季鲜叶含水量低，萎凋叶含水率掌握适度偏高，约62%～64%。

②以萎凋外观叶相来判断

当叶色由鲜绿转为暗绿，叶形皱缩，叶质柔软，手握叶子成团，松手时不易弹散，嫩茎梗折而不断，青草气消失，略带清香，佳者带有花香，即为萎凋适度。

2. 揉捻

揉捻是工夫红茶塑造外形和形成内质的重要工序。工夫红茶要求外形条索紧结，内质滋味浓厚甜醇，它取决于揉叶的紧卷程度和细胞的损伤率。

(1)揉捻目的

①卷紧茶条，缩小体积，形成美观的外形，便于运输；

②适度破坏细胞组织，使茶汁溢出黏附于叶表，加速多酚类化合物的酶促氧化，促进各种内含物的变化，为形成红茶特有的内质奠定基础；

③有利于茶叶冲泡时，茶汁易进入茶汤，增加滋味的浓度和茶叶香气、色泽的形成。

(2)揉捻技术

揉捻使叶片在机械力的作用下形成条索，同时使叶细胞损伤，茶汁溢出，为红茶的发酵创造必要条件。

揉捻室要求低温高湿，室温控制在20～24 ℃，相对湿度85%～90%，在气温高、湿度低的情况下，要采取增湿降温措施，可在室内洒水或喷雾。

工夫红茶一般采用中、大型揉捻机揉捻，且投叶量比绿茶多，揉捻时间比绿茶长，加压力度比绿茶重。

揉捻一般分2～3次进行，每次30～45 min，期间要进行解块筛分。具体操作时(以特级、一级祁红揉捻为例)，萎凋叶加满揉桶，先不加压揉30 min，解块散热后，再按照“加压10 min→松压5 min→加压10 min→松压5 min”的参数进行第二次揉捻30 min，然后解块筛分。筛下1号茶直接送发酵室发酵，筛下2号茶和筛面3号茶合并后，再按第二次揉捻的参数进行第三次揉捻30 min，再进行解块筛分。筛分后的1、2、3号茶分别送发酵室发酵。

(3)揉捻程度

充分揉捻是发酵的必要条件。如揉捻不足，细胞损伤不充分，将使发酵不良，茶汤滋味淡薄有青气，叶底花青。若揉捻过度，茶条断碎，茶汤浑浊，香低味淡，叶底红暗。

当叶细胞损伤率在80%以上，叶片90%以上成条，条索紧卷，茶汁充分外溢，黏附于茶条表面，用手紧握，茶汁充分溢出，即为揉捻适度。

3. 发酵

红茶发酵是在酶促作用下，以多酚类化合物酶促氧化为核心的一系列化学变化的过程，是红茶品质形成的关键工序。它是以儿茶素类的变化为主体，形成茶黄素、茶红素类，形成黄、红的色泽和鲜爽、甜醇的滋味，并带动其他物质的变化，对红茶品质的形成起着决定性的作用。

(1)发酵目的

①在多酚氧化酶作用下，氧化将揉捻叶中的多酚类物质，形成黄色和红色物质，为红茶色泽的形成奠定基础；

②带动其他物质的转化，进一步促进红茶色泽和香气的形成；

③促进苦涩味成分转变为甜醇的成分，并增强茶汤的浓度。

(2)发酵技术

影响发酵的主要技术因子有揉捻程度、发酵温度、环境湿度、摊叶厚度、供氧量以及发酵时间等。

发酵一般在发酵室内进行，常用的发酵方式有盘式发酵、车式发酵等(图 5-11)。一般中小型茶厂采用盘式发酵。下面以盘式发酵为例来叙述红茶的发酵技术。

盘式发酵

车式发酵

图 5-11 红茶的发酵

发酵室面积一般以 16～20 m² 为宜，温度控制在 25 ℃左右，相对湿度 90%以上。如果气温过低，可在发酵室中间设置火盆，并用电炉或电磁炉烧开水，或采取喷雾措施，可提高室温和相对湿度。另外，发酵室应设有通风换气设备。

发酵时，将揉捻叶均匀的摊放在发酵盘中，厚度 8～12 cm，夏季可薄些，春季稍厚。上面盖一层洁净的湿布。不要将发酵叶紧压，并在发酵过程中要翻动发酵叶 1～2 次，以利通气，确保发酵均匀。

一般情况下，2～3 h 即可完成发酵，春季时间长一些，夏季发酵时间短一些。尽管如此，发酵时间往往因茶树品种、叶子老嫩、揉捻程度以及气温高低等不同而差异较大，因此发酵时间只能作为参考，在加工时要具体情况具体分析。

(3)发酵程度

准确掌握发酵程度是制造优质工夫红茶的重要环节，随发酵叶内部的化学变化，外部表征也呈有规律的变化。叶色由青绿、黄绿、黄、红黄、黄红、红、紫红到暗红色。香气则由青

气、清香、花香、果香、熟香以后逐渐低淡，“发酵”过度时出现酸馊味。叶温由低到高再降低。在实践中，根据“发酵”的香气和叶色的变化，加以综合判断。

当叶温达高峰并开始稳定时，春茶叶色呈黄红色，夏茶红黄色；嫩叶红匀，老叶红里泛青；青草气消失，出现清新鲜浓的花果香味时，即为发酵适度。

若发酵不足，则带青气；而发酵过度，香气低闷，出现酸馊味。

在生产中，发酵适度叶上烘后，叶温升高过程还可促进多酚类化合物的酶促氧化和湿热作用下的非酶促氧化，因此，发酵程度常常掌握“适度偏轻”，以保证红茶品质。

4. **干燥**

干燥是工夫红茶初加工的最后一道工序，也是决定品质的重要环节，一般采用烘干，分两次进行，第一次烘干称毛火，第二次烘干称足火，中间经一段时间的摊晾。

(1)干燥目的

①利用高温破坏酶的活化，制止多酚类化合物的酶促氧化；

②蒸发水分，紧缩条索，使毛茶充分干燥，利于保持品质；

③应用湿热化学作用，散失青臭气，形成工夫红茶特有的色香味。

(2)干燥技术

工夫红茶干燥，有烘笼烘干和烘干机烘干两种方式。烘笼烘干茶叶质量高，特别是香气好，但生产成本高，劳动强度大，已不适应大规模生产。现多用烘干机烘干。

温度、摊叶厚度、烘干时间等是影响烘干质量的重要因素。兼顾蒸发水分和内质变化的要求，应掌握“毛火薄摊，高温短时，足火厚摊，低温长烘”的原则进行烘干。

一般自动烘干机烘干，毛火时摊叶厚度 1～2 cm，进风温度为 110～120 ℃，烘时 10～15 min；足火时摊叶厚度 3～4 cm，温度 90～100 ℃，烘时 20 min 左右；毛火与足火之间摊晾 40 min，不超过 1 h。

(3)干燥程度

①毛火干燥适度：当手捏茶叶稍有刺手感，但叶子尚软，折而不断，紧握成团，松手后能弹散，含水率约为 20%～25%，即为毛火干燥程度。

②足火干燥适度：折梗即断，手捏茶叶成粉末，干嗅有茶香，条形紧结，色泽乌润，含水率约为 5%。

红碎茶与工夫红茶相比，其特点是外形呈砂砾状，棕褐重实，汤色红艳明亮，滋味浓强鲜，叶底红明，是制作袋泡茶的良好原料。其加工不同之处在于采用揉切，即通过特殊的设备将叶片切细成细小的颗粒状，以利发酵。而小种红茶与工夫红茶相比，其最特别的地方就在于有熏烟工序，从而形成小种红茶特有的松烟香。红碎茶和小种红茶其余工序同工夫红茶大同小异，此处不再解释。

(四)乌龙茶加工技术

乌龙茶是我国福建、台湾、广东等茶区的主要生产茶类，其特点是外形条索粗壮紧实，色泽青褐油润，具有天然花果香，滋味醇厚耐泡，叶底呈青色红边。乌龙茶各个花色品种又有其特殊的品质风格，别具一格。如安溪铁观音滋味鲜浓，饮后生津回甘，具有优雅的兰花香，高长，有特殊的“音韵”；武夷岩茶花果香浓郁，滋味浓醇甘爽，齿颊留香，俗称“岩韵”；武夷肉桂有类似于高级桂皮的香味;金萱乌龙茶犹有一种奶香等等。

乌龙茶原料的采摘要求新梢形成驻芽,采摘驻芽梢开面的二、三叶或三、四叶,俗称"开面采",具体而言,闽南乌龙采摘驻芽二、三叶,闽北乌龙采摘驻芽三、四叶,而台湾乌龙还要比闽南乌龙稍嫩一些。

乌龙茶的初制工艺为:鲜叶→晒青→做青→炒青→揉捻→干燥。

1. 晒青

晒青是利用光能与热能促进叶片水分蒸发,使鲜叶在短时间内失水,形成顶部与基部梗叶细胞基质浓度增加,促进酶的活化,加速叶内物质的化学变化。

(1)晒青技术

春茶通常在上午 11 时前和下午 2 时后进行晒青,这时阳光较弱,气温较低(不超过 34 ℃),不易灼伤叶片。

手工晒青用水筛(图 5-12),水筛直径 90～100 cm,筛孔 0.5 cm 见方。取鲜叶 0.3～0.5 kg 均匀摊放于水筛中,置于阳光下晒青 10～60 min 其间翻拌 1～2 次。翻拌时两筛互倒,摇转水筛将叶子集中于筛的中央,而后筛转摊叶,全程不用手接触叶子,以免损伤青叶造成死青。

利用水筛晒青

利用晒青布晒青

图 5-12　乌龙茶的晒青方法

大规模生产用长 4～5 m、宽 2.5～4 m 的青席或晒青布晒青,每平方米摊叶 0.5～1.5 kg,厚薄均匀。青席或晒青布通透性不如水筛,因此晒青时间稍长,期间翻拌 1～2 次。翻拌时将青席四角掀起,青叶自然集中,再用手或竹耙抖撒均匀。如遇阳光过于强烈的天气,可利用透光率为 70%左右的遮阳网进行遮阴处理。

(2)晒青程度

当叶面失去光泽呈暗绿色,叶质柔软,顶二叶下垂,青气减退,清香显露,减重率为 10%左右时萎凋适度,萎凋叶含水率 70%左右。一般情况下,闽南乌龙晒青程度稍轻,闽北乌龙晒青程度稍重些。

2. 做青

做青是摇青与静置交替的过程,兼有继续萎凋的作用,叶细胞在机械力的作用下不断摩擦损伤,形成以多酚类化合物酶促氧化为主导的化学变化,以及其他物质的转化与累积的过程,逐步形成乌龙茶馥郁的花香、醇厚的滋味和绿叶红镶边叶底的品质特点。

在做青过程中，叶梢水分由叶片向环境、由叶内向叶缘、由梗脉向叶片发生转移，叶片会呈现紧张与萎软的交替过程，俗称“走水”。摇青时，叶片受到振动摩擦，叶缘细胞损伤，促进水分与内含成分由梗向叶片转移。静置前期，水分运输继续进行，梗脉水分向叶肉细胞渗透补充，叶呈挺硬紧张状态，叶面光泽恢复，青气显，俗称“还阳”。在静置后期，水分运输减弱，蒸发大于补充，叶片呈萎软状态，叶面光泽消失，青气退，花香现，俗称“退青”。退青与还阳的交替过程即是走水。在走水过程中，叶子中内含成分的化学反应产物不断累积，至做青后期，做青环境湿度加大，叶片水分蒸发受到限制，叶子水分得以补充，叶片挺硬背卷呈汤匙状，叶缘红边显现。

一般情况下，做青环境温度以 20～25 ℃为宜；空气相对湿度以 70%～80%为佳，前期要低一些，后期可稍高。另外，还需在做青间配备换气扇，以调节做青间的空气流通。

(1)做青设备

乌龙茶做青中，传统的方法是使用水筛摇青，虽然做青质量好，但劳动强度大，因此人们更喜欢使用的是摇青机摇青(图 5-13)。

手工水筛摇青

摇青机摇青

晾青

图 5-13　乌龙茶做青技术

摇青机由滚筒、传动轴、机架、传动机构、电动机及操纵装置组成。具体使用如下：首先在筒内转入滚筒 30%～60%左右的青叶，并关闭滚筒出茶门。青叶在低速转动的摇笼中被带至筒体的上部后下落，使青叶与笼壁、青叶与青叶之间产生摩擦运动，青叶的叶缘组织受破坏，内含物质起化学变化，香气逐渐形成，同时伴随着水分的少量散发。摇青完毕后，青叶要摊放在水筛及青叶架上静置晾青。

(2)做青技术

下面以安溪铁观音为例，介绍乌龙茶的做青技术。在安溪铁观音的做青过程中，一般摇青次数为 4 次。

第一次摇青要求“摇匀”，主要是促进晾青叶水分分布均匀，叶片恢复生机，为摇青走水做好准备。播青一般于晚间 17 时至 18 时开始。此次摇青要轻，时间 1 min 左右。宁轻勿重，以免死青。摇后将青叶抖松，薄摊静置，以促进水分蒸发。待叶尖回软，叶面平伏，光泽消失，叶色暗绿加深，叶缘绿色转淡，青气退，略带青香。即可进行第二次摇青。

第二次摇青要求“摇活”。一般于夜间 21 时至 22 时进行。此次摇青较第一次重，以损伤叶缘细胞，促进叶内水分及物质的运输与转化。摇后稍有青气，叶面光泽明显，叶尖翘起，叶略挺，稍呈还阳复活状态。开始走水，静置后嫩叶开始背卷，后期叶尖回软，叶面平伏，叶肉绿色转淡，叶锯齿变红。待青气稍退，略有香气时进行一下次摇青。

第三次摇青要求“摇红”。一般于午夜 0 时至 1 时进行。这次是摇青的关键，它对内含物、芳香物质的转化，红边的形成，都是重要的阶段。第三次摇青摇至青气浓烈，叶子挺硬，摇青适度时，摇青叶有“沙沙”声响，即可下机静置。这次摊叶要厚(若高温季，则不宜过厚)，堆成“凹”形，以防堆中叶温过高。此次摇青较重，叶缘损伤达一定程度，叶而隆起部也有一定的损伤。静置后走水明显，叶缘背卷略呈汤匙状，红边显现，叶面隆起处有红点，叶色转黄绿，青气退，清香或花香起，即可再行摇青。

第四次摇青要求“摇香”，于凌晨4时至5时进行。此次根据红边程度决定摇青的轻重，红边已足者可轻摇，红边不足则稍重摇，摇至略有青气出现即可。春季与晚秋，气温低，摇后青叶应厚堆，以提高叶温，使损伤处多酚类化合物酶性氧化能顺利进行。促进芳香物质的形成与积累，若温度过低，可在叶堆上加盖布袋以保持叶温，促进内含物化学变化。当温升至比室温高1～3 ℃，叶堆略有温手感时，花香浓郁，嫩叶叶面背卷或隆起，红点明显，叶色黄绿，叶缘红色鲜艳(红点红边占叶面积的15%～25%)，叶柄青绿，即为做青适度，应及时炒青，防止香气减退和发酵过度。夏季气温高，青叶不宜厚堆，以免发热红变。

第四次摇青后若红边不足，可进行一次辅助性摇青，摇青历时根据红边情况而定。

近年来，安溪人民在原铁观音工艺的基础上，发明了“轻摇青、薄摊青、长晾青、轻发酵”的清香型铁观音做青技术，所制作的铁观音色泽砂绿油润，汤色蜜绿，香气清香，滋味甘鲜，更加符合市场的需要，因而铁观音产量每年以15%左右的产量增加。然而，受栽培措施的影响，近年铁观音的品质呈明显下降趋势。

武夷岩茶的做青与安溪铁观音相似，只是摇青次数增加到6～8次。一般情况下，乌龙茶做青8～10 h即可适度。

(3)做青程度

做青过程中，要经常观察青叶的变化态势，以准确确定炒青时间。当青叶呈汤匙状绿叶红镶边，茶青梗皮表面呈失水皱褶状，花果香浓郁，手触青叶呈松软感时为适度，此时做青叶含水率约为65%～68%，减重率25%～28%。

3. 炒青

炒青又称为杀青，是以高温破坏酶活性，抑制茶叶继续发酵，以保有乌龙茶特有之香气、滋味，同时水分部分消失，叶质变软，便于揉捻成条与干燥。

现多使用6CWS-110型乌龙茶杀青机(燃气型)进行炒青。炒青时，温度为260～280 ℃，投叶量6～8 kg，采用“温度从高到低”、“高温、短时、多闷、少扬”及“老叶嫩杀、嫩叶老杀”的杀青方法。炒至叶子柔软，富有黏性，透发清花香，减重率约为30%，即可出锅揉捻。

4. 揉捻

揉捻时，炒青叶在揉捻机械压力的作用下，使叶细胞部分组织破裂，挤出茶汁，凝于叶表，初步揉卷成条，这不仅增强了叶子的黏结性和可塑性，为烘焙、塑形打好基础，而且在烘焙热的作用下，形成良好的香气。

揉捻分两种形式，即用揉捻机揉捻和包揉机揉捻。一般闽北乌龙和广东乌龙用揉捻机揉捻，闽南乌龙和台湾乌龙先用揉捻机揉捻，再用包揉机包揉。

(1)闽北式揉捻

乌龙茶杀青结束后，杀青叶需快速盛进揉捻机乘热揉捻，装茶量需达揉捻机盛茶桶高1/2以上至满桶；揉捻过程掌握先轻压后逐渐加重压的原则，中途需减压1～2次，以利桶内

茶叶的自动翻拌和整形；全程约需 5～8 min。杀青叶过老时，需注意加重压，以防出现条索过松、茶片偏多等现象。

(2)闽南式包揉

①揉捻与初烘

安溪铁观音在杀青后也要按照上述方法进行趁热揉捻，掌握热揉、重压、快速、短时的原则，经 3～5 min，条索初步形成，茶汁挤出，即下机解块初烘。

初烘的目的，一是进一步破坏茶坯中残余酶的活性，巩固品质；二是继续散发水分，使叶子的柔软性、紧结性、可塑性增强，便于包揉成条。因此初烘应“高温、薄摊、快速、短时”，即温度要高，以 100～110 ℃为宜；摊叶宜薄，厚度以 1 cm 为宜；烘焙时间宜短，5～8 min 即可。烘焙程度以手触茶叶微有刺手感为适度，不宜过干或过湿。

②包揉、复烘、复包揉

初烘后的茶叶稍加摊晾即可进行包揉。包揉使用的机器有速包机、包揉机、松包筛末机等(图 5-14)。具体操作如下：将 10～15 kg 茶坯置于长宽均为 1.6 m 的包揉巾中，把布巾四角提起，即成茶包，把茶包置于速包机上速包，0.5～1 min 茶包即成球状。

利用速包机速包

利包揉机包揉

利用松包筛末机解决

图 5-14　铁观音的包揉技术

然后把茶包置于包揉机的上、下揉盘中间，移动上揉盘加压，开动包揉机包揉，时间为 3～5 min(中间需多次移动上揉盘加压)。

最后从包揉机上取下茶包，解开茶巾，把茶团送进松包筛末机。经松包滚筒的滚转、翻抛作用，使茶团松开，分散茶条，并散发热量和水汽；筛去茶末，保持品质，以便再次造型。当茶条表面湿润时即可复烘。

复烘俗称“游焙”，主要是蒸发部分水分，并快速提高叶温，改善理化可塑性，为复包揉创造条件。复烘应“适温、快速”，控制茶坯适当含水量，防止失水过多，造成“干揉”，产生过多的碎茶粉末。复烘温度掌握在 70 ℃，时间 1～15 min。复烘程度应掌握以手摸茶条微感刺手为适度。

然后，再按初包揉的方法进行复包揉，并随着复包揉次数的增加，后期不再采用包揉的方法，而是进行静置定型。最后一次速包后，静置定型时间 0.5～1 h。此时铁观音外形条索紧实，即可用手轻搓，松开后进行烘干。

5. 干燥

干燥是进一步去除乌龙茶中的水分，发展茶香的过程。因乌龙茶类型不一，其干燥方式稍有不同。武夷岩茶一般采用焙笼烘焙，而安溪铁观音多采用电热旋转烘干箱干燥（图5-15）。

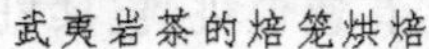

武夷岩茶的焙笼烘焙　　　　安溪铁观音电热旋转烘干箱干燥

图 5-15　乌龙茶的干燥设备

（1）武夷岩茶干燥

岩茶烘焙过程十分细致，时间长达 5～6 h，内含物进行充分的非酶促氧化和转化，使滋味趋向浓醇。因此，烘焙是岩茶色香味特有风格形成的重要环节。烘焙时，分毛火与足火。

毛火时每笼投叶 1.5 kg，每 3～4 min 翻拌一次，翻拌后焙笼向下一个温度较低的焙窖移动，全程 10～15 min 完成。毛火时因流水作业，烘焙温度高，速度快，故称“抢水焙”或“走水焙”。

下焙时毛火叶含水率约 30%左右，立即扬簸，使叶温下降，并扬弃轻质黄片、碎片、茶末及轻质杂物，簸后将毛火叶置水筛上摊放 5～6 h，俗称“凉索”，一般是凌晨 2—3 时至上午 7—8 时，边凉索边拣去黄片、梗朴而足火（俗称再干）。

足火温度 100 ℃，每笼投毛火叶 1 kg，烘焙 10～20 min，足干下焙。

足干叶继行“炖火”，即每笼投足干叶 1～1.5 kg，烘温 70～80 ℃情况下，开始烘 1 h 后水汽弃尽，加半边盖再烘 1 h，称“半盖焙”。烘后香气充分诱发，为减少香气散失，要将焙笼全部盖密，继续烘焙，称“全盖焙”，约 1～2 h 后，藉以延长热化的作用。炖火可增加岩茶色度与耐泡度，使茶汤更加醇厚，香气进一步熟化，提高岩茶品质。

大生产也可以用链板式自动烘干机烘干，同样分毛火与足火。

（2）安溪铁观音干燥

安溪铁观音足火采用文火慢焙，在较低温度下进行长时间烘焙，以激发茶叶香气，促进酯型儿茶素转化和氨基酸分解，对增进滋味、形成铁观音品质具有独特的作用与效果。

干燥分两次进行。

第一次温度掌握在 80～90 ℃，摊叶厚度 1 cm 左右，烘至八、九成干（含水率 15%～18%）取出摊凉，下机摊凉，使叶内水分重新渗透分布，再进行第二次烘干。

第二次烘干温度 70 ℃左右，摊叶厚度 1～2 cm，干燥至茶叶香气纯正无异气，茶条捏之即成粉末，茶梗折之即断即可，历时 1～2 h。

四、茶叶的贮藏技术

经过加工制作的茶叶，含水量较低，具有很强的吸附性能，如果贮藏不当，茶叶的品质就下降，甚至陈化或劣变。为了满足人们对茶叶长期饮用的需要，茶叶必须要谨慎贮藏。另外，做好茶叶的贮藏工作，还有利于调节茶叶生产季节性与常年饮用的矛盾，有利于协调茶叶产区与销区的供需关系，有利于保证茶叶商品流通的连续性。因此，了解和掌握引起茶叶发生变质的重要原因，采取合理措施保证茶叶贮藏期，对于茶叶的销售和消费都具有现实意义。

（一）茶叶贮藏过程中品质的变化

茶叶在贮藏过程中，各种物质或多或少地会起变化。较为轻微的变化，对品质的影响较小。但较大程度的变化，常使香气消失，滋味变陈，汤色加深，即发生陈化或变质，不堪饮用。因此明白了茶叶贮藏过程中品质的变化，则可有目的性的防止这些变化，以维护茶叶品质。

1. 色泽的变化

茶叶色泽包括干茶色泽和叶底色泽，其中叶绿素是绿茶色泽的主要成分，它很不稳定，遇光褪色，遇热分解，其中尤以紫外线对叶绿素褪色的作用更为强烈。叶绿素分解，绿色减退，呈橙黄色的胡萝卜素和叶黄素就显露出来，因此会使干茶色泽黄变。

叶绿素还会转化成脱镁叶绿素，从而绿色减退，褐色成分增加，使绿茶色泽褐变。据陆锦时等测定，绿茶采用聚乙烯薄膜袋贮藏1年时，叶绿素总量约下降12.8%，叶绿素a和叶绿素b分别下降11.1%和13.8%，致使茶叶表面逐渐失去光泽，颜色渐渐变褐（表5-7）。

表5-7　绿茶贮藏过程中叶绿素的变化（陆锦时 等，1994）

测定时间	叶绿素总量（%）	叶绿素a（%）	叶绿素b（%）
1992年5月	0.477	0.216	0.261
1992年9月	0.457	0.204	0.254
1993年1月	0.454	0.205	0.249
1993年5月	0.416	0.192	0.225

2. 香气的变化

茶叶在贮藏过程中香气方面总的情况是香气明显降低。失去鲜叶爽性，陈味显露，甚至产生不愉快的异味。

在绿茶在贮藏当中，正壬醛、顺-3-己烯己酸酯等成分的含量明显减少，其中尤以正壬醛这种带有有愉快的玫瑰香或杏子香的成分减少幅度最大，这些物质都具有新茶香的成分。

相反，在贮藏过程中，不饱和脂肪酸会发生一系列自动氧化和分解，产生戊烯醇、庚二烯醛、辛二烯酮以及丙醛等成分，这些成分大都是难闻的气味，在新茶中是不存在的，随着贮藏时间的延长，这些成分逐渐产生，含量不断增加，这就致使茶叶香气的改变。

3. 滋味的变化

茶叶中的主要滋味物质有茶多酚、氨基酸、茶黄素等。在常温贮藏下，绿茶中茶多酚的自动氧化一直在进行，同时茶多酚与氨基酸、蛋白质等发生络合作用，以至于多酚类减少。当多酚类减少5%时，茶汤滋味变淡，汤色变黄，香气也变低；当减少25%时，茶叶中各内含成分比例失调，绿茶风味基本丧失。另外，氨基酸总量在贮藏中有升有降，但茶氨酸下降比例严重，减少近50%，这会导致贮藏过程中绿茶的鲜爽味消失。

红茶贮藏中，茶黄素含量也是呈下降趋势（图5-16），也会导致红茶的鲜爽味降低，导致了红茶香气"滞钝"，滋味"陈化"。

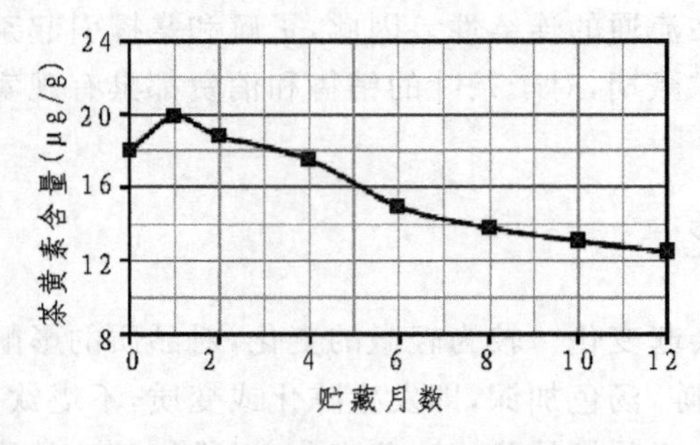

图5-16　红茶贮藏过程中的茶黄素变化
（整理自：汪有钿，1991）

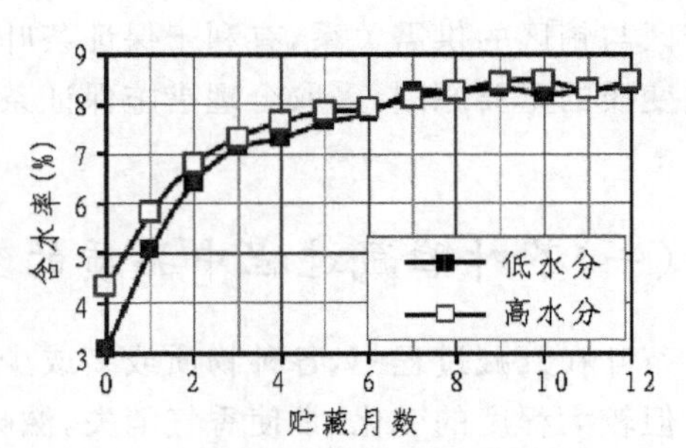

图5-17　绿茶贮藏期间水分的变化
（单虹丽 等，2005）

4. 水分的变化

由于茶叶结构疏松，并且许多内含成分多带有羟基等亲水基团，因而茶叶具有较强的吸湿性。通常条件下，如果茶叶包装条件差，含水率会迅速增加。空气中相对湿度大，含水率升高越快。不同的包装条件、不同的茶叶初始含水率以及贮藏温度等都与贮藏过程中含水率的变化密切相关。贮藏过程中茶叶含水量呈曲线上升趋势，并且表现出增速先快后慢的特点（图4-17）。在含水量增加的总量中，有70%～80%的增量发生在前2～3个月。这是由于初期茶叶干燥，吸湿性强，随着含水量增加，茶叶内水压变大，吸湿能力降低，吸湿速度便慢了下来的缘故。因此，茶叶贮藏初期就应即时做好防潮措施。

（二）茶叶贮藏与品质的关系

茶叶在贮藏过程中品质的改变，主要是茶叶中所含化学成分变化的结果。显然，这种化学成分的变化，与贮藏的环境条件密切相关。影响茶叶品质的贮藏环境因子主要有温度、湿度、氧化、光线、异味等。

1. 温度

温度对茶叶贮存过程中的品质变化过程影响显著。温度愈高，化学反应速度愈快，绿茶色泽和汤色就会由绿色变褐色；红茶色泽失去乌黑油润，汤色由红亮变为暗浑。据研究，在一定范围内，温度每升高10 ℃，绿茶色泽褐变速度要增加3～5倍。因此，应想方设法改善茶叶仓储环境条件，控制环境温度的升高，其中最好的方法就是低温冷藏。一般来说，在0～8 ℃的温度条件下冷藏茶叶，茶叶的氧化变质很缓慢，这是我国茶叶贮藏尤其是名优茶贮藏逐步推行冷库贮藏的原因。

2. 湿度

湿度包括贮藏环境中的相对湿度和茶叶的含水率。茶叶容易吸湿，所以茶叶包装与贮

藏过程的环境条件必须干燥。

据试验，茶叶含水率3%、在5 ℃条件下贮藏4个月，干茶色泽几乎不变；含水量为7%、在25%条件下贮藏的茶叶，其干茶色泽变化较大；而含水率3%、在25 ℃下贮藏的茶叶与含水率7%、在5 ℃条件下贮藏的茶叶，两者相比无明显差异。

试验表明，当茶叶含水量在6%以上时，茶叶中各种与品质有关成分变化的速度明显加快，品质劣变的速度也随之加快。研究认为，一般绿茶、红茶、乌龙茶贮藏最适宜的含水率分别为3.4%、4.9%和4%。要防止茶叶在贮藏中变质，茶叶含水率应控在6%以下。

贮藏环境的空气相对湿度与茶叶含水率密切相关。茶叶是吸湿性非常强的物品，贮放环境的相对湿度越高，茶叶吸湿还潮越快，茶叶含水率越低，吸湿越快。在相对湿度40%环境中贮放，茶叶的平衡含水率仅约8%左右；在相对湿度80%环境中贮放，茶叶含水率将上升到21%左右。可见，贮藏环境的干燥度十分重要。

我国茶叶界近年来推行冷库贮存，这就在低温冷藏的同时也达到了自动除湿，是一种良好的降低相对湿度的措施。

3. 氧气

在没有酶促作用情况下，物质受分子态氧的缓慢氧化，称为自动氧化。茶叶在贮藏过程中的变质主要以这种氧化作用为主。氧气在空气中约占21%，化学性质十分活跃，具有氧化茶叶中多酚类物质、叶绿素、维生素、酯类、酮类、醛类等物质的作用。反应生成的各类氧化物大都对品质不利。氧气还能促进微生物的生长繁殖，使茶叶发生霉变。

据研究，在含氧1%的条件下，绿茶贮藏4个月，汤色几乎不变，含氧量上升至5%以上贮藏4个月，汤色便有较大变化。说明在一定条件下，含氧量高，会促使茶叶自动氧化加剧。

要防止贮藏茶叶的自动氧化，只有使茶叶隔绝氧气。通常采用的办法是茶叶包装在密封前，先抽气真空，或抽气充氮，或抽气充二氧化碳，以达到去除包装容器中氧气的目的。

4. 光线

光线能够促进植物色素或脂类等物质氧化，特别是叶绿素易受光的照射而退色，其中紫外线比可见光的影响更大。

茶叶贮藏在玻璃容器或透明的塑料薄膜中，受日光照射，会产生光化学反应，而生成不愉快的异臭气味。用60 W白炽灯照射绿茶，结果是叶绿素含量下降。可见，光线对茶叶品质有不良影响，尤其对香气的影响更为明显。因此茶叶要求避光贮藏与包装。

5. 异味

茶叶吸附异味能力很强。由于茶叶中含有棕榈酸和萜烯类化合物，加之茶叶又是一种多孔隙的物质，这些特性都造成了茶叶具有很强的吸收各种异味的能力。因此，绝对不能将散装茶叶或一般包装的茶叶同樟脑、香皂、香烟、油漆和其他任何有气味的物品存放在一起，也不能将茶叶存放在樟木箱等有气味的容器内。

综上，茶叶贮藏的环境条件中影响较大的是水分和温度，其次是氧气、光线以及异味，其中茶叶含水率对贮藏品质影响最大。如果茶叶含水率低，尽管贮藏温度高，对品质影响仍不大；而含水率高的茶叶，如果贮藏温度也高，则茶叶变质剧烈。可见，茶叶干燥和冷藏，是防止茶叶变质的良好方法。

(三)茶叶贮藏与保鲜方法

茶叶贮藏时必须干燥，贮藏环境宜低温干燥，包装材料不透光，包装容器内含氧量宜少，且要求无异味。

1. 家庭茶叶贮藏与保鲜

(1)石灰缸常温贮藏

该法利用生石灰吸潮风化作用，吸收茶叶的水分，使之保持充分干燥。杭州茶农普遍采用这种方法用于存放龙井茶。一般选用陶瓷坛作为存放茶叶的容器，先将茶叶用牛皮纸包好，茶包宜小不宜大。然后放置于陶瓷缸内，沿缸四周排列，缸中央放置一袋生石灰块(石灰袋用白布制成，每袋装半袋未风化的石灰块，约 0.5 kg)。用棉花或厚软草纸垫于盖口，并盖紧缸口。贮藏期间，视石灰风化情况，及时更换。

有的地方用木炭代替石灰，能有相同的效果。

(2)金属罐贮藏

最好选用窄口大肚的锡罐或内镀锡的铁皮罐。将茶叶用纸包好或直接装入罐中，尽量摇紧装足，减少罐内空气，并置于阴凉处。盖口缝可用胶纸加封。如果放入一包干燥的硅胶，效果更好。值得注意的是，若是新罐或原先存放它物有气味的罐子，可用少许茶叶先置于罐内，放置数日以吸收异味。

(3)密封塑料袋贮藏

将干燥的茶叶用纸包好，装入无毒无味无孔隙的密封袋，挤出空气，封好口。一般可在外面再套一个密封袋，亦排出空气，然后置于干燥、无味处保存。

(4)热水瓶贮藏

这是利用热水瓶阴凉干燥的特点，将茶叶装入干燥的热水瓶内，尽量摇紧装足，盖好塞子。若一时不饮用，可用蜡封口，这样可以保存数月，茶叶仍如新。

(5)低温贮藏

将茶叶装入密封性能好的贮器内，置 5 ℃以下的冰箱中。但要注意，利用正在使用的冰箱藏茶时，一定要密封严密，否则冰箱内异味严重，很容易被茶叶吸收而影响茶香。

上述各种方法可在短时间内能较好地保持茶叶的干燥度，一般只适用于家庭式的少量贮藏。但对于生产和经营而言，上述方法贮藏量太少，同时保鲜时间也相对较短，因此不适应生产和经营中消费者对茶叶高质量的要求，改变传统的常温贮藏成为当务之急。

2. 茶叶经营中贮藏与保鲜

近年来，茶业界通过各种方法手段，以避免温度、水分、氧气、光照等外界因素对茶叶品质的不利影响，成为当前茶叶贮藏保鲜的有效手段。

(1)大型冷藏库低温冷藏

安徽农业大学设计的大容量茶叶保鲜库，采用低温(0～8 ℃)、低湿、避光贮藏的方法，其有较好的保鲜效果。茶叶放入冷库或采用其他保鲜处理的时间一般选择在 4 月中旬左右。

(2)铝箔复合膜包装

铝箔复合膜具有阻光和高气密性，对茶叶的保色、保香有较好的效果。

(3)抽真空或充气包装

充气包装是用氮气和二氧化碳气体置换茶叶包装容器内的空气,减少氧气含量,以保持茶叶品质,这种方法早已在食品领域内应用。真空和充气包装于 20 世纪 50 年代后期开始应用于绿茶贮藏,60 年代中期得到推广应用。70 年代初,由于气体密闭性能高的茶袋和自动包装机的问世,茶叶真空和充氮包装贮藏进一步获得推广应用。

(4)脱氧包装保鲜

脱氧包装是指采用气密性良好的复合膜容器,装入茶叶后再加入一小包脱氧剂(或称除氧剂),然后封口。脱氧剂是经特殊处理的活性氧化铁,该物质在包装容器内可与氧气发生反应,从而消耗掉容器内的氧气。一般封入脱氧剂 24 h 左右,容器内的氧气浓度可降低到 0.1%以下。

上述各种贮藏保鲜方法,各有优缺点。对于保鲜效果而言,低温冷藏、脱氧包装、充氮包装效果较好,其次是真空包装。如果将脱氧包装、充氮包装、真空包装与低温贮藏结合起来,其效果将大大提高。对于使用成本而言,以脱氧包装、真空包装的成本较低,而充氮包装、低温冷库贮存的费用较高。

总之,对于大型茶叶生产企业而言,建立大型茶叶冷藏保鲜库,运用各种新型茶叶包装机械与保鲜技术,对于茶叶生产、销售都是有积极作用的。

本章小结

茶叶命名方法众多,在茶叶命名过程中,往往根据产地环境、制茶技术、品质风格、季节气候、茶树品种、消费市场甚至创制人名等来进行命名。我国将基本茶类划分为绿茶、黄茶、黑茶、白茶、红茶和青茶(乌龙茶)六大基本茶类及再加工茶类。

鲜叶是制造茶叶的物质基础,只有优良质量的鲜叶才能制出优良的茶叶。衡量鲜叶的质量主要有嫩度、匀度、新鲜度和净度四个方面的指标,另外还要考虑鲜叶的适制性。所谓鲜叶的适制性,是指具有某种理化性状的鲜叶适合制造某种茶类的特性。根据鲜叶的适制性,当我们要制造某种茶类时,我们可以有目的地去选择鲜叶,以充分发挥鲜叶的经济价值,提高茶叶的质量。鲜叶中与适制性有关的主要因子有鲜叶化学成分、鲜叶色泽、地理条件、季节以及鲜叶形状等。

茶叶加工是指将茶鲜叶按照特殊的工艺,制作成供饮用的茶叶的过程,又称为制茶。根据茶叶加工的不同阶段,可以分为初加工、精加工和再加工,其中初加工是将鲜叶制作成毛茶的过程,是传统茶叶加工中最为关键、技术含量最高的一个环节。在茶叶初加工过程中,要将含有 75%左右水分的鲜叶,制作成含水率仅为 5%左右的干茶,并且要形成油润的色泽、馥郁的香气、甘醇的滋味和优美的外形。

炒青绿茶基本加工工艺为:鲜叶→杀青→揉捻→干燥。工夫红茶的初制工艺为:鲜叶→萎凋→揉捻→发酵→干燥。乌龙茶原料的采摘要求新梢形成驻芽,采摘驻芽梢开面的二、三叶或三、四叶,俗称“开面采”,具体而言,闽南乌龙采摘驻芽二、三叶,闽北乌龙采摘驻芽三、四叶,而台湾乌龙还要比闽南乌龙稍嫩一些。乌龙茶的初制工艺为:鲜叶→晒青→做青→炒青→揉捻→干燥。

经过加工制作的茶叶,含水量较低,具有很强的吸附性能,如果贮藏不当,茶叶的品质就下降，甚至陈化或劣变。较为轻微的变化，对品质的影响较小。但较大程度的变化，常使香气消失，滋味变陈，汤色加深，即发生陈化或变质，不堪饮用。为了满足人们对茶叶长期饮用的需要，茶叶必须要谨慎贮藏。

茶叶在贮藏过程中品质的改变，主要是茶叶中所含化学成分变化的结果。显然，这种化学成分的变化，与贮藏的环境条件密切相关。影响茶叶品质的贮藏环境因子主要有温度、湿度、氧化、光线、异味等。茶叶贮藏时必须干燥，贮藏环境宜低温干燥，包装材料不透光，包装容器内含氧量宜少，且要求无异味。

思考题

1.茶叶命名的依据有哪些？

2.茶叶是如何分类的？各大茶类有哪些典型代表？

3.衡量鲜叶质量的指标有哪些？如何保证鲜叶质量符合制茶要求？

4.什么是鲜叶的适制性？影响鲜叶适制性的因素有哪些？

5.茶叶初加工的基本原理是什么？

6.绿茶的基本加工工序是怎样的？

7.绿茶杀青有何目的？具体有什么操作原则？以及杀青适度时怎么判断？

8.绿茶加工中为什么要揉捻？揉捻要遵循什么原则？如何判断揉捻适度？

9.绿茶的干燥有什么作用？如何把握绿茶的干燥技术？各阶段的干燥程度又如何判断？

10.简述红茶的基本加工工艺流程。

11.红茶为什么要萎凋？萎凋的方法有哪些？如何判断萎凋程度？

12.红茶的揉捻与绿茶揉捻有何异同？

13.什么是发酵？影响发酵的因素有哪些？发酵适度的指标是什么？

14.红茶是怎样干燥的？

15.请简述乌龙茶的工艺流程。

16.什么是做青？做青有什么作用？能说说安溪铁观音的做青技术吗？

17.做青适度的技术指标是什么？

18.铁观音的揉捻与武夷岩茶揉捻有何异同？

19.铁观音和武夷岩茶干燥技术相同吗？请细述之。

20.茶叶自然贮藏过程中的品质是如何变化的？

21.引起茶叶变质的主要外因有哪些？如何加以防范？

22.具体的茶叶贮藏方法有哪些？茶厂和家庭里的贮藏方法一样吗？

实训六　炒青绿茶初加工

一、实训目的

通过教学，使学生熟悉炒青绿茶的品质特点和要求；掌握炒青绿茶加工的鲜叶管理、杀青、揉捻和干燥等工序技术参数、要求和操作要领；能独立进行炒青绿茶加工。

二、教学建议

1.实训时间：4 学时或 8 学时。

2.需要的设备设施及材料

(1)实训地点：漳州科技学院校内实训基地，或具备同等实训条件的茶叶加工厂。

(2)基本设备：远红外电炒锅若干台，6CST-30 型金属炉滚筒杀青机、6CR-30 型揉捻机、6CH-8 型茶叶烘干机、6CP-60 型瓶式炒茶机等各 1 台。

(3)供训材料：一芽二叶、一芽三叶茶鲜叶，每组约 5kg。

3.教学分组：根据实际情况，2～3 人/组。

4.教学方法

采取教师现场讲解与示范、学生实际操作、现场检测、口头提问、学生小组讨论等。

三、实习内容

1.熟悉炒青绿茶品质特征。

2.加工工艺流程及技术要点

(1)鲜叶管理

按鲜叶进厂时间、级别等不同分别管理，测定摊叶厚度、叶温，记载鲜叶处理方法，观察记载变化情况。

(2)杀青

杀青机械类型及型号，杀青温度，投叶量，杀青方法，全程杀青时间，杀青叶相观察记载及质量分析。

(3)揉捻

揉捻机械型号，揉捻机转速，投叶量，揉捻方法，全程揉捻时间，揉捻叶相观察记载及质量分析。

(4)干燥

干燥机械类型及型号，投叶量，干燥工艺和方法，全程时间，叶相观察记载及毛茶品质分析。

3.测定炒青绿茶工序指标

按附表所列项目和要求测定。

4. 炒青绿茶品质分析。

炒青绿茶品质要求：外形条索紧直、匀整，有锋苗、不断碎，色泽绿润，调和一致，净度好；内质要求香高持久，最好有熟板栗香，纯正；汤色清澈，黄绿明亮；滋味浓醇爽口，忌苦涩味；叶底嫩绿明亮，忌红梗、红叶、焦斑、生青及闷黄叶。

四、注意事项

1. 正确使用和保养茶机。

2. 所有操作必须符合行业规则、职场卫生健康、操作规程等的要求。

五、作业

1. 找出炒青绿茶加工中出现的问题，分析产生原因，提出改进措施。

2. 填写实习报告单。

六、炒青绿茶加工技术考核评分记录表

表 S6-1

序号	考核项目与内容	考核方式	分值	评分内涵	得分	备注
1	炒青绿茶鲜叶管理	操作	5	熟悉鲜叶管理技术，鲜叶管理质量好 5 分；合格 3 分，基本合格 2 分，不合格 0 分。		
2	炒青绿茶加工设备	操作	5	熟悉加工设备性能、操作与维护知识 5 分；基本掌握 3 分；不熟悉 0 分。		
3	生产操作	操作	30	熟练掌握生产操作技能 30 分；能独立进行生产操作但不熟练 20 分；尚能独立操作，不熟练稍有误差 10 分；基本上不能独立操作 0 分。		
4	炒青绿茶质量	操作	25	炒青绿茶品质好 25 分，品质较好 20 分，基本合格 10 分，不合格 0 分。		
5	炒青绿茶加工工艺指标测定方法	操作	10	明白工艺指标 10 分，基本明白工艺指标 6 分、不明白工艺指标 0 分。		
6	职业规范	操作	10	所有生产操作符合行业规则、职场卫生健康、操作规程等的要求。好 10 分；较好 8 分；合格 5 分；不合格 0 分。		
7	炒青绿茶品质存在问题分析	口试	5	回答正确 5 分、语言清晰 3 分、表达准确 1 分。		
8	产生炒青绿茶品质缺陷的原因分析	口试	5	回答正确 5 分、语言清晰 3 分、表达准确 1 分。		
9	提出提高炒青绿茶品质的措施	口试	5	回答正确 5 分、语言清晰 3 分、表达准确 1 分。		
				合计		

实训七　工夫红茶初加工

一、实训目的

通过教学，使学生了解工夫红茶的品质特点和要求；掌握工夫红茶的加工工艺流程、技术参数、要求和操作要领；能进行工夫红茶初加工操作。

二、教学建议

1. 实训时间：4 学时或 8 学时。

2. 需要的设备设施及材料

(1)实训地点：漳州科技学院校内实训基地，或具备同等实训条件的茶叶加工厂。

(2)基本设备：6CR-30 型揉捻机、6CH-8 型茶叶烘干机等各 1 台。

(3)供训材料：一芽一叶、一芽二叶茶鲜叶，每组约 5kg。

3. 教学分组：根据实际情况，2—3 人/组。

4. 教学方法

采取课件演示或讲解、教师示范、口头提问、学生小组讨论，工夫红茶加工由学生实作等。

三、实习内容

1. 了解工夫红茶和红碎茶品质特征。

2. 工夫红茶加工工艺流程及技术要点

(1)鲜叶管理

按鲜叶进厂时间、级别等不同分别管理，测定摊叶厚度、叶温，记载鲜叶处理方法，观察记载变化情况。

(2)萎凋

萎凋方式、萎凋机具，温度、摊叶量、摊叶厚度、翻拌时间和次数、萎凋全程时间、萎凋适度标准及萎凋叶质量分析。

(3)揉捻

揉捻机械型号、揉捻机转速、投叶量、揉捻方法、全程揉捻时间、揉捻适度标准、揉捻叶相观察记载及质量分析。

(4)发酵

发酵室温、湿度、发酵叶摊叶厚度、叶温、发酵时间、发酵叶适度标准及发酵叶质量分析。

(5)干燥

干燥机械类型及型号、毛火和足火叶温度、毛火和足火叶干燥时间、干燥叶适度标准及毛茶品质分析。

3. 工夫红茶品质分析

工夫红茶品质要求：外形紧细匀直，色泽乌润匀调，毫尖金黄。内质香气高锐持久，滋味醇厚鲜爽，汤色红艳明亮，叶底红明。

四、注意事项

1. 正确使用和保养茶机。
2. 所有操作必须符合行业规则、职场卫生健康、操作规程等的要求。
3. 查学生的操作过程，逐人鉴定验收，并将鉴定记录表于次日上交教师存档。

五、作业

1. 找出工夫红茶加工中出现的问题，分析产生原因，提出改进措施。
2. 填写实习报告单。

六、工夫红茶加工技术考核评分记录表

表 S7-1

序号	考核项目与内容	考核方式	分值	评分内涵	得分	备注
1	工夫红茶鲜叶管理	操作	5	熟悉鲜叶管理技术，鲜叶管理质量好 5 分；合格 3 分，基本合格 2 分，不合格 0 分。		
2	工夫红茶加工设备	操作	5	熟悉加工设备性能、操作与维护知识 5 分；基本掌握 3 分；不熟悉 0 分。		
3	生产操作	操作	30	熟练掌握生产操作技能 30 分；能独立进行生产操作但不熟练 20 分；尚能独立操作，不熟练稍有误差 10 分；基本上不能独立操作 0 分。		
4	工夫红茶质量	操作	25	工夫红茶品质好 25 分，品质较好 20 分，基本合格 10 分，不合格 0 分。		
5	工夫红茶加工工艺指标测定方法	操作	10	明白工艺指标 10 分，基本明白工艺指标 6 分、不明白工艺指标 0 分。		
6	职业规范	操作	10	所有生产操作符合行业规则、职场卫生健康、操作规程等的要求。好 10 分；较好 8 分；合格 5 分；不合格 0 分。		
7	工夫红茶品质存在问题分析	口试	5	回答正确 5 分、语言清晰 3 分、表达准确 1 分。		
8	产生工夫红茶品质缺陷的原因分析	口试	5	回答正确 5 分、语言清晰 3 分、表达准确 1 分。		
9	提出提高工夫红茶品质的措施	口试	5	回答正确 5 分、语言清晰 3 分、表达准确 1 分。		
				合计		

实训八　乌龙茶加工

一、实训目的

了解安溪铁观音和武夷岩茶的品质特点和要求；掌握安溪铁观音和武夷岩茶的加工工艺流程、技术参数、要求和操作要领；能进行闽南乌龙茶和闽北乌龙茶的加工操作。

二、教学建议

1. 实训时间：8 学时。

2. 需要的设备设施及材料

(1)实训地点：漳州科技学院校内实训基地，或具备同等实训条件的茶叶加工厂。

(2)设备：6CST-110 型金属炉滚筒杀青机、6CJS-30 型茶叶解块分筛机、6CR-55 型揉捻机、茶叶烘干机、茶叶速包机、茶叶包揉机等各 1 台。

(3)材料：开面茶鲜叶约 50 kg。

3. 教学方法

采取课件演示或讲解、教师示范、口头提问、学生小组讨论、观察学生实作、现场检测等。

三、实习内容

1. 了解安溪铁观音和武夷岩茶品质特征。

2. 加工工艺流程及技术要求

(1)萎凋(包括晒青和晾青)

萎凋方法、按鲜叶进厂时间、级别等不同分别管理，测定摊叶厚度、叶温，记载鲜叶处理方法，观察记载变化情况。

(2)做青(包括摇青和静置)

做青方法，投叶量，全程做青时间，做青叶叶像观察记载及质量分析。

(3)炒青

杀青机械类型及型号，杀青温度，投叶量，杀青方法，全程杀青时间，杀青叶叶像观察记载及质量分析。

(4)揉捻

揉捻机械型号、揉捻机转速、投叶量、揉捻方法、全程揉捻时间、揉捻适度标准、揉捻叶像观察记载及质量分析。

(5)干燥

包括毛火(包括摊放)和足火工序。干燥机械类型及型号、毛火和足火叶温度、毛火和足火叶干燥时间、干燥叶适度标准及毛茶品质分析。

3. 闽南乌龙和闽北乌龙茶品质分析

品质要求：外形条索壮结或紧结，砂绿油润。内质花香浓郁持久，滋味醇厚回甘，汤色金黄明亮，叶底匀整，绿叶红镶边。

四、实习注意事项

1.正确使用和保养茶机。

2.所有操作必须符合行业规则、职场卫生健康、操作规程等的要求。

五、鉴定方法

1.询问学生了解安溪铁观音和武夷岩茶品质特征要求的情况。

2.询问学生熟悉闽南乌龙茶和闽北乌龙茶加工工序技术参数、要求和操作要领的情况。

3.询问学生在闽南乌龙茶和闽北乌龙茶加工中发现问题、分析问题的有关情况。

六、作业

1.找出闽南乌龙茶和闽北乌龙茶加工中出现的问题，分析产生原因，提出改进措施。

2.填写实习报告单。

七、闽南乌龙茶或闽北乌龙茶加工技术考核评分记录表

表 S8-1

序号	考核项目与内容	考核方式	分值	评分内涵	得分	备注
1	安溪铁观音和武夷岩茶鲜叶管理	操作	5	熟悉茶青管理技术，鲜叶管理质量好 5 分；合格 3 分，基本合格 2 分，不合格 0 分。		
2	加工设备	操作	5	熟悉加工设备性能、操作与维护知识 5 分；基本掌握 3 分；不熟悉 0 分。		
3	生产操作	操作	30	熟练掌握生产操作技能 30 分；能独立进行生产操作但不熟练 20 分；尚能独立操作，不熟练稍有误差 10 分；基本上不能独立操作 0 分。		
4	乌龙茶质量	操作	25	品质好 25 分，品质较好 20 分，基本合格 10 分，不合格 0 分。		
5	加工工艺指标测定方法	操作	10	明白工艺指标 10 分，基本明白工艺指标 6 分、不明白工艺指标 0 分。		
6	职业规范	操作	10	所有生产操作符合行业规则、职场卫生健康、操作规程等的要求。好 10 分；较好 8 分；合格 5 分；不合格 0 分。		
7	品质存在问题分析	口试	5	回答正确 5 分、语言清晰 3 分、表达准确 1 分。		
8	品质缺陷的原因分析	口试	5	回答正确 5 分、语言清晰 3 分、表达准确 1 分。		
9	提出品质的措施	口试	5	回答正确 5 分、语言清晰 3 分、表达准确 1 分。		
				合计		

实训九　茶叶流水线包装

一、实训目的

通过教学，使学生了解茶叶包装的基本流程和要求；能进行茶叶包装操作。

二、教学建议

1. 实训时间：2 学时或 4 学时。

2. 需要的设备设施及材料

(1)实训地点：漳州科技学院校外实训基地，或具备同等实训条件的茶叶加工厂。

(2)基本设备：茶叶喷码机、茶叶真空包装机、茶叶包装流水线若干台套。

(3)供训材料：各类待包装的茶叶，及各类茶叶大小包装(袋)。

3. 教学分组：根据实际情况，2～3 人/组。

4. 教学方法

采取教师现场讲解与示范、学生实作、现场检测、口头提问、学生小组讨论等。

三、实习内容

1. 熟悉茶叶保鲜的基本原理。

2. 茶叶包装基本流程及技术要点

(1)包装袋准备

根据生产与销售需要，准备各类大小包装袋，并在喷码机上喷上生产日期、产品标号等信息，观察记载操作过程。

(2)小袋茶叶包装

记录小袋茶叶包装的重量、包装机型号及相应的参数。

(3)自动真空包装

记录自动真空包装的型号、包装过程的技术参数，分析包装原理。

(4)茶叶外包装

记录茶叶外包装过塑、装箱等过程中相应的设备型号、技术参数。

四、注意事项

1. 正确使用和保养茶叶包装机。

2. 所有操作必须符合行业规则、职场卫生健康、操作规程等的要求。

五、作业

1. 分析茶叶自动真空包装机的基本原理。

2. 完成实习心得体会报告。

第六章　茶叶审评技术

我国茶叶品种花色繁多，包含绿茶、红茶、青茶、黑茶、白茶及黄茶六大茶类，每大茶类又分百十种花色；还有再加工的花茶、紧压茶、袋泡茶以及深加工的速溶茶、茶饮料等。每大类的每个等级的商品茶，都有各自的品质特征和品质标准。需要经过感官审评来衡量它们的品质，确定其价格，才进入市场。

茶叶审评，就是利用人的感官评价茶叶的色、香、味、形。由于能全面、客观、高效地反映茶的品质水平，在茶叶生产、加工、贸易、质量检验、品质评比、科研等领域广泛运用。在未来相当长的一段时期里，感官仍是判断茶叶品质的主要手段。

一、评茶基础知识

茶叶品质是依靠人的嗅觉、味觉、视觉和触觉等感觉来评定。而感官评茶是否客观正确，除取决于评茶人员的审评能力外，还要有良好的环境条件、设备条件以及合理的评茶方法。为此，国家公布了《茶叶感官审评方法》的国家标准 GB/T23776-2009，对评茶用具、评茶水质、评茶取样、评茶方法等做出具体规定。

（一）评茶原理

评茶借助于人的视觉、嗅觉、味觉和触觉。

1.视觉

在茶叶审评中，视觉对于辨识茶叶色泽，包括外形和叶底的色泽、汤色以及茶叶的外形，起着重要的作用。

(1)视觉的产生

光作用于视觉器官，使其感受细胞兴奋，其信息经视觉神经系统加工后便产生视觉(vision)。视觉的适宜刺激波长为 380～780 nm 电磁波，这部分电磁波仅占全部光波的 1/70，属于可见光部分。在完全缺乏光源的环境中，就不会产生视觉。我们所见的光多数为反射光。

(2)视觉的敏感性

据研究，至少有 90%以上的外界信息经视觉获得，视觉是人和动物最重要的感觉。通过视觉，人和动物感知外界物体的大小、颜色、明暗、动静，从而获得对机体生存具有重要意义的各种信息。

在不同的光照条件下，眼睛对被观察物的敏感性是不同的。人从亮处进入暗室时，最初任何东西都看不清楚，经过一定时间，逐渐恢复了暗处的视力，称为暗适应。相反，从暗处到强光下时，最初感到一片耀眼的光亮，不能视物，只能稍等片刻，才能恢复视觉，这称为明适

应。

在光线明亮处，人眼可以看清物体的外形和细节地方，并能分辨出不同颜色。在光线暗弱处，人的眼睛只能看到物体的外形，而且无彩色视觉，只有黑、白、灰。因此，在评茶过程中，应充分考虑到光照对视觉的影响(图 6-1)。

弱光下的茶汤

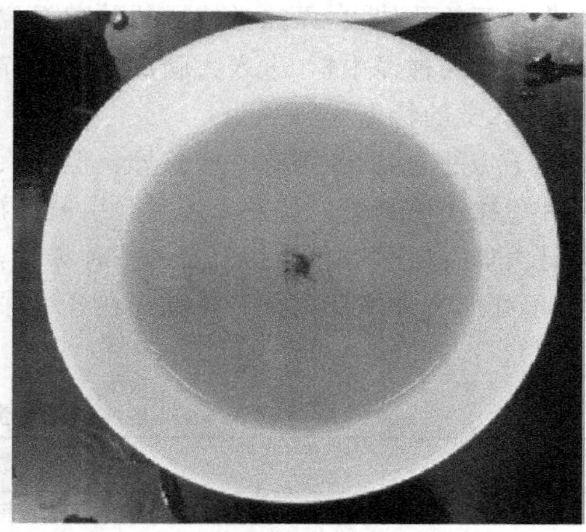

强光下的茶汤

图 6-1　不同光照下的茶汤

2. 嗅觉

嗅觉是辨别各种气味的感觉。长期以来，嗅觉一直是我们所有的感觉中最为神秘的东西。饮食中，嗅觉与味觉感官的配合，嗅觉的作用是不可或缺的。

(1)嗅觉的产生

嗅觉器官位于鼻腔。嗅觉的感受器是嗅细胞，它存在于鼻腔上端的嗅黏膜中。正常呼吸时，气流携带挥发性物质分子，进入鼻腔，嗅细胞接受外界刺激，便产生嗅觉。

人们普遍认为，能够引起嗅觉的物质必须具备两个条件：第一，这种物质必须是挥发性的，可将它的分子释放到空气中。第二，它必须微溶于水，这样它才能穿过覆盖在嗅觉感受器官上的黏膜。

(2)嗅觉的特点

嗅觉具有适应性，如“入芝兰之室，久而不闻其香”。

嗅觉的个体差异很大，有的人嗅觉较敏锐，有的嗅觉稍迟钝。研究发现，嗅觉敏锐者并非对所有气味敏感，而是针对特定的气味类型。一般情况下，强刺激的持续作用使嗅觉敏感性降低，微弱刺激的持续作用使嗅觉敏感性提高。嗅细胞容易疲劳，当身体疲倦或营养不良时，都会引起嗅觉功能下降。因此，在评茶中，适当控制每次评茶的数量和时间，尽量避免嗅觉疲劳。

一般的固体物质，除非在日常气温下能把分子释放到周围空气中去，否则是不能引起嗅觉的。液体的气味同样只有变成蒸汽后才能刺激嗅觉。因此，我们感受到强烈的气味，往往都具有较高的蒸汽压力。因此，泡茶选用较高的水温，嗅觉感到的茶香，就比较明显。

3. 味觉

(1)味觉的产生

味觉的感受器是味蕾，主要分布在舌背部表面和舌头两侧，口腔和咽部黏膜的表面也有散在的味蕾存在。每一味蕾由味觉细胞和支持细胞组成。味觉细胞顶端有纤毛，称为味毛，由味蕾表面的孔伸出，是味觉感受的关键部位。水溶性的物质刺激味觉细胞，使其兴奋，由味觉神经传入神经中枢，进入大脑皮层，从而产生味觉。

(2)味觉的特点

关于味的分类，各国有一些差异。但“甜、酸、咸、苦”被公认为是4种基本味觉。而辣味是一种呈味物质刺激口腔及鼻腔黏膜引起的痛觉。涩味是物质使舌黏膜收敛引起的感觉。鲜味是由如谷氨酸等化合物引发的一种味觉，中日两国的烹饪理论中，鲜味是一个很基础的要素，但在西方却不认同这一味觉。在各种味道中，舌头对苦味最敏感，而对甜味最不敏感(表6-1)。

表6-1 各味道的刺激阀(朱国斌 等，1996)

味	物质	刺激阀
苦	奎宁	0.000 05
酸	醋酸	0.001 2
鲜	味精	0.03
咸	食盐	0.2
甜	砂糖	0.5

茶叶滋味的化学成分复杂，不同茶类、不同等级的茶叶，滋味上差异较大，主要是由于其呈味物质的种类、含量及比例不同所致。茶叶中的主要呈味物质如表6-2所示，可以归为如下几类，苦味、涩味、鲜味、酸味和甜味物质。各成分相互协调，共同构成茶汤“浓、醇、苦、鲜、甜”的味道。

表6-2 茶汤中主要呈味物质及其呈味特点

滋味	呈味物质
苦味	花青素、咖啡碱、茶皂素
苦涩味	茶多酚
鲜味	游离氨基酸、茶黄素、儿茶素与咖啡碱的络合物
甜味	部分氨基酸、可溶性糖、茶红素
酸味	草酸、抗坏血酸
味厚感	可溶性果胶
陈味感	游离脂肪酸

舌表面不同部位对不同味刺激的敏感程度不一样。人的舌尖部对甜味道比较敏感，舌后两侧对酸味比较敏感。舌两侧前部对咸味比较敏感，而软腭和舌根部对苦味比较敏感(图6-2)。

不同年龄的人对呈味物质的敏感性不同。随着年龄的增长，味觉逐渐衰退。根据研究表明，儿童味蕾较成人为多，老年时因萎缩而逐渐减少。另外，味觉的敏感度往往受食物或刺激物本身温度的影响。在30 ℃时，味觉的敏感度最高。

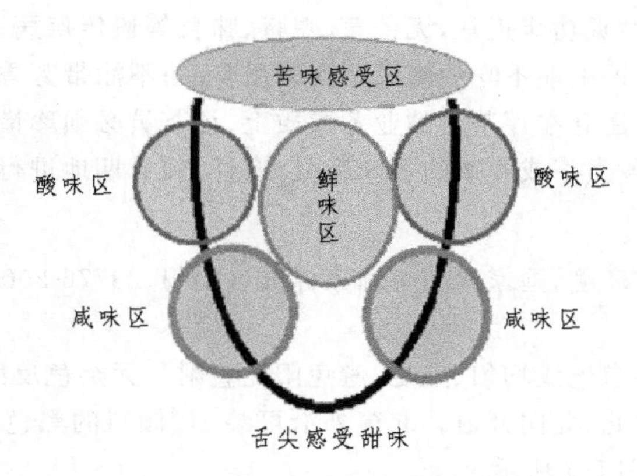

图 6-2　舌头各部位的感觉差异

4.触觉

通过人手表面接触茶叶，判断茶叶光洁度、软硬、热冷、干湿等。触觉的准确度与手表面的光滑度有关。如果手有伤口，触觉的误差会较大。

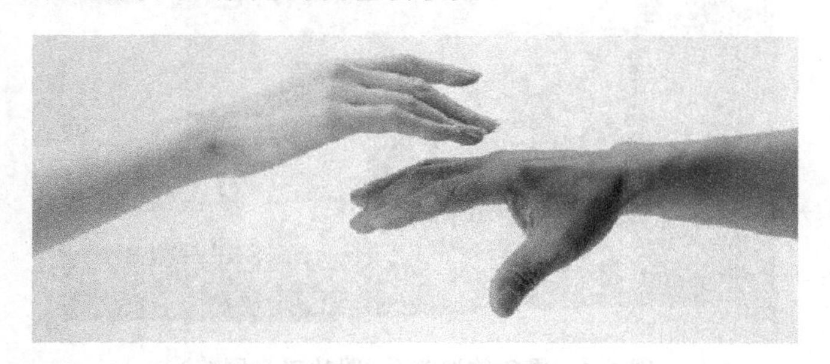

图 6-3　触觉的准确度受手的光滑度影响(图片来自网络)

(二)评茶条件

茶叶品质是的评定，除取决于评茶人员的审评能力外，还要有良好的环境、设备条件以及合理的评茶方法。

1.评茶人员应具备的条件

茶叶审评对评茶人员的道德素质、业务水平和健康状况要求较高。从事茶叶审评的人员，应具有评茶员国家资格证书，或具有茶学专业大专及以上学历，并有多年从事茶叶审评的经验。另外，还要深入了解茶树栽培、茶叶加工、茶区特点、市场特征和饮茶习惯等，这样才能正确评定茶叶品质。

(1)职业规范

忠于职守，爱岗敬业；科学严谨，不断进取；注重调查，实事求是；团结共事，宽厚容人；遵纪守法，讲究公德。

(2)身体条件

身体健康，无传染病。

视觉、嗅觉、味觉、触觉功能正常，无色盲、嗅盲、味盲等遗传疾病。

无嗜酒、吸烟习惯；评茶前不吃油腻及辛辣刺激食品；不涂带芳香气味的化妆品。

正确的评茶判断是建立在评茶员的业务素质上，评茶员必须珍惜自己感官的灵敏度，摒弃个人喜好，经常积累各类茶或非茶的香味感受，有计划、长期地进行系统感官训练。

2. 评茶环境条件

为规范评茶的工作环境，国家颁布了国家标准（GB/T 23776-2009）《茶叶感官审评室基本条件》。具体如下：

(1)光线：评茶室要求光线均匀、充足，避免阳光直射。无杂色反射光。

(2)朝向：应坐南朝北，北向开窗。北窗外沿可装 30°倾斜的黑色遮光斗，以防光线直射及窗外有色物干扰，如图 6-4 所示。

图 6-4　黑色的遮光斗(图片来自网络)

(3)面积：按评茶人数和日常工作量而定，一般不小于 15 m^2。

(4)室内色调：白色或浅灰色，无色彩。

(5)气味：室内的建筑材料和设施应不散发气味，周围应无杂异气。

(6)噪声：应控制噪声不超过 50 分贝。远离闹市区。

(7)温度：室温在 15～27 ℃。配置空调。

(8)湿度：相对湿度 75%左右，为保持干燥清洁，最好设在楼上。

3. 评茶设备条件

常用的评茶设备与器具如下：

(1)工作台

①干评台

设置在评茶室靠窗位置，用于审评干茶外形色泽、放置样茶罐、样茶盘等。台的高度一般在 80～90 cm，宽 60～70 cm，长短需视审评室及需要的具体情况而定。台面一般漆黑色，台下设置样茶柜，见图 6-5。

②湿评台

湿评台一般放在干评台后。用于审评茶叶的内质（包括香气、滋味、汤色、叶底）、放置审

干评台

湿评台

图 6-5　茶叶审评室

评杯碗、冲泡开汤。一般的湿评台高度 75～80 cm，宽 45～50 cm，其长短需视审评室的具体情况及业务范围而定。台面为亚光。

(2)评茶器具

评茶器具是专用的，数量备足，质量要好，规格一致，力求完善，以尽量减少客观上的误差。如图 6-6，评茶常用工具有以下：

图 6-6　审评器具

①评茶杯碗

白色瓷质，大小、厚薄、色泽一致，用来泡茶和审评茶叶香气。

a.毛茶审评杯碗：审评杯呈圆柱形，高 76 mm，内径 76 mm，外径 82 mm，容量 250 mL。具盖，杯盖上有一小孔，与杯柄相对的杯口上有一月牙形的滤茶口，口中心深 5 mm，宽 15 mm。审评碗高 60 mm，上口内径 95 mm，上口外径 100 mm，底边内径 60 mm，底边外径 65 mm，容量 300 mL。

b.精茶审评杯碗：审评杯呈圆柱形，高 65 mm，内径 62 mm，外径 66 mm，容量 150 mL。具盖，杯盖上有一小孔，杯盖上面外径 72 mm，下面内圈外径 60 mm。与杯柄相对的杯口上有三个呈锯齿形的滤茶口，口中心深 3 mm，宽 2.5 mm。审评碗高 55 mm，上口内径 90 mm，上口外径 95 mm，底边内径 54 mm，底边外径 60 mm，容量 250 mL。

c.乌龙茶审评杯碗：审评杯呈倒钟形形，高 55 mm，上口内径 78 mm，上口外径 82 mm，底内径 40 mm，底外径 46 mm，容量 110 mL。具盖，盖外径 70 mm。审评碗高 52 mm，上口内径 90 mm，上口外径 95 mm，底内径 40 mm，底外径 46 mm，容量 150 mL。

②评茶盘

亦称样茶盘、样盘，用于审评茶叶形状，以薄木板制成。审评盘一般是用无气味的木板制成,有正方形和长方形两种。一般正方形的长、宽、高各为230 mm、230 mm、33 mm;长方形的长、宽、高各为250 mm、160 mm、30 mm。全涂白色,盘的一角开一缺口,便于倒出茶叶。正方形的筛转茶叶比较方便,长方形能节省干评台面积。

③叶底盘

黑色小木盘,呈正方形,外径边长100 mm,边高15 mm,用于审评精茶叶底。

白色搪瓷盘,呈长方形,外径边长230 mm,边宽170 mm,边高30 mm,用于审评乌龙茶叶底,用时加清水漂看叶底。

④称量用具:天平,感量0.1 g。

⑤计时器:定时器或特制砂时计,精确到秒。

⑥其他

网匙:用细密铜丝网制成,用以捞取审茶碗内浸泡液的碎片茶渣。

茶匙:为普通纯白色瓷匙,取汤液评滋味用。

汤杯:放茶匙、匙网用,用时盛白开水。

吐茶筒:审评时用以吐茶及盛装已泡过的茶叶渣汁用,有圆形及半圆形两种,高80 cm、直径35 cm、半腰直径20 cm,通常用镀锌铁皮制成。

烧水壶:铝壶或电壶均可用来烧开水。

4.评茶用水

审评茶叶品质的好坏,是通过冲泡或煮渍后来鉴定的。水的硬软度、冲泡时间、茶水比、水温等对茶叶品质有较大的影响,尤其对滋味的影响更大。

(1)用水种类

①降水

包括雨水和雪水,古人誉为"天泉"。但随着现代工业化和城市化,导致污染日趋恶劣,所以雨水和雪水很少作为泡茶用水。

②地表水

包括溪水、江水、河水,这些是常年流动之水,矿物质相对少、硬度较小,但浊度、色度大。而湖水的流动性小,色度大、微生物多、带异味。

③地下水

唐代陆羽《茶经》:"山水上,江水中,井水下"。"江水取去人远者,井水取汲多者"。明·屠隆《茶笺》:"山泉为上,江水次之,如用井水,必取多波者(即深水井)为佳"。

井水:深井水有耐水层的保护,污染少,水质洁净,而浅层井水易被地面污染,水质较差。深井水优于浅井水。

泉水:比较清爽,杂质少,透明度高,污染少,水质最好。

④自来水

国内自来水一般都是经过人工净化、消毒处理过的江水或湖水。现在自来水消毒大都采用氯化法,公共给水氯化的主要目的就是防止水传播疾病。氯气易溶于水,与水结合生成次氯酸和盐酸,在整个消毒过程中其主要作用的是次氯酸,能取到很好的杀菌、消毒效果。但是会有少量的残留气味,用此水来泡茶直接影响茶汤的香气,因此泡茶前可将自来水贮存在缸中,静置一昼夜,待氯气自然散失,或用活性炭去杂味,再煮沸用来泡茶。

(2)用水要求

泡茶用水直接影响到茶汤的质量，历代论水的主要标准总结四点：

一“活”，要求有好的水源。“流水不腐”，现代科学证明了流动的活水中细菌不易繁殖，同时活水有自然净化作用，在活水中氧气和二氧化碳等气体的含量较高，泡出的茶汤更加的鲜爽可口。

二“清”，要求水质清净、无色透明。符合国家规定的《生活饮用水水质标准》要求。

三“甘”，要求水味甘甜。

四“轻”，要求水品要轻。当水中的低价铁超过 0.1 mg/L 时，茶汤发暗，滋味变淡；铝含量超过 0.2 mg/L 时，茶汤便有明显的苦涩味；钙离子达到 2 mg/L 时，茶汤带涩，而达到 4 mg/L 时，茶汤变苦；铅离子达到 1 mg/L 时，茶汤味涩而苦，且不利于身体健康。

评茶用水应符合国家生活饮用水规定 GB5747。具体要求如下：

①酸度：pH 为 6.0～7.0。

②硬度：硬度小。（钙使滋味发苦；镁使茶味变淡。）

③色浊度：无色透明、清澈。

④氯：不得有游离氯、氯酚等。

⑤矿物质：铁使茶汤发暗，滋味变淡，要求低于 0.1 mg/L。铝使茶汤苦味增加。要求低于 0.2 mg/L。

（3）水温及冲泡时间

①泡茶水温

泡茶用水的水温对茶汤的影响很大，同一个茶样，分别以不同的温度冲泡，高温冲泡的会比较阳刚、高扬，而低温冲泡的会比较温和。其原因在于不同水温条件下，溶于水的茶叶可溶性物质的溶解速率不一样，造成茶叶中的茶成分的比例不同。高温时，利于茶多酚的溶出。也就是说高温时，茶汤的组分中，茶多酚含量多些，滋味会更浓。同时高温冲泡，利于茶叶中香气成分的挥发。对于茶青比较成熟的（如乌龙茶）、或发酵较重的、或外形较紧结的、或焙火较重的茶叶，宜采用较高的温度冲泡。

水温的判断刚开始时可以借助温度计，逐渐地，可以直接根据蒸汽外冒的情况判断水温。正常海拔的地方，打开壶盖时，当水蒸气呈直线快速地往外挥发时，判断水温应该在 95 ℃左右；当水蒸气不是呈直线快速挥发，有点左右漂浮时，判断水温应该在 85 ℃左右；当水蒸气上升缓慢，呈左右漂浮时，判断水温应该在 75 ℃左右。

而茶叶审评时，要求水温必须是沸滚适度的 100 ℃的开水。《茶经》：“其沸，如鱼目、微有声、为一沸，边缘如涌泉连珠，为二沸，腾波鼓浪为三沸，以上水老、不可食也”。陆羽认为煮水品茶宜选“二沸”，过沸，水中 CO_2 散失较多，茶汤无刺激性。若水未沸滚，则浸出率偏低、浸出速度慢，茶汤水味重。

茶量、浸泡时间一致条件下，水浸出物含量随水温下降而降低，如下表 6-3 所示。

表 6-3　不同水温对茶叶水浸出物的影响

水温	水浸出物（%）
100 ℃	100
80 ℃	80
60 ℃	45

资料来源：施兆鹏主编．茶叶审评与检验（第四版）．中国农业出版社，2010。

(2)冲泡时间

研究表明,3 g 绿茶茶样,用 150 mL 沸水冲泡 5 min,能取得较为理想的茶汤品质。同一泡茶各泡冲泡的时间间隔为 2 min,各组分的溶出比例存在区别,详见表 6-4。

表 6-4　不同水温对茶叶水浸出物的影响

冲泡别	氨基酸泡出率(%)	儿茶素泡出率(%)	咖啡碱泡出率(%)
头泡	66	52	65
二泡	26	30	29
三泡	8	18	6

资料来源:施兆鹏主编.茶叶审评与检验(第四版).中国农业出版社,2010。

茶汤良好的滋味,是涩味(儿茶素)、鲜味(氨基酸)、苦味(咖啡碱)、甜味(糖类)成分等相协调的结果。

(4)茶水比例

评茶的用茶量和冲泡水量,对茶汤滋味的浓淡厚薄有直接关系。评茶时茶量多而用水少,茶叶难泡开,并过分浓厚。反之,茶少水多,茶味就过淡薄。假定用 3 g 茶样,分别用 100 ℃,不同水量冲泡,其茶叶主要成分的溶解差异如表 6-5 所示。

表 6-5　不同水量对茶叶滋味的影响

水量(mL)	50	100	150	200
水浸出物(%)	27.6	30.6	32.5	34.1
水浸出物(g)	0.80	0.89	0.94	0.99
茶汤滋味	极浓	太浓	正常	淡

资料来源:施兆鹏主编.茶叶审评与检验(第四版).中国农业出版社,2010。

从表 6-5 可以看出,茶量、水温相同,因水量不同,茶叶的水浸出物就不同。水多,可以浸出的水浸出物量就多;水少,可以浸出的水浸出物量就少。

审评茶叶品质往往多种茶样同时冲泡,进行鉴定和比较,用水量必须一致。因此,国际上审评红绿茶一般茶水比例是 1∶50,即 3 g 茶量用 150 mL 的 100 ℃水冲泡。但审评岩茶、铁观音等乌龙茶,因品质要求着重香味,并重视耐泡次数,用特制的 110 mL 倒钟形盖碗审评,投入茶样 5 g,茶水比例为 1∶22。以茶水比例为 1∶50,各茶类审评冲泡时间如表 6-6。

表 6-6　各类茶审评冲泡时间

茶类	冲泡时间
普通绿茶	5
名优绿茶	4
红茶	5
乌龙茶(条索形、卷曲形、螺钉形)	5
乌龙茶(颗粒形)	6
白茶	5
黄茶	5

(三)评茶程序

茶叶品质的好坏、等级的划分、价值的高低,主要通过感官审评来决定。感官审评茶叶品质应外形与内质兼评,分为干茶审评和开汤审评,俗语称干评和湿评,包括外形、香气、汤色、滋味和叶底等五项,俗称"五因子审评法"。评茶基本操作程序如下:取样→评外形→称样→冲泡→沥茶汤→看汤色→嗅香气→尝滋味→评叶底。

审评操作的同时,要把每个项目的审评结果及时填写到审评记录表内,有时还要打分。

评茶各个流程如何进行?具体的评茶内容包含哪些?我们将在以下详细阐述。

1.茶叶取样

取样又称扦样或抽样,是指从一批或数批茶叶中取出具有代表性样品供审评使用。取样是否正确,能否代表全面,是保证审评检验结果准确与否的首要关键。

(1)取样意义

茶叶的品质由色、香、味、形等因子构成,关系十分复杂。茶叶的品质因产地、品种、加工而异。即使是同批茶叶,其形状上有大小、长短、粗细、松紧、圆扁、整碎等差异,并有老与嫩、芽与叶、毫与梗等之分。从茶叶内含物质成分来分,各种成分的数量和比例也存在差异。即使是精制后的精茶,一般是上段茶的条索较长略松,中段茶细紧、重实,下段茶较短碎;且汤味有淡、醇、浓;香气有稍低、较高、平和;叶底有老、嫩、杂的差别。

由于茶叶具有不均匀性,要实现准确审评的目标,其前提是扦取具有代表性的茶叶样品。一般茶叶开汤审评用样量仅3~5 g,而这少量样茶的审评结果,有时关系到一个地区、一个茶类或整批产品的质量状况。因此,如果取样没有代表性,就没有审评结果的准确性。

此外,取样从收购和验收角度看,取样决定一批茶的品质等级和经济价值。从生产和科研角度来说,样茶是反映茶叶生产水平和指导生产技术改进以及正确反映科研成果的根据。再从茶叶出口角度讲,样茶是反映茶叶品质规格是否相符,关系到国家信誉。总之,取样是一项重要的技术工作,是准确评茶的前提。

(2)取样方法

取样的数量和方法因经营环节、评茶要求、茶类而异。鉴于取样的重要性,我国专门制定国家标准GB/T 8302-2002《茶取样》,详细规定了各类茶叶取样的基本要求、取样条件、取样工具、取样方法、样品的包装和标签、样品运送、取样报告单等。本标准规定了茶叶取样的基本要求、取样条件、取样工具、取样方法、样品的包装和标签、样品运送、取样报告单等内容。

在不使用分样器的情况下,茶叶取样基本方法是四分法,或称对角取样法:即将样茶充分的混匀,摊平一定的厚度,再用分样板按对角划"×"形沟,将茶分成独立的四份,取相对角的两份,反复分取,直至所需数量为止。

①毛茶取样

在取样前,应先检查每批毛茶的件数,分清票别,做上记号,再从每件茶叶的上、中、下及四周各扦取一把。先看外形的色泽,粗细及干嗅香气是否一致,如不一致,则将袋中茶叶倒出匀堆后,从大堆中扦取。扦取的样茶拼拢充分混匀,作为"大样",再从大样中用对角取样法扦取小样一斤,供作审评用。

收购毛茶的取样数量，尚无严格规定，一般以扦取有代表性的茶样，提供评茶计价够用为准。收购毛茶在取样时，还应注意毛茶的干燥程度，如果干茶不符合标准规定的要求或者带有异气，应根据具体情况，按照规定分别处理。

②精茶取样

茶厂加工的精茶的扦样，是贯彻执行产品出厂负责制的关键。一般是在匀堆后，装箱前在茶堆中各个部位分多次扦取样品。将扦取的样茶混合后归成圆锥形小堆，然后，从茶堆上、中、下各个不同部位扦取所需样品，供审评之用。

现在有些规模较大的茶厂，茶叶精制作业机械进行了联装，加工连续化，匀堆装箱工段亦实行了流水作业及自动化，取样就在匀堆作业流水线上定时分段抽取。

至于再加工的压制茶，一般在干燥过程中，随时扦样。如砖茶、紧茶、饼茶等，从烘房不同部位取样；篓装散茶，如六堡茶、湘尖、方包茶等，就从各件的腰部或下层部扦取样茶。

③出口取样

出口茶的扦样，其抽样件数按照茶叶输出入暂行标准规定，具体如下：

1～5 件，取样 1 件；

6～50 件，取样 2 件；

50 件以上，每增加 50 件增取 1 件(不足 50 件者按 50 件计)；

500 件以上，每增加 100 件增取 1 件(不足 100 件者按 100 件计)；

1 000 件以上，每增加 500 件增取 1 件(不足 500 件者按 500 件计)。

④审评取样

用于开汤审评的样茶，从样茶罐中倒出，取 200～250 g 放在茶样盘里，再拌匀。具体取样要求如下：

用拇指、食指、中指抓取审评茶样；每杯用样，应一次抓够，宁可手中有余茶，不宜多次抓茶；取样过程，要求动作轻，尽量避免将茶叶抓碎或捏断，导致评茶误差。如图 6-7。

图 6-7　审评扦样手法

2. 外形

外形审评包括形状、色泽、整碎、净度、嫩度等内容，具体内容包括以下：

(1)条索(形状)

叶片卷转成条称为“条索”，包括产品的造型、大小、粗细、长短等。各类茶应具有一定的外形规格，这是区别茶叶商品种类和等级的依据。我国茶叶外形形状千姿百态，种类繁多，有条形、尖形、卷曲形、扁形、圆形、颗粒形、针形、片形等。

(2)色泽

干茶色泽主要从色度和光泽度两方面去看。色度即茶叶的颜色及色的深浅程度。光泽度指茶叶接受外来光线后，一部分光线被吸收，一部分光线被反射出来，形成茶叶的色面，色面的亮暗程度即光泽度。茶类不同，茶叶的色泽不同。色泽评比颜色、润枯、鲜暗、匀杂等。

①深浅

首先看色泽是否正常，即是否符合该茶类应有的色泽，正常的干茶，原料细嫩的高级茶，颜色深，随着级别下降颜色渐浅。

②润枯

"润"表示茶色一致，茶条似带油光，色面反光强，油润光滑。一般可反映鲜叶嫩而新鲜，加工及时合理，是品质好的标志。"枯"是有色而无光泽或光泽差，表示鲜叶老或制工不当，茶叶品质差。劣变茶或陈茶，色泽枯而暗。

③鲜暗

"鲜"为色泽鲜艳、鲜活，给人以新鲜感，表示鲜叶嫩而新鲜，初制及时合理，新茶所具有的色泽。"暗"表现为茶色深又无光泽，一般鲜叶粗老，储运不当，初制不当，茶叶陈化。紫芽鲜叶制成的绿茶，色泽带黑发暗。深绿的鲜叶制成的红茶色泽呈现青暗或乌暗。

④匀杂

"匀"表示色调和一致，给人以正常感。色不一致，参差不齐，茶中多黄片、青条、筋梗、焦片末等，谓之杂。

(3)整碎

指外形的匀整程度。毛茶的整碎，受采摘和初制加工技术的影响，基本上要求保持原毛茶自然形态，一般以完整的好，断碎的为差。精茶的整碎主要评比三段茶的比例是否恰当，要求筛档匀称、不脱档，面张茶平伏，下盘茶含量不超过标准样，上中下三段茶互相衔接。

(4)净度

指茶梗、茶片及非茶叶夹杂物的含量程度。不含夹杂物的茶叶净度好；反之则净度差。茶中夹杂物有两类：即茶类夹杂物与非茶类夹杂物。茶类夹杂物是指茶梗（分嫩梗、老梗、木质梗）、茶籽、茶朴、茶片、茶末、毛衣等。非茶类夹杂物是指采、制、存、运中混入的杂物，如杂草、树叶、泥沙、石子等。

(5)嫩度

嫩度是外形审评因子的重点，是决定茶叶品质的基本条件。一般来说，嫩叶可溶性成分含量高，饮用价值高。又因嫩度好，其叶质柔软、叶肉肥厚，初制合理容易成条，条索紧结重实，芽毫显露，完整饱满，外形美观。嫩度主要看芽叶比例与叶质老嫩，有无锋苗和茸毛，条索的光糙度。

①嫩度好

指芽与嫩叶比例大，含量多，审评时要以整盘茶去比，不能单从个数去比，因为同样是芽与嫩叶，有厚薄、长短、宽狭、大小之别，凡是芽头嫩叶比例近似，芽壮身骨重，叶质厚实的品质好。外形不匀整，品质就差。

②锋苗

指芽叶紧卷做成条索的锐度。条索紧结、芽头完整锋利并显露，表明嫩度好，制工好。嫩度差的，制工虽好，条索完整，但不锐无锋，品质就次。

③光糙度

一般老叶细胞组织硬，初制时条索不易揉紧，且表面凸凹不平，条索呈皱纹，叶脉隆起，干茶外形粗糙，嫩叶柔软、果胶质多，容易揉成条，条索呈现光滑平伏。

2.汤色

汤色审评主要从色度、亮度和清浊度等三方面进行。

(1)色度

指茶汤颜色，茶汤汤色除与茶树品种和鲜叶老嫩有关外，主要是制法不同，使各茶类具有不同颜色和汤色。评比时，主要从正常色、劣变色和陈变色三方面去看。

①正常色

即一个地区的鲜叶，在正常采制条件下制成的茶，冲泡后呈现的汤色，如绿茶绿汤，绿中带黄；红茶红汤，红艳明亮；青茶橙黄明亮；白茶，浅黄明净；黄茶黄汤；黑茶深红等。在正常的汤色中由于加工精细程度不同，虽属正常色，尚有优次之分，故在正常汤色中应进一步区别其浓淡和深浅。通常色深而亮，即汤浓而物质丰富，浅而明是汤淡而物质不丰富。至于汤色的深浅，只能同类同地区作比较，因各类茶汤色色面不同，如黑茶汤色比白茶汤色色面深。

②劣变色

由于鲜叶采运，摊放或初制不当等形成变质，汤色不正，如鲜叶处理不当，制成绿茶轻则汤黄，重则变红。杀青不当有红梗红叶，汤色变深或带红。绿茶干燥炒焦，汤黄浊。红茶发酵过度，汤色深暗等。

③陈变色

陈化是茶叶特性之一，在通常条件下贮存，随着时间延长，陈化程度加深。如果初制各工序不能持续，杀青后不及时揉捻，揉捻后不及时干燥，使新绿茶的茶汤色黄或昏暗。

(2)亮度

指亮暗程度，“亮”指射入的光线，通过汤层吸收的部分少，而被反射出来的多；“暗”却相反。凡茶汤亮度好的品质亦好，亮度差的品质亦次。茶汤能一眼见底的为明亮，如绿茶看碗底反光强就明亮，红茶还可看汤面沿碗边的金黄色的圈（称金圈）的颜色和厚度。光圈的颜色正常，鲜明而厚的亮度好；光圈颜色不正且暗而窄的，亮度差，品质亦差。

(3)清浊度

指茶汤清澈或混浊程度。“清”指汤色纯净透明，无混杂，一眼见底，清澈透明。“浊”指汤不清且糊涂，视线不易透过汤层，难见碗底，汤中有沉淀物或细小浮悬物。劣变或陈变产生的酸、馊、霉、陈的茶汤，混浊不清。杀青炒焦的叶片，干燥烘或炒焦的碎片，冲泡所混入汤中产生沉淀，都能使茶汤混而不清。但在浑汤中要区别两种情况，即“冷后浑”或称“乳凝现象”这是咖啡碱和多酚类的络合物，它溶于热水，而不溶于冷水，冷却后即被析出，所以茶汤冷后产生的“冷后浑”，这是品质好的表现。还有一种现象是鲜叶细嫩多毫，如高级碧螺春、都匀毛尖等，茶汤中茸毛多，浮悬汤层中，这也是品质好的表现。

3. 香气

审评香气的类型、纯异、高低、长短等。

(1)纯异

“纯”是指某茶应有的香气，“异”指茶香中夹杂其他气味。香气纯要区别三种情况，即茶类香、地域香和附加香气（外添加的香气）。茶类香指某茶类应有的香气，如绿茶要清香，黄大茶要有锅巴香，黑茶和小种红茶要松烟香，青茶要带花香或果香，白茶要有毫香，红茶要有甜香感等。在茶类香中又要注意区别产地香和季节香。产地香即高山、低山、洲地之区别，一般高山茶香高于低山，在制工良好的情况下带有花香。季节香即不同季节香气之区别，我国红绿茶一般是春茶香高于夏秋茶，秋茶香气又比夏茶好，大叶种红茶香气夏秋茶又比春茶好。只要熟悉和掌握本地区品质特征就能区别之。地域香，即地方特有香气。如同是炒青绿茶有花粉香，嫩香，熟板栗香，兰花香等。同是红茶有蜜糖香、橘糖香、果香和玫瑰花香等地域性香气。附加香气，不但有茶叶本身香气，而且添加某种有利于提高茶叶香气的成分，

如加窨的花茶，有茉莉花、珠兰花、玉兰花、桂花、玫瑰花、栀子花、木兰花和玳玳花等。

异气指茶香不纯或沾染外来气味，轻的尚能嗅到茶香，重则异气为主。香气不纯如烟焦、酸馊、霉陈、日晒、水闷、青草气等，还有鱼腥气、药气、木气、油气等。

(2)高低

香气高低可从以下六个字来区别，即浓、鲜、清、纯、平、粗。所谓"浓"指香气高，入鼻充沛有活力，刺激性强。鲜犹如呼吸新鲜空气，有醒神爽快之感。"清"则清爽新鲜之感，其刺激性有强弱和感受快慢之分。"纯"指香气一般，无异杂气味。"平"指香气平淡但无异杂气味。"粗"则感觉糙鼻或辛涩。

(3)长短

即香气的持久性。香气纯正的以持久为好，嗅香时从开始热到冷都能嗅到表明香气长，反之则短。香气以高而长，鲜爽馥郁的好，高而短次之，低而粗又次之。凡有烟、焦、酸、馊、霉及其他异气的为低劣。

此外，花茶加评鲜灵度；小种红茶和部分黑茶加评松烟香；白茶加评毫香；普洱茶加评陈香。

4. 滋味

茶叶是饮料，其饮用价值取决于滋味的好坏。审评滋味先要区别是否纯正，纯正的滋味区别其浓淡、强弱、鲜、爽、醇、和。不纯的区别其苦、涩、粗、异。

(1)纯正

指品质正常的茶应有的滋味。浓淡："浓"指浸出的内含物丰富，汤中可溶性成分多，刺激性强，或富有收敛性；"淡"指内含物少，淡薄缺味。强弱："强"指茶汤吮入口中感到刺激性强或收敛性强；"弱"指刺激性弱，吐出茶汤口中平淡。鲜爽："鲜"似食新鲜水果感觉；"爽"指爽口，滋味与香气联系在一起，在尝味时可使香气从鼻中冲出，感到轻快爽适。醇与和："醇"表示茶味尚浓，回味也爽，但刺激性欠强；"和"表示茶味平淡正常。

(2)不纯正

表示滋味不正，或变质有异味，包括苦、涩、粗、异。其中苦味是茶汤滋味的特点，对苦味不能一概而论，应加以区别；如茶汤入口先微苦后回味甜，或饮茶入口，遍喉爽快，口中留有余甘这是好茶；先微苦后不苦也不甜者次之；先微苦后也苦又次之；先苦后更苦者最差。后两种味觉反映属苦味。

涩：似食生柿，有麻嘴、厚唇、紧舌之感，涩味轻重可从刺激的部位和范围大小来区别，涩味轻的在舌面两侧有感觉，重一点的整个舌面有麻木感。一般茶汤的涩味，最重的也只在口腔和舌面有反映，先有涩感后不涩的属于茶汤味的特点，不属于味涩，吐出茶汤仍有涩味才属涩味。涩味一方面表示品质老杂，另一方面是季节茶的标志。粗：粗老茶汤味在舌面感觉粗糙。异：属不正常滋味，如酸、馊、霉、焦味等。

5. 叶底

干茶冲泡时吸水膨胀，芽叶摊展，叶质老嫩、色泽、匀度和鲜叶加工合理与否，在叶底中暴露和揭晓，看叶底主要依靠视觉和触觉，审评叶底的嫩度、色泽和匀度。

(1)嫩度

以芽与嫩叶含量比例和叶质老嫩来衡量。芽以含量多、粗而长的好，细而短的差。但视品种和茶类要求不同,如碧螺春茶细嫩多芽,其芽细而短、茸毛多。病芽和驻芽都不好。叶质老嫩可从软硬度和有无弹性来区别:手指揿压叶底柔软,放手后不松起的嫩度好;硬有弹性,放手后松起表示粗老。叶脉隆起触手的老,不隆起平滑不触手的嫩。叶边缘锯齿状明显的老,反之为嫩。叶肉厚软为嫩,软薄者次之,硬薄者又次之。叶的大小与老嫩无关,因为大的叶片,嫩度好也是常见的。

(2)色泽

主要看色度和亮度,其含义与干茶色泽相同。审评时掌握本茶类应有的色泽和当年新茶的正常色泽。如绿茶叶底以嫩绿、黄绿、翠绿明亮者为优,深绿较差,暗绿带青张或红梗红叶者次,青蓝叶底为紫色芽叶制成,在绿茶中认为品质差。红茶叶底以红艳、红亮为优,红暗、青暗、乌暗花杂者差。

(3)匀度

主要从老嫩、大小、厚薄、色泽和整碎去看,上述因子都较接近,一致匀称的为匀度好,反之则差。匀度与采摘和初制技术有关。匀度是鉴定叶底品质的辅助因子,匀度好不等于嫩度好,不匀也不等于鲜叶老。粗老鲜叶制工好,也能使叶底匀称一致。再如鲜叶总嫩度是好的,但由于采制上的问题,叶底匀度差也是可能的。匀与不匀主要看芽叶组成和鲜叶加工合理与否。

审评叶底时还要注意看叶张舒展情况,是否掺杂等。如果因为制造时干燥温度过高,使叶底缩紧,泡不开不散条的为差,叶底摊开也不好,好的叶底应具备亮、嫩、厚、稍卷等几个或全部因子。次的为暗、老、薄、摊等几个或全部因子,有焦片、焦叶的更次,变质叶、烂叶为劣变茶。

6. 审评方法

(1)通用感官审评方法

绿茶、红茶、黄茶、白茶、乌龙茶等采用。

①外形审评

用分样器或四分法从待检样品中分取代表性试样 200～300 g,置于评茶盘中,将评茶盘运转数次,使茶样按粗细、长短、大小、整碎顺序分层后,按照规定的审评内容,用目测和手感等方法进行外形审评。

图 6-8　审评外形

②内质审评

称取评茶盘中混匀的试样 3～5 g,置于评茶杯中,注满沸水,立即加盖,计时,如图 6-9。根据表中的茶类要求选择冲泡时间,到规定时间后按冲泡顺序依次等速将茶汤滤入审评碗

中，如图 6-10，留叶底于杯中，按照香气、汤色、滋味、叶底的顺序逐项审评。

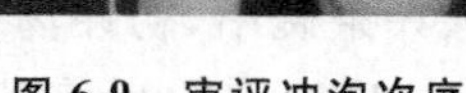

图 6-9　审评冲泡次序

图 6-10　审评沥汤次序

审评汤色，应注意光线对茶汤审评结果的影响，必要时可调换审评碗的位置。沥完茶汤后，10 min 内完成看汤色。若茶汤中混入茶渣残叶，应用网匙捞出，用茶匙在碗里打一圆圈，使沉淀物旋集于碗中央。

图 6-11　审评汤色

图 6-12　通用法闻香

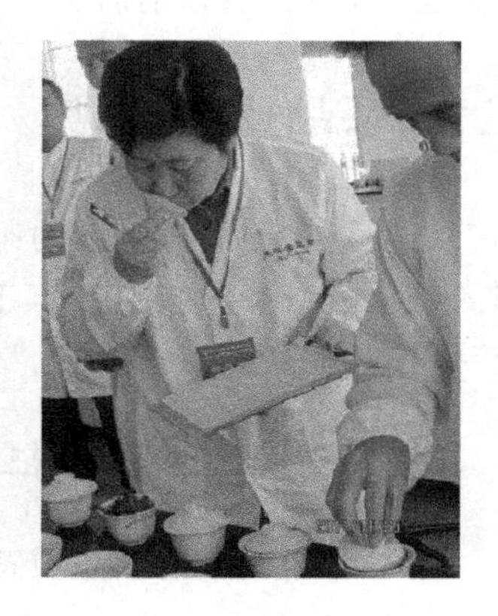

图 6-13　乌龙茶盖碗闻香

审评香气，一手持杯，一手持盖，靠近鼻孔，半开杯盖，嗅评从杯中散发出来的香气，持续 2～3 s，后随即加盖。可反复 1～2 次。须热嗅（杯温 75 ℃左右，嗅香气的纯异、类型及高低）、温嗅（杯温 45 ℃左右、嗅香气的优次）、冷嗅（杯温接近室温，尝完滋味后，闻叶底香气的持久性）结合进行。深吸嗅香，只吸气，不吐气，盖好杯盖后才可吐气。

审评滋味，用茶匙取茶汤 5 mL 于汤杯中，尝滋味（每碗茶汤配一个汤匙），一般尝味 1～2 次，一次 3～4 s。舌尖顶住上层门齿，嘴唇微微张开，舌稍向上抬，使汤在舌面上滚动，与舌头各部位充分接触，感受舌头不同部位的刺激，随即咽下或吐入茶桶中。茶汤温度 45～55 ℃左右审评滋味最佳。

审评叶底，将全部茶渣直接倒入黑色木质叶底盘或白色搪瓷盘中。其中，白色搪瓷叶底盘要加入适量的清水，让叶底漂浮起来。用目测、手感等方法审评叶底。

（2）乌龙茶盖碗审评方法

外形审评同通用审评方法。内质审评时，称取 5 g 茶样置于 110 mL 钟形杯中，审评冲泡 3 次，冲泡时间依次为 2 min、3 min、5 min。第一次以沸水注满，用杯盖刮去液面的泡沫，

图 6-14　黑色叶底盘

图 6-15　白色搪瓷盘

并加盖,1 min 后揭盖闻其盖香,评香气的纯异;2 min 后将茶汤沥入评茶碗中,初评汤色、滋味。接着第二次注满沸水,2 min 后,揭盖闻盖香,评香气的类型、高低;3 min 后将茶汤沥入评茶碗中,再评汤色、滋味。接着第三次注满沸水,加盖,3 min 后,揭盖闻其盖香,评香气持久性;5 min 后将茶汤沥入评茶碗中,再评汤色、滋味,比较其耐泡程度,然后评叶底香气。最后将杯中的叶底倒入白色搪瓷叶底盘中,加适量的清水漂看审评叶底。结果判断以第二泡为主要依据,兼顾前后。

二、绿茶品质与审评

绿茶是我国最早生产的茶类,历史悠久。同时也是我国主要茶类,占我国茶叶总产量的75%以上。绿茶的基本加工工艺流程是:鲜叶摊放→杀青→揉捻(做形)→干燥。“清汤绿叶”是其基本品质特征。

(一)绿茶品质特征

绿茶因加工工艺和品质特征的差异,分为炒青绿茶、烘青绿茶、蒸青绿茶、晒青绿茶等。

1. 炒青

炒青绿茶是指在初加工中,干燥以炒干为主、或全部炒干,形成其香气浓郁、滋味浓醇的风格。炒青绿茶按外形可分为长炒青、圆炒青和扁炒青三类(图 6-16)。

长炒青

圆炒青

扁炒青

图 6-16　各种炒青绿茶

(1)长炒青

长炒青品质一般要求外形条索细嫩紧结有锋苗,色泽灰绿润;汤色绿明;香高持久;滋味浓爽;叶底嫩匀、绿亮。

(2)圆炒青

圆炒青的品质一般要求外形颗粒圆结重实,色泽墨绿油润;汤色黄绿明亮;香气高纯;滋味浓厚、耐泡;叶底完整黄绿明亮。

圆炒青因产地和采制方法不同,有平水炒青、泉岗辉白、涌溪火青等。

(3)扁炒青

扁炒青因产地和采制方法不同,历史上分为龙井、旗枪、大方。其特点是外形扁平挺直、匀齐光洁,色泽嫩绿或翠绿;汤色黄绿;香气清高;滋味醇爽;叶底嫩匀成朵。

扁炒青以杭州西湖区产品最为知名,史称“西湖龙井”。浙江省已经申报确定了龙井茶产地保护措施,依产地定名为西湖龙井、钱塘龙井和越州龙井。

2. 烘青

烘青绿茶(图 6-17)外形条索紧结、显锋苗、平伏匀整、深绿油润;香气清高;汤色黄绿明亮;滋味鲜醇;叶底匀整绿亮。传统上,烘青绿茶毛茶常作为窨制花茶的茶坯。现在许多烘青制成成品茶后直接进入市场。

烘青

晒青

蒸青

图 6-17　各种绿茶

3. 晒青

晒青茶以云南所产品质特色最为突出,称之滇青。其外形条索粗壮、带白毫,色泽深绿;香气呈日晒风味;汤色黄绿;滋味浓而富有收敛性;叶底肥厚。

晒青不经渥堆工序而压制加工的产品属于绿茶紧压茶,而渥堆后的再加工产品属于黑茶。

4. 蒸青

蒸青绿茶自唐代时期由我国传入日本,相沿至今。其外形条索细紧、挺直呈棍棒形;色泽深绿或鲜绿油润;汤色绿明;香气纯正带海藻气;滋味清爽;叶底显青绿。

目前,蒸青茶产品主要有日本玉露、碾茶、煎茶、玉绿茶、恩施玉露等。

5. 名优绿茶

名优绿茶从普通绿茶中发展而来,但也具有其自身的特点。名优绿茶的制作方法很多,生产者也力求在加工中体现出独到之处。名优绿茶的规格品质通常由国家、地方、相应的行业或企业予以规定。品质特点的共同之处是:造型富有特色,色泽绿润鲜亮,匀整;香气高长新鲜;滋味鲜醇;叶底匀齐,芽叶完整,规格一致。

名优绿茶与普通绿茶的差异主要表现在以下几个方面:①名优绿茶对原料的要求有别于普通茶,许多名优绿茶对原料要求十分严格,如紫芽、虫害芽、病变芽等均不采摘。嫩度也远优于普通茶。②名优绿茶制作精细程度高于普通茶,大部分名优绿茶都是以手工方式或手工与机械相结合的方式来加工的。这主要是因为名优茶的制作要求高,既要考虑造型,同时又要兼顾色泽、整碎度、风味等方面,而现在的加工机械尚不能全面做到这一点。③名优绿茶品质通常优于普通茶,由于在生产的诸环节中均进行了严格要求,塑造了名优绿茶优异品质。

绿茶是我国产量最多,饮用最为广泛的一种茶,分布在浙江、安徽、江西、江苏、四川、湖南、湖北、广西、福建、贵州等各个茶区。在长期的茶叶加工过程中,各省涌现了大量品质优良、知名度高的名优绿茶,其主要的代表产品如下。

(1)浙江省

浙江省是绿茶的主产区,其名优绿茶代表产品(图 6-18)有:

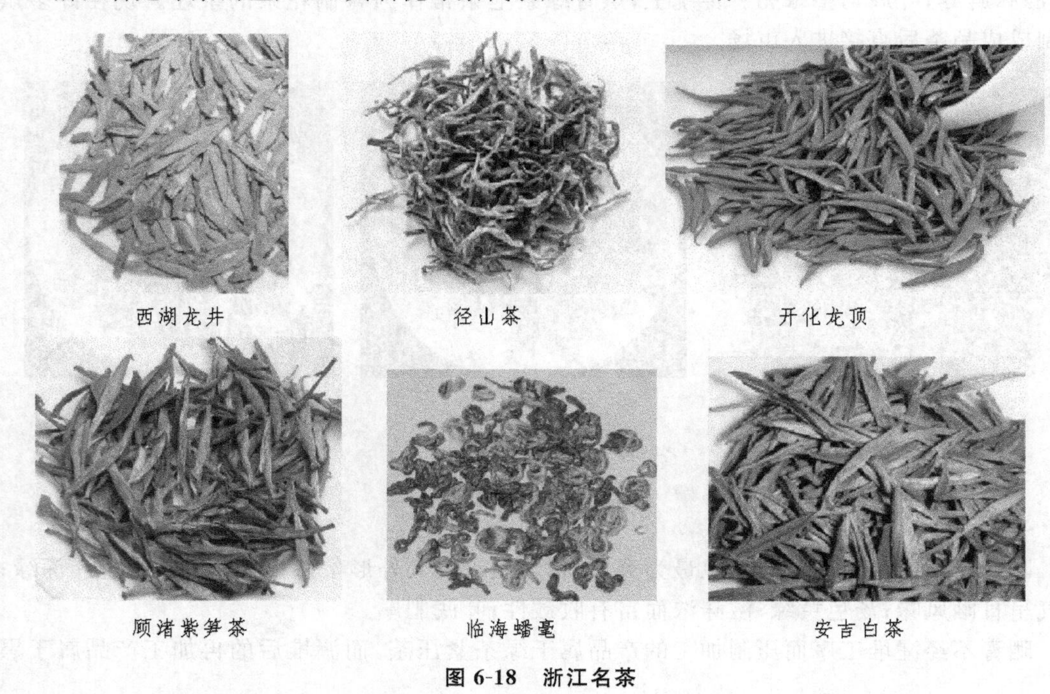

西湖龙井　　径山茶　　开化龙顶

顾渚紫笋茶　　临海蟠毫　　安吉白茶

图 6-18　浙江名茶

①西湖龙井

原产地是杭州市西湖区。鲜叶采摘细嫩,要求芽叶均匀成朵,制造前经适当摊放,高级龙井做工特别精细,具有“色绿、香郁、味甘、形美”的品质特征。

龙井茶外形嫩叶包芽,扁平挺直似碗钉,匀齐光滑,芽毫隐藏稀见,色泽翠绿微带嫩黄光润;香气鲜嫩馥郁、清高持久;汤色绿清澈明亮;滋味甘鲜醇厚,有新鲜橄榄的回味;叶底嫩匀成朵。

②大佛龙井

大佛龙井茶产于中国名茶之乡新昌县。外形扁平，形似碗钉，色泽嫩绿；汤色浅黄绿；香气清高持久；滋味鲜醇；叶底嫩绿匀齐。

③金奖惠明茶

产于浙江云和县，曾于1915年获巴拿马万国博览会一等证书和金质奖章而得名。其外形条索细紧匀齐、有锋苗、色泽绿润；香高持久，有花果香；汤色嫩绿明亮；滋味甘醇爽口；叶底嫩绿明亮。

④径山茶

产于浙江余杭市径山。其外形条索细嫩紧秀，显毫，色泽翠绿；香气高鲜持久，有板栗香；汤色嫩绿明亮；滋味甘醇爽口；叶底嫩绿成朵明亮。

⑤开化龙顶

产于浙江开化县。其外形挺直，显白毫，银绿隐翠；香气鲜嫩持久；汤色嫩绿明亮；滋味鲜醇爽口；叶底嫩绿成朵明亮。

⑥临海蟠毫

产于浙江省临海市。其外形壮结盘花成颗粒形，显白毫，绿润；香气鲜嫩带甜香；汤色嫩绿明亮；滋味醇厚鲜爽；叶底肥嫩成朵明亮。

⑦安吉白茶

产于浙江省安吉县。该茶鲜叶幼嫩时叶绿素含量较低，鲜叶呈嫩白色，氨基酸含量较高。其外形有自然呈兰花形、扁形或卷曲形，鲜绿带嫩黄；香气清鲜；汤色嫩绿明亮；滋味鲜爽；叶底肥嫩白，叶脉翠绿。

⑧三杯香茶

产于浙江省泰顺县。外形细紧苗直，绿润；香气清高持久；汤色黄绿明亮；滋味浓醇；叶底黄绿嫩匀。

⑨望海茶

产于浙江省宁波市。外形细嫩挺秀，翠绿显亮；香气清香持久；汤色清澈明亮；滋味鲜爽回甘；叶底嫩绿成朵明亮。

⑩顾渚紫笋茶

产于浙江省长兴县。外形芽形似笋、绿润；香气清高持久；汤色碧绿明亮；滋味鲜爽；叶底嫩绿成朵明亮。

(2)安徽省

①黄山毛峰

产于安徽歙县黄山。外形细嫩稍卷曲，芽肥壮，匀齐，有锋毫，形似“雀舌”。鱼叶呈金黄色，俗语称金黄片，色泽嫩绿金黄油润，俗称象牙色；香气清鲜高长；汤色清澈杏黄明亮；滋味醇厚鲜爽回甘；叶底嫩黄、肥厚成朵。

②太平猴魁

产于安徽太平县猴坑一带，曾于1915年巴拿马万国博览会上，荣获金质奖章。外形平展、整枝、挺直、肥壮，两叶抱一芽，如含苞的白兰花，含毫而不露，色泽苍绿匀润；内质香气高爽持久，含花香；汤色清绿明净；滋味鲜醇回甜；叶底芽叶肥壮、嫩匀成朵、嫩绿明亮。

③六安瓜片

产于安徽六安和金寨两县，以齐云山蝙蝠洞一带所产的品质最好，称“齐山瓜片”。外形平展，一片片的不带芽和茎梗，叶边背卷向上重叠，形似瓜子，所以叫瓜片，色泽翠绿起霜；内质香气高长；汤色碧绿；滋味鲜醇回甜；叶底黄绿匀亮。

④敬亭绿雪

产于安徽宣城县敬亭山。是我国最早的著名绿茶之一。年久失传，1972 年起恢复试制，1978 年初步定型生产。外形芽叶相合，形似雀舌，挺直饱满，色泽翠绿，多白毫；内质香气清鲜持久，有花香；汤色清绿明亮见“雪飘”；滋味醇爽回甜；叶底肥壮、匀齐、成朵，嫩绿明亮。

⑤休宁松萝

产于安徽休宁县琅源山而得名。外形条索紧结卷曲，色泽银绿光滑；内质香气高爽持久；滋味浓厚带苦；汤色绿亮；叶底绿亮。

⑥舒城兰花

产于安徽舒城、通城、庐江、岳西一带。外形芽叶相连，色泽翠绿、显毫；内质香气带兰花香；汤色绿亮；滋味浓醇回甜；叶底肥厚、成朵、嫩黄绿。

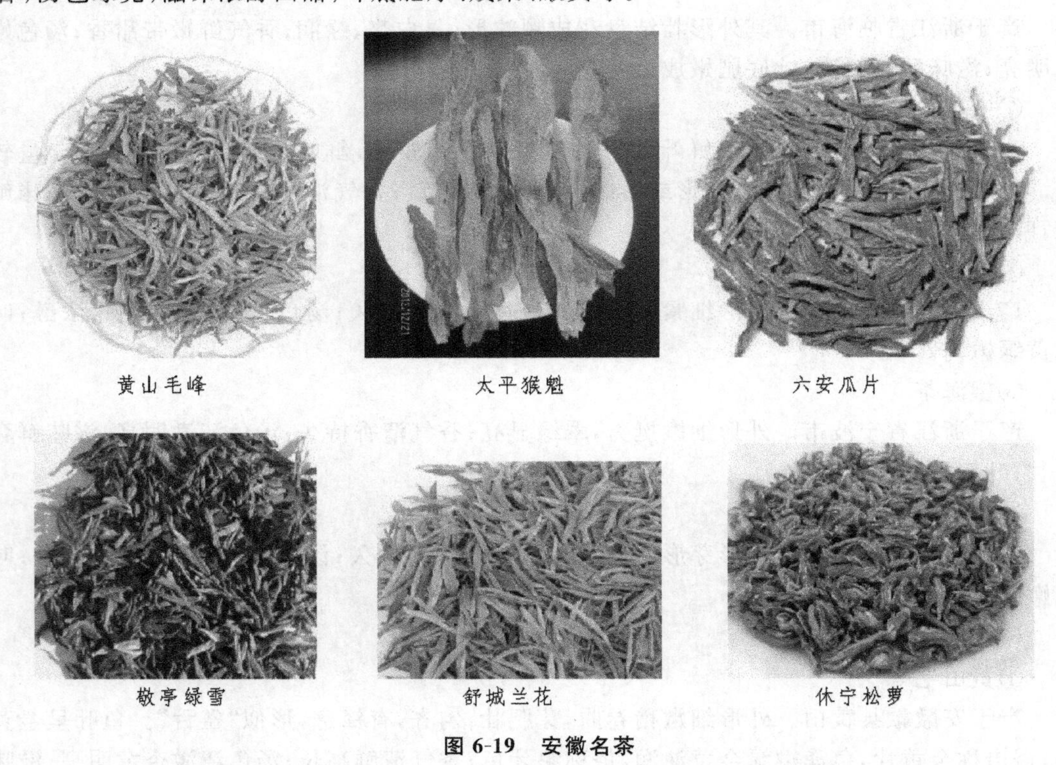

图 6-19　安徽名茶

(3)江苏省

①洞庭碧螺春

产于江苏吴县太湖洞庭山。外形条索纤细、匀整，卷曲呈螺，白毫显露，色泽银绿隐翠光润；内质清香持久、带花果香；汤色嫩绿清澈；滋味清鲜回甜；叶底嫩匀明亮。

②南京雨花茶

产于南京中山陵园和雨花台一带。外形呈松针状，条索紧直浑圆，锋苗挺秀，白毫显露，

色泽翠绿；内质香气清高幽雅；汤色清澈明亮；滋味鲜爽；叶底嫩绿匀净。

③金坛雀舌

产于江苏省金坛市。外形扁平挺直，形似雀舌，色泽绿润；内质香气清高；汤色清澈明亮；滋味醇爽；叶底嫩匀成朵。

④茅山青峰

产于江苏省金坛市。外形扁平，挺直如剑，色泽绿润，平整光滑；内质香气高爽；汤色绿明；滋味鲜醇；叶底嫩绿明亮。

⑤阳羡雪芽

产于江苏省宜兴。外形条索紧直有锋苗，色泽翠绿显毫；香气清雅；滋味鲜醇；汤色清澈明亮；叶底嫩匀完整。

⑥无锡毫茶

产于江苏省无锡市。外形肥壮卷曲，身披茸毫，色泽翠绿；香高持久；滋味鲜醇；汤色绿而明亮；叶底嫩匀。

⑦天目湖白茶

产于江苏省溧阳市。2010 年上海世博会十大名茶之一。外形呈自然形，似凤羽，色泽嫩黄绿；香气鲜嫩；汤色嫩黄；滋味鲜醇；叶底嫩匀。

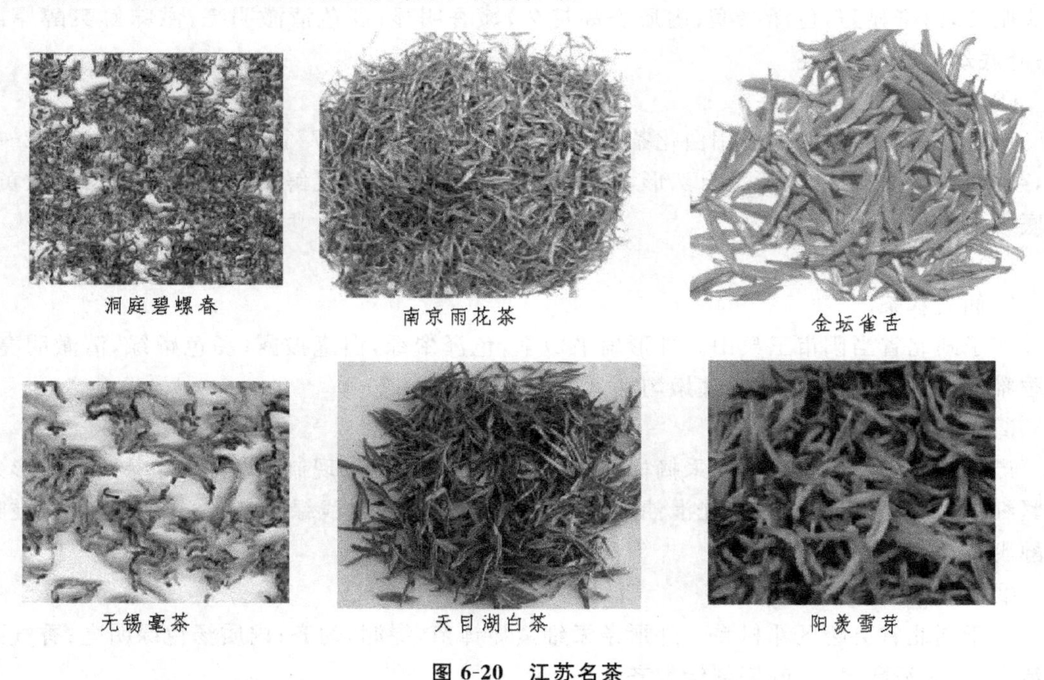

图 6-20　江苏名茶

(4)江西省

①庐山云雾

产于江西省九江市庐山。鲜叶采摘标准为一芽一叶初展，经薄摊至含水量 70%左右开始初制，分杀青、抖散、揉捻、初干、搓条、提毫、再干七个工序。外形条索紧结壮丽，色泽青翠有毫；内质香气鲜爽持久；汤色清澈明亮；滋味醇厚回甘；叶底嫩绿匀齐。

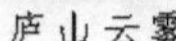

庐山云雾

靖安白茶

图 6-21 江西名茶

②狗牯脑茶

产于江西省遂川县狗牯脑山。成品外形紧结秀丽，白毫显露，芽端微勾；香气高雅，略有花香，泡后速沉；汤色清明；滋味醇厚；叶底黄绿。

③婺源茗眉

产于江西婺源县。用优良品种上梅洲茶树的幼嫩芽叶制成的，白毫特多，品质最好。鲜叶采摘标准为一芽一叶初展，初制分杀青，揉捻，烘坯、锅炒、复烘五个工序。外形条索紧结，芽头肥壮，白毫显露，色泽绿润；内质香高持久，嫩香明显；汤色清澈明亮；滋味鲜爽醇厚回甘；叶底幼嫩、嫩绿明亮。

④靖安白茶

产于江西省靖安县。采用白化茶树品种，氨基酸含量高达 7%以上，是其他绿茶的 2～3 倍，茶多酚含量较低。外形呈自然形，似凤羽，色泽嫩黄绿；香气鲜嫩；滋味鲜醇；汤色嫩黄；叶底嫩匀成朵。

(5)湖北省

①仙人掌茶

产于湖北省当阳市玉泉山。外形扁平似掌，色泽翠绿，白毫披露；汤色嫩绿，清澈明亮；清香雅淡；滋味鲜醇爽口。叶底嫩匀。

②恩施玉露

产于湖北省恩施市。鲜叶采摘标准为一芽一、二叶，现采现制，属于蒸青绿茶。外形条索紧细，匀齐挺直，形似松针，光滑油润呈鲜绿豆色；内质汤色浅绿明亮；香气清高鲜爽；滋味清醇爽口；叶底翠绿匀整。

③邓村绿茶

产于湖北省夷陵区邓村乡。外形条索细紧显锋苗，绿润，匀齐；内质汤色绿明亮；香气栗香清高；滋味清醇爽口；叶底翠绿匀齐。

④采花毛尖

产于湖北省五峰土家族自治县。外形细秀匀直，白毫显露，色泽翠绿油润；内质香气高而持久；滋味鲜爽回甘；汤色清澈；叶底嫩绿明亮。

⑤峡州碧峰

产于湖北省宜昌市高山区。条索紧秀显毫，色泽翠绿油润；香气清高持久；汤色黄绿明亮；滋味鲜爽回甘；叶底嫩绿匀齐。

⑥恩施富硒茶

产于湖北省鄂西南恩施市。伍家台绿针、恩施花枝茶、清江玉露、雾洞绿峰等都是恩施富硒茶。湖北恩施是世界硒都，土壤中富含硒元素，故名为富硒茶。其品质特点以富硒、味鲜、香高、色绿、形美、显毫著称，多次在全省和全国茶叶评比中获奖。

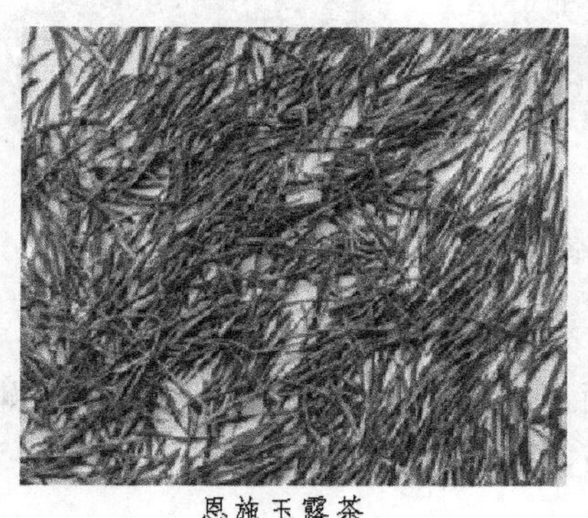
恩施玉露茶

采花毛尖

图 6-22　湖北名茶

(6)湖南省

①碣滩茶

产于湖南省沅陵县。外形条索细紧，圆曲，色泽绿润，匀净；香气嫩香持久；汤色绿亮明净；滋味醇爽回甘；叶底嫩绿、整齐、明亮。

②古丈毛尖

产于湖南古丈县。鲜叶采摘标准为一芽一、二叶初展，采回后须适当摊放，初制经三炒、三揉，最后还有提毫和收锅两个过程。外形条索紧细圆直，白毫显露，色泽翠绿；内质香高持久，有熟板栗香；汤色清明净；滋味浓醇；叶底嫩匀明亮。

③高桥银峰

产于湖南省长沙高桥。制法特点是杀青、初揉后在炒干时做条和提毫。外形条索呈波形卷曲，锋苗显，嫩度高，银毫显露，色泽翠绿；内质香气鲜嫩清高；汤色清亮；滋味醇厚；叶底嫩绿明净。

④安化松针

产于湖南安化县。外形细直秀丽，状似松针，白毫显露，色泽翠绿；内质香气馥郁；汤色清澈明亮；滋味甜醇；叶底嫩匀。

⑤玲珑茶

产于湖南南桂东县。外形紧细弯曲，状若环勾，色泽苍翠，银毫毕露；汤色清亮；香气持久；滋味醇厚；叶底嫩匀。

(7)四川省

①蒙顶甘露

产于四川名山县蒙山顶的甘露峰，蒙顶种茶已有两千年左右历史，品质极佳。蒙顶甘露的鲜叶采摘以一芽一叶初展为标准。外形条索紧卷多毫，嫩绿油润；内质香气鲜嫩馥郁芬芳；汤色碧绿带黄，清澈明亮；滋味鲜爽，醇厚回甘；叶底嫩绿，秀丽匀整。

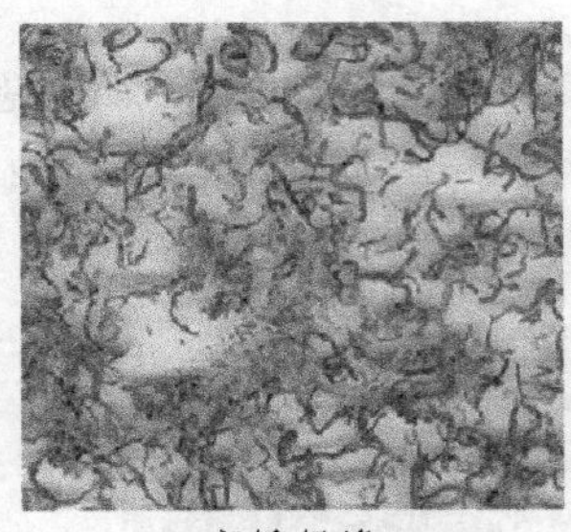
高桥银峰

安化松针

古丈毛尖

图 6-23 湖南名茶

②竹叶青

产于四川省峨眉山。外形扁平光滑、挺直秀丽，匀整，干茶色泽嫩绿油润；香气嫩栗香、浓郁持久；汤色嫩绿明亮；滋味鲜嫩醇爽；叶底完整、黄绿明亮。

③青城雪芽

产于四川省都江堰市灌县。外形秀丽微曲，白毫显露；香气鲜浓；滋味鲜爽；汤色绿清澈；叶底嫩绿匀齐。

④峨眉毛峰

产于四川雅安县。外形条索细紧匀卷秀丽多毫，色泽嫩绿油润；内质香气高鲜；汤色微黄而碧；滋味醇甘鲜爽；叶底匀整，嫩绿明亮。

蒙顶甘露

竹叶青

图 6-24 四川名茶

(8)贵州省

①都匀毛尖

产于贵州都匀县。外形可与碧螺春媲美，内质可与信阳毛尖媲美。鲜叶要求嫩绿匀齐，细小短薄，一芽一叶初展，形似雀舌，长 2～2.5 cm。外形条索紧细卷曲，毫毛显露，色泽绿润；内质香气清嫩鲜；滋味鲜浓回甜；汤色清澈；叶底嫩绿匀齐。

②湄潭翠芽

产于贵州湄潭县。外形扁平光滑，形似葵花籽，隐毫稀见，色泽绿翠；香气粟香浓、有花香；滋味醇厚爽口，回味甘甜；汤色黄绿明亮；叶底嫩绿匀整。

③贵定云雾

产于贵州贵定县。条索紧卷弯曲，嫩绿显毫，形若鱼钩；汤色亮绿清澈；滋味醇厚爽口；叶底嫩匀。

④龙泉剑茗

产于贵州省湄潭县龙泉山。外形肥壮显芽，茸毫披露，嫩绿形似剑；汤色嫩绿明亮；香气嫩香；滋味鲜爽柔和；叶底肥嫩、全芽、嫩绿。

都匀毛尖

湄潭翠芽

图 6-25　贵州名茶

(9)福建省

①南安石亭绿

产于福建南安县石志亭。以侨销为主。鲜叶采摘标准为一芽二叶，采下后摊放 3～4 h，炒制特点是“双炒双揉”和最后的“磨锅”，中间不间断，形成了石亭绿“三绿”“三香”的品质特点。“三绿”是干茶色泽灰绿，汤色黄绿，叶底嫩绿；“三香”是香气馥芬芳，带杏仁香，绿豆香和兰花香。石亭绿外形条索紧结；香气高而持久；滋味浓厚鲜甜。

②天山绿茶

产于福建省宁德、古田、屏南。历史上，其外形有针、圆、扁、曲，形状各异；香似珠兰，清雅持久，滋味浓厚回甘；汤色清澈明亮。

(10)其他

①信阳毛尖

产于河南省信阳市，以车云山的品质最好。制法吸取六安瓜片的帚炒杀青和西湖龙井的理条手法。外形条索紧细，圆、光、直、有锋苗，色泽银绿隐翠；内质香气高鲜；有熟板栗香；汤色碧绿明净；滋味鲜醇厚回甘；叶底嫩绿匀整。

②桂平西山茶

产于广西桂平县海拔 700 m 高的西山，已有三百余年历史。鲜叶多为一芽一叶或二叶初展。做工精细，分摊放、杀青、揉捻、干燥四个过程。干燥过程先炒后烘。品质特征外形条索紧细微曲，有锋苗，色泽青翠；内质香气清鲜；汤色清澈明亮；滋味醇甘爽口；叶底柔嫩成朵，嫩绿明亮。

③南糯白毫

产于云南西双版纳勐海县南糯山，海拔 1 200 m 以上。外形条索紧结壮实，白毫显露；

内质香气持久；汤色清澈；滋味鲜浓；叶底嫩匀明亮。

(二)绿茶审评技术

1.审评方法

绿茶审评项目包括外形、汤色、香气、滋味和叶底。在现行的审评方法国家标准中(GB/T23776-2009)，基本的规定均为内质审评开汤按 3 g 茶、150 mL 沸水冲泡 4 min 的方式进行操作(普通绿茶 5 min)；毛茶开汤有时也以 4 g 茶、200 mL 沸水冲泡 5 min 的方式操作。总之需保持茶与水的比例为 1∶50。绿茶审评的操作流程如下：

取样→评外形→称样→冲泡、计时→沥茶汤→评汤色→闻香气→尝滋味→看叶底。

具体操作方法参见通用审评法。

2.审评要点

(1)普通绿茶

①外形审评

外形审评的内容包括嫩度、形态、色泽、整碎、净杂等。一般嫩度好的产品具有细嫩多毫、紧结重实、芽叶完整、色泽调和及油润的特点，而嫩度差的低次茶呈现粗松、轻飘、弯曲、扁条、老嫩不匀、色泽花杂、枯暗欠亮的特征。劣变茶的色泽更差，而陈茶一般都是枯暗的。

审评初制绿茶外形，需要通过把盘，分出上、中、下三段茶，逐层检查其特征。通常上段茶(面张茶)轻、粗、松、杂，中段茶重、实、细、紧，下段茶体小、断、碎。这三段茶比例适当为正常。如面张茶和下段茶多，而中段茶少，称为“脱档”，表明茶叶质量有问题。

②内质审评

内质审评的重点在叶底的嫩度和色泽，但其他项目的审评仍需要兼顾。质量好的初制绿茶汤色清澈明亮，而低档茶汤色欠明亮，酸馊劣变茶的汤色浑浊不清，陈茶的汤色发暗变深，杂质多的茶审评杯底会出现沉淀。

绿茶香气以花香、嫩香、清香、栗香为优，淡薄、熟闷、低沉、粗老为差。有烟焦、霉气者为次品或劣变茶。

滋味审评以浓、醇、鲜、甜为好，淡、苦、粗、涩为差。出现烟焦味、霉味或其他被沾染的异味，表明已是劣变或残次茶。

审评叶底以原料嫩而芽多、厚而柔软、匀整、明亮的为好，以叶质粗老、硬、薄、花杂、老嫩不一、大小欠匀、色泽不调和为差。叶底的色泽以淡绿微黄、鲜明一致为佳，其次是黄绿色。而深绿、暗绿表明品质欠佳。

表 6-7　普通绿茶品质评语与各品质因子评分表

因子	级别	品质特征	给分	系数
外形	甲	一芽一叶初展和一芽二叶，造型有特色；嫩绿、翠绿或深绿，油润；匀整；净	90～99	20%
	乙	一芽二叶为主，造型较有特色；墨绿或黄绿，较油润；尚匀整；较净	80～89	
	丙	嫩度稍低，造型特色不显；暗褐、灰绿、偏黄；尚匀整；尚净	70～79	
汤色	甲	绿明亮	90～99	10%
	乙	尚绿明亮、黄绿明亮	80～89	
	丙	深黄、黄绿欠亮、浑浊	70～79	
香气	甲	高爽有栗香、有嫩香、带花香	90～99	30%
	乙	清香尚高	80～89	
	丙	尚纯、略高火	70～79	
滋味	甲	鲜醇、醇厚鲜爽	90～99	30%
	乙	浓厚、尚醇厚	80～89	
	丙	尚醇、浓涩、青涩	70～79	
叶底	甲	嫩匀多芽、尚嫩绿明亮、匀齐	90～99	10%
	乙	嫩匀有芽、绿明亮、尚匀齐	80～89	
	丙	尚嫩、黄绿、欠匀	70～79	

(2)名优绿茶

名优绿茶审评要求面面俱到。虽然各审评因子在最后会有所侧重(这种侧重通过评分时各因子的换算系数比例大小来体现)，但不能忽视任何因子。同时，审评对品质的要求也更加严格。

①外形审评

名优绿茶的形态多姿多彩。为追求新颖独特，一些普通茶叶中从未出现过的造型也为名优茶所拥有，如环形、创新的束花形等。有的名优绿茶扁平光滑，有的又满披茸毫；有的名优绿茶色泽翠绿，有的以黄绿作为特征。因此审评外形尤其要注意造型、色泽、匀度、整碎度以及应有的特色。

②内质审评

名优绿茶的茶汤颜色对温度十分敏感，因此汤色审评应尽可能地快。应注意的是部分嫩度极佳的而又多茸毫的茶叶，如无锡毫茶，其茸毫极易在冲泡后随着茶汤沥入审评碗中，使茶汤的明亮度和清澈度受影响，这其实是品质好的表现，而非弊病。

香气审评，要注意香气的类型和持久性。强调香气新鲜、香型高雅、余香经久不散为好。

名优绿茶滋味强调鲜和醇的协调感，而不是越浓越好。国外认为能喝出香味的茶是好茶，这一观点有一定道理，表明香气成分在茶汤中的浓度大，易被评茶人员察觉。

名优绿茶审评叶底应注重芽叶的完整性、嫩度和匀齐度。这是由于名优绿茶的嫩匀整齐具有很强的观赏性，相对于大宗(普通)茶，叶底本身也能成为品质的直观体现。

表 6-8　名优绿茶品质评语与各品质因子评分表

因子	级别	品质特征	给分	系数
外形	甲	嫩绿、翠绿、细嫩有特色	90～99	25%
	乙	墨绿、深色、细嫩有特色	80～89	
	丙	暗褐、陈灰、一般嫩茶	70～79	
汤色	甲	嫩绿、嫩黄绿明亮	90～99	10%
	乙	清亮、黄绿	80～89	
	丙	深黄、混浊	70～79	
香气	甲	嫩香、嫩栗香、清香	90～99	25%
	乙	清高、高欠锐	80～89	
	丙	纯正、熟、足火	70～79	
滋味	甲	鲜醇、嫩鲜、鲜爽	90～99	30%
	乙	清爽、醇厚、浓厚	80～89	
	丙	熟、浓涩、青涩、强烈	70～79	
叶底	甲	嫩绿明亮、显芽	90～99	10%
	乙	黄绿明亮	80～89	
	丙	黄暗、青暗	70～79	

3. 绿茶常见感官品质状况

(1)外形

①形态

针形、扁形、条形、珠形、片形、颗粒形、团块形、卷曲形、花朵形、尖形、束形、雀舌形、环钩形、粉末形、晶形。

②色泽

嫩绿、翠绿、深绿、墨绿、黄绿、嫩黄、金黄、灰绿、银白、暗绿、青褐、暗褐。

(2)汤色

嫩绿、浅绿、杏绿、绿亮、黄绿、黄、黄暗、深暗。

(3)香气

毫香、嫩香、花香、清香、栗香、茶香、高香。

(4)滋味

浓烈、浓爽、浓厚、浓醇、浓鲜、鲜、鲜醇、清鲜、鲜淡、醇爽、醇和、平和。

(5)叶底

①形态

芽形、条形、雀舌形、花朵形、整叶形、碎叶形、末形。

②色泽

嫩绿、嫩黄、翠绿、黄绿、鲜绿、绿亮、青绿、黄褐。

4. 绿茶常见品质弊病的原因分析

(1)普通绿茶

①脱档：上、中、下三段茶比例失当。

②异味污染：茶叶有极强吸附性，易被各种有味物质污染而带异味。常见异味有烟味、竹油味、木炭味、塑料味、石灰味、油墨味、机油味、纸异味、杉木味等。

③生青:原料摊放、杀青、揉捻不足的茶叶常表现出的一种特征。

④苦味:部分病变叶片加工出的产品所表现的特征。

⑤涩味:夏季加工的茶叶因茶多酚转化不足而表现的一种滋味特征。

⑥爆点、焦斑:叶片在炒制过程中局部被烤焦或炭化而形成的斑点。

⑦红梗红叶:原料采摘、杀青不当导致叶茎部和叶片局部红变的现象。

⑧焦味:加工过程中叶片在高温下被炭化后散发的味道。

⑨陈味:茶叶失风受潮、品质变陈后具有的一种不良味道。

⑩花杂:原料嫩度不一所致。

(2)名优绿茶

①色泽深暗:除了使用紫芽原料外,其色泽的深暗多是由于加工技术不当造成的。

②造型无特色:造型缺乏特色是名优绿茶的大忌。

③风味淡薄:部分名优绿茶为追求嫩度和造型,往往使用单芽加工,这可能会造成香气、滋味的淡薄。

④香味生青:名优绿茶的制作中为追求绿色,不经摊放或适度揉捻,降低了茶叶内含物质的转化程度,常会出现生青的风味。

⑤异味污染:名优绿茶在加工、贮藏过程中处理不当所致。

三、红茶品质与审评

红茶是世界上产销最多的茶类,也是生产国家最多的茶类,红茶产量占茶叶总产量的60%以上。红茶在初制时,鲜叶先经萎凋,然后再经揉捻或揉切、发酵和烘干,形成红茶红汤红叶、香味甜醇的品质特征。

我国红茶有红碎茶和红条茶之分,其中红条茶又分为工夫红茶和小种红茶。

(一)红茶品质特征

1.工夫红茶

工夫红茶是我国独特的传统产品,因初制揉捻工序特别注意条索的紧结完整,精制时颇费工夫而得名。外形条索细紧平伏匀称,色泽乌润,内质汤色,叶底红亮,香气馥郁,滋味甜醇。因产地、茶树品种等不同,品质亦有差异。可分为祁红、滇红、川红、宜红、宁红、闽红等。

(1)祁红

产于安徽祁门及其毗邻各县。外形条索细紧而稍弯曲,有锋苗,色泽乌润略带灰光;内质香气特征最为明显,带有类似蜜糖或苹果的香气,持久不散,在国际市场誉为“祁门香”;汤色红艳明亮;滋味鲜醇带甜;叶底鲜红明亮。

(2)滇红

产于云南凤庆、临沧、双江等地,用大叶种茶树鲜叶制成,品质特征明显。外形条索肥壮紧结重实,匀整,色泽乌润带红褐,金毫特多;内质香气高;汤色红艳带金圈;滋味浓厚刺激性强;叶底肥厚、红嫩鲜明。

(3)川红

图 6-26　红茶

产于四川宜宾市。外形条索紧结壮实美观，有锋苗，多毫，色泽乌润；内质香气鲜而带橘子果香；汤色红亮；滋味鲜醇爽口；叶底红明匀整。

(4)宜红

主产于湖北宜昌市、恩施市，属中小叶种工夫红茶。外形细紧带金毫，色泽乌润；内质甜香高长；滋味浓醇；汤色红亮；叶底红亮。

(5)宁红

产于江西省修水县、武宁县、铜鼓县。宁红工夫的品质与祁红工夫很接近，高档茶外形紧结，苗锋修长，色泽乌润；内质甜香高长；滋味甜醇；汤色红亮；叶底红亮。

(6)闽红

闽红：分白琳工夫、坦洋工夫和政和工夫三种。由于各品种产区和茶树品种不同，品质有较大差异。

①白琳工夫

产于福建省福鼎市白琳镇。外形条索细长弯曲，多白毫，带颗粒状，色泽黑；内质香气纯而带甘草香；汤色浅而明亮；滋味清鲜稍淡；叶底鲜红带黄。

②坦洋工夫

产于福建省福安市坦洋乡。外形条索细薄而飘，带白毫，色泽乌黑有光；内质香气鲜甜；茶汤呈深金黄色；滋味清鲜甜醇；叶底光滑。

③政和工夫

政和工夫：分大茶和小茶两种。

大茶：用大白茶品种制成。外形近似滇红，毫多，色泽灰黑；内质香气高而带鲜甜；汤色深；滋味醇厚；叶底肥壮尚红。

小茶：用小叶种制成。外形条索细紧，色泽灰暗；内质香气似祁红，但不持久；汤色红亮；

滋味甜醇；叶底尚鲜红。

(7)越红

产于浙江绍兴、诸暨等县(市)，属小叶种工夫红茶。近年来，杭州西湖龙井茶产区利用夏暑茶原料，亦有生产。外形较细紧，内质香气纯正；汤色浅红亮；滋味甜醇；叶底尚红。

(8)湘红

产于湖南省安化等县，外形条索紧结重实，有毫，色泽乌润；内质香气尚高长；汤色红亮；滋味醇和；叶底红亮。

2. 小种红茶

小种红茶是我国福建省特产，初制工艺是鲜叶→萎凋→揉捻→发酵→过红锅(杀青)→复揉→薰焙等六道工序。由于采用松柴明火加温萎凋和干燥，干茶带有浓烈的松烟香。

小种红茶以崇安星村桐木关所产的品质最佳，称“正山小种”或“星村小种”。福安、政和等县仿制的称“人工小种”或“烟小种”。

(1)正山小种

外形条索粗壮长直，身骨重实，色泽乌黑油润有光；内质香高，具松烟香；汤色呈糖浆状的深金黄色；滋味醇厚，似桂圆汤味；叶底厚实光滑，呈古铜色。

(2)人工小种

又称烟小种，条索近似正山小种，身骨稍轻而短钝；带松烟香；汤色稍浅；滋味醇和；叶底略带古铜色。

3. 红碎茶

红碎茶在初制时经过充分揉切，细胞破坏率高，有利于多酚类酶性氧化和冲泡，形成香气高锐持久，滋味浓强鲜爽，加牛奶白糖后仍有较强茶味的品质特征。因揉切方法不同，分为传统红碎茶、C. T. C. 红碎茶、转子(洛托凡)红碎茶、L. T. P. (即劳瑞式锤击机)红碎茶和不萎凋红碎茶五种。各种红碎茶又因叶型不同分为叶茶、碎茶、片茶和末茶四类，都有比较明显的品质特征，因产地、品种等不同，品质特征也有很大差异。

(1)不同品种红碎茶的品质特征

因产地品种不同，我国有四套红碎茶标准样，用大叶种制成的一、二套样红碎茶，品质高于用中小叶种制成的三、四套样红碎茶。

大叶种红碎茶：外形颗粒紧结重实，有金毫，色泽乌润或红棕，内质香气高锐，汤色红艳，滋味浓强鲜爽，叶底红匀。

中小叶种红碎茶：外形颗粒紧卷，色泽乌润或棕褐，内质香气高鲜，汤色尚红亮，滋味欠浓强，叶底尚红匀。

(2)不同产地红碎茶的品质特征

①印度红碎茶

主要茶区在印度东北部，以阿萨姆产量最多，其次为大吉岭和杜尔司等。

阿萨姆红碎茶用阿萨姆大叶种制成。品质特征是外形金黄色毫尖多，身骨重，内质茶汤色深味浓，有强烈的刺激性。

大吉岭红碎茶用中印杂交种制成。外形大小相差很大。具有高山茶的品质特征，有独特的馥郁芳香，称为“核桃香”。

杜尔司红碎茶用阿萨姆大叶种制成。因雨量多,萎凋困难,茶汤刺激性稍弱,浓厚欠透明。不萎凋红茶刺激性强,但带涩味,汤色、叶底红亮。

②斯里兰卡红碎茶

按产区海拔不同,分为高山茶、半山茶和平地茶三种。茶树大多是无性系的大叶种,外形没有明显差异,芽尖多,做工好,色泽乌黑匀润,内质高山茶最好,香气高,滋味浓。半山茶外形美观,香气醇厚。平地茶外形美观,滋味浓而香气低。

③孟加拉红碎茶

主要产区为雪尔赫脱和吉大港,雪尔赫脱红碎茶做工好,汤色深,香味醇和。吉大港红碎茶形状较小,色黑,茶汤色深而味较淡。

④印尼红碎茶

主要产区为爪哇和苏门答腊。爪哇红碎茶制工精细,外形美观,色泽乌黑。高山茶有斯里兰卡红碎茶的香味。平地茶香气低,茶汤浓厚而不涩。苏门答腊红碎茶品质稳定,外形整齐,滋味醇和。

⑤苏联红碎茶

主要产区为格鲁吉亚,北至克拉斯诺达尔边区,气候较冷,都是小叶种,五十年代初期曾从我国大量引进祁门槠叶种,淳安鸠坑种。采用传统制法。外形匀称平伏,揉捻较好,内质香气纯和,汤色明亮,滋味醇而带刺激性,叶底红匀尚明亮。

⑥东非红碎茶

主要产区有肯尼亚、乌干达、坦桑尼亚、马拉维等。用大叶种制成,品质中等。近年来肯尼亚红碎茶品质提高较明显。

(二)红茶审评技术

红茶属于全发酵茶类,种类较多,产地较广。红茶的审评操作采用通用审评法。国外部分地区在审评内质时会加入鲜牛奶,称为“加奶审评法”

1. 审评方法

红茶审评项目包括外形、汤色、香气、滋味和叶底。在现行的审评方法国家标准中(GB/T23776-2009),基本的规定均为内质审评开汤按 3 g 茶、150 mL 沸水冲泡 5 min 的方式进行操作。

红茶审评的操作流程如下:

取样→评外形→称样→冲泡、计时→沥茶汤→闻香气→评汤色→尝滋味→看叶底。

具体操作方法参见通用审评法。

英国用标准容量杯为 140 mL,每杯茶样重量为 2.8 g 或 2.85 g,冲泡时间 6 min,到时将茶汤倾入瓷碗中,审评香气、滋味。

而红茶加奶审评法,则在开汤沥出的茶汤中,加入 1/10 茶汤量的鲜牛奶(15 mL)。加奶后茶汤色粉红或棕红明亮为好,淡红或淡黄为次,暗褐或灰白的为差。加奶后的茶汤滋味以有明显的茶味为好,而奶味明显、茶味淡薄的为差。

2. 审评要点

(1)工夫红茶

①外形审评

工夫红茶审评也分外形、香气、滋味、汤色、叶底五项。外形的条索比松紧、轻重、扁圆、弯直、长秀、短钝。嫩度比粗细、含毫量和锋苗兼看色泽润枯、匀杂。条索要紧结圆直，身骨重实。锋苗及金毫显露，色泽乌润调匀。整碎度比匀齐、平伏和下盘茶含量，要锋苗、条索完整。净度比梗筋、片朴末及非茶类夹杂物含量。

②内质审评

工夫红茶香气以开汤审评为准，区别香气类型，鲜纯、粗老、高低和持久性。一般高级茶香高而长，冷后仍能嗅到余香；中级茶香气高而稍短，持久性较差；低级茶香低而短或带粗老气。以高锐有花香或果糖香，新鲜而持久的好；香低带粗老气的差。

汤色比深浅、明暗、清浊。要求汤色红艳，碗沿有明亮金圈，有"冷后浑"的品质好，红亮或红明者次之，浅暗或深暗混浊者最差。但福建省的小种红茶有松烟香和桂圆汤味为上品。

叶底比嫩度和色泽。嫩度比叶质软硬、厚薄、芽尖多少，叶片卷摊。色泽比红艳、亮暗、匀杂及发酵程度。要求芽叶齐整匀净，柔软厚实，色泽红亮鲜活，忌花青乌条。

(2)红碎茶

世界产茶国所产的红茶，大多是红碎茶。红碎茶审评以内质的滋味、香气为主，外形为辅。国际市场对红碎茶品质要求：外形要匀正、洁净、色泽乌黑或带褐红色而油润，规格分清及一定重实度。内质要鲜、强、浓，忌陈、钝、淡，要有中和性，汤色要红艳明亮，叶底红匀鲜明。

①外形审评

外形主要比匀齐度、色泽、净度。匀齐度比颗粒大小、匀称、碎片末茶规格分清。评比重实程度，如 10 g 茶的容量不能越过 30～32 mL，否则为轻飘的低次茶。碎茶加评含毫量，叶茶外形评比匀、直、整碎、含毫量和色泽。色泽评比乌褐、枯灰、鲜活、匀杂。一般早期茶色乌，后期色红褐或棕红、棕褐，好茶色泽润活，次茶灰枯。净度比筋皮、毛衣、茶灰和杂质。

②内质审评

内质主要评比滋味的浓、强、鲜和香气以及叶底的嫩度、匀亮度，见表 6-9。

表 6-9　工夫红茶品质评语与各品质因子评分表

因子	级别	品质特征	给分	系数
外形	甲	细紧或紧结、显金毫、有锋苗，色乌润或显棕褐金毫，匀整，净	90～99	25%
	乙	较细紧或较紧结，稍有金毫，尚乌润，匀整，较净	80～89	
	丙	紧实，尚乌润，尚匀整，尚净	70～79	
汤色	甲	红亮	90～99	10%
	乙	尚红亮	80～89	
	丙	红欠亮	70～79	
香气	甲	嫩甜香	90～99	25%
	乙	有甜香	80～89	
	丙	纯正	70～79	
滋味	甲	鲜醇	90～99	30%
	乙	醇厚	80～89	
	丙	尚醇	70～79	
叶底	甲	细嫩或肥嫩，多芽，红亮	90～99	10%
	乙	嫩匀有芽、红尚亮	80～89	
	丙	尚嫩、尚红亮	70～79	

红碎茶香味要求鲜爽、强烈、浓厚(简称鲜、强、浓)的独特风格,三者既有区别又要相互协调。浓度比茶汤浓厚程度,茶汤进口即在舌面有浓稠感觉,如用滴管吸取的茶汤,滴入清水中扩散缓慢的为浓,品质好,淡薄为差。强度是红碎茶的品质风格,比刺激性强弱,以强烈刺激感有时带微涩无苦味或不愉快感为好茶,醇和平和为差。鲜度比鲜爽程度,以清新、鲜爽为好,迟钝、陈气为次。

汤色以红艳明亮为好,灰浅暗浊为差。决定汤色主要成分是茶黄素(TF)和茶红素(TR)。汤色的深浅与TF和TR总量有关,而明亮度与TF与TR的比例有关,有一定限度内比值愈大,汤色愈鲜艳。茶汤的乳凝现象,是汤质优良的表现。习惯采用加乳审评的,每杯茶中加入为茶汤1/10的鲜牛奶,加量过多不利于识别汤味。加乳后汤色以粉红明亮或棕红明亮为好,淡黄微红或淡红较好,暗褐、淡灰、灰白者差。加乳后的汤味,要求仍能尝出明显的茶味,这是茶汤浓的反应。茶汤入口两腮立即有明显的刺激感,是茶汤强烈的反应,如果是奶味明显,茶味淡薄,汤质就差。

叶底比嫩度、匀度和亮度。嫩度以柔软、肥厚为好,糙硬、瘦薄为差。匀度比老嫩均匀和发酵均匀程度,以颜色均匀红艳为好,驳杂发暗的差。亮度反映鲜叶嫩度和工艺技术水平,红碎茶叶底着重红亮度,而嫩度相当即可。

3.红茶常见感官品质状况

(1)外形

①形态:条形、颗粒形、片形。

②色泽:乌黑、乌润、棕红、棕褐、黑褐。

(2)汤色

红艳、红亮、浅红、深红、暗红。

(3)香气

花香、果香、嫩甜香、高甜、甜香、高火香、松烟香。

(4)滋味

浓烈、浓强、浓厚、浓醇、鲜醇、醇厚、甜醇、醇爽、醇和、平和。

(5)叶底

①形态:细嫩、肥嫩、显芽。

②色泽:红艳、红亮、红明、赤铜色、暗红、暗褐。

表6-10 红碎茶品质评语与各品质因子评分表

因子	级别	品质特征	给分	系数
外形	甲	颗粒重实、匀称,色棕褐	90～99	10%
	乙	颗粒尚重实,色棕	80～89	
	丙	颗粒欠重实,色花杂	70～79	
汤色	甲	红亮	90～99	15%
	乙	尚红亮	80～89	
	丙	欠红亮	70～79	
香气	甲	新鲜高锐	90～99	30%
	乙	纯正	80～89	
	丙	熟闷	70～79	

续表

因子	级别	品质特征	给分	系数
滋味	甲	浓爽，有收敛性	90～99	35%
	乙	浓厚	80～89	
	丙	青涩	70～79	
叶底	甲	嫩匀，红亮	90～99	10%
	乙	尚嫩，尚红亮	80～89	
	丙	欠嫩、暗褐	70～79	

4. 红茶常见品质弊病的原因分析

红茶中的大部分弊病也是其他茶类所共同存在的，但有些弊病是红茶加工造成的。

（1）脱档：上、中、下三段茶比例失当。

（2）异味污染：茶叶有极强吸附性，易被各种有味物质污染而带异味。常见异味有烟味、竹油味、木炭味、塑料味、石灰味、油墨味、机油味、纸异味、杉木味等。

（3）生青：萎凋发酵不足。

（4）熟闷：萎凋或发酵过度。

（5）陈味：茶叶失风受潮、品质变陈后具有的一种不良味道。

（6）焦味：炒青温度过高或时间过久。

（7）灰暗：在加工过程中与机具长时间摩擦而造成。

四、乌龙茶品质与审评

青茶，又名乌龙茶，其品质特征的形成与它选择特殊的茶树品种（如水仙、铁观音、肉桂、黄棪、梅占、乌龙等）与特殊的采摘标准、特殊的初制工艺分不开。鲜叶采摘掌握茶树新梢生长至一芽四、五叶顶芽形成驻芽时，采其二、三叶，俗称“开面采”。鲜叶经晒青、凉青、做青，形成绿叶红边的特征，而且散发出一种特殊的芬芳香味。

青茶产于福建、广东和台湾三省。福建青茶又分闽北和闽南两大产区。闽北主要是崇安、建瓯、建阳等县，产品以崇安武夷岩茶为极品，闽南主要是安溪、永春、华安、南安、同安等县，产品以安溪铁观音久负盛名。广东青茶主要产于汕头地区的潮安、饶平等县，产品以凤凰单丛和饶平水仙品质为佳，台湾青茶主要产于新竹，桃园、苗栗，南投等县，产品有乌龙和包种。

（一）乌龙茶品质特征

1. 武夷岩茶

产于福建武夷山，武夷山多岩石，茶树生长在岩缝中，岩岩有茶，故称“武夷岩茶”。

武夷岩茶总体的品质特征为：外形条索肥壮紧结匀整，带扭曲条形，俗语称“蜻蜓头”，叶背起蛙皮状砂粒，俗称“蛤蟆背”，色泽绿润带宝光，俗称“砂绿润”；内质香气馥郁隽永，具有特殊的“岩韵”，俗称“豆浆韵”，滋味醇厚回甘，润滑爽口，汤色橙黄，清澈艳丽，叶底柔软匀亮，边缘硃红，或起红点，中央叶肉浅黄绿色，叶脉浅黄色，耐冲泡。

历史上，武夷岩茶根据产地分为正岩茶、半岩茶和洲茶。正岩茶亦称大岩茶，是指武夷山中三条坑各大岩所产的茶叶。半岩茶亦称小岩茶，为正岩茶产区以外所产的茶叶。沿洲地产的为洲茶。品质以正岩茶最高，半岩茶次之，洲茶最差。

正岩茶香高持久，岩韵显，汤色深艳，味甘厚，可耐冲泡六、七次，叶质肥厚柔软，红边明显。半岩茶香虽高但不及正岩茶持久，稍欠韵味。洲茶色泽带枯暗，香低味淡，为岩茶中的低级产品。

岩茶多数以茶树品种的名称命名。用水仙品种制成的为"武夷水仙"，以菜茶或其他品种采制的称为"武夷奇种"。在正岩中如天心、慧苑、竹窠、兰谷、水濂洞等，岩茶中选择部分优良茶树单独采制成的岩茶称为"单枞"，品质在奇种之上，单枞加工品质特优的称为"名枞"，如"大红袍"、"铁罗汉"、"白鸡冠"、"水金龟"等。

根据国家标准《地理标志产品 武夷岩茶》(GB/T18745-2006)规定，武夷岩茶产品分为大红袍、名枞、肉桂、水仙、奇种。

干茶

叶底

图 6-27　武夷岩茶

(1)大红袍

分特级、一级、二级。特级外形条索紧结、壮实、稍扭曲，色泽带宝色油润；内质香气锐、浓长；汤色深橙黄明亮；滋味醇厚、岩韵明显、回味甘爽；叶底软亮匀齐，有红边。

(2)名枞

名枞不分等级。外形条索紧结重实，稍扭曲，色泽带宝色或油润；内质香气清高、锐长；汤色深橙黄明亮；滋味醇厚、岩韵明显、回甘快、品种特征显；叶底软亮匀齐，有红边。

(3)肉桂

外形条索紧结或壮结，叶端稍扭曲，色泽青褐泛黄；内质香气辛锐或花香浓郁清长、带桂皮香或果香；汤色橙黄明亮；滋味醇厚回甘、岩韵明显、品种特征显；叶底软亮匀齐，有红边。

(4)水仙

外形条索壮结，叶端稍扭曲，主脉宽、扁、黄，色泽青褐带蜜黄；内质香气花香鲜锐或浓郁；汤色橙黄明亮；滋味醇厚回甘、岩韵明显、品种特征显；叶底肥软明亮，有红边。

(5)奇种

外形条索紧结，叶端稍扭曲，色泽青褐；内质香气清高，果香；汤色橙黄明亮；滋味醇厚回甘、岩韵明显、品种特征显；叶底软亮，有红边。

2. 闽北乌龙茶

产地包括崇安(除武夷山外)、建瓯、建阳、水吉等地,以水仙和乌龙品质较好。

(1)闽北水仙

外形条索紧结沉重,叶端扭曲,色泽油润,间带砂绿蜜黄(鳝皮色);内质香气浓郁,具有兰花清香;汤色清澈显橙红色;滋味醇厚鲜爽回甘;叶底肥软黄亮,红边鲜艳。

(2)闽北乌龙

外形条索紧结重实,叶端扭曲,色泽乌润;内质香气清高细长;汤色清澈呈金黄色,滋味醇厚带鲜爽;叶底柔软,肥厚匀整,绿叶红边。

3. 闽南乌龙茶

闽南青茶按茶树品种分为铁观音、乌龙、色种。色种不是单一的品种,而是由除铁观音和乌龙外的其他品种(如本山、黄金桂、毛蟹、梅占等)青茶拼配而成。

(1)安溪铁观音

安溪铁观音的产品茶分为清香型和浓香型。

清香型外形颗粒肥壮紧结重实,色泽翠绿;内质香气清高细长,似兰花香;汤色清澈呈蜜绿色;滋味鲜醇甘爽,音韵显,花香显;叶底肥厚软亮,少红边。

浓香型外形颗粒肥壮紧结重实,色泽砂绿带褐红点;内质香气馥郁,花香;汤色清澈呈金黄色;滋味醇厚爽口,音韵显;叶底肥厚软亮,显红边。

干茶

叶底

图 6-28　铁观音

(2)本山

本山作为色种的拼配茶之一,也有单独销售,在色种中品质最好。

外形颗粒尚壮实,毛茶梗鲜亮、较细瘦、似"竹子节",色泽青绿;内质香气似观音,较清淡;汤色清澈呈金黄色;滋味醇厚鲜爽;叶底黄绿、叶张长圆形,叶脉明显呈白色。

观音与本山的辨别:①外形上铁观音比本山壮实;②香气上,二者均显花香,本山只显浓;③滋味上,铁观音有明显的"音韵";④叶底:铁观音较肥厚、有"绸缎面",本山叶张较观音薄、主脉较细呈白色。

(3)黄金桂

又名“黄旦”、“黄棪”，是调剂色种拼配茶香气的好原料，也有单独销售。黄金桂品种鲜叶的叶片软薄、梗细小、节间短。

外形条索紧结，色泽黄绿；内质香气高锐鲜爽，带桂花香，被称为“透天香”；汤色金黄明亮；滋味醇厚爽口；叶底黄嫩明亮、叶张长条形、软薄。

(4)毛蟹

毛蟹品种特征明显，其叶形较圆，叶质较硬，叶色深绿色，叶缘的锯齿锐利呈鹰钩状，叶背有较多白色的茸毛。毛蟹是色种拼配茶的原料之一。

外形条索紧结，色泽乌绿；内质香气较高；汤色黄明；滋味浓醇；叶底软亮匀整。

本山

黄金桂

毛蟹

图 6-29　闽南色种毛茶

(5)永春佛手

佛手叶形和香橼柑的相似，因此又名“香橼”。佛手的叶形近圆而质薄。

外形条索紧结、肥壮、重实，色泽砂绿带乌润；内质香气高锐有独特的果香，似水蜜桃；汤色黄明亮；滋味醇厚回甘；叶底黄绿软亮。

(6)漳平水仙茶饼

又名“纸包茶”，是乌龙茶中唯一的紧压茶。外形呈小方块形，边长约为 5 cm×5 cm，厚约 1 cm，似方饼，色泽黄绿带红褐；内质香气浓郁有花果香；汤色橙黄明亮；滋味醇厚回甘爽口，汤中透香；叶底肥厚、黄绿软亮、红边明显。

(7)安溪大叶乌龙

外形条索壮实，尚匀净，色泽砂绿粗糙；香气高持久；汤色黄明；滋味浓醇；叶底软亮匀整。目前生产甚少。

(8)平和白芽奇兰

外形条索紧结、匀整，尚匀净，色泽青褐油润；香气清锐，品种香明显，似花香；汤色黄明；滋味醇爽，带品种香；叶底软亮，色泽稍深。

(9)诏安八仙茶

此茶采摘时间早。外形条索较紧直。壮结，色泽青褐油润露黄；香气似杏仁香；汤色橙黄明；滋味浓强带苦甘；叶底软黄亮。

4. 广东乌龙茶

广东乌龙茶主要分布在潮州市的潮安、饶平等县，揭阳市的普宁、揭西等。花色品种主

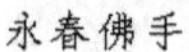
永春佛手

漳平水仙茶饼

图 6-30　闽南乌龙茶

要有凤凰水仙、凤凰浪菜、凤凰单枞、石古坪乌龙、饶平色种等。

(1)凤凰水仙

外形条索肥壮匀整，色泽灰褐乌润；内质香气清香芬芳；汤色清红；滋味浓厚回甘；叶底厚实，有红边。

(2)凤凰浪菜

外形条索肥壮紧结重实，色泽黄褐乌润；内质香气清高带花香；汤色黄明；滋味浓醇回甘；叶底肥厚柔软、金黄、红边显。

(3)凤凰单枞

外形条索紧结较直，色黄褐似鳝皮色，油润有光；内质香气馥郁，有天然的花香；汤色清澈黄亮；滋味浓醇甘爽；叶底肥厚柔软，显红边。

图 6-31　凤凰单枞

凤凰单枞常见的香型有黄枝香、芝兰香、蜜兰香、桂花香、姜花香、夜来香、茉莉香、杏仁香、肉桂香等十大香型。

(4)岭头单枞

岭头单枞出自凤凰单枞群体种。外形条索紧结尚直，色黄褐油润；有独特的蜜香、清高持久；汤色橙黄明亮；滋味醇厚甘爽；叶底柔软，黄绿腹朱边。

(5)石古坪乌龙

外形条索卷曲较细，色泽油绿带翠；内质香气清高持久，有特殊的花香；汤色浅黄清澈；滋味鲜醇、爽口；叶底青绿微红边。

(6)饶平色种

外形条索紧结卷曲，匀净重实，色泽砂绿油润；内质花香清高持久；汤色橙黄明亮；滋味醇爽回甘；叶底红边绿腹。

5. 台湾乌龙茶

台湾乌龙茶产于台北、桃园、新竹、苗栗、宜兰、南投、云林、嘉义等县市，产品有包种和乌龙。

包种发酵较轻，香气清新具有花香，包括文山包种、冻顶乌龙茶、高山乌龙茶、金萱茶、翠玉茶；乌龙发酵较重，香气浓郁带果香，包括木栅铁观音、白毫乌龙（东方美人）等。

(1)文山包种

外形条索紧结，色泽墨绿有油光；内质香气清新持久，有花香；汤色蜜绿或蜜黄，清澈明亮；滋味甘醇、鲜爽；叶底柔软。

(2)冻顶乌龙茶

产于南投、云林、嘉义等县。外形条索卷曲紧结、半球形，显白毫，色泽翠绿；内质香气带花香或花果香；汤色蜜黄或金黄，清澈明亮；滋味醇厚甘润；叶底柔嫩有芽。

(3)高山乌龙茶

产于南投、嘉义等县的高山茶区。外形条索卷曲紧结、半球形，显白毫，色泽翠绿；内质香气带花香或花果香；汤色蜜绿，清澈明亮；滋味甘醇；叶底柔嫩有芽。

(4)金萱茶

外形颗粒紧结重实、半球形，色泽翠绿；内质香气浓郁带独特的奶香；汤色蜜绿或金黄；滋味甘醇；叶底柔嫩有芽。目前，该茶树品种在闽南地区有一定种植面积。

(5)翠玉茶

外形颗粒紧结重实、半球形，色泽翠绿；内质香气浓郁似玉兰香；汤色蜜绿或金黄；滋味甘醇；叶底柔嫩有芽。目前，该茶树品种在闽南地区有一定种植面积。

(6)木栅铁观音

外形颗粒紧结重实、半球形，白毫显露，色泽褐润；内质香气浓郁带果香；汤色呈琥珀色，明亮艳丽；滋味浓厚甘滑，收敛性强；叶底淡褐嫩柔。

(7)东方美人茶

东方美人茶，又名椪风乌龙茶、香槟乌龙茶、白毫乌龙茶。该茶产于夏季。外形条索紧结，白毫显露，枝叶相连，白、绿、黄、红、褐五色相间；内质香气熟果香、蜜糖香；汤色橙红鲜艳；滋味醇厚甘甜；叶底淡褐有红边，芽叶连枝。

高山乌龙茶

包种茶

东方美人茶

图 6-32　台湾乌龙茶

(二)乌龙茶审评技术

1.审评方法

乌龙茶的审评方法有通用法和盖碗法。

(1)通用法

称取评茶盘中混匀的茶样 3 g，置于 150 mL 评茶杯中，注满沸水，立即加盖，计时。浸

泡 5 min，到规定时间后按冲泡顺序依次等速将茶汤滤入审评碗中，留叶底于杯中，按照香气、汤色、滋味、叶底的顺序逐项审评。

（2）盖碗法

乌龙茶习惯用钟形有盖茶瓯冲泡。其特点是：用茶多，用水少，泡时短，泡次多。审评时也分干评和湿评，通过干评和湿评，达到识别品种和评定等级优次。

外形审评同通用审评方法。

内质审评时，称取 5 g 茶样置于 110 mL 钟形杯中，审评冲泡 3 次，冲泡时间依次为 2 min、3 min、5 min。第一次以沸水注满，用杯盖刮去液面的泡沫，并加盖，1 min 后揭盖闻其盖香，评香气的纯异；2 min 后将茶汤沥入评茶碗中，初评汤色、滋味。接着第二次注满沸水，2 min 后，揭盖闻盖香，评香气的类型、高低；3 min 后将茶汤沥入评茶碗中，再评汤色、滋味。接着第三次注满沸水，加盖，3 min 后，揭盖闻其盖香，评香气持久性；5 min 后将茶汤沥入评茶碗中，再评汤色、滋味，比较其耐泡程度，然后评叶底香气。最后将杯中的叶底倒入白色搪瓷叶底盘中，加适量的清水漂看审评叶底。结果判断以第二泡为主要依据，兼顾前后。

2. 审评要点

乌龙茶审评以香气和滋味为主；外形和叶底为次；汤色参考。

（1）香气

主要嗅杯盖香气。在每泡次的规定时间后拿起杯盖，靠近鼻子，嗅杯中随水汽蒸发出来的香气。第一次嗅香气的高低，是否有异气；第二次辨别香气类型、粗细；第三次嗅香气的持久程度。以花香或果香细锐、高长的见优，粗钝低短的为次。仔细区分不同品种茶的独特香气，如佛手具有似水蜜桃香、黄金桂具有似桂花香、武夷肉桂具有似桂皮香、凤凰单枞有似花蜜香等。

（2）汤色

汤色以第二泡为主，视品种和加工方法而异。汤色也受火候影响，一般而言火候轻的汤色浅，火候足的汤色深；高级茶火候轻汤色浅，低级茶火候足汤色深。但不同品种间不可参比，如武夷岩茶火候较足，汤色也显深些，但品质仍好。因此，汤色仅作参考。

（3）滋味

滋味有浓淡、醇苦、爽涩、厚薄之分，以第二次冲泡为主，兼顾前后。茶汤人口刺激性强、稍苦回甘爽，为浓；茶汤人口苦，出口后也苦而且味感在舌心，为涩。评定时以浓厚、浓醇、鲜爽回甘者为优，粗淡、粗涩者为次。

（4）叶底

叶底应放人装有清水的叶底盘中，看嫩度、厚薄、色泽和发酵程度。叶张完整、柔软、肥厚、色泽青绿稍带黄、红点明亮的为好，但品种不同叶色的黄亮程度有差异。叶底单薄、粗硬、色暗绿、红点暗红的为次。评定时要看品种特征，如典型铁观音的典型叶底出现“绸缎面”，叶质肥厚。

3. 乌龙茶常见感官品质状况

（1）外形

①形态

条形、颗粒形、卷曲形、半球形，紧结、壮结、扭曲、粗松。

②色泽

乌黑、乌润、青褐、黑褐、鳝皮色、黄褐、砂绿、翠绿、乌绿、黄绿、墨绿。

(2)汤色

橙红、橙黄、金黄、黄亮、蜜绿、蜜黄、黄绿。

(3)香气

花香、果香、蜜香、高火香、焙火香、浓郁、清高、清香。

(4)滋味

岩韵、音韵、浓烈、浓强、浓厚、浓醇、鲜醇、醇厚、甜醇、醇爽、醇和、平和。

(5)叶底

肥厚、软亮、显芽、绿叶红边、青张、破张。

4. 乌龙茶常见品质弊病的原因分析

(1)青涩：做青、杀青不足。

(2)焖熟味：包揉温度偏高、时间过长。

(3)苦涩：做青中走水不良。

(4)焦味：炒青温度过高或干燥温度太高、时间过长。

本章小结

茶叶品质是依靠人的嗅觉、味觉、视觉和触觉等感觉来评定。而感官评茶是否客观正确，除取决于评茶人员的审评能力外，还要有良好的环境条件、设备条件以及合理的评茶方法。

感官审评茶叶品质应外形与内质兼评，分为干茶审评和开汤审评，俗语称干评和湿评，包括外形、香气、汤色、滋味和叶底等五项，俗称"五因子审评法"。评茶基本操作程序如下：取样→评外形→称样→冲泡→沥茶汤→看汤色→嗅香气→尝滋味→评叶底。

绿茶是我国最早生产的茶类，历史悠久。同时也是我国主要茶类，占我国茶叶总产量的75%以上。"清汤绿叶"是绿茶的基本品质特征。绿茶因加工工艺和品质特征的差异，分为炒青绿茶、烘青绿茶、蒸青绿茶、晒青绿茶等。名优绿茶从普通绿茶中发展而来，其品质特点的共同之处是：造型富有特色，色泽绿润鲜亮，匀整；香气高长新鲜；滋味鲜醇；叶底匀齐，芽叶完整，规格一致。

红茶是世界上产销最多的茶类，也是生产国家最多的茶类，红茶产量占茶叶总产量的60%以上。红茶在初制时，鲜叶先经萎凋，然后再经揉捻或揉切、发酵和烘干，形成红茶红汤红叶、香味甜醇的品质特征。我国红茶有红碎茶和红条茶之分，其中红条茶又分为工夫红茶和小种红茶。

青茶原产于福建、广东和台湾三省。福建青茶又分闽北和闽南两大产区。闽北主要是崇安、建瓯、建阳等县，产品以崇安武夷岩茶为极品，闽南主要是安溪、永春、南安、同安等县，产品以安溪铁观音久负盛名。广东青茶主要产于汕头地区的潮安、饶平等县，产品以凤凰单丛和饶平水仙品质为佳，台湾青茶主要产于新竹，桃园、苗栗，南投等县，产品有乌龙和包种。

思考题

1. 评茶需要运用人的哪些感官？
2. 评茶对评茶员的身体条件有哪些要求？
3. 评茶室在设计时有哪些要求？
4. 请简述通用审评法的基本流程？
5. 请简述乌龙茶审评法的基本流程？
6. 炒青绿茶的种类有哪些？
7. 名优绿茶与普通绿茶的差异？
8. 请列举10个名优绿茶产品的名称？
9. 简述西湖龙井茶、黄山毛峰的品质特征？
10. 简述滇红的基本品质特征。
11. 红茶分为哪几类？其品质特征分别是怎么样的？
12. 正山小种的品质特征？
13. 乌龙茶根据产地分为哪几类？
14. 武夷岩茶的基本品质特征？
15. 请简述武夷水仙和武夷肉桂的区别
16. 请简述清香型铁观音和浓香型铁观音的品质区别？
17. 如何辨别铁观音、本山、黄金桂、毛蟹？
18. 漳平水仙茶饼的品质特征？
19. 凤凰单枞的品质特征？
20. 台湾乌龙茶的种类？
21. 东方美人茶的品质特征？
22. 常见乌龙茶的品质弊病有哪些？

实训十　绿茶审评技术

一、实训目的

了解不同等级绿茶的品质特点，独立、规范完成绿茶审评程序，掌握绿茶评语及评分的运用。

二、实训内容

1. 选择相关茶叶审评器具；
2. 独立、规范完成绿茶审评操作程序；
3. 比较不同风格绿茶品质差异；
4. 学习绿茶审评术语。

三、茶样与器具

1. 茶样（见表 S10-1）。

表 S10-1

2. 器具：茶样盘；审评杯（150 mL）及配套审评碗；叶底盘；托盘天平；电热水壶；计时器；汤匙；汤杯；吐茶筒等。

四、步骤与方法

1. 正确选择配套茶叶审评器具，按要求进行烫杯、摆放。
2. 进行外形审评并记录。
3. 准确称取有代表性的茶样 3 g。
4. 按顺序平稳冲泡，计时 4 min，沥茶汤看汤色（并记录）。
5. 嗅香气（并记录）。
6. 尝滋味（并记录）。
7. 评叶底（并记录）。
8. 完成相关审评器具的清洗、归位摆放整齐。
9. 完成实验报告，经指导老师检查后方可离开审评室。

五、作业

1. 记录实验结果，完成审评表。

表 S10-2　绿茶审评记录表

编号	品名	外形				内质				品质水平	等级	备注
1												
2												
3												
4												
5												
6												
咨询指导												

2.分析比较不同绿茶品质异同。

实训十一　红茶审评技术

一、实训目的

了解红茶的品质特点，独立、规范完成审评程序，学习红茶审评术语的运用。

二、实训内容

1.选择审评的相关器具；

2.独立、规范完成审评操作；

3.比较不同工艺红茶品质差异；

4.学习红茶审评术语。

三、茶样与器具

1.茶样(见表S11-1)。

表S11-1

2.器具：茶样盘；审评杯(150 mL)及配套审评碗；叶底盘；托盘天平；电热水壶；计时器；汤匙；汤杯；吐茶筒等。

四、步骤与方法

1.正确选择配套茶叶审评器具，按要求进行烫杯、摆放。

2.完成外形审评并记录。

3.准确称取有代表性的茶样3 g。

4.按顺序平稳冲泡，计时5 min，沥茶汤，嗅香气(并记录)。

5.看汤色(并记录)。

6.尝滋味(并记录)。

7.评叶底(并记录)。

8.完成相关审评器具的清洗、归位摆放整齐。

9.完成实验报告，经指导老师检查后方可离开审评室。

五、作业

1.记录实验结果，完成审评表。

表 S11-2　红茶审评记录表

编号	品名	外形				内质				品质水平	等级	备注
1												
2												
3												
4												
5												
6												
咨询指导												

2.分析比较不同工艺红茶品质异同。

实训十二　乌龙茶审评技术

一、实训目的

掌握乌龙茶感官审评方法，了解闽南乌龙茶的种类及其品质特点，能独立、规范完成乌龙茶审评操作，学习乌龙茶审评术语的运用。

二、实训内容

1. 选择乌龙茶审评的相关器具；
2. 独立、规范完成乌龙茶审评操作程序；
3. 了解闽南不同种类乌龙茶的品质差异；
4. 熟悉乌龙茶审评术语。

三、茶样与器具

1. 茶样（见表 S12-1）。

表 S12-1

2. 器具：茶样盘；审评杯（110 mL）及配套审评碗；叶底盘；托盘天平；电热水壶；计时器；汤匙；汤杯；吐茶筒等。

四、步骤与方法

1. 正确选择配套乌龙茶审评器具，按要求进行烫杯、摆放。
2. 完成外形审评并记录。
3. 准确称取有代表性的茶样 5 g。
4. 按顺序平稳冲泡，计时 2 min→3 min→5 min，嗅香气，带汤闻盖香（并记录）。一泡嗅香气高低，二泡嗅香气类型、纯异，三泡嗅香气的持久性。
5. 沥茶汤，看汤色（并记录）。
6. 尝滋味（并记录）。
7. 重复第 4～6 步。
8. 评叶底（并记录）。
9. 完成相关审评器具的清洗、归位摆放整齐。
10. 完成实验报告，经指导老师检查后方可离开审评室。

五、作业

1. 记录实验结果，完成审评表。

表 S12-2　乌龙茶审评记录表

编号	品名	外形				内质				品质水平	等级	备注
1												
2												
3												
4												
5												
6												
咨询指导												

2. 不同产区乌龙茶的品质风格特点？

第七章　饮茶与健康

茶是一种保健饮料，饮茶有利于健康。本章主要对茶叶中的化学成分特别是茶叶中的功效成分进行了系统介绍和分析，全面展示自古以来人们对茶的药用与保健功能的认识与理解，及现代人们在日常生活中对茶的利用情况，还介绍了茶食与茶疗的研究与开发利用。

茶作为饮料，对人的保健作用，一直处在人们的不断发现与认定之中。特别是现代科学研究，茶叶中含有700多种化学成分，其中大多有益于人体健康，更是为茶的保健功能提供了理论依据，为茶与健康的研究应用奠定了坚实的基础。

一、茶叶的化学成分与保健功效

（一）茶叶的化学成分

在茶的鲜叶中，含有75%～78%的水分，含有22%～25%的干物质。干物质中包含了成百上千种化合物，大致可分蛋白质、氨基酸、生物碱、茶多酚、糖类、脂类、矿物质、维生素、色素和芳香物质等(表7-1)。其中保健功能最重要、含量也很高的成分是茶多酚。与其他植物相比，茶树中含量较高的成分有咖啡碱、矿物质中的钾、氟、铝等，以及维生素中的维生素C和E等。茶叶中的氨基酸最具特点，包含一种其他生物中没有的茶氨酸。这些成分形成了茶叶的色、香、味，并且还具有营养和保健作用。是否同时含有茶多酚、茶氨酸、咖啡碱这3种成分是鉴别茶叶真假的重要化学指标。

表7-1　茶叶中的化学成分及干物质中的含量

成分	含量(%)	组成
蛋白质	20～30	谷蛋白、白蛋白、球蛋白、精蛋白
氨基酸	1～4	主要是茶氨酸、精氨酸、天门冬氨酸、谷氨酸等
生物碱	3～5	咖啡碱、茶叶碱、可可碱等
茶多酚	18～36	主要是儿茶素，占总量的70%以上
糖类	20～35	纤维素、果胶、淀粉、葡萄糖、果糖、蔗糖等
脂类	8左右	脂肪、磷脂、硫脂、糖脂等
有机酸	3左右	琥珀酸、苹果酸、柠檬酸、亚油酸、棕榈酸等
矿物质	4～9	钾、磷、钙、镁、铁、锰、硒、铝、铜、硫、氟等
维生素	0.6～1.0	维生素A、B_1、B_2、PP、B_6、C、E、D、K、叶酸等
色素	1左右	叶绿素、类胡萝卜素、叶黄素、花青素等
芳香物质	0.005～0.03	醇类、醛类、酸类、酮类、酯类、内酯等

1. 蛋白质

茶叶中的蛋白质含量很高，冲泡时能溶于水的仅为2%左右。茶叶中的蛋白质主要是

谷蛋白、球蛋白、精蛋白和白蛋白。其中谷蛋白占蛋白质总量的80%左右，但谷蛋白难溶于水。较易溶于水的是白蛋白，约有40%左右的白蛋白能溶于茶汤中，能增进茶汤滋味品质。茶鲜叶的蛋白质中还包括多种酶，如多酚氧化酶，在茶叶加工中对形成各类茶，尤其是红茶、乌龙茶等发酵茶的独特品质起重要作用。

2. 氨基酸

茶叶中发现并已鉴定的氨基酸有26种。有茶氨酸、天门冬氨酸、谷氨酸、半胱氨酸、脯氨酸、赖氨酸、精氨酸、甘氨酸、丙氨酸等等，包括多种人体必需氨基酸。茶叶的氨基酸中，茶氨酸的含量最高，在茶树的新梢芽叶中，70%左右的游离氨基酸是茶氨酸。其次为精氨酸、天门冬氨酸、谷氨酸。氨基酸具有鲜味、甜味，是茶叶主要的鲜爽滋味成分，还对茶叶的香气形成以及汤色形成起重要作用。研究发现，安吉白茶等白化的茶树品种中，氨基酸的含量可达5%（图7-1）。

鲜叶

干茶

叶底

图7-1　安吉白茶

3. 生物碱

茶叶中的生物碱类主要是嘌呤碱，包括咖啡碱、茶叶碱、可可碱、黄嘌呤、腺嘌呤等。茶叶中咖啡碱含量最高，占2%～4%。泡茶时有80%的咖啡碱可溶于水中，是茶汤的主要苦味成分之一，茶叶咖啡碱的含量也常常被看作是影响茶叶质量的一个重要因素。咖啡碱具有多种生理活性，其兴奋作用是茶叶成为嗜好品的主要原因。

4. 茶多酚

茶多酚类（Tea polyphenols）亦称“茶单宁”、“茶鞣质”，是一类存在于茶树新梢和其他器官的多元酚的混合物，也是茶叶生物化学领域中研究最广泛和深入的一类物质。

茶多酚是茶叶中30多种酚类化合物的总称。主要有儿茶素（黄烷醇类）；黄酮、黄酮醇类；花青素、花白素类；酚酸及缩酚酸等。其中最重要的是儿茶素，其含量约占多酚类总量的70%～80%。鲜叶加工成干茶后，茶多酚类物质会发生不同程度的变化，其变化程度取决于加工方法。儿茶素具有多种生理作用，是茶叶保健功能的首要成分，同时是茶叶的色、香、味的主要成分，是构成茶叶品质的关键物质。

茶多酚在茶树体内的分布，主要集中在茶树新梢的生长旺盛部分，老叶、茎、根内含量少些，尤其是根中含量极微。不同品种的茶树，茶多酚含量不同，云南大叶种中含量高，而中小叶种含量较低。茶多酚的含量也随季节而有变化，夏梢中黄烷醇类含量最高，秋梢次之，春梢最少。紫芽叶中花青素的含量较高（如图7-2）。

图 7-2　紫芽叶

5. 糖类

茶叶中的糖类物质的含量很高，占干重的 20%～35%，但能溶于水的部分不多(表 7-2)，因此茶是低热能、低糖饮料。单糖和双糖是构成茶叶可溶性糖的主要成分，单糖包括葡萄糖、果糖、核糖、木糖、阿拉伯糖、半乳糖、甘露糖等，双糖包括蔗糖、麦芽糖、乳糖等。大部分为不溶于水的多糖，如纤维素、木质素等，还有杂多糖的果胶质等。粗老叶中糖类含量较高。可溶性糖是茶汤中主要的甜味成分和丰厚感的因素，同时糖类还在茶叶加工中与氨基酸、茶多酚等相互作用，对茶叶的颜色、香气的形成有重要影响。

表 7-2　各类茶中可溶性糖含量(%)

茶类	绿茶	红茶	乌龙茶	黑茶
可溶性糖	2.0～5.5	2.0～7.0	1.6～1.9	4.0～4.8

6. 脂类

茶叶中的脂类包括脂肪、磷脂、硫脂、糖脂等。茶叶中的脂肪酸主要是油酸、亚油酸和亚麻油酸，都是人体必需脂肪酸，是脑磷脂、卵磷脂的重要组成成分。

7. 维生素

茶叶中含有多种人体必需的维生素。如维生素 A、B_1、B_2、PP、B_6、C、E、D、K、叶酸等。其中以维生素 C 和 B 族维生素的含量最高。在不同茶类间，绿茶的维生素含量显著高于红茶。维生素 B_1、B_2、PP、B_6、C、叶酸等为水溶性维生素，可通过饮茶补充人体需要。

8. 茶色素

茶色素是一个通俗的名称，其概念范畴并不明确。实际使用中一般是指叶绿素、β-胡萝卜素、茶黄素、茶红素等。茶色素形成了茶叶外观、叶底和茶汤的颜色，是决定茶叶品质的重要因素。茶叶中的色素包括存在于茶鲜叶的天然色素以及在加工过程中形成的色素。

茶叶中的茶黄素和茶红素是由茶多酚及其衍生物氧化缩合而成的产物，它们是红茶的主要品质成分和显色成分，也是茶叶的主要生理活性物质之一。由于它们是由儿茶素氧化而来，故其含量在红茶中最高，一般为 1%左右；黑茶、乌龙茶、黄茶中也存在少量茶黄素和茶红素。

(1)茶叶中的天然色素

天然色素按其溶解性不同又分为脂溶性色素和水溶性色素。

①脂溶性色素

茶叶中脂溶性色素主要部分是叶绿素类和类胡萝卜素。这类色素不溶于水，而易溶于非极性有机溶剂中。

a. 叶绿素(Chlorophyll)

茶鲜叶中的叶绿素约占茶叶干重的0.3%～0.8%。叶绿素a含量为叶绿素b的2～3倍。

叶绿素总量依品种、季节、成熟的不同差异较大。叶色黄绿的大叶种含量较低，叶色深绿的小叶种含量较高，是形成绿茶外观色泽和叶底颜色的主要物质。

一般而言，加工绿茶以叶绿素含量高的品种为宜，在组成上以叶绿素b的比例大为好。而红茶、乌龙茶、白茶、黄茶等对叶绿素含量的要求是比绿茶低。如果含量高，会影响干茶和叶底色泽。

b. 类胡萝卜素(Carotenoids)

茶叶中的类胡萝卜素主要为胡萝卜素和叶黄素两大类。

②水溶性色素

水溶性色素指能溶解于水的呈色物质的总称，包括存在于茶鲜叶中的天然色素、花黄素类(黄酮类)、花青素(花色素)等，还包括儿茶素的氧化产物茶黄素、茶红素、茶褐素等。

茶鲜叶中存在的天然水溶性色素主要有花黄素，花色素等，它们都是类黄酮的化合物，广泛存在于植物界，茶叶中已发现有几十种花黄素、花色素，是茶叶中水溶性色素的主体。

(2)茶叶加工中形成的色素

在茶叶加工中，会形成多种茶色素物质，主要是茶黄素、茶红素和茶褐素。这些茶色素物质是儿茶素等多酚类物质在多酚氧化酶和过氧化物酶等酶类的作用下形成的，也可由非酶性氧化形成。因为儿茶素是2-苯基苯并吡喃的衍生物，其B环上的酚羟基容易氧化形成邻醌。而邻醌很不稳定，易发生复杂的聚合、缩合反应，而形成双黄烷醇类、茶黄素类和茶红素类。

如在红茶的加工过程中，正是由于多酚类物质氧化形成了茶黄素和茶红素等色素，使红茶具有了红汤红叶的品质特征(如图7-3)。

图7-3　红茶的“红汤红叶”

9.芳香物质

茶叶中的芳香物质是茶叶中易挥发性物质的总称。鲜叶中香气物质种类较少,大约80余种,大部分香气前体以糖苷的形式存在。在茶叶加工中,香气前体与糖苷分离,成为挥发性物质,即生成香气。成品茶中已被分离鉴定的香气物质约有700种,有碳氢化合物、醇类、含氮化合物、醛类、酮类、酸类、脂类、酚类、含硫化合物等。不同的茶类,其香气成分的种类和含量也不同。这些特有的成分以及它们的不同组成比形成了绿茶、红茶、乌龙茶等各类茶的独特风味。

10.矿物质

茶叶中含有的无机化合物占茶叶干重的4%~9%,其中50%~60%可溶解在热水中,能被人体吸收利用,大多有益于健康。经研究发现,在茶叶中含有人体所必需的微量元素有11种。茶叶中含量最多的无机成分是钾、钙和磷,此外还含有镁、铁、锰、铜、锌、硒等(表7-3)。

表7-3 每100 g茶叶中矿物质和微量元素含量(单位:mg)

茶叶种类	钾	钠	钙	镁	铁	锰	锌	铜	磷	硒
红茶	1 934	13.6	378	183	28.1	49.80	3.97	2.56	390	56.00
绿茶	1 661	28.2	325	196	14.4	32.60	4.34	1.74	191	3.18
乌龙茶	1 462	7.8	416	131	26.7	13.98	2.35	1.02	251	13.8

(二)茶叶的功效成分

茶是世界上三大消费量最大的饮料之一,这既是因为茶文化的源远流长,更因为茶是一种天然饮料,对人体具有营养价值和保健功效。茶叶中含有大量的生物活性成分,包括茶多酚、茶色素、茶多糖、茶皂素、生物碱、芳香物质、维生素、氨基酸、微量元素和矿物质等多种成分。

1.茶多酚

茶多酚类是茶鲜叶中含量最多的可溶性成分,是茶叶的特征生化成分之一,也是目前茶叶医疗价值的最主要物质基础。

(1)抗氧化作用

茶多酚是一类含有多羟基的化学物质,极易与自由基反应,提供质子和电子使自由基失去反应活性,故具有显著的抗氧化特性。同时,茶多酚还可以通过其他途径阻止机体受氧化,如络合金属离子、抑制氧化酶活性、提高抗氧化酶活性、与其他抗氧化剂有协同增效作用、维持体内抗氧化剂浓度等。

(2)抗癌、抗突变作用

大量的研究证实,茶多酚不仅可抑制多种物理(辐射、高温等)、化学(致癌物)因素所诱发的突变(抗突变作用),而且还抑制癌组织的增生(抗癌作用)。在抗突变试验中,茶多酚对多种致癌物质,如香烟中的致癌物质、亚硝基化合物,以及紫外线、γ射线照射引起的基因突变有抑制作用。同时,茶多酚还具有诱导癌细胞的凋亡、阻止癌细胞转移的功能。

(3)抗菌、抗病毒作用

早在神农时期，茶就被用于杀菌消炎。茶多酚具有抗菌广谱性，并具强的抑菌能力和极好的选择性，它对自然界中几乎所有的动、植物病原细菌都有一定的抑制能力，并且对某些有益菌的增殖有促进作用。茶多酚对流感病毒、肠胃炎病毒等有抗病毒作用。调查表明每天早晚用茶水漱口能预防感冒。

(4)对心血管疾病影响

茶多酚可通过调节血脂代谢、抗凝促纤溶及抑制血小板聚集、抑制动脉平滑肌细胞增生、影响血液流变学特性等多种机制从多个环节对心血管疾病起作用。

此外，茶多酚还具有除臭作用、降血糖作用、抗辐射作用、消炎、解毒、抗过敏作用等。

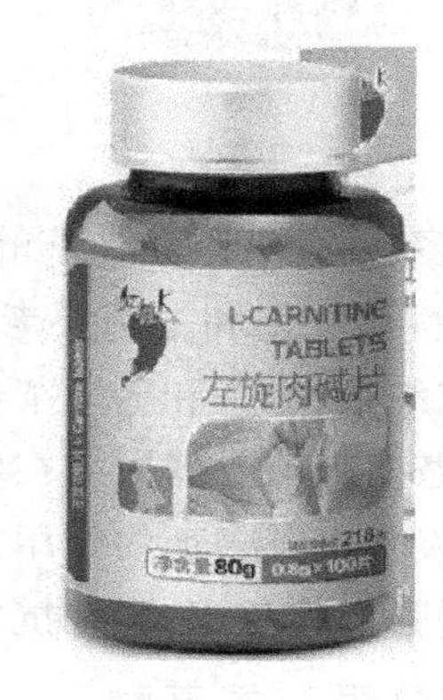

图 7-4　茶多酚保健品

2. 茶色素

研究证明，茶色素中的许多成分对人体健康极为有利，是茶叶保健功能的主要功效成分之一。

作为天然的生物资源，茶叶叶绿素是一种优异的食用色素，它还具有抗菌、消炎、除臭等多方面药用价值。

β-胡萝卜素的生理功效首先表现在它具有维生素 A 的作用，它还具有抗氧化作用，能清除体内的自由基，增强免疫力，提高人体抗病能力，等等。β-胡萝卜素作为食品添加剂和营养增补剂已被联合国粮农组织和世界卫生组织食品添加剂专家委员会推荐，被认定为 A 类优秀营养色素，并在世界 52 个国家和地区获准应用。

研究证明，茶黄素、茶红素和茶褐素具有类似茶多酚的作用，并具有很高的食用价值。茶黄素不仅是一种有效的自由基清除剂和抗氧化剂，而且具有抗癌，抗突变，抑菌抗病毒，改善和治疗心脑血管疾病，治疗糖尿病等多种生理功能。

3. 茶叶多糖复合物

茶叶多糖复合物通常称为茶多糖，以前也称为脂多糖，是一类组成复杂且变化较大的混合物。茶多糖是一种酸性糖蛋白，并结合有大量的矿质元素，蛋白质部分主要由约 20 种常见氨基酸组成，糖的部分主要是由 4～7 种单糖所组成，矿质元素主要含钙、镁、铁、锰等极少量的微量元素。

茶多糖的含量随着茶叶原料的老化而增多。不同茶类的茶多糖含量也有差异，以乌龙

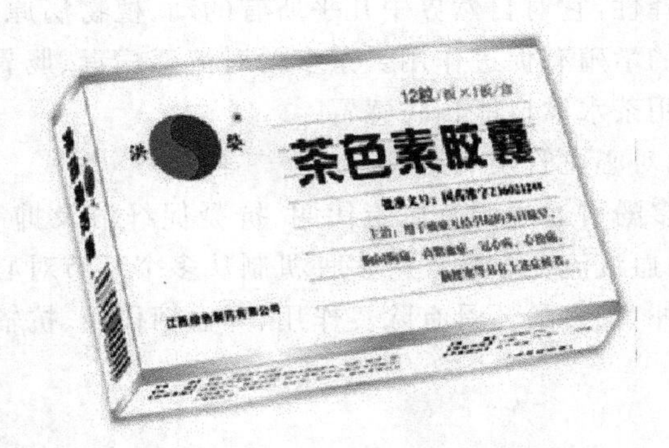

图 7-5　茶色素保健品

茶含量最多，约是红茶和绿茶的 1～2 倍，这种差异，部分原因在于茶叶原料的老嫩，因为乌龙茶的原料比红茶和绿茶要老许多；同时加工方法对茶多糖含量也有影响，同样嫩度的鲜叶，加工成红茶、绿茶和乌龙茶，茶多糖含量以乌龙茶最高，绿茶次之，红茶最低。

利用茶多糖治疗糖尿病在中医上早已有应用。在民间，用泡饮粗老茶治糖尿病的实践主要就是发挥了茶多糖的作用。茶多糖具有以下药理功效：降血糖、降血脂、防辐射、抗凝血及血栓、增强机体免疫功能、抗氧化、抗动脉粥样硬化、降血压和保护心血管等。

4. **蛋白质与氨基酸**

蛋白质一般情况下较难溶于水，大部分蛋白质基本上都留在了茶渣中。所以，一般情况下蛋白质营养对饮茶的意义不大。但在利用茶叶做食品添加物和作动物饲料等情况下，茶叶中蛋白质养分可以得到充分利用。部分溶出的蛋白质对茶汤胶体溶液的稳定及茶汤口感的浓厚度有一定的贡献。

氨基酸较易溶于水，在茶汤中浸出率达 80%，所以氨基酸对茶汤品质和生理药理效应作用很大。氨基酸与人体健康关系密切，如谷氨酸、精氨酸能降低血氨，治疗肝性脑病；蛋氨酸能调节脂肪代谢，参与机体内物质的甲基运转过程，防止动物实验性营养缺乏所导致的肝坏死；胱氨酸有促进毛发生长与防止早衰的功效；半胱氨基酸能抗辐射性损伤，参与肌体的氧化还原过程，调节脂肪代谢，防止动物实验性肝坏死。精氨酸、苏氨酸、组氨酸对促进人体生长发育以及智力发育有效，又可增加钙与铁的吸收，预防老年性骨质疏松。

与茶叶保健功效关系最密切的氨基酸无疑就是茶氨酸。茶氨酸（Theanine）是茶树中一种比较特殊的在一般植物中罕见的氨基酸，是茶叶的特色成分之一。除了在一种蕈（xun）及茶梅中检出外，在其他植物中尚未发现。

大量研究表明，茶氨酸具有很好的医疗保健功效。目前已证实茶氨酸具有以下几方面的功效：促进神经生长和提高大脑功能，从而增进记忆力，并对帕金森氏症、老年痴呆症及传导神经功能紊乱等疾病有预防作用；防癌抗癌作用；降压安神，能明显抑制由咖啡碱引起的神经系统兴奋，因而可改善睡眠；具有增加肠道有益菌群和减少血浆胆固醇的作用；茶氨酸还有保护人体肝脏、增强人体免疫机能、改善肾功能、延缓衰老等功效。

γ-氨基丁酸对人体具有多种生理功能，可作为制造功能性食品及药品的原料。研究证

蕈

茶梅

图 7-6　蕈与茶梅

明，γ-氨基丁酸具有显著的降血压效果，它主要通过扩张血管，维持血管正常功能，从而使血压下降，故可用于高血压的辅助治疗。它还能改善大脑血液循环，增加氧气供给，改善大脑细胞的代谢功能，有助于治疗脑中风、脑动脉硬化后遗症等。γ-氨基丁酸还有改善脑机能，增强记忆力的功效。还有报道指出，γ-氨基丁酸能改善视觉、降低胆固醇、调节激素分泌、解除氨毒、增进肝功能、活化肾功能、改善更年期综合征等。

图 7-7　γ-氨基丁酸茶

5. 生物碱

茶叶中的生物碱主要包含咖啡碱（又称咖啡因）、可可碱和茶叶碱，其中咖啡碱占大部分。三种生物碱都属于甲基嘌呤类化合物，是一类重要的生理活性物质，也是茶叶的特征性化学物质之一。它们的药理作用也非常相似（见表 7-4）。

表 7-4　茶叶中三种生物碱的药理作用比较

茶叶中的生物碱		兴奋中枢	兴奋心脏	松弛平滑肌	利尿
名称	含量（%）				
咖啡碱	2～4	+++	+	+	+
可可碱	0.05	++	+++	+++	+++
茶叶碱	0.002	+	++	++	++

茶叶中的咖啡碱与合成咖啡碱有很大区别，合成咖啡碱对人体有积累毒性，而茶叶中的咖啡碱不会在人体内积累，7 d 左右可完全排出体外。研究表明，咖啡碱具有抗癌效果。此

外，茶叶中的咖啡碱还具有兴奋大脑中枢神经、强心、利尿等多种药理功效。饮茶的许多功效，如消除疲劳、提高工作效率、抵抗酒精和尼古丁等毒害、减轻支气管和胆管痉挛、调节体温、兴奋呼吸中枢等，都与茶叶中的咖啡碱有关。

当然，咖啡碱也存在负面效应，主要表现在晚上饮茶可影响睡眠，对神经衰弱者及心动过速者等有不利影响。为了避免这些不利因素，同时满足特殊人群的饮茶需求，目前已有脱咖啡因茶生产。

6. 维生素类

维生素是维持人体新陈代谢及健康的必需营养成分。茶叶中含有多种维生素，其中以维生素C和B族维生素的含量最高。

研究证明，维生素C有很强的还原性，在体内具有抗细胞物质氧化、解毒等功能。它还能防止坏血病，增加机体抵抗力，促进伤口愈合等。茶叶中的维生素C还与茶多酚产生协同效应，提高两者的生理效应。在正常饮食情况下，每天饮高档绿茶3～4杯便可基本上满足人体对维生素C的需求。

茶叶中的B族维生素含量也很丰富，其中维生素PP的含量又占B族维生素的一半。它们的药理功能主要表现在对癞皮病、消化系统疾病、眼病等有显著疗效。

茶叶中的脂溶性维生素如维生素A、E、K等，尽管含量也较高，但因茶叶饮用一般以水冲泡或水提取方法为主，而脂溶性维生素在水中的溶解度很小，所以饮茶时对他们的利用率并不高。茶叶中的维生素A原(类胡萝卜素)含量比胡萝卜还高，它能维持人体正常发育，维持上皮细胞正常技能，防止角化，并参与视网膜内视紫质的合成。如何提高对这些脂溶性维生素的利用，是一个有待深入研究的问题。

7. 矿质元素

茶叶中矿质元素的含量相当丰富，其中以磷与钾含量最高，其次为钙、镁、铁、锰、铝等，微量元素铜、锌、钠、硫、氟、硒等，这些矿质元素中的大多数对人体健康有益。

(1)茶叶中的氟

茶叶中的氟的含量是所有植物体中最高的。在泡茶过程中，泡茶水温越高，浸泡时间越长，氟的浸出率也越高。氟对预防龋齿和防止老年骨质疏松有明显效果，但大量引用粗老茶有可能导致氟元素摄入过度，从而引起氟中毒症状，如氟斑牙、氟骨病等。这一问题主要发生在砖茶消费区。所以在合理利用茶叶中氟的保健功能的同时，也要预防氟摄入过量。

(2)茶叶中的硒

硒是人体谷胱甘肽氧化酶(GSH-PX)的必需组成，能刺激免疫蛋白及抗体的产生，增强人体对疾病的抵抗力；它还能有效防止克山病的发生，并对治疗冠心病、抑制癌细胞的发生和发展等有显著效果；硒还具有抗氧化功能。成品茶中硒含量一般在0.16 mg/kg以下，而我国一些地方土壤硒含量很高，如湖北恩施地区和陕西紫阳地区，其所产茶叶的硒含量可高达3.8～6.4 mg/kg，是天然的富硒茶。饮用富硒茶可起到比普通茶更好的保健效果。

(3)茶叶中的锌

茶叶中锌的含量通常在20～90 mg/kg之间。锌可通过形成核糖核酸(RNA)和脱氧核糖核酸(DNA)聚合酶而直接影响核酸及蛋白质的合成，又可影响垂体分泌。锌还与人的智力与抗病力有关，是人体的必需微量元素。饮茶也是人体补充锌的途径之一。

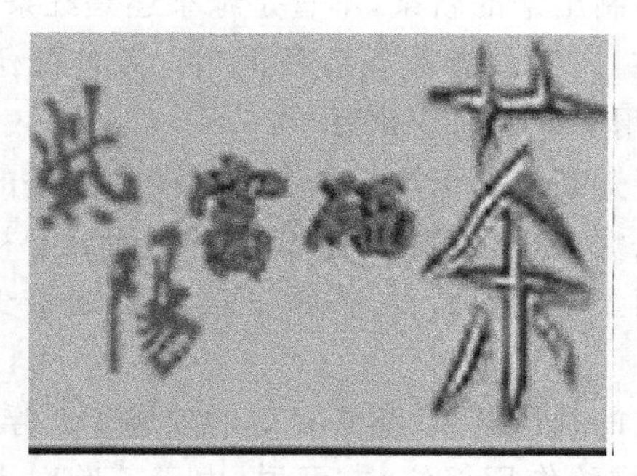

陕西紫阳富硒茶

湖北恩施富硒茶

图 7-8　富硒茶

茶叶中的其他矿质及微量元素如铁、铜、磷、钾、钙等也比较丰富，通过饮茶摄取这些元素，可以防止许多“缺素”症，这些矿质及微量元素是茶叶保健功能的物质基础之一。

8. **茶皂素**

茶皂素属于五环三萜类化合物的衍生物，是一类由配基皂甙元、糖体和有机酸组成的结构复杂的混合物。茶树的种子、叶、根茎中都有分布，其中以茶根中含量为最多，用于饮用的茶叶中茶皂素含量较少。

茶皂素也是茶叶的保健和医疗功效成分之一。茶皂素除了其最主要的表面活性外，它还具有以下生物活性：溶血作用、降胆固醇作用、抗菌作用、杀软体动物活性、抗炎活性、镇静活性（抑制中枢神经、镇咳、镇痛等）。此外，茶皂素还具有抗癌活性和降血压功能。

二、饮茶与健康的理论

（一）茶与健康

茶文化与中医药之间有着十分密切的关系，由于茶叶有很好的医疗效用，唐代即有“茶药”一词；宋代林洪撰写的《山家清供》中，也有“茶，即药也”的论断。可见，茶就是药，并为药书所收载。但近代的习惯，“茶药”一词则仅限于药方中含有茶叶的制剂。由于茶叶有很多的功效，可以防、治内外很多病症，所以，茶不但是药，甚至被人称之为“茶为万病之药”。

1. **茶的基本药性**

依据中医理论，各种药物都具有各自的基本性能，主要包括：“四气”、“五味”、“毒性”、“归经”、“升降沉浮”等。“四气”，即寒、凉、温、热四种药性，对此也有称为四性的；“五味”，即甘、苦、酸、辛、咸五种味觉。从“四气”分析，一般说来茶的药性属微寒，偏于凉。寒凉的药物一般具有清热、解毒、泻火、凉血、消暑、疗疮等功效。从“五味”来看，茶的味以苦为主，兼有甘等其他味性。李时珍的《本草纲目》中作“苦、甘、微寒、无毒”。可见茶的药性平和，适应性广，无毒副作用。

不同的加工方法、不同的季节、茶树的不同部位等都将影响茶叶的药性。相对而言，不发酵的绿茶性偏寒，完全发酵的红茶性偏温，半发酵的乌龙茶及后发酵的黄茶、黑茶的“四气”处于绿茶和红茶之间。从另一个角度看，刚炒制出来的新茶，不管是绿茶还是红茶，均含有火气，多饮使人上火，但这种火性只是短暂存在，一般放置数周后便消失。茶叶配伍成各种复方后，其方剂的药性则因多种药分的相互作用和影响而变化万千。

中医理论认为，甘味多补而苦味多泻，由此可知茶叶属于攻补兼备的中药。在茶的功效中，清热、消暑、解毒、消食、去肥腻、利水、通便、祛痰、祛风解表等均属攻范畴，而属于补的功效主要体现在止渴生津、益气力、延年益寿等方面。就毒性而言，茶属完全无毒，也极少副作用。

从升降浮沉方面看，茶叶也是兼备多能的，它的祛风解表、清头目等功效属于升浮，而下气、利水、通便等功效属于沉降。从归经（说明药物的作用部位）方面说，由于茶叶对人体有多方面的生理活性，很难用一两个经络或脏腑来概括，所以明朝李中梓在《雷公炮制药性解》中称它“入心、肝、脾、肺、肾五经”。五脏是中医脏腑理论的核心，茶一味而归经遍及于五脏，可见它的治疗范围十分广泛。

传统理论认为，茶作为一味中药具有很好的适应性、卓越的功效且无毒副作用，可作日常饮料常年饮用，能起到保健养生的功效。因此，茶也被誉为“万病之药”。当然，任何事物总是一分为二的，茶叶的保健作用也是有条件的，并且在一定条件下可以转化，不合理饮用茶叶会导致不良反应。

2. 茶的药效

数以百计的中医文献归纳了茶的医药功效为以下 24 个方面，即：少睡、安神、明目、清头目、止渴生津、清热、消暑、解毒、消食、醒酒、去肥腻、下气、利水、通便、治痢、去痰、祛风解表、坚齿、治心痛、疗疮治瘘、疗饥、益气力、延年益寿、其他等。

人们对中药功效的描述一般从两种不同角度：一是从功效而言，偏重于“药”的角度来描述；另一种是从所治的疾病或症状而言，偏重于“病”的角度来描述。前者主要是对茶叶药用性能方面的直接描述，如茶具“醒睡眠”、“止渴生津液”等，后者则主要从所治的疾病或症状来体现茶的药用功效，多用“主治……”或“主……症”等方式来描述。在医学还不发达的古代中国，茶的药用价值已得到相当深度的开发和利用，茶叶为人们的健康和长寿做出了巨大的贡献。作为一种具有广泛适用的“万病之药”，中医对茶的药用价值的研究及利用已不仅仅局限于茶叶，还包括了茶籽、茶根及茶花。如中医有利用服用茶籽后可引发呕吐的特性，使某些咳嗽、气喘病吐出痰垢而病愈；民间有利用茶根煎服，治疗口唇糜烂；也有用茶根治疗心脏病的；茶根与其他中药材配伍后治疗各种疾病的记载也很多。

3. 现代健康理论

现代医学研究利用先进的分离、分析仪器和方法（如采用微波提取、反渗透、超临界流体萃取、固定化酶膜应用等），已从茶叶中分离、鉴定出 500 多种内含成分，其中具有较高营养价值的成分有各种维生素、蛋白质、氨基酸、脂类、糖类及矿物质元素等。在这些成分中，证明对人体有保健和药用价值的成分主要有茶多酚、咖啡碱、茶多糖、茶氨酸、茶黄素、茶红素、β-胡萝卜素、叶绿素、茶皂素、氟和硒等无机元素、维生素等等。

（1）现代茶医学研究的成就

目前已被现代科技证实的茶及其提取物的医疗和保健功效有：抗肿瘤和抗突变作用、抗衰老及美容作用、抗疲劳作用、抗辐射及重金属毒害作用、代谢调节和生理调节作用、对有害

微生物的抑制作用、抗龋齿作用、增强记忆及改善大脑功能作用等。作为这些药理功能的具体运用,茶及其提取物已临床运用或实验性应用于许多疾病的治疗或辅助治疗,如各种肿瘤、糖尿病、肾病、高脂血症、心血管疾病、辐射伤害、肝病、龋齿、皮肤病,等等。

在茶叶功效成分的作用机理研究上,主要成就还有:茶多酚类等物质的抗氧化剂清除自由基,茶氨酸对大脑及神经系统的作用,茶皂素的乳化性能和对人及动物的生理作用,茶多糖对人体免疫功能的调节及增强机体免疫功能,儿茶素等活性成分在体内的吸收和代谢过程,茶氨酸、儿茶素等成分对多种肿瘤的抑制作用,茶多酚对有害微生物的抑制作用,各种维生素、氨基酸、蛋白质、无机成分等对人体的营养作用,氟元素对龋齿的治疗及预防作用,茶多糖的抗辐射及对重金属毒害的解除,等等。尤其在茶叶抗癌机理上的研究,成果十分显著,不但揭示了茶叶抗癌的物质基础,还发现了抗癌过程的进一步作用机理:对治癌过程中关键酶的调控、阻断治癌信息传递途径、抗肿瘤血管形成、促使癌细胞凋亡、阻断致癌物与DNA结合、抑制致癌物形成和活化、促进致癌物排泄等。茶医学研究所揭示的以上诸多重要作用机理,使延续数千年的茶叶医疗保健功能有了现代科学的依据,为茶医药和保健品的开发奠定了坚实的基础。

(2)茶与健康的新观念

目前,对茶的利用方式已经发展到多种利用方式和途径,而涉及茶或茶提取物的应用领域已大大延伸到作为食品添加物、保健食品、饲料、日用化工、制药、化妆品、建材、纺织等领域,其中在医疗保健方面的研究最为深入,开发出的产品丰富多彩。

①茶是居家健康的良伴

紧张的生活节奏、不科学的饮食习惯以及缺乏必要的体育锻炼,引出了现代人一种新的生存状态——亚健康。尽管铺天盖地的滋补品广告循循善诱地指点我们该为健康担负些什么,但同时却又让我们无所适从、进退维谷。况且,一味进补并非良策,只有从根本上着手,养成科学良好的饮食、生活习惯,加强锻炼,自我调节,从容面对生活压力,才是享受美好人生的最佳保证。

俗话说:“药补不如食补。”茶叶作为一种日常饮料,不仅价格适中、泡饮简便,而且能全面保健,可谓是居家、旅行、工作、学习的健康良伴。

②茶是现代生活的美容新贵

皮肤美是外在容颜美的首要标准。健康的皮肤是无暇、润泽、有弹性、柔软及红润的。生物机体衰老的原因是:随着时光流逝,体内产生过多的活性氧自由基,导致脂质过氧化,产生脂褐素沉淀,进而破坏生物膜,最终导致人体生理代谢功能下降,引起人体内部各系统的衰老。茶叶中的多酚类化合物(儿茶素、黄酮类化合物、花青素和酚酸等)是活性很强的抗氧化剂,可以有效清除活性氧自由基,不但能保护生物膜的完整性,而且能减少脂褐素的形成与沉淀,从而达到延缓衰老、美白肌肤的效果。绿茶中的B族维生素,可增进皮肤弹性,防治皮肤疾病。高级绿茶中的维生素C及维生素E的含量非常高,是良好的抗氧化剂,能有效阻止脂质过氧化,防衰老。

人体内铜、铅、汞、镉、铬等重金属的含量过高,会引发各种疾病,对人体健康具有明显的毒害作用。实验证明,茶叶中所含的咖啡碱及茶多酚类物质,对水中的重金属具有极强的吸附作用,尤其是茶多酚,可与重金属相结合而沉淀,并随消化系统排出体外。另外,茶叶中的儿茶素类化合物还可有效抑止由于空气、水、食物中的杂质粉尘引起的皮肤过敏症。

绿茶中含有特别丰富的抗氧化黄酮类化合物及维生素，其提取物所具有的高抗氧化性已被确认，且因其香气清芬，能镇定消乏。如绿茶与葡萄子的提取物长期被用于护肤品，尤其是一些抗衰老剂、保湿剂与防晒品中。这些产品含有AHAS(醇酸)，能帮助除去死皮细胞，使新细胞更快到达皮肤表层，从而使皮肤致密、减少皱纹、洁白无瑕。但是AHAS容易引起皮肤过敏，而绿茶与葡萄子的提取成分正好可以抵消其负面作用。因此，许多化妆品公司纷纷推出含有绿茶成分的护肤品，包括香水、沐浴润肤产品、美白护肤产品等，绿茶一跃成为国际美容界的新贵。

(3)现代研究的茶功效

新的健康论对茶的功效论述具体有减肥、降脂、防治动脉硬化、防治冠心病、降压、抗衰老、抗癌、降糖、抑菌消炎、减轻烟毒、减轻重金属毒、抗辐射、兴奋中枢神经、利尿、防龋、明目、助消化、止痢和预防便秘、解酒等20个方面。

①减肥

包括轻身与健美。肥胖病大都是因人体脂肪代谢失常，过多积聚所引起。茶叶的减肥功效是由于茶多酚、叶绿素、维生素C等多种有效成分的综合作用。茶多酚能溶解脂肪；叶绿素能阻碍胆固醇的消化和吸收；维生素C有促进胆固醇排泄的作用。因而可以达到理想的减肥效果。

②降脂(又称降血脂)

是指降低血液中胆固醇的含量，用以防治高血脂。茶叶中的茶多酚不仅能溶解脂肪而且还具有明显的抑制血浆和肝脏中胆固醇含量的上升，抑制动脉内壁上的胆固醇沉集。茶叶中的咖啡碱能对食物营养成分的代谢起作用，尤其对脂肪有很强的分解能力。茶叶中的叶绿素即可阻止肠胃对胆固醇的吸收，又能破坏已进入体循环的胆固醇，从而使体内胆固醇含量降低。

③防治动脉硬化

动脉硬化常因肥胖和高血脂引起，茶中多种有效成分的综合作用使得它能减肥和降脂，所以对动脉硬化症有一定的防治作用。此外，茶多酚能抑制动脉平滑肌的增生，也有利于对动脉硬化的防治。

④防治冠心病

冠心病又称冠状动脉粥样硬化性心脏病，与以上3种疾病关系十分密切。所以，饮茶对防治冠心病有效。据统计资料表明，不喝茶的冠心病发病率为3.1%，偶尔喝茶的降为2.3%，常喝茶的(喝3年以上)只有1.4%。此外，冠心病的加剧，与动脉供血不足及血栓形成有关。而茶多酚中的儿茶素以及茶多酚在煎煮过程中不断氧化形成的茶色素，经动物体外试验均提示有显著的抗凝、促进纤溶、抗血栓形成等作用。

⑤降压

高血压指收缩压或舒张压增高，超过正常水平。动脉硬化不但导致冠心病，与高血压关系也十分密切。茶叶中的儿茶素类化合物和茶黄素，对血管紧张素Ⅰ转化酶的活性有明显的抑制作用，能直接降低血压。咖啡碱与儿茶素能使血管壁松弛，增加血管的有效直径，通过血管舒张令血压下降。茶叶中的芳香甙具有维持毛细血管正常抵抗力、增强血管壁韧性之功效。因此，经常饮茶，尤其是绿茶，有助于降低血压，同时可以保持血管弹性、消除脉管痉挛、防止血管破裂。

⑥抗衰老

人体中脂质过氧化过程是人体衰老的机制之一，采用一些具有抗氧化作用的化合物，如维生素C、维生素E能延缓衰老。茶叶中不仅有较多的维生素C与E，而且茶多酚还起重要作用。据日本学者研究：向来被视为抗衰老药的维生素E，其含抗氧化作用只有4%；而绿茶因兼含茶多酚，其抗氧化的效果高达74%。另外茶叶的氨基酸和微量元素等也有一定的抗衰老效能。

⑦抗癌

茶叶中的多酚类化合物和儿茶素物质能抑制某些能活化原致癌物的酶系，而且还可直接和亲电子的最终致癌代谢物起作用，改变其活性，从而减少对原致癌基因的引发和促成，使最终致癌物的数量减少。经大量的人群比较，也证明饮茶者的癌症发病率较低。绿茶、乌龙茶与红茶均有抗癌作用，其中，绿茶的抗癌作用最强。茶叶中的茶多酚类物质、茶色素、咖啡碱及茶多糖是主要的生物活性化学抗癌成分。

⑧降糖（又称降血糖）

茶的降血糖有效成分，目前已报道如下3种：复合多糖、儿茶素类化合物、二苯胺。此外，茶叶中的维生素C、B_1能促进动物体内糖分的代谢作用。茶多酚和维生素C能保持人体血管的正常弹性与通透性；茶多酚与丰富的维生素C、维生素B_1等对人体的糖代谢障碍有调节作用，特别是儿茶素类化合物，对淀粉酶和蔗糖酶有明显的抑制作用。绿茶的冷浸出液降血糖的效果最为明显。所以，经常饮茶可以作为糖尿病的辅助疗法之一。

⑨抑菌消炎

业已证明，茶叶中的儿茶素类化合物对伤寒杆菌、副伤寒杆菌、白喉杆菌、绿脓杆菌、金黄色溶血性葡萄球菌、溶血性链球菌和痢疾杆菌等多种病原细菌具有明显的抑制作用。茶叶中的黄烷醇类具有直接的消炎效果，还能促进肾上腺体的活动，使肾上腺素增加，从而降低毛细血管的通性，血液渗出减少。同时对发炎因子组胺有良好的拮抗作用，属于激素类消炎作用。

⑩减轻烟毒

吸烟者因尼古丁的吸收，可以导致血压上升、动脉硬化及维生素C的减少而加速人体衰老。据调查，每吸一支烟可使体内维生素C含量减少25 mg，吸烟者体内维生素C的浓度低于不吸烟者。因此吸烟者喝茶，尤其是绿茶，可以解烟毒并补充人体的维生素C。绿茶还有加强血管的功能。另外，香烟烟雾中还含有苯丙芘等多种化学致癌物，而绿茶提取物对它有抑制效应。因此，吸烟者同时饮茶，对减轻香烟的毒害作用是有益的。

⑪减轻重金属毒

现代工业的发展，不可避免地随之出现环境污染。各种重金属（如铜、铅、汞、镉、铬等）在食品、饮水中含量过高，可造成人体的损害。茶叶中的茶多酚对重金属具有较轻的吸附、沉淀作用，所以茶可减轻重金属毒。

⑫抗辐射

辐射对人体的损害主要表现为侵入骨髓，破坏造血机能。试验证明，茶叶中的儿茶素类化合物可吸收90%的放射性同位素，并且能将其在到达骨髓之前就排出体外。我国的医学研究还发现，接受放射治疗的患者体内的白细胞数量大幅度下降，摄取足够的绿茶提取物后具有明显改善。目前茶叶提取物片剂已被作为临床升白剂使用。茶叶抗辐射的有效成分，还有茶多酚类化合物、脂多糖、维生素C与维生素E及部分氨基酸，其作用机理是针对辐射引起自由基过量所导致的过氧化反应产生解毒作用。

电脑辐射　手机辐射　电视机辐射

图7-9　辐射源

⑬兴奋中枢神经

茶叶的兴奋中枢神经作用与中医功效中“少睡”有关。茶叶中含有大量的咖啡碱与儿茶素，具有加强中枢神经兴奋性的作用，因此具有醒脑、提神等作用。从小鼠迷宫实验等研究，证明茶有一定的健脑、益智功效，可增强学习、记忆的能力。

⑭利尿

有关内容在上文中医功效中的“利水”已提到。现代研究表明这主要是由于茶叶中所含的咖啡碱和茶碱通过扩张肾脏的微血管，增加肾血流量以及抑制肾小管水的再吸收等机制，从而起到明显的利尿作用。

⑮防龋

茶叶防龋在上文“坚齿”中提到，这种功能与茶叶中所含的微量元素氟有关。尤其是老茶叶含氟量更高。氟有防龋坚骨的作用。食物中含氟量过低，则易生龋齿。此外，茶多酚类化合物还可杀死口腔内多种细菌，对牙周炎有一定效果。因此，常饮茶或以茶漱口，可依防止龋齿发生。

⑯明目

茶的明目作用，在中医功效“明目”中提到。由于人眼的晶体对维生素C的需要量比其他组织高。若摄入不足，易致晶状体浑浊而患白内障。夜盲症的发生主要和缺乏维生素A有关。茶叶中含有较多的维生素C与维生素A原——β-胡萝卜素，因此多饮绿茶可以明目，能防治多种眼疾。

⑰助消化

茶助消化作用于中医功效中“消食”有关。主要是茶叶中的咖啡碱和儿茶素可以增加消化道蠕动，因而也就有助于食物的消化过程，可以预防消化器官疾病的发生。因此在饭后，尤其是摄入较多量的油腻食品后，饮茶是很有助于消化的。

⑱止痢和预防便秘

茶的止痢作用，与中医功效中的“治痢”有关。其疗效的产生，主要是茶叶中的儿茶素类化合物，对病原菌有明显的抑制作用。另一方面，有与茶叶中的茶多酚的作用，可以使肠管蠕动能力增强，故又有治疗便秘的效果。

⑲解酒

茶的解酒与中医功效中"醒酒"有关。因为肝脏在酒精水解过程中需要维生素作催化剂。饮茶可以补充维生素C,有利于酒精在肝脏内解毒。另一方面,茶叶中咖啡碱的利尿作用,使酒精迅速排出体外;而且,又能兴奋因酒精而处于抑制状态的大脑中枢,因而起到解酒作用。

⑳其他

除了上述19方面外,茶还可以预防胆囊、肾脏、膀胱等结石的形成;防止各种维生素缺乏症;预防黏膜与牙床的出血与水肿,以及眼底出血;咀嚼干茶叶,可减轻怀孕妇女的妊娠期反应以及晕车、晕船所引起的恶心。

(二)茶疗保健

中国医药文化和茶文化的有机结合形成了"茶疗"。尽管自古以来曾有百余种专著论及茶叶的医疗功能,但未有"茶疗"之词,直到1983年10月林乾良在中国"茶叶与健康文化学术研讨会"上首次提出"茶疗"这一词汇。

茶疗的实施,有两个层次的概念。狭义的茶疗,仅指应用茶叶,未加任何中西药。当然,这是茶疗的基石与主体。没有这一基石与主体,茶疗就不能成立。由于茶叶在传统应用上其功效已有二十四项之多,所以光是茶叶一味也足以构成茶疗体系。茶疗的第二个层次概念,就是广义上的茶疗,即可在茶叶外酌加适量的中、西药物,构成一个复方来应用。当然,也包括某些方中无茶,但在煎、服法中规定用"茶汤送下"的复方。这实际上是茶、药并服。茶疗有六大优点:效佳、面广、无毒、味美、价廉、便用,值得推广。

1. 茶疗的分类

茶疗,是中医治疗体系中很特殊的一支,共有如下三个系列:

(1)单味

茶属于中医药"七情合和"中的"单行",只一味成方,故又称"茶疗单方"。单味茶是最基本、最重要也最吸引人的一类。没有这一类,就不可能形成声势浩大的茶疗。

各种茶都有良好的茶疗效能。其中,乌龙茶类对减肥健美、降血脂、降血压、防止动脉硬化以及因而引起的冠心病与慢性脑供血不足有良好疗效。从中医理论分析,绿茶之性略偏凉,而红茶略偏于温。所以一般也要根据体质或疾病之寒、热来辨证用茶:寒者(虚寒、内寒)多用红茶,热者多用绿茶。同属消化道疾病,胃病如溃疡病、慢性胃炎等多宜红茶,肠炎、痢疾之类则宜绿茶,食疗、药膳以及消食、解腻方面宜多用绿茶。经泡饮过的茶渣,还有茶疗用途。可以与胶原蛋白、豆腐调敷面部,即新加坡郑华美容法。晒干后,可作药枕。

除了茶叶以外,茶根与茶籽也可用作茶疗。茶籽含油量在20%左右,可以榨出茶油来以供食用,就是茶油,它的淀粉含量比油高24%,可以用来酿酒。茶籽还可药用,服后会引发呕吐,把痰垢吐出来后咳嗽、气喘就随之而愈。此外,利用茶籽饼泡水来洗头、洗衣,在我国古已有之,《本草纲目》即有"茶子捣仁,洗衣去油腻"的记载,这与所含的茶皂素有关。一般认为:用茶籽饼粕水洗头以后,可使头发松软光泽,能止痒、去头屑、除头虱,所以在民间流传较广,现代从之研制出一系列茶皂素洗理香波。

茶树的根,也是很好的药物,过去用它煎汤代茶饮服,可制口唇糜烂;近年各地用它治疗心脏病。林乾良先生就用茶树根配合麻黄、车钱草、连翘等中药来治肺源性心脏病,疗效很好。

(2)茶加药

茶加药(茶疗复方)也是茶疗的重要种类,仅次于单味茶。这一类的方剂,自唐、宋以至元、明的医学著作中,都列有“药茶”的专篇。茶叶之所以与各类中药配伍应用,主要在于加强它的疗效,以适应复杂的病情。配伍的目的很多,从茶说来大概与“同类相需”与“异类相使”这两项关系较为密切。为了增强疗效,茶可以与具有相同功效或同治一病的中药通用。例如为了减肥、降血脂可与泽泻、荷叶、山楂通用,这就是同类相需的意思。为了病理上的配合以及适应复杂的病情,茶还可以与其他功效的中药配合应用,这就属异类相使。

民间多将茶与食品或调味品相配合。常见有以下几种:糖茶,可以补中益气,和胃暖脾;蜜茶,除了补中益气,和胃暖脾以外,更兼益肾润肠;盐茶,可以化痰降火,明目泻下;姜茶,可以发汗解表,温肺止咳;醋茶,可以止痛、治痢;奶茶,可以滋润五脏,补气生血;藏族的酥油茶,可以温补、祛寒;苗族和侗族的油茶,可以扶正祛邪,预防感冒。

(3)代茶

代茶疗法,实际上并没有茶,只是采用饮茶形式而已,故又称之为“非茶之茶”。代茶虽然无茶叶,但自古以来与茶密切相关不可偏废。代茶与中药的汤与饮的不同之处在于:①从药材言,多质地较松者;②泡饮为主,即使煎服也是略煎取其淡汁;③一般服用量较大,不分头、二汁,而是不计时的频饮;④可加适量调味品,口感略好。

2.茶疗的用法

茶疗的应用方法丰富多彩,大体上可分为内服、外用、体外应用三大类。三类之中,以内服为最重要,也较复杂。如按中医的剂型理论,则以汤剂(包括饮剂与煎剂)最为重要。外用方面,主要指用于皮肤之上,也包括黏膜应用(如点眼、吹喉、漱口等)。体外应用,系指不直接应用于体表的用法,以及与人体无关的一些用途。

(1)服法

内服,指茶叶及其固体、液体的各种制备产物经口服食用的方法。一般认为:内服的疗效是因有效成分经胃肠吸收后引起治疗作用为主;有时也与其局部作用有关。内服茶疗可以是单味茶,也可以茶加药或代茶。从中医剂型上分析,有汤剂、散剂、丸剂、茶剂之分。

“汤剂”,是中药制剂中最古老、最重要的剂型。茶疗汤剂由于茶叶本身已是小片状,茶叶质地松软而薄,易于出汁,因此,滚水冲泡即可饮用。噙服也是内服茶疗中的一种类型,从剂型说也属于汤剂,一般以较浓为宜。噙服,是将茶汤含噙在口腔中,然后慢慢的顺其自然地咽下。咽毕,再噙,反复进行。噙服一般用治口腔、咽喉的疾病,与外用茶疗中的漱口法相当,偏重于局部的治疗作用。两者均可在茶汤中加入调味品,以改善服用时的口感,一般多用糖与蜜。还具有补益、防腐等作用。

茶疗汤剂一般以本身的防治疾病作用为主,自任主角;在某种情况下,也可以送服其他中药制剂而只担任配角。以茶汤送主治药剂的情况,在中医眼中特别重视。一般说,最好不用茶汤(尤其浓茶汤)送服药物,主要指西药。

(2)外用法

外用,指用于皮肤、黏膜的表面。用于皮肤者,主要治外科的软组织化脓性疾病以及皮肤科的一些疾病;用于黏膜者,则可治眼、口腔、五官诸科的一些疾病。现从其应用方法的不同,介绍以下几类用法:

①点眼

即对眼睛的用药。《眼科要览》中收载一方，则属于点眼的：泸甘石（以童便淬七次），黄连（淬七次），雨前茶（淬七次），出火气，入冰麝少许，研极细末，点眼。《验方新编》中记载：治眼生云翳。用青茶梗烧炭存性点眼：治飞丝入目，用鲜茶叶捣汁点眼。

②吹喉

吹喉，中医对于咽喉疾患的治疗，除用中药内服之外，还有外治之法。因为咽喉在人体深处，难以上药，故创造出一种吹喉法。所用药，均研极细。病人只要张口即可，用一种特殊的器具吹入咽喉之内。如无此器具，将药粉倒于折成的小厚纸条内，伸入病人口中，用口吹之使药粉撒于患处亦可。

③漱口

元朝李治撰《敬斋古今著》称："漱茶则牙齿固利。"宋《东坡杂记》更祥称："每食已，辄以茶漱口。烦腻即去，而脾胃自不知。凡肉之在齿间者，得茶浸漱之乃消缩，不觉脱去，不烦刺挑也，而齿便漱濯，缘此渐坚密，蠹病自已。"近代研究，茶汤漱口有很好的除口臭作用。对于烟臭、酒臭、蒜臭以及因口腔细菌、食物残屑等所引起的口臭，均有良效。现已制成绿茶口腔消剂、茶爽牙膏等供用。

④熏洗

民间经验中，有用茶叶加其他食物或药物熏洗或浸洗局部的方法。至于沏茶于杯以热蒸汽熏蒸眼睛，据称可增强视力。用茶子饼泡水洗头发，可以松软、润泽、止痒、止屑、除屑，现已有一系列茶皂素洗理香波供用，可综合称之为"茶浴保健剂"，如绿茶配苡仁（大蒜等）。

⑤调敷

调敷，是将茶叶研成细末，然后用液体状物质调匀外敷，是治皮肤上化脓及各类疾病的常用治疗方法，也可用于美容 。民间验方：治轻度烧伤可用茶叶研细蜜调敷；治带状疱疹可用茶叶研细末再用浓茶汁调敷。据新加坡郑华的方法，用泡饮过的茶渣加胶原蛋白、豆腐等调匀敷于面部，可以美容养颜、增白润泽。

⑥末撒

末撒，即直接用干燥的茶叶研末外撒于局部。此法在《茶经》中即有记载："疗积年瘘，苦茶蜈蚣并炙香熟，等分，捣筛。煮甘草汤洗。以末敷之。"这段文字在宋朝宋慈《洗冤集》引《经验方》中则称："阴囊生疮，用蜡面茶为末，先以甘草汤洗，后贴之。"

不但是未泡饮过的茶叶可以末撒外治，即已泡过的茶叶亦可应用。据《四科简效方》记载：治汤火烫伤，用泡过之茶叶晒干研末坛盛放地上，砖盖好，愈陈愈好，搽之即愈。

(3)体外应用

体外应用，是指不直接作用于人体的用法，以及与人体无关的各种用途。明朝李时珍《本草纲目》中，有"痘疮作痒，房中宜烧茶烟恒熏之"的记载。民间经验：用茶叶（新茶或泡过的茶渣均可以）装入枕套中作枕，可以益寿养颜、醒脑益智、聪耳鸣目，又可用治神经官能症、失眠、健忘、高血压等疾病。清末慈禧太后对茶枕十分珍爱。现在市场上有多种茶枕供应，如舟山梦舟牌茶叶保健枕。

（三）茶食生产

茶食一词的概念，从广义上说，当包括茶在内的糕饼点心之类的统称，在《大金国志·婚姻》就载有："婿纳币，皆先期拜行，亲属偕行，以酒馔往……次进蜜糕，人各一盘，曰茶食。"所以，在中国人的心目中，茶食往往是一个泛指名称；而在茶学界，茶食则指用茶掺和其他可食之物料，调制成茶菜肴，茶粥饭等茶食品，即是指含茶的食物。

茶叶食用的依据在于它具有较高的营养价值和丰富的保健成分。但茶叶的热量并不高，所以它不适合作为主食，而最适宜作为特殊营养或风味物质添加到食品中。就目前实际应用情况来看，茶叶用于制作食品添加物的主要目的有四个方面：一是利用它所含的氨基酸、蛋白质、矿物质和维生素等营养成分，强化食品营养。二是利用茶叶中的一些功能性成分（茶多酚、茶氨酸、茶多糖、γ-氨基丁酸等），使食品添加茶叶或茶提取物后能获得或增强一些保健功能。三是利用茶叶中的多酚类等物质具有很强的抗氧化性能。四是利用茶叶或茶提取物的特殊风味，使食品添加了茶或茶提取物后，获得特殊的食品风味。

在我国，食品中添加茶或茶提取物的研究主要开始于70年代，国内许多茶叶专家、食品专家、医药专家都在研究开发茶叶的多种用途，至今，国内外市场上的含茶食品已丰富多彩，现对几种较为新颖独特、具有市场潜力的产品简介如下：

1. 茶糖

自20世纪80年代初期，有关的茶叶和糖果生产部门便开展了茶叶糖果的研究和生产。目前全国各地生产的茶叶糖果有：红茶奶糖、绿茶奶糖、红绿茶夹心糖、红绿茶饴、绿茶胶姆糖、红茶巧克力和红绿茶颗粒硬糖等。茶糖的加工，主要是利用糖果工业的设备和工艺，将茶叶提取出来的有效成分与糖、奶、果汁、巧克力、淀粉、维生素和各种带有保健性的植物添加剂等结合在一起，形成独特的风味，使人们在享受美味糖果时又能尝到茶叶的滋味，同时具有一定的保健作用。

图7-10　各种茶糖

茶糖的品质主要决定于茶提取液的浓度、色香味和茶、糖的比例。在加工工艺中要注意茶提取液的用量、茶提取液进入糖胚中的时间和温度。适时掌握温度、时间，防止茶可溶物在高温下发生氧化、缩合、降解作用是制作茶糖的关键。根据有关资料分析，如茶叶糖果中茶多酚的含量过少，无茶味，不能体现茶有效成分的作用，过多则易产生苦味，最适含量可以控制在每100 g茶糖含100～150 mg，这样，茶叶与奶、糖和其他添加物之间就能互相协调，既具有糖果的风味又具有茶叶的回味。茶糖的加工工艺和配方，是制作茶糖提高品质的保证。优良的工艺和配方才能使茶糖造型整齐、表面平整、质地均匀、软硬适中，具有良好的韧性和弹性，不顶嘴，不粘牙，茶味适中爽口。

2. 茶叶糕点与饼干

我国古代就把茶叶与糕点联系起来，俗称“茶点”。在招待客人时，主人总要先泡上一碗茶，然后端上糕点、糖果之类，这一习惯一直延续到现在。目前以茶叶提取液为原料或佐料的糕点不断问世。如红绿茶鲜汁奶油饼干、红绿茶夹心饼干、绿茶饼干等，这些产品把茶叶的可溶物与饼干的原料融为一体，吃了美味的饼干又尝到了茶叶的风味，一举两得，特别是没有饮茶习惯的青少年和儿童，能从茶叶饼干中获得一定的营养和保健功能是非常有意义的。

图 7-11 各种茶糕点

茶叶饼干的加工，一般用中下档的茶叶或鲜叶，茶叶先经粉碎提取茶汁，用鲜叶则要进行粉碎、压榨、发酵制取红茶汁，或者经杀青处理制取绿茶汁。然后将提取的茶汁配以面粉、白糖、奶粉、油脂和调味剂，经均匀搅拌后达到干湿适度，再经成型、烘烤而成。影响茶叶饼干质量的主要因素是配方比率、成型的好坏、烘烤的温度。成品感官品尝认为，甜度对茶叶风味影响最大，因为茶叶中的氨基酸易被糖的羰基化合物或其他化合物脱氨、脱羰反应，产生醛和酮类风味物质，形成新的香味。茶叶饼干制造中只有原料配比适当，加糖适量，控制干燥的温度和时间，产品的色香味才能得到充分的发挥。茶叶饼干外形色泽鲜艳，有红绿茶饼干复合的香味，入口松脆，有茶叶回味。茶叶饼干含有茶叶特有的营养、保健成分，茶叶既是饼干的营养强化剂，又是天然色素、调味剂和疏松剂。

3. 茶乳晶

茶乳晶是利用茶叶鲜叶直接加工成的固体饮料。茶乳晶的品质兼有茶叶和麦乳精的特点，除含有普通麦乳精的营养成分外，还含有茶叶中的茶多酚、氨基酸、咖啡碱和维生素 C 等，其中游离氨基酸总量约为普通麦乳精的 4 倍。茶乳晶具有茶叶、牛奶、麦乳精等特有的复合香气、滋味、甜度适中，颗粒疏松均匀，无结块，有光泽，冲水即溶，无悬浮物和沉淀。产品有红茶乳晶和绿茶乳晶两种，由于使用茶类不同，因此前处理工艺不同，也形成各具的品质特色和理化指标，绿茶乳晶比红茶乳晶茶多酚平均含量高 0.8～1.0 倍，维生素 C 含量增加 30%。茶乳晶较好地发挥了营养互补增益效应，是一种理想的保健饮料。

图 7-12　各种茶乳晶

4. **茶叶口香糖**

在配方中加入细茶粉既可制成茶叶口香糖，关键技术是茶粉的细度和护色。

图 7-13　各种茶叶口香糖

5. **茶酒**

制法与一般果汁酒基本相同，所不同的是不兑果汁而兑一定的比例的高浓度茶汁。加了茶汁的酒，具有特殊的风味，又增加了保健功效，可以酒代茶或以茶代酒，且价格低廉。

图 7-14　各种茶酒

6. **茶叶菜肴**

中国菜肴世界闻名，是中华民族文化的又一宝贵财富。茶叶富有色香味形四大特点，能

饮用，能调和滋味增加色彩，又具有药理成分，茶叶菜肴一般都具双重功效，即可增进食欲、解除饥饿，又能防止某些疾病和增强人体健康。

图 7-15 各种茶叶菜肴

此外，利用茶叶原汁或茶叶精粉作配料，还可制作茶味蛋糕、茶味面包、茶叶果冻、茶叶冰淇淋、茶叶月饼、茶叶酱油、茶叶豆腐干、茶叶奶粉等多种保健食品。含茶食品保留了传统食品原有的本质，又因添加了茶叶原料而具有茶叶风味特色，同时还具备防病、抗衰老、美容、益智等多种保健功效。所以，随着消费者保健意识的增强和对新风味的追求，今后茶保健食品必将获得更大的发展，将在人们生活中绽放出绚丽的色彩。

茶，贴近社会、生活、百姓，以茶代酒，以茶示礼，人们将饮茶与生活习惯结合起来，把饮茶的精神内容贯穿于生产、生活及衣食住行、婚丧嫁娶、往来礼俗和日常交际中，形成了丰富多彩的饮茶习俗，显示出强烈的文化色彩。茶不仅成为我国人们生活的重要组成部分，而且在世界各国民族长期的生活中，也形成了特有的饮茶习俗。

三、茶俗茶会

（一）饮茶习俗

中国是礼仪之邦，而茶融入精神内涵的物质形态正是我国人民崇尚友善、爱好文明的表征。从唐朝开始，茶逐渐走进千家万户成为百姓的基本生活资料，演化成一种社交方式——客来敬茶。来者是客，热情招待，以茶为先，以茶为礼成为习俗。这种习俗与社会原有的一套礼仪相结合，不仅体现了人们的一种生活情趣，而且逐渐演变成一种约定俗成的礼节形式，成为社会文化传统的一个组成部分。

1. 客来敬茶的由来及发展

《孟子》曰："冬日则饮汤，夏日则饮水"，列子曰："夫浆人特为食羹之货无多余之赢"，都强调生活中需要各种饮品。以茶名冠称饮料是从其他杂饮中发展起来的。晋代张载有诗"芳茶冠六清，溢味播九区"，说明茶与其他饮品相比具有优势。客来敬茶，自古以来是我国人民重情好客的礼俗。晋代王蒙的"茶汤敬客"、陆纳的"茶果待客"、桓温的"茶果宴客"，至今仍传为佳话。客来敬茶的习俗，说明我国这一传统礼仪已深入人心。宾客临门，一杯香茗，既表示了对客人的尊敬，又表示了以茶会友，谈情叙谊的至诚心情。这说明，以茶敬客，表明茶是一种美好的物品，百姓生活离不开的一种饮料。

茶作为居常饮料的开始时间，大致是在两晋南北朝时期，而客来敬茶习俗的形成，也基本与此同步。唐以后，以茶敬客的习俗，流行地区和范围日渐扩大，江南之外岭南地区也出现了这一习俗。如《茶经》所曰："又南方有瓜芦木，亦似敬，至苦涩，取为屑茶饮，亦可通夜不眠。煮盐人但资此饮，而交广最重，客来先设。"中唐以后茶文化兴起，茶、酒在一定程度上可相提并论，从另一角度反映了客来敬茶的社会背景。

有朋友来作客，主人总是先奉上一杯清茶。"请喝茶！"通常是主人对客人表示欢迎和尊敬而常说的一句话。清人俞樾(1821—1906)所著《茶香室丛钞》中摘引了宋代无名氏《南窗纪谈》的一段话，"客至则设茶，欲去则设汤，不知起于何时，上自官府，下至闾里，莫之或废。"这说明，客来敬茶的礼俗，到宋代已经流传。宋代朱彧在《萍州可淡》还说："茶见于唐时，味苦而转甘，晚采者为茗，今世俗，客至则啜茶……此俗遍天下。"可见，以茶待客，作为一种对客人的尊重，联络感情的媒介，当时已十分盛行。

至明代，客来敬茶已成为当时社会生活中必不可少的礼节。客来敬茶，不仅在国内是历代相袭的传统风习，而且也影响到周边国家。清人王锡祺辑《小方壶斋舆地丛钞》，载日本冈千仞《观光纪游》明治十七年(1889)五月十三日记："我邦风化皆源于中土……宾至必进茶，宾不轻饮，待将起而一啜，主见之为送宾之虞(准备)。"

唐代陆士修《五言月夜啜茶联句》中谈到的"泛花邀坐客，代饮引清言"，宋代杜耒《寒夜》诗中的"寒夜客来茶当酒，竹炉汤沸火初红"，清代高鹗《茶》诗中的"晴窗分乳后，寒夜客来时"，至今仍传为我国人民用茶敬客的佳句。这些诗句反映了当时的社会世态及以茶代酒的社交文化功能，它们传颂至今，成了客来敬茶的最好注解。元代基本沿用宋代的习俗。但此时出现过"点汤"(清代时的"端茶送客")的约定。

现在，人们对客来敬茶已习以为常。然而，平常之中寓哲理。它是精神的一种象征，是崇尚文明的一种表现。

2. 以茶敬客

我国历来就有"客来敬茶"的民俗，当今社会，客来敬茶更成为人们日常社交和家庭生活中普遍的往来礼仪。茶宴、茶会、茶艺、茶话、茶礼、茶仪等，都属于客来敬茶的范畴之内，少数民族的各种与茶相关的风土人情也在此列。古今对客来敬茶的意义，虽然有不尽相同的解释，因人、因事、因地而异，但总的精神是表示了友爱和文明。因为茶是纯洁、中和、美味的物质，用茶敬客可以明伦理、表谦逊、少虚华、尚俭朴。庄晚芳先生认为，古往今来的客来敬茶，可有以下五方面的含义：一为洗尘，二为致敬，三为叙旧，四为同乐，五为祝福。

(1)洗尘

洗尘，即为来客接风。客人到来，以茶相迎，表示了主人的一种诚意。客人也许一路辛苦而心烦意乱，但一旦接过主人递上的一杯热茶，"尘"心便一洗而尽。此可谓"尘心洗尽兴难尽"，"泛然一啜烦襟涤"。茶本有提神去疲的自然功效，而以茶敬客中，更给人以精神的愉悦。

(2)致敬

致敬，有敬爱、敬重、敬仰之意。对客人表敬意，有的用酒，有的用糖果等，但用茶敬客是人类生活的必然选择。茶的品性比酒好，既能表谦逊，又能给人以精神。"一杯清茶，口齿留香"，给人以神情愉悦。如以茶代酒，敬的更是人的伦理和品性。

(3)叙旧

叙旧，包括叙别、叙事和叙谈等。与亲朋好友叙旧事、拉家常，有茶助兴，谈兴更浓。若

是初交，有茶在手，拉近了距离，开阔了话题。宋代林逋有诗云，“人间绝品人难识，闲对茶经忆故人”就是这个道理。“一杯春露暂留客，两腋清风几欲仙”，很难说是叙旧之情，还是茶情的绵延。

(4)同乐

同乐，是指边喝茶，边叙旧，从中获得乐趣。“有朋自远方来，不亦乐乎?”好友相聚有茶相伴更添快乐。宋代梅尧臣有诗“汤嫩水清花不散，舌甘神爽味更长”。古代的客来敬茶，贯穿于烹茶全过程，主客在烹煮品饮之中得神、得趣又得味，自然增进了欢愉和乐趣。

(5)祝福

祝福，是发自内心的问候，福、禄、寿、喜、健是人们的共同理想追求，是年轻和健康的一种象征。“茶”字的笔画结构隐喻“108”吉利数字，象征一百零八岁，因此人们敬颂茶寿。开国元勋朱德元帅一生喜欢饮茶，活到90岁，曾吟诗云：“庐山云雾茶，味浓性泼辣，若得常年饮，延年益寿法。”以茶祝福，看似没有酒辞那么丰富，实则比酒更充实、更纯洁、更美好。

客来敬茶还有许多传统礼俗。比如用壶口与壶柄前后相对的壶给客人斟茶。如以壶柄向客，则表示以客为尊，如以壶口向客，则表示以客为卑。《礼记·少仪》曰：“尊壶者，面其鼻。”其中的“鼻”即“柄”，把壶柄朝向客人是敬客之意，因此，客来敬茶时不能以壶口对客。

3. 各地客来敬茶的习俗

客来敬茶作为一种礼仪，历来就有许多讲究。由于时代的变迁，各地风俗习惯的不同，客来敬茶的形式与方法也各有差异。

(1)江南地区

南宋首都临安(现在的杭州)，每年“立夏”之日，家家各烹新茶，并配以诸色细果，馈送亲友比邻，叫做“七家茶”。这种习俗，今日杭州郊区农村还保留着。在我国广大农村，当新年佳节客人来临时，主人总要先泡一壶茶，然后端上糖果，甜食之类，配饮香茗，祝愿新年甜，一年甜到头。江南一带过新年，还有以“元宝茶”敬客的，即在茶盅内放两颗青橄榄，表示新春祝福之意。苏州、常熟一带，客人上门，“无茶不成礼”，茶是必不可少的接待之礼，客人坐定后，主人根据来客的年龄、性别、习惯来敬茶。一般年老的客人敬红茶，俗称“浓茶”。年轻的客人敬绿茶，俗称“淡茶”。女客则敬茉莉花茶或玳玳花茶，俗称“香茶”。如果客人自己讲明喜欢饮什么茶，主人也就遵照客人的意思敬茶，敬茶也要双手捧杯，接茶亦如此。倒茶或者冲茶，在茶杯或茶壶内倒至七成即可，忌满茶或满壶，这叫“茶七酒八”。

(2)江西

江西人待客亦用茶。江西的客来敬茶真诚纯朴，情深意长。主人用双手敬茶，客人用双手接茶，并向主人致谢。斟茶时不宜过满，否则是对客人的不尊重。添茶时，主人要一手提壶，一手摁住壶盖。客人要有礼貌，不管是否口渴，都要喝一点。在主人添茶时，客人要用食指和中指轻叩桌面以示感谢。如果不想再喝，就合上杯盖。在告辞之前，要先把杯中的茶喝完，表示对茶的赞赏。江西贵溪人称喝茶叫“吃茶”。客到后，主人先端上半碗白开水供客人漱口用。接着主人摆上各种茶果，如干红薯片、花生、豆子、各类菜干等。茶果上齐后，主人才将碗中的白开水倒掉，换上滚热的茶，这才是真正的“吃茶”。如果不上茶果，仅以茶水待客，是对客人的极不尊敬。江西的许多其他地方款待朋友、亲戚，上门首先奉上一杯清茶祝福对方，然后一碗糖水或盐水煮鸡蛋、一碗长寿面等。

(3)少数民族地区

我国少数民族地区敬茶的礼俗也不少。如藏族同胞几乎家家户户的火盆上，都经常炖着一壶酥油茶，来了客人就要敬奉。蒙古族牧民如果有客人到，主人就会把飘香的奶茶，连同具有草原风味的炒米、奶酪、奶饼，一一摆到客人面前。云南的白族同胞，遇有客人来访，总是要以具有本民族特色的象征"头苦二甜三回味"的"三道茶"来接待。到布朗族村寨去作客，主人会用著名的土特产——清茶、花生、烤红薯等来款待。景颇族用"烤茶"敬客，东乡族用盖碗茶敬客。在湖南、广西毗邻地区的苗族或侗族山寨，主人会让你尝到难得的"打油茶"。

(二)民族茶俗

我国56个民族，自古爱茶，都有以茶敬客、以茶祭祖、以茶供神、以茶联谊的礼俗。由于各个民族所处的地理环境不同，历史文化背景不同，宗教信仰不同，饮茶的风俗习惯也自有差异。即使同一个民族，也有"千里不同风，百里不同俗"的现象，正因为这样，才形成了我国百花齐放、异彩纷呈的饮茶风俗。

1. 汉族茶俗

汉族是中国的主体民族，人口约占全国总人口的94%，遍布整个中国，但主要聚居在黄河、长江和珠江三大流域和松辽平原，是一个懂礼仪，讲文明，重情好客的民族。茶是汉民族人民的生活必需品。汉民族饮茶，重在意境，以鉴别茶香、茶味，欣赏茶姿、茶汤、茶形和茶色为目的。自娱自乐者谓之品茶，注重精神享受。倘在劳动之际，或炎夏酷热，以清凉、消暑、解渴为目的，手捧大碗急饮者；或不断冲泡，连饮带咽者，谓之喝茶。

汉族饮茶，虽然方式有别，但大多推崇清饮，认为清饮最能保持茶的"纯粹"，体现茶的"本色"，领略到茶的真趣。茶者，"草木之中的人也"，"天人合一"，原本就是茶的本性。中国人饮茶，倡导的就是这种氛围。其中，最能体现汉族清饮雅赏，香真味实的就是品龙井、啜乌龙、喝凉茶了。

(1)闽粤功夫茶

广东、福建、台湾等地，习惯用小杯啜乌龙茶。功夫茶，又称"工夫茶"，因其冲泡时颇费工夫而得名，是汉族的饮茶风俗之一。啜工夫茶最为讲究的要数广东的潮汕地区，不但冲泡讲究，而且颇费工夫。要真正品尝到啜工夫茶的妙趣，升华到艺术享受的境界，需具备多种条件。主要取决于三个基本前提，即上乘的茶叶，精巧的工夫茶具，以及富含文化的瀹饮法。

①功夫茶的茶与具

首先，要根据饮茶者的品位，选好优质的乌龙茶，乌龙茶既具有绿茶的醇和甘爽，红茶的鲜香浓厚，又具有花茶的芬芳幽香。其次，泡茶用水应选择甘冽的山泉水，而且强调现烧现冲。接着，是要备好茶具，比较讲究的，从火炉、火炭、风扇，直到茶洗、茶壶、茶杯、冲罐，等等，备有大小十余件。人们对啜乌龙茶的茶具，雅称为"烹茶四宝"：即潮汕风炉、玉书碨、孟臣罐、若琛瓯。通常以3个为多，这叫"茶三酒四"，专供啜茶用。一般啜工夫茶世家，也是收藏工夫茶具的世家，总会珍藏有好几套工夫茶具。

②冲泡功夫茶

功夫茶，不仅茶具精致，饮用程序亦讲究。冲泡开始先是烫盅热罐(俗称"孟臣沐霖")，当水烧至二沸时(此水不嫩也不老)，立即提水灌壶烫杯，烫杯的动作有个很好听的名字，叫

“狮子滚球”。在整个泡饮过程中还要不断淋洗，使茶具保持清洁和有相当的热度。然后，用茶针把茶叶按粗细分开，先放碎末填壶底，再盖上粗条，把中小叶排在最上面，以免碎末堵塞壶内口，阻碍茶汤顺畅流出。

冲泡时，要提高水壶，循边缘缓缓冲入，形成圈子，以免冲破“茶胆”。冲水时要使壶内茶叶打滚。通常乌龙茶的第一泡是不喝的，使茶之真味得以充分体现。然后再进行第二次冲泡，这道程序名曰：“重洗仙颜”。在第二次注水后，提起壶盖，从壶口子刮几下，把壶中泡沫刮出后再将壶盖盖好，再在壶的表面反复浇上几遍沸水，这样可以“洗”去溢在壶上面的白沫，同时起到壶外加热的作用。这也叫“内外夹攻”，使茶叶的精美真味浸泡出来。

③品饮功夫茶

一旦茶叶冲泡完毕，主人示意啜茶，啜茶时，主人一般不端茶奉客，而由客人就近自取。一般用右手食指和拇指夹住茶杯口沿，中指抵住杯子圈足，这叫“三龙护鼎”。客人取杯之后，不可一饮而尽，而应拿着茶杯从鼻端慢慢移到嘴边，趁热闻香，再尝其味。

品茶时，要先看汤色，这叫眼品；再闻其香，这叫鼻品；尔后啜饮，这叫口品。如此三品啜茶，不但满口生香，而且韵味十足，才能使人领悟到啜工夫茶的妙处。

品饮功夫茶不仅能怡情悦性，而且能提神益思、消除疲劳。经常饮用，还能止痢去暑和健脾养胃。

按广东潮汕地区啜工夫茶的风俗，凡有客进门，主人必然会拿出珍藏的茶具，选上最好的工夫茶，或在客厅，或在室外树阴下，主人亲自泡茶，品茗叙谊。如果客人也深通工夫茶理，这叫“茶逢知己，味苦心甘”。酽酽工夫茶，浓浓人情味，说话投机，足足可以坐上半天，也不厌多。另外，按潮汕人喝茶的习惯，认为啜工夫茶，可随遇而安。因在当地人不分男女老少，地不分东南西北，啜工夫茶已成为一种风俗。所以，啜工夫茶无须固定位置，也无须固定格局，或在客厅、或在田野、或在水滨、或在路旁，都可随着周围环境变化的随意性，茶人在色彩纷呈的生活面前，使啜茶变得更有主动性，变得更有乐处。“一壶好茶，一片浓情”。当地人还认为，啜乌龙茶最大的乐趣，是在乌龙茶冲泡程序的艺术构思，其中概括出的形象语言和动作，已为啜茶者未曾品尝，已经倾倒，这种“意境美”，已或多或少地替代了茶人对“环境美”的要求。

(2)品龙井

在江、浙、沪的一些大、中城市，最喜爱品龙井茶。龙井茶主产于浙江杭州的西湖山区。“龙井”一词，既是茶名，又是茶树种名，还是村名、井名和寺名，可谓“五龙合一”。西湖龙井茶，向以“色绿、香郁、味甘、形美”着称，“淡而远”、“香而清”。历代诗人以“黄金芽”、“无双品”等美好词句来表达人们对龙井茶的酷爱。

品饮龙井茶，还要做到：一要境怡，自然环境、装饰环境和茶的品饮环境相宜；二要水净，指泡茶用水要清澈洁净，以山泉水为上，用虎跑水泡龙井茶，更是杭州“一绝”；三要具精，泡茶用杯以白瓷杯或玻璃杯为上。倘若盖碗冲泡，则无须加盖；四要艺巧，即要掌握龙井茶的冲泡技艺，以及品饮方法。五要适情，即要有闲情雅致，抛却公务缠身，烦闷琐事，方可有兴品茶。

品饮方法多种多样，常见的有“玻璃杯泡饮法”、“瓷杯泡饮法”和“茶壶泡饮法”。玻璃杯泡饮法，适用于品饮细嫩的龙井茶，便于充分欣赏名茶的外形、内质。泡饮之前，可以先“赏茶”，充分领略龙井茶的地域性的天然风韵。采用透明玻璃杯泡茶，便于观赏茶在水中的缓慢舒展、游动、变幻过程,人们称其为“茶舞”。茶叶在水中自动徐徐下沉,有先有后,有的直线下沉,有的则徘徊缓下,有的上下沉浮后降至杯底。干茶吸收水分,逐渐展开,芽似枪、剑,叶如旗。汤面水气蕴含着茶香缕缕升腾,如云蒸霞蔚,趁热嗅闻茶汤香气,令人心旷神怡;观赏茶汤颜色,隔杯对着阳光透视,还可见到星斑点点、闪闪发光的细细茸毫在茶汤中沉浮游动。

待茶汤凉至适口,可小口品啜,缓慢吞咽,以品尝茶汤滋味,领略名茶的风韵。此时鼻舌并用,可从茶汤中品出嫩茶香气,顿觉沁人心脾。饮至杯中茶汤尚余三分之一水量时,再添加开水。在第三次添加开水后,茶味已淡。如果再掺开水、茶汤就淡薄无味了。品饮绿茶大多以三杯为度。品龙井茶时,先应慢慢提起杯子,举杯细看翠叶碧水,察看多变的叶姿,尔后,将杯送入鼻端,深深地嗅闻龙井茶的嫩香,使人舒心清神。看罢、闻罢,然后缓缓品味,清香、甘醇,鲜爽应运而生。此情此景,正如清代陆次云所说:“龙井茶真者,甘香如兰.幽而不洌,啜之淡然,似乎无味。饮过之后,觉有一种太和之气,弥沦于齿颊之间,此无味之味,乃至味也。”这就是对品龙井茶的动人写照。

(3)北京的大碗茶

喝大碗茶的风尚,在汉民族居住地区,随处可见,特别是在大道两旁、车船码头、半路凉亭,直至车间工地、田间劳作,都屡见不鲜。这种饮茶习俗在中国北方最为流行,尤其早年北京的大碗茶,更是名闻遐迩,如今中外闻名的北京大碗茶商场,就是由此沿习命名的。

大碗茶多用大壶冲泡,或大桶装茶,大碗畅饮,热气腾腾,提神解渴,好生自然。这种清茶较粗犷,颇有“野味”,但它随意,不用楼、堂、馆、所,摆设也很简便,一张桌子,几张条木凳,若干只粗瓷大碗便可。因此,它常以茶摊或茶亭的形式出现,主要为过往客人解渴小憩。

大碗茶由于贴近社会、贴近生活、贴近百姓,自然受到人们的称道。即便是生活条件不断得到改善和提高的今天,大碗茶仍然不失为一种重要的饮茶方式。

(4)喝凉茶

喝凉茶的习俗,多见于南方,在两广(广东、广西)及海南等地最为常见。在中国南方地区,凡过往行人较为集中的地方,如公园门前,半路凉亭、车站码头、街头巷尾,直至车间、工地、田间劳作等地,都有凉茶出售和供应。南方人喝的凉茶,除了清茶外,还会在茶中放一些具有清热解毒作用的其他清凉饮料植物,如野菊花、金银花、薄荷、生姜、橘皮之类,使茶的清热解毒功能,得到充分的互补和发挥。所以,凉茶严格说来,还很有点药茶的味道,除有消暑解毒的作用外,还有预防疾病的功效。

凉茶,主要是为了适应天气湿热,人们易患燥热、风寒、感冒诸症,而配制成的一种保健茶,特别是在夏天,卖凉茶成了华南地区的一道景观。凉茶始于何时,不得而知。制作凉茶的茶叶,一般都用比较粗老的茶叶煎制而成。凉茶的供应点,一般分为两种,一种是固定式的,但也并非楼馆,类似于茶摊。另一种是流动式的,上放着各种已经配制好的凉茶,盛在大茶壶,人们可以依照凉茶的性质,随便挑选。

特别是在暑天,人们在匆忙劳作或赶路之际,大汗淋漓,喉干口燥,此时,若在凉茶点上歇脚小憩,喝上一杯凉茶,就会感到心旷神怡,暑气全消,精神为之一振。南方的半路凉亭,往往是免费供应凉茶之地。有些凉亭还刻着茶联,劝君喝茶小憩,以示关怀。在此摘录几首,与读者共享:“为名忙,为利忙,忙里偷闲,且喝一杯茶去;劳心苦,劳力苦,苦中作乐,再倒一碗茶来。”如此喝着凉茶,品味茶联,心态平和,自有清凉在心头。

2.少数民族饮茶

(1)藏族的酥油茶

藏族主要聚居在我国的西藏自治区，在四川、青海、云南、甘肃的部分地区也有居住，茶是藏族同胞生活中的头等大事。当地有句俗语，叫做“饭可以一天不吃，茶却不能一天不喝，”把茶和米看得同等重要，无论男女老幼，都离不开茶。所以，藏族认为能喝上茶就是幸福。当地有一首民谣这样唱道：“麋鹿和羚羊聚集在草原上，男女老幼聚集在帐篷里；草原上有花就有幸福，帐篷里有茶就更幸福。”

藏族同胞一般每天要喝四次茶，据说，藏族同胞与茶结缘，始于公元七世纪初，唐贞观十五年(641)文成公主入藏嫁给吐蕃松赞干布，并带去茶叶，首开西藏喝茶之风。据传，文成公主在带去茶叶，提倡饮茶的同时，还亲手将带去的茶叶，用当地的奶酪和酥油一起，调制成酥油茶，赏赐给大臣，获得好评。自此敬酥油茶便成了赐臣敬客的隆重礼节，并由此传到民间。而藏族居住地，地势高亢，空气稀薄，气候高寒干旱，他们以放牧或种旱地作物为生，当地蔬菜、瓜果很少，常年以奶肉糌粑为主食。“其腥肉之食，非茶不消；青稞之热，非茶不解。”茶成了当地人们补充营养的主要来源。同时，热饮酥油茶还能抗御寒冷，增加热量，所以，喝酥油茶便成了同吃饭一样重要。

酥油茶是一种在茶汤中加入酥油等作料，再经特殊加工而成的茶汤。至于酥油，乃是把牛奶或羊奶煮沸，经搅拌冷却后凝结在溶液表面的一层脂肪，而茶一般选用的是紧压茶。制作时，先将紧压茶打碎加水在壶中煎煮后，滤去茶渣，把茶汤注入打茶筒内。同时，加入适量酥油。还可根据需要加入事先已炒熟研碎的核桃仁、花生米、芝麻粉、松子仁之类。最后还可放上少量食盐、鸡蛋等。用木杵在圆筒内上下抽打。当茶汤和作料已混为一体时，酥油茶才算打好了，随即将酥油茶加热倒入茶瓶待喝。

由于酥油茶是一种以茶为主料，并加有多种食料经混合而成的液体茶饮料，所以，滋味多样，喝起来咸里透香，甘中有甜，它既可暖身御寒，又能补充营养。在西藏草原或高原地带，人烟稀少，家中少有客人进门。偶尔，有客来访，可招待的东西很少，加上酥油茶的独特作用，因此，敬酥油茶便成了西藏人款待宾客的珍贵礼仪。

(2)白族的三道茶

白族是一个十分好客的民族，不论逢年过节，生辰寿诞，男婚女嫁，或是有客登门造访，都习惯于用三道茶款待客人。三道茶，白族称它为“绍道兆。”这是一种祝愿美好生活，并富于戏剧色彩的饮茶方式。当初白族只是用喝“一苦二甜三回味”的三道茶作为子女学艺、求学，新女婿上门，女儿出嫁，以及子女成家立业时的一套礼俗。以后，应用范围日益扩大，成了白族人民喜庆迎宾时的饮茶习俗。

白族三道茶，以前，一般由家中或族中长辈亲自司茶。如今，也有小辈向长辈敬茶的。制作三道茶时，每道茶的制作方法和所需原料都是不一样的。

①清苦之茶

第一道茶，称之为“清苦之茶”，寓意做人的哲理：“要立业，先要吃苦。”制作时，先将水烧开，司茶者先用一只粗糙的小砂罐烤热后，投入适量的茶叶，不停地转动，使茶的叶色转黄，并发出焦糖香时，立即注入已经烧沸的开水。少倾，主人将沸腾的茶水倾入小茶盅内，再用双手举盅献给客人。这杯茶喝下去滋味苦涩，故而谓之苦茶。

②甜茶

第二道茶称之为“甜茶”。当客人喝完第一道茶后，主人重新用小砂罐置茶、烤茶、煮茶，还在茶盅放人少许红糖，待煮好的茶汤倾入八分满为止。这样沏成的茶，甜中带香，甚是好喝，它寓意“人生在世，做什么事情，只有吃得了苦，才会有甜香来！”

③回味茶

最后一道茶称之为“回味茶”。其煮茶方法虽然相同，只是茶盅中放的原料已换成适量蜂蜜，少许炒米花，3～5粒花椒，一撮核桃仁，茶汤容量通常为六、七分满。饮第三道茶时，一般是一边晃动茶盅，使茶汤和佐料均习混合，一边口中“呼呼”作响，趁热饮下。这杯茶，喝起来甜、酸、苦、辣各味俱全，回味无穷。因此，白族称它为“回味茶”，意思是说，凡事要多“回味”，切记“先苦后甜”的哲理。通常主人在款待三道茶时，一般每道茶相隔3～5 min进行。另外，还得在桌上放些瓜子、松子、糖果之类，以增加饮茶情趣。如今，白族三道茶的料理已有所改变，内容更加丰富，但“一苦二甜三回味”的基本特点依然如故，成了白族人民的传统风尚。

(3)傣族竹筒香茶

竹筒香茶是云南傣族同胞别具一格的风味茶，傣语称为“腊跺”。

竹筒香茶产于西双版纳傣族自治州勐海县，是用很细嫩原料所制成的，又名“姑娘茶”。姑娘茶的做法有两种。制法之一是采摘一芽二三叶的茶青，经铁锅炒制，揉捻后，装入生长仅一年的嫩甜竹(又名香竹、金竹)筒内，这样就制成了既有茶香，又有竹香的竹筒茶了。制法之二是在一个小饭甑中先铺上6～7 cm厚浸足了水的香糯米，在糯米上铺一层干净的纱布，在纱布上放上一层晒青毛尖茶，然后盖上饭甑用旺火蒸上15 min左右，待茶叶软化并充分吸收了糯米的香气之后即可倒出，再装入竹筒，放在炭火上以文火慢慢烘烤，过几分钟翻动竹筒一次，待筒内茶叶全部烘干后，即可收藏起来，这便是既有茶香、糯米香又有甜竹清香的竹筒茶。制好的竹筒香茶很耐贮藏，用牛皮纸包好，放在干燥处贮藏，品质经久不变。在饮用时最好是用嫩甜竹的竹筒装上泉水，放在炭火上烧开，然后放入竹筒香茶再烧5 min，待竹筒稍凉后即可慢慢品饮。亦可用壶具冲泡。饮竹筒香茶，几种香气相得益彰，既消暑解渴，又解乏提神，别有一番情趣。

(4)侗家打油茶

桂北地区的侗族人，有家家打油茶、人人喝油茶的习惯。一日三餐，必不可少，早餐前吃的称为早餐茶，午饭前吃的称晌午茶；晚餐前吃的称为宵夜茶。

“打”油茶的用具很简单，要一口炒锅，一把竹篾编成的茶滤，一只汤勺。用料有茶籽油、茶叶、阴米、花生仁、黄豆和葱花儿。

打油茶的第一道工序是发“阴米”。将茶油倒入铁锅，烧热煮沸，把阴米一把一把地放入滚油锅里，炸成白白的米花浮在油面。第二道工序是炒花生仁、炒黄豆、炒玉米或其他副食品。第三道工序是煮油茶，茶叶用当地出产的大叶茶，也有的是用从茶树上刚采下的新鲜叶子，讲究的必须选用“谷雨茶”，一定要在清明至谷雨采摘的，要求芽叶肥壮。

每锅茶水煮多煮少，依饮茶的人数而定，以每人每轮半小碗为准。喝油茶一般是“三咸一甜”(三碗放盐的茶水、一碗放糖的汤圆茶水)。喝茶时，由主妇把炸阴米、炸花生、炸糍粑、炸黄豆分入碗，用汤勺把热茶水冲入碗中，喷香的油茶就“打”成了。油茶具有浓香、甘甜味美、营养丰富等特点，常饮能提神醒脑，治病补身。

凡是到侗家来的客人，都会享受到敬油茶的这一习俗。油茶煮好，主妇给客人敬上一碗

油茶后，还会在碗旁摆上一根筷子，筷子是用来拨碗里佐料的。主人敬茶的次数最多可达十六次，最少不少于三次。如果客人喝了三碗不想要了，那就用筷子把碗里的佐料拨干净吃掉，然后把那根筷子横放在碗口上，主人就不会再给客人添茶了，如果筷子总往桌子上放，主人就会给客人继续添油茶。按侗家风俗习惯，喝油茶一般得连吃三碗，这叫做“三碗不见外”。

为了打油茶，当地群众把茶叶制成茶饼，以便于保存。茶饼是用采回的鲜茶叶，经筛选后，放入锅内煮沸杀青除涩，捞出晒干，再装入木甑蒸软重压，每次加入茶叶 1 ～1.5 kg，这样层层加进去，直到甑满为止，冷却后倒出，便成了一盘盘的“压缩茶饼”，打油茶时随取随用，很方便。

(5)蒙古族的咸奶茶

蒙古族与其他少数民族相似，在茶中加入牛奶、盐巴一道煮沸，但用铁锅烹煮。这种奶茶，蒙古族人每日三顿。如遇其他情况，还会加量。他们对该茶的享用，也是颇有讲究的。

奶茶的烹制方法大致为：先将砖茶捣碎放入铁锅或铝质、铜质茶壶中，加水煎煮约 10 min，茶汁呈红褐色时，兑入事先煮沸的牛奶或羊奶，再放少量盐巴，搅拌均匀，就是又香又热、可口的奶茶了。一般是清早就煮好一壶奶茶，用微火温着，备用一天。如有客人进入蒙古包，那么奶茶、鼻烟与炒米便是待客的佳品了。咸奶茶的烹煮功夫是蒙古族女子“身价”的体现。大凡姑娘从懂事开始，做母亲的就会悉心向女儿传授烹茶技艺。姑娘出嫁、婆家迎新时，一旦举行好婚礼，新娘就得当着亲朋好友的面，显露一下煮茶本领，并将亲手煮好的咸奶茶，敬献给各位宾客品尝，以示身手不凡，家教有方，否则会留给人们缺少修养的印象。

蒙古奶茶的饮法很可能受了西藏饮茶方式的影响。清人祁韵士在《西陲要略》中记叙厄鲁特蒙古人的饮茶习俗，说“其达官贵人，夏食酪浆乳，冬食牛羊肉，贫人则食乳茶度日。畜牧之外，岁以熬西藏茶为事务”。后来茶越来越为蒙古族所爱好，才不论贵贱，每日三茶了。

(6)基诺族吃凉拌茶

基诺族的凉拌茶，即居住在西双版纳景洪县基诺山的基诺族，约有 8 000 多人(基诺族共有 1.2 万人左右)，他们自古至今仍保留着用鲜嫩茶叶制作的凉拌茶当菜食用，是极为罕见的吃茶法。将刚采收来的鲜嫩茶叶揉软搓细，放在沸水中泡一下，随即捞出，放在清洁的大碗中加入少许泉水，然后投入黄果叶、芝麻粉、香菜、姜末、大蒜末、辣椒粉、盐巴等配料拌匀，静止一刻钟左右，便成为基诺族喜爱的“拉拨批皮”，即凉拌茶，以此下饭。

(7)拉祜族饮烤茶

拉祜族习惯饮用烤茶，即将一芽五六叶的新梢采下后直接在明火上烘烤至焦黄，再放入茶罐中煮饮。烤茶，拉祜语叫“腊扎夺”，是一种古老而普遍的饮茶方式。先将小土陶罐放在火塘上烤热后，放入适量茶叶进行抖烤，待茶色焦黄并发出焦糖香时，即冲入开水煮 3～5 min 待饮。然后倒出少许，根据浓淡，决定是否另加开水。将此种茶水倾入茶碗，奉茶敬客。这种茶水略有苦涩酸味，有解渴开胃的功能。

(8)苗族的八宝油茶汤

居住在鄂西、湘西、黔东北一带的苗族，有喝油茶汤的习惯。他们说：“一日不喝油茶汤，满桌酒菜都不香”。倘有宾客进门，他们更为用香脆可口，滋味无穷的八宝油茶汤款待。八宝油茶汤的制作比较复杂，先得将玉米(煮后晾干)、黄豆、花生米、团散(一种米面薄饼)、豆腐干丁、粉条等分别用茶油炸好，分装入碗待用。

接着是炸茶，特别要把握好火候，这是制作的关键技术。具体做法是：先放适量茶油在锅中，待锅内的油冒出青烟时，放入适量茶叶和花椒翻炒，待茶叶色转黄发出焦糖香时，即可倾水入锅，而后放上姜丝。锅中水第一次煮沸时，徐徐掺入少许冷水，等到水再次煮沸时，加入适量食盐、大蒜、胡椒等，用勺稍加拌动，随即将锅中茶汤连同佐料，一一倾入盛有油炸食品的碗中，这样八宝油茶汤制好了。

这种油茶汤，由于用料讲究，制作精细，一碗到手，清香扑鼻，沁人肺腑。喝在口中，鲜美无比，满嘴生香。敬茶时均由主妇用双手托盘，每碗放一只调匙，彬彬有礼地敬奉客人。

八宝油茶汤它既解渴，又饱肚，还有特异风味，是中国饮茶技艺中的一朵奇葩。

(9)土家族的擂茶

土家族的生活在川、湘、鄂四省交界之处。此处古木参天，绿树成荫，“芳草鲜美，落英缤纷。”由于茶的山水情结，茶被土家族人所利用，并形成独特的擂茶习俗，也是中国民族智慧的体现。擂茶，又名三生汤。其名由来有两种说法。一是因为擂茶是以生叶(茶的嫩芽梢)、生姜和生米三种生原料加水烹煮而得名。另一说与三国时代的张飞有关。当时张飞带兵至现湖南常德一带，因炎夏酷暑，军士精疲力竭，加上病疫蔓延和水土不服等，数百将士病倒，张飞本人也未幸免。危难之际，村上一位老中医有感于张飞部属的纪律严明，秋毫无犯，就出手相助，特献上祖传秘方——擂茶，并亲手研制，分予将士，其结果自然是药到病除。张飞感激不尽地说：“真是三生有幸!”从此，擂茶就被传颂为三生汤了。

擂茶，流传的地方很多，但以湖南的部分地区为最。人们四季常饮，也惯用擂茶待客。擂茶的制作方法为：将茶与佐料一起放入擂钵，佐料一般以当地出产的黄豆、玉米、绿豆、花生、白糖为多，也可以根据每人的爱好掺入其他佐料。然后用擂茶棍慢慢擂成糊状，加适量冷开水调成茶汁，贮于瓦罐中。饮用时，只需盛出几勺，注入开水，既可冲成一碗擂茶。如讲究一点，可加其他调料，使喝起来更有香、甜、脆、爽的感觉。擂茶历史悠久，宋代就流行，明代朱权《臞仙神隐》中就有其制法的记载了。擂茶“古风犹存”，制作简单，饮用方便，有解渴、充饥之效，很受当地人们喜爱。

(三)无我茶会

无我茶会是1989年台湾陆羽茶艺中心总经理蔡荣章先生创办的一种新颖的茶会形式，它除了要求参加者有一定的泡茶技能外，更强调无我精神，即参加者必须摒弃一切自私的欲念，本着一种平等的观念、平和的心境参加茶会，通过泡茶、奉茶和品茶体验人间的真、善、美。目前无我茶会已成为中、日、韩、新加坡等饮茶国家各界人士，尤其是茶文化爱好者每年必办的重要茶事活动。

无我茶会的基本形式和要求有六条规定：一是围成一圈，人人泡茶，人人奉茶，人人喝茶；二是抽签决定座位；三是依同一方向奉茶；四是自备茶具、茶叶与泡茶用水；五是事先约定泡茶杯数、泡次、奉茶方法，并排定会程；六是席间不语。

无我茶会之所以受到社会各界、尤其是茶文化爱好者的普遍欢迎，是由于其所推崇的“七大精神”契合了当今人们的审美情趣和道德追求。蔡荣章所著的《无我茶会180条》对无我茶会的特殊做法及“七大精神”做了如下描述：

1.抽签决定座位——无尊卑之分

茶会开始前，要到会场安排座位，标示座次，与会人员到达后，抽号码签，然后按抽到的

号码就座。事先谁也不知道会坐在谁的旁边,谁也不知道会奉茶给谁喝。不但无尊卑之分,而且没有找座位的麻烦,犹如我们的出生,不可以挑选自己的父母一样,一切随缘。与亲人一同参加的茶会场合,抽签的结果,小朋友不一定奉茶给自己的父母,为父母的也不一定倒茶给自己的孩子,呈现出一幅"老吾老以及人之老,幼吾幼以及人之幼"的大同景象。

2.依同一方向奉茶——无报偿之念

泡完茶,大家依同一方向奉茶,如今天约定泡四杯茶,三杯奉给左邻的三位茶侣,最后一杯留给自己,那就依约定将茶奉出去。第一道是端着杯子去奉茶,第二道以后是把泡好的茶装在茶盅内,端出去倒在自己奉出去的杯子里,意思是被奉者可以喝到你泡的数道茶汤。

奉茶的方式也可以改为奉给右边第二、第四、第六位茶侣。也可以约定为奉给左边第五、第十、第十五位茶侣。后者在大型茶会时可将交叉奉茶的幅度扩大。

同一方向奉茶是一种"无所为而为"的奉茶方式,我奉茶给他,并不因为他奉茶给我,这是无我茶会想要提醒大家"放淡报偿之念"的一种做法。"奉茶"是茶会,也是表达茶道精神的一种好方法。

3.接纳、欣赏各种茶——无好恶之心

无我茶会的茶是自带的,而且往往在公告事项上注明"茶类不拘",因此,每人喝到的数杯茶可能都是不同的。茶道要求人们以超然的心态接纳、欣赏不同的茶,不能有好恶之心,因为好恶之心是不客观的,会把许多"好"的东西摒除在外,你不喜欢的东西往往并不是坏的东西,只是你不喜欢它而已。所以,无我茶会提醒人们放淡好恶之心,广结善缘。

4.努力把茶泡好——求精进之心

每个人喝到的数杯茶不一定都泡得很好,往往会喝到一杯泡得又苦又涩或淡而无味的茶,这时你可能有两种情绪反应:"谁泡的? 那么难喝。"或"泡坏了,我可要小心。"茶会虽然尊重后者的态度,因为"泡好茶"是茶道精神的要求,茶都泡不好,遑论其他大道理,有如学音乐,连琴都没能弹好,还谈什么以音乐表达某种境界? 学美术,连彩笔都应用得不好,还谈什么线条、色彩表现艺术的境界? 所以无我茶会开始泡茶后就不能说话,以便专心把茶泡好。

无我茶会奉茶时会为自己留一杯茶,便于了解自己的茶泡得有无缺失,不行则赶紧补救。把茶泡坏了,对不起别人,对不起自己,也对不起茶。把一件事情做好是为人最重要的修养。

5.无须指挥与司仪——尊重公共约定

无我茶会是依事先排定的程度与约定的做法进行,会场上不再有人指挥。例如,排定八时半布置会场,负责排放座位号码牌的茶友就要开始到场工作,九点报到,负责抽签的茶友就要把号码签准备好,让与会的茶友抽签。抽完签的人依号码就座,将茶具摆放出来,然后起来与其他茶友联谊,并参观别人带来的茶具。九点半开始泡茶,大家自动回到自己的座位,负责报到抽签等工作的茶友这时也归队。泡完第一道茶,起来依约定的方式奉茶,自己被奉的数杯茶到齐之后开始喝茶。看大家一致喝完第一道茶,开始冲泡第二道,泡完第二道,持茶盅奉出第二道茶,接着喝第二道茶……喝完最后一道茶,若排定品茶后有音乐欣赏,则静坐原地,聆听音乐,回味刚才的情景。音乐结束后,将自己用过的杯子用茶巾或纸巾擦拭干净,持奉茶盘出去收回自己的茶杯,不用清理茶渣,将自己的茶具收拾妥当,结束茶会。这期间无人指挥,大家依原先的约定或计划进行每一个程度。

事先都已经安排妥当、约定好了，再安排指挥就显得多余。经常参加无我茶会，可以养成遵守公共约定的习惯。

6. 席间不语——培养默契，体现团体律动之美

“茶具观摩联谊”时间一过，开始泡茶后就不可以说话了。等待茶叶浸泡期间，让自己沉静下来，体会一下自己存在这个空间的感受，体会一下自己与大地、与环境结合的感觉。奉茶间，大家在一片宁静的气氛下，你奉茶给我，我奉茶给他，彼此之间有如一条无形的丝带牵引着，展现一波波律动之美。这时的话语是多余的，甚至连“请喝茶”、“谢谢”之类的言辞都是不必要的，大家照面只要鞠一个躬，微微一笑就够了。无声的茶会有如宇宙之运转、季节之更替那般自然天成。

7. 泡茶方式不拘——无流派与地域之分

无我茶会的泡茶方式不受限制，这包括因地域等而造成茶具、茶叶的差异。茶具可以是壶，也可以是盖碗；茶叶可以是叶形茶，也可以是粉末茶。冲泡方法也可以视茶叶品种而定，没有任何限制。

茶具不同、茶叶不同、服装不同、语言不同、种族不同、国度地域不同，但大家在同一茶会方式下努力把自己带来的茶泡好，泡好了茶，恭恭敬敬奉给抽签遇到的相识或不相识的朋友。

无我茶会自创办至今已在国内外举办了上百场，举办者有社会团体，也有家庭个人；参加者有耄耋老人，也有稚气未脱的孩童。举办地有宁静的风景区，也有喧闹的城市广场、车站。参加人数有几十人至数百人不等。1997 年“第六届国际无我茶会”在台北举行，有千余人参加无我茶会，场面之宏大，蔚为壮观。在 1999 年 11 月 27 日，香港各界群众 5 000 人在中环添马舰广场举行“世纪茶会——万人泡茶迎千禧”大型茶会，当场泡茶 1.4 万杯，更创下世界之最。这些年，无我茶会随着中外文化交流走向国际，不同国籍、不同身份、不同年龄的茶人们济济一堂，交流学术、切磋技艺、联谊交友，其乐融融，体现了人们对世界大同与人类文明进步的美好追求。

(四)科学饮茶

饮茶有益于身心健康，同时也存在着一些禁忌。

1. 忌吃粗老茶渣

铅、镉等重金属元素对人体健康是有害的，由于这些元素的水溶性很小，所以绝大部分都残留在泡过的茶渣中。有的人有吃叶底的习惯，如果吃这些泡过的茶叶，所有的重金属也就进入了人体，长期积累会对人造成毒害。一般人们只喝茶汤，不会有重金属摄入过量的问题。同样，一些水溶性较小的农药残留物也存在这种情况，不吃泡过的茶叶，可以减少农药残留的摄入。

对于边疆少数民族地区饮用粗老茶(如砖茶)的情况，由于这些茶叶中氟的含量过高，容易因氟摄入过量而造成氟中毒现象。对此，应当适当减少砖茶熬煮时间，以减少氟的浸出率。当然，选择嫩度较好的茶叶，则不会有氟摄入过量的问题。

2. 不喝冲泡次数过多、存放过久的茶汤

一杯茶经三次冲泡后，约有 90%的可溶性成分已被浸出，以后再冲泡，进一步浸泡出有

效成分已十分有限，而一些对品质不利或对健康不利的物质会浸出较多，这不利于身体健康。茶叶泡好后存放太久，首先会产生微生物污染并大量繁殖，在天气炎热的夏天尤其如此；另一方面，长时间的浸泡，会使茶叶中的茶多酚、芳香物质、维生素、蛋白质等物质氧化变质或变性，同时一些对茶叶品质及人体健康不利的成分也会较多的浸出。因此，茶叶以现泡现饮为好。

3. 忌空腹饮浓茶

空腹饮浓茶会刺激脾胃，影响肺腑，从而使食欲不振，消化不良。长此以往，使人消瘦，有碍身体健康。尤其对平时不常喝茶的人，空腹饮浓茶，往往会引起茶醉现象。茶醉的主要症状有：胃部不适、烦躁、心慌、头晕等。然而，对身体状况良好者，清晨空腹少量饮淡茶是可以的，这样可以清洁汤胃，有利健康。

4. 老人及脾胃虚寒者通常应忌冷茶

这是因为茶本身性偏寒，冷茶自然更寒，对脾胃虚寒者不利；老人的体质一般较弱，并常伴有脾胃虚寒，所以也不宜饮冷茶。常饮冷茶，有可能产生聚痰、伤脾胃等腰三角形不良影响。老人及脾胃虚寒者可以喝些性温的茶类，如红茶、普洱茶等。

5. 忌饭后饭前立即饮茶

饭后立即饮茶会使茶叶中的茶多酚与食物中的铁质、蛋白质等发生凝固反应，从而影响人体对铁质和蛋白质的吸收，使身体受到影响。饭前大量饮茶，会冲淡唾液，影响胃液分泌，同时茶叶中的酚类化合物等也可能与食物中营养成分发生不良反应。这样一来会使人饮食无味，消化不良，吸收也受影响。一般可把饮茶时间安排在饭后一小时左右，饭前半小时也不要饮茶。

6. 忌晚上喝浓茶

临睡前不宜饮茶，是因为茶叶中的咖啡碱有兴奋大脑中枢神经的功能，会导致眨眼困难。同时，咖啡碱也是利尿剂，加上摄入大量水分，势必增加晚上上厕所的次数，这也是影响眨眼质量的因素之一。若是饮用脱咖啡因茶则另当别论。

7. 妇女“三期”忌饮浓茶

其主要原因有：咖啡碱会使孕妇的心、肾负担过重，心跳和排尿加快；不仅如此，在孕妇吸收咖啡碱的同时，胎儿也随之被动吸收，而胎儿对咖啡碱的代谢速度比大人慢得多，其作用时间相对较长，这对胎儿的生长发育是不利的。妇女哺乳期饮浓茶也有副作用。首先是浓茶中茶多酚含量较高，一旦被孕妇吸收进入血液后，便会使乳腺分泌减少；其次是浓茶中的咖啡碱含量相对较高，被母亲吸收后，会通过哺乳而进入婴儿体内，使婴儿兴奋过度，或者使肠发生痉挛。妇女经期饮浓茶，由于茶叶中咖啡碱对神经和心血管有一定刺激作用，从而使经期基础代谢增强，引起痛经、经血过多，或经期延长等。

8. 忌饮茶过量

茶叶虽是健康饮料，但与其他任何食物一样，过量即适得其反。明代许次纾在《茶疏》中说：“茶宜常饮，不宜多饮。常饮则心肺清凉，烦郁顿释；多饮则微伤脾肾，或泄或寒……”。由于浓茶中的茶多酚、咖啡碱的含量很高，刺激性过于强烈，会使中枢神经过于兴奋，心跳加快，增加心、肾负担，晚上影响睡眠，长期、大量饮用茶叶，会使人体的新陈代谢功能失调，甚至引起头痛、恶心、失眠、烦躁等不良症状。可见喝茶过多，特别是暴饮浓茶对身体健康有害无益。

根据人体对茶叶中药效成分和营养成分的合理需求来判断，并考虑到人体对水分的需求，成年人每天饮茶的量以泡饮干茶 5～15 g 为宜。这些茶的用水量可控制在 200～800 mL。这只是对普通人每天用茶总量的建议，具体还需考虑人的年龄、饮茶习惯、所处生活环境和本人健康状况等因素。

9. 忌饮烫茶，慎饮冷茶

要避免烫饮，即不要在水温较高情况下边吹边饮。过高的茶汤温度不但烫伤口腔、咽喉及食道黏膜，长期的烫饮和高温刺激还是导致口腔和食道癌变的一个诱因。在早期的饮茶与癌症发生率关系的流行病学调查中，曾发现有些地区的食道癌与长期饮烫茶有关，而不是茶叶本身所致。由此可见，饮茶温度过高是极其有害的。相反，对于冷饮则要视具体情况而定。对于老人及脾胃虚寒者，应当忌冷茶。因为茶叶本身性偏寒，加上冷饮时其寒性得以加强，对脾胃虚寒者会产生聚痰、伤脾胃等不良影响，对口腔、咽喉、肠等也会有副作用；但对于阳气旺盛、脾胃强健的年轻人而言，在暑天以消暑降温为目的，饮凉茶也是可以的。一般认为茶以热饮或温饮为好，茶汤的温度不宜超过 60 ℃。

10. 忌大量饮用时新茶

时新茶是指刚出锅不久的新茶。从中医理论分析，刚炒好的茶叶存有火气，饮用过多可使人上火，这种火气需要经过一定时间的贮存期才可消失。从茶叶中的化学成分看，新茶尤其是新绿茶中含有较多的多酚类、生物碱等物质，这些物质对肠胃有较强的刺激作用，多饮这种新茶有可能引起胃肠不适，这对患有胃肠病变的人更是如此。

11. 忌与药物同服

茶叶中的生物碱、多酚类物质会与很多药物发生化学反应或相互影响，从而影响药物疗效或产生一些不可预料的后果。药物的种类繁多，性质各异，能否用茶水服药，不能一概而论。茶叶中的鞣质、茶碱，可以和某些药物发生化学变化，因而，在服用催眠，镇静等药物和服用含铁补血药、酶制剂药，含蛋白质等药物时，因茶多酚易与铁剂发生作用而产生沉淀，不宜用茶水送药，以防影响药效。

有些中草药如麻黄、钩藤、黄连等也不宜与茶水混饮，一般认为，服药 2 小时内不宜饮茶。而服用某些维生素类的药物时，茶水对药效毫无影响，因为茶叶中的茶多酚可以促进维生素 C 在人体内的积累和吸收，同时，茶叶本身含有多种维生素，茶叶本身也有兴奋、利尿、降血脂、降血糖等功效，对人体可增进药效，恢复健康也是有利的。另外，在民间常认为服用参茸之类的补药时，也不宜喝茶，也有一定的道理。

12. 醉酒慎饮茶

茶叶有兴奋神经中枢的作用，醉酒后喝浓茶会加重心脏负担。饮茶还会加速利尿作用，使酒精中有毒的醛尚未分解就从肾脏排出，对肾脏有较大的刺激性而危害健康。因此，对心肾生病或功能较差的人来说，不要饮茶，尤其不能饮大量的浓茶；对身体健康的人来说，可以饮少量的浓茶，待清醒后，可采用进食大量水果、或小口饮醋等方法，以加快人体的新陈代谢速度，使酒醉缓解。

13. 某些疾病患者须控制饮茶

(1)冠心病者慎饮茶

冠心病有心动过速和心动过缓之分,对于心动过速的冠心病患者,也宜少饮茶,饮淡茶或饮脱咖啡因茶为宜,因为茶叶中含有较多的咖啡碱,它具有兴奋中枢神经的作用,能增强心肌的机能,多喝茶或喝浓茶会促使心跳过速,对病情不利。有期前收缩或心房纤颤的冠心病患者,也不宜多喝茶,不宜喝浓茶,否则有可能促发或加重病情。但对心动过缓或窦房传导阻滞的冠心病人来说,适当喝些茶不但无害,反而有益。所以,冠心病患者能否饮茶,还要因病而异,不可一概而论。

(2)神经衰弱患者要节制饮茶

对神经衰弱患者来说,一要做到不饮浓茶,二要做到不在临睡前饮茶。这是因为患神经衰弱的人,其主要病症是晚上失眠,而茶叶中含有较高的咖啡碱的最明显作用就是兴奋中枢神经,使精神处于兴奋状态。晚上或临睡前饮茶,这种兴奋作用表现得更为强烈。所以,喝浓茶和临睡前喝茶,对神经衰弱者来说无疑是雪上加霜。神经衰弱患者由于晚上睡不好觉,往往白天精神不振,因此,早晨和上午适当喝点茶水,或吃些含茶食品,既可以补充营养不足,又可以帮助振奋精神。下午饮茶要适当控制数量和浓度,傍晚则应停止喝茶,以免引起或加重失眠。总之,神经衰弱患者饮茶,要采用调节和控制相结合的方式进行。

(3)贫血患者要慎饮茶

如果是缺铁性贫血,那么最好不饮茶。这是因为茶叶中的茶多酚很容易与食物中的铁发生化学反应,不利于人体对铁的吸收,从而加重病情。其次,缺铁性贫血患者服用的药物,多数为含补剂,茶叶中的多酚类会降低补铁药剂的疗效,因此,除应停止饮茶外,服药时也不能用茶水送服。对其他贫血患者来说,大多是由于气血两虚,身体虚弱,而喝茶有消脂、"令人瘦"的作用,即有可能使虚症加剧,所以也以少饮茶为宜,特别是防止过量或过浓饮茶。

(4)溃疡病患者要慎饮茶

溃疡病患者慎饮茶。茶是一种胃酸分泌刺激剂,饮茶可引起胃酸分泌量加大,增加对溃疡面的刺激,常饮浓茶会促使病情恶化。但对轻微患者,可以在服药2小时后饮些淡茶,加糖红茶、加奶红茶有助于消炎和胃粘膜的保护,对溃疡也有一定的作用。饮茶也可以阻断体内的亚硝基化合物的合成,防止癌前突变。

14. "茶醉"

我们都知道酒喝多了令人醉,但茶喝多了也会醉人。宋代诗人杜耒诗句"寒夜客来茶当酒,竹炉汤沸火初红;寻常一样窗前月,才有梅花便不同"。这一首诗描述寒夜与友共饮佳茗,不为止渴而想借茶为媒,进行友谊与文思的交流。古代文人常借品茶来熏陶自己,培养从容雅致,彬彬有礼的君子风范。他们会陶醉于彼此的友谊与文思的交流当中,也是另一种"茶醉"的境界。

从生理学的观点,茶醉可能是由于茶叶激发脑部的某些意识枢纽,被活化释放出来;而酒醉可能是由于脑部的某些抑制机制被麻醉或阻断,因而表现出躁进激昂的行为。"茶醉"的主要症状有:胃部不适、烦躁、心慌、头晕等。

茶醉通常是因空腹饮茶或饮用过量的茶所致,茶叶中含有多种生物碱如咖啡碱,他在茶叶中的含量约2.5%。它具有兴奋大脑神经中枢和促进心脏机能亢进的作用。如此饮茶过浓或过量就可能引起茶醉。据研究显示多量的茶多酚也会促进“茶醉”的发生。

本章小结

茶是世界上三大消费量最大的饮料之一，这既是因为茶文化的源远流长，更因为茶是一种天然饮料，对人体具有营养价值和保健功效。在茶的鲜叶中，含有75%～78%的水分，含有22%～25%的干物质。茶叶中含有大量的生物活性成分，包括茶多酚、茶色素、茶多糖、茶皂素、生物碱、芳香物质、维生素、氨基酸、微量元素和矿物质等多种成分。

新的健康论对茶的功效论述具体有减肥、降脂、防治动脉硬化、防治冠心病、降压、抗衰老、抗癌、降糖、抑菌消炎、减轻烟毒、减轻重金属毒、抗辐射、兴奋中枢神经、利尿、防龋、明目、助消化、止痢和预防便秘、解酒等20个方面。

茶叶用于制作食品添加物的主要目的有四个方面：一是利用它所含的氨基酸、蛋白质、矿物质和维生素等营养成分，强化食品营养。二是利用茶叶中的一些功能性成分（茶多酚、茶氨酸、茶多糖、γ-氨基丁酸等），使食品添加茶叶或茶提取物后能获得或增强一些保健功能。三是利用茶叶中的多酚类等物质具有很强的抗氧化性能。四是利用茶叶或茶提取物的特殊风味，使食品添加了茶或茶提取物后，获得特殊的食品风味。

中国是礼仪之邦，而茶融入精神内涵的物质形态正是我国人民崇尚友善、爱好文明的表征。从唐朝开始，茶逐渐走进千家万户成为百姓的基本生活资料，演化成一种社交方式——客来敬茶。来者是客，热情招待，以茶为先，以茶为礼成为习俗。我国56个民族，自古爱茶，都有以茶敬客、以茶祭祖、以茶供神、以茶联谊的礼俗。由于各个民族所处的地理环境不同，历史文化背景不同，宗教信仰不同，饮茶的风俗习惯也自有差异。

无我茶会是1989年台湾陆羽茶艺中心总经理蔡荣章先生创办的一种新颖的茶会形式，它除了要求参加者有一定的泡茶技能外，更强调无我精神，即参加者必须摒弃一切自私的欲念，本着一种平等的观念、平和的心境参加茶会，通过泡茶、奉茶和品茶体验人间的真、善、美。

思考题

1. 茶叶含有哪些营养成分？
2. 茶叶中主要含有哪些药效成分？
3. 茶叶有哪些保健和防治疾病的功能？
4. 茶疗的含义是什么？茶疗有几种类型？
5. 茶食生产利用茶的目的在于哪些方面？
6. 哪些类型的人要节制饮茶？

实训十三　茶保健品与茶食品的市场调查

一、目的要求

通过本实验，使学生初步了解本地市场上茶叶保健品、茶叶食品的生产、销售和消费情况。

二、方法与步骤

1. 采用各种形式，对学校所在地或本人家庭所在地区的茶叶保健品和茶叶食品进行调查，了解其种类、数量、价格及市场销售、消费情况；

2. 对调查了解的种类进行分类比较，明确各自的保健功能；

3. 掌握各种茶叶产品的加工步骤。

4. 根据所学知识，对所调查的问题作出解释，提出问题的意见和改进建议。

三、作业

认真记录调查的结果，写出调查报告。

实训十四　当地茶俗调查

一、实训目的

学习了国内外饮茶习俗，对本地茶俗进行调查，并将调查结果与国内外茶俗比较，看有何差异。

通过实训，进一步认识各地区饮茶习俗，并了解各地饮茶习俗和泡饮方式的区别。

二、方法和步骤

1.准备调查方案和分析方法，拟定提纲；

2.通过各种途径广泛收集各地饮茶习俗；

3.整理资料，寻找饮茶习俗的共性与不同点，比较各地饮茶的异同。

4.完成作业。

三、作业

完成分析报告。

实训十五　组织校内无我茶会

试按照无我茶会的要求和精神，在校园内组织一次无我茶会或是茶话会。
通过实训，掌握无我茶会的基本精神，了解无我茶会和茶话会的形式和要求。

第八章　茶叶冲泡技艺

中国是茶的故乡，历史悠久。人们常说："早晨开门七件事，柴米油盐酱醋茶"。可见茶在日常生活中的地位。中国茶的艺术，萌芽于唐，发皇于宋，改革于明，极盛于清，可谓有相当的历史渊源，自成一系统。本章主要从茶艺礼仪、茶具选配、择茶选水、泡茶技艺等方面介绍茶叶冲泡技艺。

一、茶艺礼仪

泡茶礼仪是对茶叶本身的理解，对与茶相关事物的关注，以及饮茶氛围的营造，对茶具的欣赏与应用，对饮茶与自悟修身、与人相处的思索，对品茗环境的设计都包容在茶艺礼仪之中。此外欣赏茶叶的色、香、味、形，是茶艺中不可缺少的环节，也是茶艺礼仪中的一种重要表现形式。冲泡过程中周全的茶道礼节与高超的泡茶技艺相融合，能使泡茶成为一种美的享受。将艺术与生活紧密相连，将品饮与人性修养相融合，茶艺这种亲切自然的品茗形式越来越为人们所接受。因此，作为专业的茶艺师，应该具有广博的茶文化知识及对茶道内涵的深刻理解，还要有规范的行为举止、得体的仪容仪表，深谙本民族本区域的风土人情。通过不断练习出来的特别感觉做到以神、情、技动人，向嘉宾展示茶之真味。

当今时代，随着人民生活水平的提高，人们的精神风貌也需同步提升。客来敬茶是中国民间的传统美德，宾客来访、同窗小聚、亲人团圆，清茶一杯，总能给人一种享受，这就显得礼仪在茶艺中的重要性和特殊性。无论是在办公室、会议厅、家庭宅院还是在旅馆、风景名胜，人们都可以在品茶的同时洽谈合作，畅谈远景，或是叙述友情，共享天伦。

（一）茶艺礼仪的基本要领

泡茶技艺涉及人、茶、水、器、境、艺六个要素。要达到茶艺美，就必须做到六要素俱美。在泡茶过程中，人是六要素中的主体，具有决定作用，茶由人制，境由人创，水由人鉴，茶具组合、沏茶程序都是由人来编制，因此，人之美是茶艺美中最美的要素。对朋友、同事、对客人、对上级的诸多情谊，客来敬茶的传统礼节，都体现在沏茶的这些基本礼仪中。

茶艺礼仪之美表现为仪表的美与心灵的美。仪表是沏泡者的外表，包括表演者的外表容貌、姿态、风度等；沏茶者首先要有神，即从沏茶者的脸部所显露的神气、光彩、思维活动和心理状态等，表现出人对茶道精神的领悟程度的不同，从而可以表现出不同的境界，对他人的感应力也就不同。心灵是指沏茶者的内心、精神、思想等，通过设计、动作、眼神表达出来。对沏茶者来说，艺美主要从人的气质、风姿和礼仪中体现出来。通过努力，不断加强自我修养，即使容貌平平，饮茶者也可以从其言谈举止、衣着打扮中发现自然纯朴美和极富个性的

魅力，从而使饮茶添加情趣，并逐渐进入饮茶的最佳境界。相反，倘若举止轻浮，打扮娇艳，言行粗鲁，反而会使人生厌，降低饮茶乐趣。

无论是独坐静思、朋友小聚还是大型茶会，人们在品茶时，总是要欣赏茶的质量，对茶的色、香、味、形都有很高的要求，总希望品到难得一见的好茶。沏泡者若懂茶不多，不知茶性，即使有上佳的茶叶，也不能发挥其优良品质。因此，青春容貌、窈窕体态、华丽服饰、精美茶具等优势不足以替代对茶的理解。泡好一杯茶，应努力以茶配境，以茶配具，以茶配水，以茶配艺。要注意茶类区别、茶品特点、茶具功能、水温掌握等。在茶艺中，茶汤浓度均匀是沏茶者泡茶技艺的功力所在。在港台地区进行的泡茶比赛中，评分标准除了三道茶的汤色、滋味和香气最接近，一杯茶汤上下汤浓度均匀等之外，还要看每一位选手的仪表、动作是否大方得体、举止高雅，在茶艺中体现礼仪周全，真正做到神、形、技合一的技熟艺美。

沏茶的礼仪要素表现在人的仪表和风度上，其内容有两个方面，即用为自然人所表现的外在形体美和作为社会人所表现的内在心灵美，包括仪表美、风度美、语言美和心灵美等。

1. 仪表

仪表是沏茶者给人的第一印象，它是泡茶人的形体、容貌、健康、姿态、举止、服饰、风度等方面，是沏茶者举止风度的外在体现。天生丽质是沏茶者的优势，但并不一定能泡出一道好茶，表演精彩茶艺，有的人由于动作的协调性及悟性水平很低，给人的感觉很紧张，并不觉得很美。而有的人虽然相貌平平，但因为较高的文化修养，有得体的行为举止，有深厚的茶文化基础，靠自己的勤奋，以神、情、技动人，显得非常自信，灵气逼人，也会给人以美的享受。在沏茶时最引人注意的是脸和手，手是沏茶者的第二张脸。一个人形体美的有些条件是不可以改变的，而有的则是可以通过形体训练来改善的。泡茶更看重的是气质，所以沏茶前应适当修饰仪表。如果真正的天生丽质，则整洁大方即可。一般的女性可以淡妆，表示对客人的尊重，以恬静素雅为基调，切忌浓妆艳抹，有失分寸。

俗话说，三分长相，七分打扮。服饰可反映出人的性格与审美情趣，并影响到沏茶者与品茶人之间的沟通效果。服饰首先要与活动的场合、内容、身份配套，其次才是讲究式样、做工、质地和色泽。一般沏茶时宜穿着符合本地生活格调、风俗习惯、民族特色的服装。在正式泡茶场合，最好不要佩戴手表或过多的装饰品，不可浓妆艳抹，不涂有色指甲油和有香味的化妆品。如果是在特色民俗茶艺的表演中，佩戴玉手镯却能平添不少风韵。在正式场合沏茶时还要注意发型美，发型设计必须根据沏泡茶叶的种类、活动的内容、服装的款式、沏茶者的年龄、身材、脸形、头形、发质等因素综合考虑，尽可能取得整体和谐的效果。

2. 风度

风度——指举止行为、接人待物时，一个人的德才学识等各方面的内在修养的外在表现，风度是构成仪表的核心要素。

较高的文化修养，得体的行为，以及对茶文化知识的了解和泡茶技能的掌握，做到神、情、技合一，自然会给饮茶者以舒心之感。评判一位沏茶者的风度良莠，主要看其动作的协调性。在沏茶过程中，人的各种姿态要势动于外，心、眼、手、身相随，意气相合，泡茶才能进入修身养性的境地。沏茶的第一个动作都要圆活、柔和、连贯，而动作之间又要有起伏、虚实、节奏，使观看者深深体会其中的韵味。沏茶者可通过参加各种形体训练、打太极拳、做健身操等，养成自己美好的举止姿态。总之，风度是个人性格、气质、情趣、素养、品德和生活习惯的综合外在表现，是社会活动中的无声语言，风度美包括仪态美和神韵美。

仪态美主要表现在礼仪周全、举止端庄上。沏茶者的心灵美所包含的内心、精神、思想等均可从恭敬的语言和动作中体现出来。表示尊敬的礼节和仪式是泡茶才最基本的礼仪，应该始终贯穿于于整个茶叶沏泡和品饮活动中。同时，人们也常常在茶事活动中用礼节来表示宾主间的敬重与和谐。

3. 语言

俗话说："好话一句暖三春，恶语一句三伏寒"。茶人在沏茶过程中要谈吐文雅，语调轻柔，语气亲切，态度诚恳，讲究语言艺术。茶叶泡饮过程中的语言美包括语言规范和语言艺术两个层次。

语言规范是语言美的最基本要求。在沏茶服务中语言规范可归纳为：待客有"五声"，待客时宜用"敬语"，杜绝"四语"。"五声"是指宾客到来时有问候声，落座后有招呼声，得到协助和表扬时有致谢声，麻烦宾客或工作中有失误时有致歉声，宾客离开时有道别声。"敬语"包含尊敬语、谦让语和郑重语。说话者直接表示自己敬意的语言为尊敬语。说话者使用客气礼貌的语言向听者间接地表示敬意则称作郑重语。要杜绝"四语"，即不尊重宾客的蔑视语，缺乏耐心的烦躁语，不文明的口头语，自以为是或刁难他人的斗气语。

"话有三说，巧说为妙"。泡茶时的语言艺术一定要做到"达意"、"舒适"。口头语言之美若辅以身体语言之美，如手势、眼神、脸部表情的配合则能让人感受到情真意切。

（二）沏茶的基本礼仪

1. 鞠躬礼

鞠躬礼是一种比较正式的礼节，一般用于茶艺表演的开始和结束，主客均要行鞠躬礼。鞠躬礼有站式和跪式两种，根据鞠躬的弯腰程度可分为真礼、行礼、草礼三种。"真礼"用于主客之间，"行礼"用于客人之间，"草礼"用于说话前后。

(1)站式鞠躬礼

"真礼"以站姿准备，将相搭的双手渐渐分开，贴着两大腿下滑，手指尖触及膝盖上沿为止，同时上部由腰开始起倾斜，使头、背与腿呈近 90°的弓形（切忌只低头不弯腰，或只弯腰不低头），略作停顿，表示对对方真诚的敬意，再慢慢直起上身，表示对对方连绵不断的敬意，同时手沿腿上提，恢复站姿。

"行礼"动作要领与"真礼"相同，仅双手至大腿中部即可，头、背与腿呈近 120°的弓形。

"草礼"只需人体向前稍作倾斜，两手搭在大腿根部，头、背与腿约呈 150°的弓形。

在茶事活动中站式鞠躬礼如图 8-1 所示，各式站式鞠躬礼的具体要求见表 8-1。

草礼

行礼

真礼

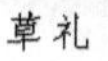

图 8-1　站式鞠躬礼

表 8-1　各式鞠躬礼的具体要求

礼仪	站式鞠躬	坐式鞠躬	跪式鞠躬
真礼	90°	同站姿真礼	45°
行礼	120°	120°	55°
草礼	150°	150°	65°

(2)坐式鞠躬礼

以坐姿态行鞠躬礼，行真礼时要起身行 90°，行礼和草地礼与站式的鞠躬礼的行礼和草礼相同。

行礼

草礼

图 8-2　坐式鞠躬礼

(3)跪式鞠躬礼

跪式鞠躬："真礼"以跪坐姿预备，背、颈部保持平直，上半身向前倾斜，同时双手从膝上渐渐滑下，全手掌着地，两手指尖斜相对，身体倾至胸部与膝间只剩一个拳头的空当(切忌只低头不弯腰或只弯腰不低头)，身体呈 45 度前倾，稍作停顿，慢慢直起上身。

"行礼"方法与"真礼"相似，但两手仅前半掌着地(第二手指关节以上着地即可)，身体约呈 55 度前倾；行"草礼"时仅两手手指着地，身体约呈 65 度前倾。

鞠躬礼要注意在行礼时略作停顿，表示对对方真诚的敬意，然后，慢慢直起上身，表示对对方连绵不断的敬意，同时手沿脚上提，恢复原来的站姿。鞠躬要与呼吸相配合，弯腰下倾时作吐气，身直起时作吸气，使人体背中线的督脉和脑中线的任脉进行小周天的循环。行礼时的速度要尽量与别人保持一致。

图 8-3　跪式鞠躬礼

2. 伸掌礼

伸掌礼是沏茶活动中用得最多的示意礼，主人向客人敬奉各种物品时，泡茶者和助手之间交流时都用此礼，意为"请"和"谢谢"。伸掌礼的姿势是四指并起，虎口分开，手掌略向内凹，从胸前自然侧斜伸掌于敬奉的物品旁，同时欠身点头，动作一气呵成。当两人相对时，均可伸出右手掌相互致意。若侧对时，向左边的人敬礼伸右掌，向右边的人敬礼伸左掌，同时欠身点头。行伸掌礼时要注意手腕含蓄用力，不要晃动让人有动作轻浮之感。

图 8-4　伸掌礼

图 8-5　注目礼

3. 注目礼

注目礼是一项比较庄严的礼节，大多在严肃、庄重的场合使用。在茶艺中行注目礼的时候，身体立正，挺胸抬头，目视前方，双手自然下垂放在身体两侧。行礼时应精神饱满，不应懒懒散散，不能倚靠他物，不能把手放在兜里或插在腰间；不能嘻嘻哈哈。

4. 叩手礼

"叩手礼"（或称"叩指礼"），以"手"代"首"，二者同音，"叩首"为"叩手"所代，即以叩手礼表示感谢

叩手礼的来历，有多种说法。

乾隆皇帝微服私访下江南，来到淞江，带了两个太监，到一间茶馆店里喝茶。茶店老板

拎了一只长嘴茶壶来冲茶，端起茶杯，茶壶沓啦啦、沓啦啦、沓啦啦一连三洒，茶杯里正好浅浅一杯，茶杯外没有滴水溅出。乾隆皇帝不明其意，忙问："掌柜的，你倒茶为不多不少齐巧洒三下?"老板笑着回答："客官，这是我们茶馆的行规，这叫'凤凰三点头'。"乾隆皇帝一听，夺过老板的水壶，端起一只茶杯，也要来学学这"凤凰三点头"。这只杯子是太监的，皇帝向太监倒茶，这不是反礼了，在皇宫里太监要跪下来三呼万岁、万岁、万万岁。可是在这三教九流罗杂的茶馆酒肆，暴露了身份，这是性命攸关的事啊！当太监的当然不是笨人，急中生智，忙用手指叩叩桌子表示以"叩手"来代替"叩首"。这样"以手代叩"的动作一直流传至今，表示对他人敬茶的谢意。

叩手礼有三种：

(1)是晚辈向长辈、下级向上级行的礼。行礼者，将五个手指并拢成拳，拳心向下，五个手指同时敲击桌面，相当于五体投地跪拜礼，如图 8-6a 所示。一般情况下，敲三下就可以了，相当于三拜。

(2)是平辈之间行的礼，行礼者，将食指和中指并拢，同时敲击桌面，相当于双手抱拳作揖，如图 8-6b 所示。敲三下，表示对对方的尊重。

(3)是长辈对晚辈或上级对下级行的礼，行礼者，将食指或中指敲击桌面，相当于点头，如图 8-6c 所示。一般只需敲一下，表示点一下头，如果特别欣赏、喜欢对方，可以敲三下。通常，老师对自己的得意门生，都会敲三下。

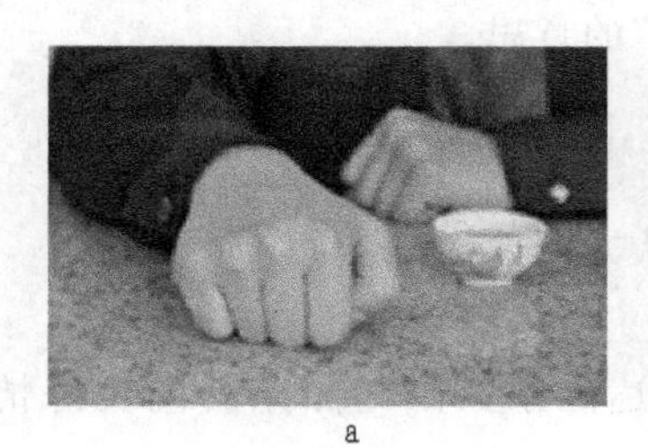
a

b

c

图 8-6　叩手礼

5. 奉茶礼

奉茶时，用双手捧住茶托或茶盘，举至胸前，脸带笑容，送到客人面前。上茶时应以右手端茶，从客人的右方奉上，并面带微笑，眼睛注视对方轻轻说声"请用茶。"若用茶壶泡茶，而又得同时奉给几位客人时，与茶壶搭配的茶杯，宜小不宜大。敬茶时应先端给职位高的客人或年长的长辈。奉茶时手拿茶杯时只能拿杯柄，无柄茶杯要握其中、底部，切忌手触杯口。放置杯(壶)盖时必须将盖沿朝上，切忌将杯盖或壶盖口沿朝下放在桌子上。送茶时，切不可单手用五指抓住壶沿或杯沿提与客人，要用双手奉上。

奉茶时要注意的是，在左边的人用右手敬茶，在右边的人用左手敬茶，切记不能手背对着客人，给人造成拒绝和不受欢迎之感。

a

b

c

图 8-7 奉茶礼

6. 寓意礼

寓意礼是历史以来在长期的茶事活动中形成的带有特殊意味的礼节，是通过各种动作所表示的对客人的敬意。最常见的有：

(1)凤凰三点头

就是提壶高冲低斟反复三次，寓意是向客人三鞠躬以示欢迎。

(2)壶嘴不能正对客人

沏茶时放置茶壶要注意，否则就表示请客人离开；

(3)回转斟水、斟茶、烫壶动作

右手操作必须逆时针方向回转，左手则顺时针方向回转，表示“来！来！来！”，招手欢迎客人观看、品尝，若相反方向操作，则表示挥手“去！去！去！”的意思。

(4)茶倒七分满

表示虚心接纳他人的意见，留有三分的情意。

总之，寓意礼是茶事活动中常用的礼仪，沏茶时应处处从方便他人来考虑。

7. 其他礼仪

在茶事活动中，还有一些其他方面的礼仪，能充分地表达品茶氛围与品茶者的良好情操。

(1)掌声

图 8-8 鼓掌礼

(2)迎来送往

迎来送往是主人对客人的尊敬,体现出主人好客之道。

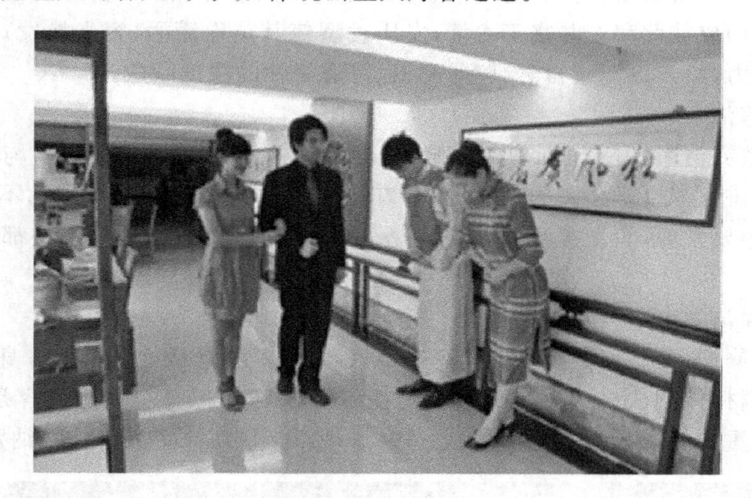

图 8-9　迎来送往

(3)致谢

中国人讲究礼尚往来,无论是到他处做客,还是受礼,都会有致谢的表达形式。

(4)续水

续水在单杯品饮时一般是三次为佳;品工夫茶时应及时斟茶;在大型茶会上续水应进行20～30 min 后进行,如果是热的,表明已倒过水,如果是凉的,要及时补倒。

(三)仪容要求和仪态行为

1. 仪容要求

仪容,通常指人的外观、外貌。在人际交往中,每个人的仪容都会引起交往对象的特别关注。并将影响到对方对自己的整体评价。在个人的仪表问题之中,仪容是重点之中的重点。

仪容首先要求自然美。它是指仪容的先天条件好,天生丽质。尽管以相貌取人不合情理,但先天美好的仪容相貌,无疑会令人赏心悦目,感觉愉快。其次要求仪容修饰美,它是指依照规范与个人条件,对仪容施行必要的修饰,扬其长,避其短,设计、塑造出美好的个人形象,在人际交往中尽量令自己显得有备而来,自尊自爱。最后是要求仪容内在美。它是指通过努力学习,不断提高个人的文化、艺术素养和思想、道德水准,培养出自己高雅的气质与美好的心灵,使自己秀外慧中,表里如一。在这三者之间应当是三个方面的高度统一。忽略其中任何一个方面,都会使仪容美失之于偏颇。

要做到仪容美,自然要注意修饰仪容。修饰仪容的基本规则,是美观、整洁、卫生、得体。

(1)面容

为了维护自我形象,有必要修饰仪容。仪容要干净,要勤洗澡、勤洗脸,脖颈、手都应要干干净净,并经常注意去除眼角、口角及鼻孔的分泌物。要换衣服,消除身体异味,有狐臭要搽药品或及早治疗。

(2)发质与肌肤

仪容美的基本要素是貌美、发美、肌肤美，主要要求整洁干净。美好的仪容一定能让人感觉到其五官构成彼此和谐并富于表情；发质发型使其英俊潇洒、容光焕发；肌肤健美使其充满生命的活力，给人以健康自然、鲜明和谐、富有个性的深刻印象。

(3)仪容整洁

整洁，即整齐洁净、清爽。要使仪容整洁，重在重视持之以恒，这一条，与自我形象的优劣关系极大。讲究卫生是公民的义务，注意口腔卫生，早晚刷牙，饭后漱口，不能当着客人面嚼口香糖；指甲要常剪，头发按时理，不得蓬头垢面，体味熏人，这是每个人都应当自觉做好的。

(4)着装简洁

仪容既要修饰，又忌讳标新立异，“一鸣惊人”，简练、朴素最好。个体自身的性别、年龄、容貌、肤色、身材、体型、个性、及气质等相适宜和相协调 。但每个人的仪容是天生的，长相如何不是至关重要的，关键是心灵的问题。从心理学上讲每一个人都应接纳别人。

图 8-10 仪容

(5)仪容端庄

仪容庄重大方，斯文雅气，不仅会给人以美感，而且易于使自己赢得他人的信任。相形之下，将仪容修饰得花里胡哨、轻浮怪诞，是得不偿失的。

2. 仪态行为

仪态是指人的行为姿态和风度，仪态行为应以“自然、稳重、美观、大方、优雅、敬人”为原则。姿态是活动时身体呈现的样子，在沏茶时，姿态比容貌更重要。从中国传统的审美观点来看，人们推崇姿态的美高于容貌之美。姿态包括站、坐、行和手势、表情等方面，必须做到规范、自然、大方、优美。

在与客人交流时，应做到礼貌问答，表现热情，声音轻柔，答复具体，不顶撞宾客；行注目礼，正视对方的眼睛，尊重对方，增强自信。要重视语言修养，精神饱满，面带微笑与他人对话，语言简洁明了，并保证在交流时每个人不受冷落——树立一律平等的态度，不以年龄、服

饰、性别、职业、地位等取人。

茶艺的礼仪规范主要体现在沏茶过程中的精神风范和言行举止上。要做到文明礼貌、主动热情、细心周到、仪表整洁，举止得体。泡茶时应保持正确的姿势，接待宾客要主动热情，处处洋溢着主人的盛情。

(1)站姿

站姿的方式可分这两种。

①垂手式

垂手式站姿是最基本的站姿。它要求上半身挺胸、立腰、收腹、精神饱满，双肩平齐、舒展，双臂自然下垂，双手放在身体两侧，头正，两眼平视，嘴微闭，下颌微收，面带笑容；下半身双腿应靠拢，两腿关节与髋关节展直，双脚呈"V"字形，身体重心落在两脚中间，如图 8-11a 所示。一般用于较为正式的场合，如参加企业的重要庆典、聆听贵宾的讲话、商务谈判后的合影等。

a.垂手式

b.握手式

图 8-11　站姿

②握手式

主要用于女士。是在基本站姿的基础上，双手搭握，稍向上提，放于小腹前。双脚也可以前后略分开：一只脚略前，一只脚略后，前脚的脚跟稍稍向后脚的脚背处靠拢。男士有时也可以采用这种姿态，但两脚要略微分开，如图 8-11b 所示。可用于的礼仪迎客，也可用于前台的站立服务。

站立时注意不要过于随便，驼背、塌腰、耸肩、两眼左右斜视、双腿弯曲或不停颤抖以免影响站姿的美观。

站姿与宾客谈话时，要面向对方，保持一定距离，太远或太近特别是对异性。姿势要站正，上身可以稍稍前倾，以示谦恭，但切记身斜体歪、两腿叉开很大距离、两腿交叉或倚墙靠桌、手扶椅背、双手叉腰、以手抱胸等都是不雅观和失礼的姿态，极不严肃。手插在腰间，是一种含有表示权威和进犯意识的姿势。正式场合，双手更不能插在衣袋中，实在有必要时可单手插入衣袋，但时间不宜过长。以手抱胸的姿势，表示的是不安或敌意，也包含“我对你的看法不能苟同”的意思，以上是在与宾客的交流中切记不宜出现的。

(2)坐姿

优雅的坐姿传递着自信、友好、热情的信息，同时也显示出高雅庄重的良好风范，要符合端庄、文雅、得体、大方的整体要求。得体的做法是：在站立的姿态上，先侧身走近座椅，背对着站立，右腿后退一点，以小腿确认一下能够碰到椅子，然后随势轻轻坐下。两个膝盖一定要并起来，腿可以放中间脚一前一后（后脚前掌在前脚掌的脚中心）或放两边。必要时，用一只手扶着座椅的把手。

入座时是在别人之后入座，出于礼貌和客人一起入座或同时入座时，要分清尊卑，先请对方入座，自己不要抢先入座。在就座时向周围的宾客致意，如果坐着熟人，应该主动跟对方打招呼，即使不认识，也应该先点点头。

就座时要端坐在椅子或凳子的中央，使身体重心居中。正确的坐姿是双腿膝盖至脚踝并拢，上体挺直，双肩放松；头上顶下颌微敛，舌抵上颚，鼻尖对肚脐。女性双手搭放在双腿中间，左手放在右手上，男性双手可分搭于左右两腿侧上方。全身放松，思想安定、集中，姿态自然、美观，切忌两腿分开或跷二郎腿还不停抖动、双手搓动或交叉放于胸前、弯腰弓背、低头等，如图 8-12 所示。如果是作为客人，也应采取上述坐姿。若是坐在沙发上，端坐不便，则女性可正坐，两腿并拢偏向一侧斜伸（可两侧互换），双手仍搭在两腿中间。男性可将双手搭在扶手上，两腿可架成二郎腿但不能抖动，且双脚下垂，不能将一腿横搁在另一条腿上。

正面观

侧面观

图 8-12 坐姿

离座时要事先说明。离开座椅时，身边如果有人在座，应该用语言或动作向对方先示意，随后再站起身来。和别人同时离座，要注意起身的先后次序。地位低于对方时，应该稍后离座；地位高于对方时，可以首先离座；双方身份相似时，可以同时起身离座。起身缓慢。起身离座时，最好动作轻缓，不要“拖泥带水”，弄响座椅，或将椅垫、椅罩弄得掉在地上。

入座和离座时最好从座椅的左侧入座，这样做是一种礼貌，而且也容易就座和离座。“左入”“左出”是一种礼节。

(3)走姿

以站姿为基础，面带微笑，下颌微向后收，两眼平视，双肩平稳，双臂前后摆自然且有节奏，摆幅以 30°～50°为宜，双肩、双臂都不应过于僵硬，重心稍前倾。

女士走姿要展现身体的曲线美。可以将双手虎口相交叉，右手搭在左手上，提放于胸前，以站姿作为准备。行走时移动双腿跨步，脚印为直线，上体不可扭动摇摆，保持平稳，双肩放松，头上顶下颌微收，双眼向前平视(如图 8-13)。男性以站姿为准备，行走时双臂随腿的移动可在身体两侧自由摆动。转弯时，向右转则右脚先行，出脚不对时可原地多走一步，调整后再直角转弯。若到达客人面前为侧身状态，需转身与客人正面相对，跨前两步进行各种动作。回身时先退后两步再侧身转弯，以示对客人的尊敬。穿着旗袍及高跟鞋时步幅应小些，走贵宾室木地板时要放慢脚步，不要发出响声影响贵宾品茗。

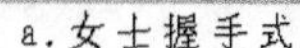

a.女士握手式　　b.女士垂手式　　c.男式垂手式

图 8-13　走姿

男士走姿要体现阳刚之气，身体正直，双肩平稳，目光平视，双臂自然摆动，双腿尽量靠近走直线，步幅适中，步伐适当，以矫健轻盈为好；行走时忌讳急跑步或脚跟用力着地而发出的声响，行走路线弯曲甚至东张西望，抢道而行，不打招呼，不致歉意，与人并行勾肩搭背(如图 8-13c)。行走最忌内八字、外八字，不可弯腰驼背、摇头晃肩、扭腰松垮，不可摆手过快，幅度过大或过小。

(4)蹲姿

蹲姿虽不像站姿、坐姿、行姿那样使用频繁，尤其在商务礼仪中更为少用，但讲究行为举止礼仪的企业单位职工，同样应当讲究蹲姿。下蹲时，两腿合力支撑身体，避免滑倒或摔倒，而且使头、胸、膝关节不在一个角度上，从而使蹲姿显得优美。蹲姿有两种基本形式：高低式蹲姿和交叉式蹲姿。

①高低式蹲姿

左脚在前，右脚在后，向下蹲去。左小腿垂直于地面，全脚掌着地，大腿靠紧，右脚跟提起，前脚掌着地，左膝高于右膝，臀部向下，上身稍向前倾，以左脚为支撑身体的主要支点，如图 8-14a 所示。

②交叉式蹲姿

右脚在前，左脚在后，左膝向后面伸向右侧，左脚跟抬起，脚掌着地。两脚前后靠紧，合力支撑身体。男士蹲时，两腿间可有适当距离如图 8-14b 所示；女士下蹲上身要直，略低头，

a.高低式

b.男式交叉式

图 8-14　蹲姿

双膝盖一上一下，双腿靠紧，女士穿裙子，下蹲时要注意整理裙子的下摆，及上衣的领子，避免曝光；拿取低处物品或拾起落在地了的物品时，不可弯腰低背，低头翘臀，要使用蹲和屈膝动作。起身时应保持原来姿态，如图 8-15 所示。

a

b

c

d

e

图 8-15　蹲式拾物

(5)跪姿

坐时要两膝着地,然后将臀部坐于后脚跟之上,脚掌向后向外。跪姿方式在国际无我茶会和日式抹茶茶会上是最重要的礼节之一,其与会者最能体现自身形象的表现方式。

a.跪姿

b.抹茶跪姿

图 8-16　跪姿

(6)眼神

眼神实际上是指瞳孔的变化行为。瞳孔放大,传达正面信息,如爱、喜欢、兴奋、愉快等;瞳孔缩小,则传达负面信息,如消沉、戒备、厌烦、愤怒等。眼神一向被认为是人类最明确的情感表现和交际信号,在面部表情中占据主导地位。眼神与谈话之间有一种同步效应,它忠实地显示着说话的真正含义。与人交谈,要敢于和善于同别人进行目光接触,这既是一种礼貌,又能帮助维持一种联系,使谈话在频频的目光交接中持续不断,更重要的是眼睛能帮你说话。

图 8-17　眼神

有的人不懂得使用眼神,习惯于低着头看地板或盯着对方的脚,要不就“环顾左右而言他”。其实眼神闪烁不定则显得精神上不稳定或性格上不诚实;如果几乎不看对方,那是怯懦和缺乏自信心的表现，交谈时，目光接触对方脸部的时间宜占全部谈话时间的30%～60%，但不能老盯着对方，超过这一阈限，可认为对对方本人比对谈话内容更感兴趣，低于这一阈限，则表示对谈话内容和对对方都不怎么感兴趣。后二者在一般情况下都是失礼的行为。

(7)递接物品

递接物品是日常生活工作中的常见的举止动作，但这一小小的动作往往却能给人留下难忘的印象。递接物品礼仪的基本原则是举止要尊重他人。如双手递物或接物就体现出对对方的尊重。而如果在特定场合下或东西太小不必用双手时，一般要求用右手递接物品。

递交物品时，如递交文件等，要把正面、文字对着对方的方向递上去，如是钢笔，要把笔尖朝向自己，使对方容易接着，至于刀子或剪刀等利器，应把刀尖朝向自己；递接电茶壶时要用手托住茶壶底部后再握住壶把接过。递送名片时，顺序一般应是：地位低者把名片递送给地位高者，年轻者把名片递送给年长者。向对方递送名片时，应让文字下面对着对方，用双手同时递送或右手递出，切勿用食指和中指夹着递给对方。在接收对方递过来的名片时，应用双手去接，接后仔细看读一遍，同时念出名片上对方的头衔和姓名，不可拿着对方的名片在手中玩弄或随便放入衣袋，更不能将对方的名片置于桌上然后再用别的东西压住。

a.递接物品

b.递接手式

图 8-18　递接物品

敬茶时手拿茶杯时只能拿杯柄，无柄茶杯要握其中、底部，切忌手触杯口。放置杯(壶)盖时必须将盖沿朝上，切忌将杯盖或壶盖口沿朝下放在桌子上。送茶时，切不可单手用五指抓住壶沿或杯沿提与客人，要用双手奉上。奉茶时，用双手捧住茶托或茶盘，举至胸前，脸带笑容，送到客人面前。上茶时应面带微笑，客人在自己的左侧则用右手、客人在右侧则用左手、正前方左右手均可行伸礼掌，眼睛注视对方轻轻说声"请用茶。"若用茶壶泡茶，而又得同时奉给几位客人时，与茶壶搭配的茶杯，宜小不宜大。敬茶时应先端给职位高的客人或年长的长辈。

(8)面部表情

表情即面部表情，是指头部包括脸部在内的各部位对于情感体验的反应动作，笑与无表情是面部表情的核心，任何其他面部表情都发生在笑与无表情两极之间。发生在此两极之间的其他面部表情都体现为这样两类情感活动表现形式：愉快如喜爱、幸福、快乐、兴奋、激动和不愉快如愤怒、恐惧、痛苦、厌弃、蔑视。愉快时，眉毛轻扬、瞳孔放大，嘴角向上，面孔显短；不愉快时，面部肌肉纵伸，面孔显长，所谓"拉得像个马脸"。无表情的面孔，平视，脸几乎不动。无表情的面孔最令人窒息，它将一切感情隐藏起来，叫人不可捉摸，而实际上它往往比露骨的愤怒或厌恶更深刻地传达出拒绝的信息。

微笑，真诚的微笑是社交的通行证，它向对方表白自己没有敌意，并可进一步表示欢迎和友善。因此微笑如春风，使人感到温暖、亲切和愉快，它能给谈话带来融洽平和的气氛。

图 8-19　微笑

常用面部表情的：点头表示同意、摇头表示否定、昂首表示骄傲、低头表示屈服、垂头表示沮丧、侧首表示不服、咬唇表示坚决、撇嘴表示藐视、鼻孔张大表示愤怒、鼻孔朝人表示高兴、咬牙切齿表示愤怒、神色飞扬表示得意、目瞪口呆表示惊讶，等等。

(9)手势

手势是人们在交往或谈话过程中用来传递信息的各种手势动作。在长期的社会活动中，手势被赋予了种种特定的含义，具有丰富的表现力，成为人类表情达意的最有力的手段，在体态语言中占有最重要的地位。当前流行的看法把手势分作 4 种类型：

①情感手势

是伴随着说话人的情绪起伏发出的，常常用来表达或强调说话人的某种思想感情、情绪、意向或态度。如，双手叉腰表示挑战、示威、自豪，双手摊开表示真诚、坦然或无可奈何，扬起巴掌猛力往下砍或往外推，常常表示坚决果断的态度、决心或强调某一说词。

情绪手势是说话人内在情感和态度的自然流露，往往和表露出来的情绪紧密结合，鲜明突出，生动具体，能给听者留下深刻的印象。如：高兴时拍手称快，悲痛时捶打胸脯，愤怒时挥舞拳头，悔恨时敲打前额，犹豫时抚摸鼻子，着急时双手相搓，而用手摸后脑勺则表示尴尬、为难或不好意思。

②指令手势

指令手势是用来增强谈话内容的明确性和真切性，便于及时掌握听者的注意力。比如，用手指自己的胸口，表示谈论的是自己或跟自己有关的事情；伸出一只手指向某一座位，是示意对方在该处就座。指示手势还可以用来指点对方、他人、某一事物或方向，表示数目、指示谈论中的某一话题或观点。

③模仿手势

是比划事物形象特征的手势动作叫做模仿手势。模拟手势在一定程度上能使听者如见其人，如临其境，由于它往往还带有一点夸张意味，因而极富有感染力。如：抡起胳膊侧身往后模仿骑马；抬起手臂比划高矮；伸出拇指、食指构成一个圆圈比划大小。

④象征手势

这种手势往往具有特定的内涵，使用十分普遍。象征手势能给交流场合制造特定的气氛和情境，从而加强语言的表达效果。如：举起拳头的右手宣誓表示庄严、忠诚和坚定；跷起大拇指表示称赞、夸奖；跷起小指表示贬斥、蔑视；伸出右手的食指和中指构成“V”字形状余指屈拢，象征胜利；大拇指与食指构成一个圆圈，其余手指伸直张开，形成“OK”手势，表示良好、顺利、赞赏等意思。

以上只有我们熟悉了各种表现形式后，才能在茶事活动中灵活运用，展现出茶艺优美的肢体语言，给人们在品茶时带来高雅的艺术氛围。

3.规范用语

语言是最直接，最快捷的交流工具，运用语言要讲究艺术，讲究文明礼貌。交谈讲究营造谈话环境，选择恰当的谈话内容，保持良好的姿态和适当的距离，目视对方，态度诚恳、自然大方；不随意插话，抢话或打断别人的谈话。言语和气、亲切、表达得体，讲话要注意节奏；谈话时音量、语调、语速、语气要适中。谈话时兼顾在场的所有人，男子一般不参与妇女圈的议论；谈话时要注意使用礼貌用语，表达的内容要有条理、清楚明确；聆听别人讲话时要细心领会，免得误解，应尽可能不使用方言土语；谈话意思要明确、条理、清楚，长话短说。

交谈用语有以下几种：

(1)招呼用语

与宾客打招呼要落落大方，笑脸相迎，使宾客

宾至如归的感觉，不要呆若木鸡，麻木不仁，爱理不理，不主动，不亲切。

如：①您好！欢迎光临。②有什么可以帮您的？③您慢慢选，选好了您再叫我一声，我先接待其他顾客。

(2)介绍用语

要求热情、诚恳、实事求是，突出介绍主题，抓住宾客心理，当好“介绍人”，不要哗众取宠，言过其实，欺骗宾客。

如：①如果需要的话，我可以帮您介绍一下。②这种商品暂时缺货，方便的话，请您留下姓名及联系方式。

(3)收、找款用语

要求唱收唱付，吐字清晰，交付清楚，将找款递送顾客手中，不允许扔、摔、重放，一递一扔反映的是对顾客的尊重与否。

如：这是找您的钱，请收好。

(4)包装商品用语

要求在包装过程中关照顾客注意事项，双手递交给顾客商品，不得把商品扔给顾客不管，或者摆在柜台一堆，不帮助顾客包装仅扔给一个塑料袋就完事。

如：这是您的东西，请拿好。

(5)道歉用语

要求态度诚恳，语气温和，特别是接受投诉时，要尽量争取顾客的谅解。不允许做错了不向顾客道歉，反而刺激顾客、伤害顾客和戏弄顾客。

如：①对不起，让您久等了。对不起，是我工作马虎了，今后一定努力改正。②对不起，是我说话不当，使您不愉快，请您原谅。

(6)解释用语

要求委婉、细心，用语恰当，以理服人，使顾客心悦诚服，不要用生硬、刺激、过头的语言伤害顾客，不能漫不经心，对顾客不负责任。

如：①对不起，这的确是商品质量问题，我给您退换。②实在对不起，您这件商品已试用过了又不属质量问题，不好再卖给其他了，实在不好给您退换。

(7)调解用语

要求和气待客，站在顾客的角度想问题、看问题、处理问题，不允许互相袒护，互相推诿，

强词夺理,激化矛盾。

如:①我是***,您有什么意见请对我说好吗?②先生,真对不起,这位营业员是新来的,有服务不周之处,请原谅,需要什么我帮您选。③先生,这件属于质量问题,我们解决不了,请到职能部门解决好吗?

特别注意的是遇到顾客故意刁难或辱骂营业员时,要有耐心并说:请您能够理解和尊重我们的服务工作。

(8)道别用语

要求谦逊有礼,和蔼亲切,使顾客感觉愉快和满意,不要不做声,成交后,都应说:①欢迎下次再来、再见!②请您走好!

二、茶席设置

(一)选配茶具

"水为茶之母,器为茶之父",品茶之趣,讲究茶的色、香、味、形和品茶的心态、环境,要获得良好的沏泡效果和品茶享受,泡茶用具的选配是至关重要的。广义的茶具泛指完成茶叶泡饮全过程所需的设备、器具及茶室用品;狭义的茶具主要是指泡茶和饮茶的用具,即以茶杯、茶壶为重点的主茶具。对茶具总的要求是实用性与艺术性并重,要求有益于茶汤内质,又力求典雅美观。明代许次纾在《茶疏》中说:"茶滋于水,水藉乎器,汤成于火。四者相须,缺一则废",专门指出了"器"与茶性的关系。中国茶具,种类繁多,造型优美,兼具实用性和鉴赏价值,为历代饮茶爱好者所青睐。茶具的使用、保养、鉴赏和收藏,已成为专门的学问,世代不衰。本文就茶具的发展历史、种类,茶具选用和养护及各茶类所用茶具作简单介绍。

1. 茶具历史

有关茶具的记载,最早出现于西汉王褒的《僮约》,文中的"烹茶尽具"被理解为"煮茶并清洁煮茶所需要的用具"。晋代的士大夫嗜酒爱茶,崇尚清谈,促进了民间饮茶之风,开始出现明确的茶具。晋杜育在《荈赋》中记载"器择陶简,出自东隅。酌之以匏,取式公刘",其中的陶器和舀水的匏都是饮茶用具,表明当时的茶具已初具法相。到了唐代,"王公上下无不饮茶",随着茶作为款待宾客和祭祀的必备之物,成为"比屋之饮",茶具的制作也进入一个新的历史阶段,成为茶叶品饮艺术的先导。

茶具,在古代泛指制茶、饮茶使用的各种工具,包括采茶、制茶、贮茶、饮茶等大类。现在主要指专门与泡茶有关的器具。茶具的发展与演变,与茶具加工工艺的改进和茶叶制作方法紧密联系,也是不同时代饮茶方式、品饮艺术和审美情趣的综合反映,各个朝代对茶具的追求不同。秦汉时期,人们的泡饮方法是将饼茶捣成碎末放入壶中并注入沸水,再加上葱、姜和橘子等调味品煮饮,这样只需要简单的陶器即可。从秦汉到唐代,随着饮茶习俗的传播,饮茶区域的扩大,人们对茶叶功用的认识逐渐提高,陶器得到很大发展,瓷器出现,茶具也考究、精巧起来。

从汉至唐宋,随着制茶和饮茶风俗的进步与发展,从茶饼碾碎加料煎煮到不加佐料,及至元末改为散茶煎煮,到明代直接用开水冲泡饮用,茶具也随之由繁到简、由粗到精,出现茶盏、茶杯、茶壶这些品茶专用的器皿并逐渐定型。

(1)唐代

在唐代,因越瓷似玉,光泽如水,釉色青,造型好,“口唇不卷,底卷而浅”,使用方便,倍受人们喜爱。当时饮茶的汤色淡红,遇白色、黄色、褐色的瓷器,都会使茶汤呈现红色、紫色、黑色,故人们普遍认为除越瓷外,“悉不宜茶”。由于斗富之风盛行,在唐代的上层社会,茶具象征富贵,宫廷和贵族家中出现金、银、铜、锡等金属茶具。1987 年法门寺出土的茶具,充分证实了这一点,也说明当时宫廷和佛门的茶事盛况以及宫廷茶事中茶具规格之高。唐代陆羽在《茶经》中第一次较系统地记述了茶具,提到 20 多种茶具。因唐代饮茶以煮饮为主,这些茶具中与饮用直接相关的并不多。

(2)宋代

宋代的茶具大体承袭唐代,但茶具更为精细。主要的变化是与宋代流行的斗茶相配套的,如煎水的用具改为茶瓶,茶盏崇尚黑色,还增加了“茶筅”。唐代注茶用碗或瓯,宋代则改成盏,所用的碗也更轻巧。盏是一种敞口小底、壁厚的小碗,当时人们喜欢黑釉盏。宋代,北方饮茶风尚开始社会化,茶肆、茶楼由寺庙僧众经营转向民间,功能趋向多样化。

同时,宋代的陶瓷工艺也进入黄金时代,当时汝、官、哥、定、钧五大名窑的产品瓷质之精、釉色之纯、造型之美达到了空前绝后的地步。还出现了专为斗茶而用的兔毫盏这一极富有特色的茶具。兔毫盏以黑白相映,对比强烈而名重一时。福建建窑的兔毫盏釉黑青色,盏底有向上放射状的毫毛纹条,内有奇幻的光彩,美丽多变。用此盏点茶,以茶汤面泡沫鲜白、着盏无水痕且持久者为好。

此时,宜兴紫砂茶具开始萌芽。到了后期,茶壶的式样明显由饱满变为细长,茶托与盏底的结合也更精巧。宋代茶具的演变、发展还表现为茶具材料的多样化。金属茶具较多,以铜、铁、银为主,铜质最多,还出现了专门的茶具产地。可以说,宋代茶具的清奇淡雅、自然淳朴适应了当时人们对茶具艺术多式样、高品位的要求,把茶、茶具的内涵、风格、色彩与他们的审美情趣和精神情感融合起来。

(3)元代

到元代,江西景德镇的青花瓷茶具声名鹊起,天下闻名,开始为人们普遍喜爱。当时,茶壶的身、嘴分叉处开始下移。

(4)明代

明代以后,“斗茶”不再时兴,散茶盛行,饮用之茶改为蒸青、炒青,逐渐出现与现在炒青绿茶相似的茶叶,汤色淡黄,用纯白的茶碗与之配套效果很好,对茶具的色泽要求又出现了较大的变化,出现了红釉瓷,其中青花瓷、彩瓷的茶具成为社会生活中最引人注目的器皿。明代中后期又出现了使用瓷壶和紫砂壶的风韵,特别是紫砂陶茶壶应运而生,将中国茶具引入一个五彩的时代。

(5)清代

清代,茶馆成为一种文化经济交流的场所,饮茶的内涵也大大丰富,前朝的茶具已成收藏的古玩,茶和茶具成为人们生活中不可或缺的事,再加上紫砂茶具的制作中,文人的介入大大提高了其文化品位,使茶具登堂入室,成为一种雅玩。至此,茶具与酒具彻底分开,茶具艺术作为一门独特的艺术门类而引人注目。另外,紫砂陶与瓷器相互竞争,茶具的范围也有扩展,瓷器中除了素瓷、彩瓷,还有了从法国传入的珐琅瓷,广州织金彩瓷、福州脱胎漆器等

茶具也相继出现。至此，中国的茶具生产制作出现一个色彩纷呈、数量空前的时期。

2. 茶具的种类

茶具的种类丰富多彩，材料各异，功能不一，而且，不同茶具的泡茶效果也有很大区别。泡茶时要根据具体实际，选用、配置合适的茶具。

茶具，按其狭义的范围是指茶杯、茶壶、茶碗、茶盏、茶碟、茶盘等饮茶用具。我国地域辽阔，茶类繁多，又因民族众多，民俗差异，饮茶习惯各有特点，所用器具更是异彩纷呈，茶具的门类和品种、造型和装饰、材料和工艺丰富多彩，除实用价值外，也有颇高的艺术价值，因而驰名中外，为历代饮茶爱好者所青睐。茶具的使用、保养、鉴赏和收藏，已成为专门的学问，世代不衰。

(1)按茶具的用途分类

根据日常生活中茶叶泡饮需要，将泡茶、饮茶主要的用具称主茶具，其他称为辅泡器和其他器具。主泡器包括茶壶、茶船、茶海等，辅泡器包括茶盘、茶荷、茶匙等。

①茶壶

茶壶是用以泡茶的器具，是主要的泡茶容器，一般由壶盖、壶身和圈足四部分组成。好茶壶应具备的条件包括：壶嘴的出水要流畅，不淋滚茶汁，不溅水花。壶盖与壶身要密合，水壶口与出水的嘴要在同一水平面上。壶身宜浅不宜深，壶盖宜紧不宜松。无泥味、杂味。能适应冷热急遽之变化，不渗漏，不易破裂。质地能配合所冲泡茶叶之种类，将茶之特色发挥得淋漓尽致。方便置入茶叶，容水量足够。泡后茶汤能够保温，不会散热太快，能让茶叶成分在短时间内适宜浸出。

②茶船

用来放置茶壶的垫底茶具，又称茶池或壶承，既可增加美观，又可防止茶壶烫坏桌面。其常用的功能主要有盛热水烫杯，盛接茶壶中溢出的茶水。保持泡茶温度。

③茶海

又称茶盅或公道杯。盛放泡好的茶汤，再分倒各杯，使各杯茶汤浓度相若，同时也可沉淀茶渣。亦可于茶海上覆一滤网，以滤去茶渣、茶末。没有专用的茶海时，也可以用茶壶充当。

④茶杯

盛放泡好的茶汤并饮用的器具。茶杯的种类、大小应有尽有。喝不同的茶用不同的茶杯。近年来更流行边喝茶边闻茶香的闻香杯。根据茶壶的形状、色泽，选择适当的茶杯，搭配起来也颇具美感。为便于欣赏茶汤颜色，及容易清洗，杯子内面最好上釉，而且是白色或浅色。

⑤盖碗

或称盖杯，由盖、碗、托三部件组成，泡饮合用口齿或可单用。

⑥辅泡器和其他器具

a. 茶盘

摆置茶具，用以承放茶杯或其他茶具的盘子，以盛接泡茶过程中流出或倒掉之茶水。茶盘有竹、木、金属、陶瓷、塑料、不锈钢、石制品，有规则形、自然形、排水形等多种。

b. 茶荷

是控制置茶量的器皿，用竹、木、陶等制成，是置茶的用具，兼有赏茶功能。主要是将茶叶由茶罐移至茶壶，既实用又可当艺术品。

c. 茶匙

从贮茶器中取干茶的工具，或在饮用添加茶时作搅拌用，常与茶荷搭配使用。

d. 茶漏

茶漏在置茶时放在泡茶壶口上，以导茶入壶，防止茶叶掉落壶外。

e. 茶挟

又称"茶筷"，泡头一道茶时用来刮去壶口泡沫的用具，形同筷子，也用于夹出茶渣。也常有人拿它来挟着茶杯洗杯，防烫又卫生。

f. 茶巾

又称为"茶布"，茶巾的主要功用是干壶，于酌茶之前将茶壶或茶海底部衔留 的杂水擦干，亦可擦拭滴落桌面之茶水。

g. 茶针

茶针的功用是由壶嘴伸入流中疏通茶壶的内网（蜂巢），防止茶叶阻塞，以保持水流畅通的工具，以竹木制成。

h. 煮水器

由烧水壶和热源两部分组成。泡茶的煮水器在古代用风炉，目前较常见的热源为酒精炉、电炉、炭炉、瓦斯炉及电子开水机等，烧水壶有电壶和陶壶。

i. 茶叶罐

储存茶叶的罐子，必须无杂味、能密封且不透光，其材料有马口铁、不锈钢、锡合金及陶瓷等。

(2)按照茶具的质地分类

从茶具的质地而言，多达十多种，有陶、瓷、金、银、铜、锡、漆器、水晶、玛瑙、竹木、果壳、石、不锈钢、搪瓷、塑料及玻璃等。不同的茶具体现出不同的风格，蕴含不同的文化内容，目前广泛使用的主要是陶、瓷、玻璃茶具。现将流行广、应用多，或在茶具发展史上曾占有重要地位的茶具分类介绍。

①陶器茶具

陶茶具以黏土烧制而成，以宜兴制作的紫砂陶茶具最为著名，它的造型古朴，色泽典雅，光洁无瑕，精美之作贵如鼎彝，有"土与黄金争价"之说。明文震亨《长物志》记载："壶以砂者为上，盖既不夺香，又无熟汤气。"用紫砂泥烧制成紫砂陶器从北宋时开始，使陶茶具的发展逐渐走向高峰，成为中国茶具的主要品种之一。用紫砂茶具泡茶，既不夺茶真香，又无熟汤气，加之保温性能好，即使在盛夏酷暑，茶汤也不易变质发馊，能较长时间保持茶叶的色、香、味。但紫砂茶具色泽多数深暗，用它泡茶，不论是红茶、绿茶、乌龙茶，还是黄茶、白茶和黑茶，对茶叶汤色均不能起衬托作用，对外形美观的茶叶，也难以观姿察色，这是其美中不足之处。

②紫砂壶

紫砂壶的造型有仿古、光素货（无花无字）、花货（拟松、竹、梅的自然形象）、筋囊（几何图案）等。艺人们以刀作笔，所创作的书、画和印融为一体，构成一种古朴清雅的风格。紫砂壶式样繁多，所谓"方非一式，圆不一相"，加之壶上雕刻花鸟山水和各体书法，使之成为观赏和实用巧妙结合的产品。特别是名手所作紫砂壶，造型精美，色泽古朴，光彩夺目，成为美术

品。

③瓷器茶具

瓷茶具采用长石、高岭土、石英为原料烧制而成。质地坚硬致密，表面光洁，吸水率低。薄者可呈半透明状，敲击时声音清脆响亮。按产品又分为白瓷茶具、青瓷茶具和黑瓷茶具等几个类别。

瓷器是中国古代伟大的发明，历史悠久，陶瓷学界普遍认为3 000多年前的商代已出现原始青瓷，成熟的青瓷制作在东汉时期，三国、两晋、南北朝时期南方的青瓷生产迅速发展。到公元581年隋统一全国，结束南北对峙几百年的战乱后，南方的茶叶大量北上，促进瓷器供应的日益增长。尤其是瓷的匣砵烧制技术，克服了原来叠火烧造中的砂粒黏附、釉色不纯等工艺弊端，又利用印花、刻花技术，从而提高了瓷器生产的质量。到隋朝后期，越窑青瓷与邢窑白瓷分别成为南北瓷器的典型代表，形成“南青北白”两大系统，成了茶具中的精品，这在中国瓷史上起着承前启后的作用。宋朝时的瓷器主要分为两大支系，一为黑釉盏系，另一为青花瓷系。“建盏”是黑釉中的佼佼者。“九秋风露越窑开，夺得千峰翠色来”越窑青瓷的釉色有一种碧绿的质感，如同大自然的千峰翠色，被誉为“千峰翠色”。

瓷茶具保温、传热适中，能较好地保持茶叶的色、香、味、形之美，而且洁白卫生，不污染茶汤。如果加上图文装饰，具有较高艺术欣赏价值。

④金属茶具

金属茶具是指由金、银、铜、铁、锡、铝等金属材料制作而成的器具。

金属茶具是我国最古老的日用器具之一，大约南北朝时，出现了包括饮茶器皿在内的金银器具。到隋唐时，金银器具的制作达到高峰。20世纪80年代中期，陕西扶风法门寺出土的一套由唐僖宗使用的银质鎏金茶具，计11种12件，可谓是金属茶具中罕见的稀世珍宝。

但从宋代开始，古人对金属茶具褒贬不一，明代张谦德把金、银茶具列为次等，把铜、锡茶具列为下等。元代以后，特别是从明代开始，随着茶类的创新，饮茶方法的改变，以及陶瓷茶具的兴起，使包括银质器具在内的金属茶具逐渐销声匿迹，尤其是用锡、铁、铅等金属制作的茶具，用它们来煮水泡茶，被认为会使“茶味走样”，以致很少有人使用。但用金属制成贮茶器具，如锡瓶、锡罐等，却屡见不鲜。这是因为金属贮茶器具的密闭性要比纸、竹、木、瓷、陶等好，具有较好的防潮、避光、防异味性能，这样更有利于散茶的保藏。因此，用锡制作的贮茶器具，至今仍流行于世。

⑤漆器茶具

以竹木或其他木材雕制并上漆制成。漆茶具历史悠久，工艺独特，既生产民用粗放型茶具，又能制作出工艺奇巧、镶镂精细的产品。漆器茶具较著名的有北京雕漆茶具，福州脱胎茶具，江西波阳、宜春等地生产的脱胎漆器等，均别具艺术魅力。从清代开始，由福建福州制作的脱胎漆器茶具日益引起人们的注目。脱胎漆茶具古朴典雅，形状多姿多彩，有“宝砂闪光”、“金丝玛瑙”、“釉变金丝”、“仿古瓷”、“雕填”、“高雕”和“嵌白银”等多个品种，通常是一把茶壶连同四只茶杯，存放在圆形或长方形的茶盘内，壶、杯、盘通常呈一色，多为黑色，也有黄棕、棕红、深绿等色，并融书画于一体，饱含文化意蕴；且轻巧美观，色泽光亮，明镜照人；又不怕水浸，能耐温、耐酸碱腐蚀。特别是在创造了红如宝石的“赤金砂”和“暗花”等新工艺后，更加绚丽夺目，逗人喜爱。

⑥竹木茶

隋唐以前的饮茶器具，除陶瓷外，民间多用竹木制作而成。陆羽在《茶经·四之器》中开列的 28 种茶具，多数是用竹木制作的。这种茶具，轻便实用，取材简易，制作方便，对茶无污染，对人体也无害，因此，自古至今，一直受到茶人的欢迎。但缺点是不能长时间使用，无法长久保存，没有文物价值。只是到了清代，在四川出现了一种竹编茶具，它既是一种工艺品，又富有实用价值，主要品种有茶杯、茶盅、茶托、茶壶、茶盘等，多为成套制作。竹编茶具由内胎和外套组成，内胎多为陶瓷类饮茶器具，外套用精选慈竹，经劈、启、揉、匀等多道工序，制成粗细如发的柔软竹丝，经烤色、染色，再按茶具内胎形状、大小编织嵌合，使之成为整体如一的茶具。这种茶具，不但色调和谐，美观大方，而且能保护内胎，减少损坏；同时，泡茶后不易烫手，并富含艺术欣赏价值。在我国的南方，如海南等地有用椰壳制作的壶、碗用来泡茶的，经济而实用，又是艺术欣赏品。用木罐、竹罐装茶，则仍然随处可见，特别是福建省武夷山等地的乌龙茶木盒，在盒上绘以山水图案，制作精良，别具一格。因此，多数人购置竹编茶具，不在其用，而重在摆设和收藏。

⑦玻璃茶具

玻璃，古人称之为流璃或琉璃，有色半透明。用这种材料制成的茶具，能给人以色泽鲜艳，光彩照人的感觉。我国的琉璃制作技术虽然起步较早，但直到唐代，随着中外文化交流的增多，西方琉璃器的不断传入，我国才开始烧制琉璃茶具。陕西扶风法门寺地宫出土的淡黄色素面圈足琉璃茶盏和茶托，是地道的中国琉璃茶具，虽然造型原始，装饰简朴，透明度低，但却表明我国的琉璃茶具唐代已经起步。近代随着玻璃工业的崛起，玻璃茶具很快兴起，由于玻璃质地透明，光泽夺目，可塑性大，用它制成的茶具，形态各异，用途广泛，加之价格低廉，购买方便。特别是用玻璃茶杯（或玻璃茶壶）泡茶，尤其是冲泡各类名优茶，茶汤的色泽鲜艳，叶芽朵朵在冲泡过程中上下浮动，叶片逐渐舒展亭亭玉立等，一目了然，可以说是一种动态的艺术欣赏，别有风趣，能增加饮茶情趣，但它传热快，不透气，容易破碎，茶香容易散失。目前玻璃茶具在茶叶泡饮中占有重要地位。

⑧搪瓷茶具

搪瓷茶具具有坚固耐用，图案清新，轻便耐腐蚀，携带方便，实用性强，在 20 世纪 50 年代至 60 年代我国各地较为流行，以后又为其他茶具所替代。搪瓷工艺起源于古代埃及，以后传入欧洲，大约是在元代传入我国。明代景泰年间，我国创制了珐琅镶嵌工艺品景泰蓝茶具，清代乾隆年间景泰蓝从宫廷流向民间。在众多的搪瓷茶具中，洁白、细腻、光亮，可与瓷器媲美的仿瓷茶杯；饰有网眼或彩色加网眼，且层次清晰，有较强艺术感的网眼花茶杯；式样轻巧，造型独特的鼓形茶杯和蝶形茶杯；能起保温作用，且携带方便的保温茶杯，以及可作放置茶壶、茶杯用的加彩搪瓷茶盘，受到不少人的青睐。但搪瓷茶具传热快，易烫手，放在茶几上，会烫坏桌面，加之“身价”较低，所以，使用时受到一定限制，一般不作居家待客之用。

⑨石茶具

石茶具以石制成，经人工精雕细刻、磨光等多道工序完成，产品以小型茶具为主。根据原料的不同有大理石茶具、木鱼石茶具等。质地厚实沉重，保温性能良好，且石料有天然纹理，色泽光润华丽，有较高的艺术欣赏价值。

⑩玉茶具

玉茶具由玉石雕制而成，光洁柔润，纹理清晰。唐代即出现，大都为皇室贵族所有。当代仍有生产。用玉石、水晶、玛瑙等材料制作的茶具，因器材制作困难，价格昂贵，少实用价

值，主要是作为摆设，以显示主人的富有，并不多见。

⑪塑料茶具

塑料茶具，用塑料压制而成。色彩鲜艳，形式多样，轻便，耐磨，但不透气，且因质地关系，常带有异味，这是饮茶之大忌，最好不用。另外，还有一种无色、无味、透明的一次性塑料软杯，在旅途中用来泡茶也时有所见，主要是卫生和方便。

另外，用不锈钢制成的茶具也较多。这种茶具能抗腐蚀，不透气，传热快。外表光洁明亮，造型富有现代气息，产品有盖茶缸、行军壶、双层保温杯等。本世纪六十年代以来，在市场上还出现一种保暖茶具，大的如保暖桶，常见于工厂、机关、学校等公共场所小的如保暖杯，一般为个人独用。用保暖茶具泡茶，会使茶叶因泡熟而使茶汤泛红，茶香低沉，失却鲜爽味。用来冲泡大宗茶或较粗老的茶叶较为合适。

3. 茶具的选用

(1)古人选用茶具的标准

古往今来，大凡讲究品茗情趣的人，都注重品茶韵味，崇尚意境高雅，强调“壶添品茗情趣，茶增壶艺价值”。认为好茶好壶，犹似红花绿叶，相映生辉。对一个爱茶人来说，不仅要会选择好茶，还要会选配好茶具。唐代陆羽通过对各地所产瓷器茶具的比较后，从茶叶欣赏的角度，提出“青则益茶”，认为以青色越瓷茶具为上品。而唐代的皮日休和陆龟蒙则从茶具欣赏的角度提出了茶具以色泽如玉，又有画饰的为最佳。从宋代开始，饮茶习惯逐渐由煎煮改为“点注”，团茶研碎经“点注”后，茶汤色泽已近“白色”了。这样，唐时推崇的青色茶碗也就无法衬托出“白”的色泽。而此时作为饮茶的碗也改为盏，这样对盏色的要求也就起了变化：“盏色贵黑青”，认为黑釉茶盏才能反映出茶汤的色泽。宋代蔡襄在《茶录》中写道：“茶色白，宜黑盏。建安(今福建建瓯)所造者绀黑，纹如兔毫，其坯微厚，之久热难冷，最为要用”。

到明代，从团茶改饮散茶，茶汤又由宋代的“白色”变为“黄白色”，这样对茶盏的要求当然不再是黑色了，而是时尚“白色”。对此，明代的屠隆认为茶盏“莹白如玉，可试茶色”。明代张源在《茶录》中也写道：“茶瓯以白磁为上，蓝者次之。”明代中期以后，瓷器茶壶和紫砂茶具兴起，茶汤与茶具色泽不再有直接的对比与衬托关系。人们饮茶注意力转移到茶汤的韵味上来了，对茶叶色、香、味、形的要求，主要侧重在“香”和“味”。这样，人们对茶具特别是对壶的色泽，并不给予较多的注意，而是追求壶的“雅趣”。明代冯可宾在《茶录》中写道“茶壶以小为贵，每客小壶一把，任其自斟自饮方为得趣。何也？壶小则香不涣散，味不耽搁。”强调茶具选配得体，才能尝到真正的茶香味。

清代以后，随着多茶类的出现，又使人们对茶具的种类与色泽，质地与式样，以及茶具的轻重、厚薄、大小等等，提出了新的要求，茶具品种更加增多，形状多变，色彩多样，再配以诗、书、画、雕等艺术，从而把茶具制作推向新的高度。

(2)茶具对泡茶效果的影响

①茶具质地对泡茶的影响

茶具对茶汤的影响，主要表现在茶具颜色对茶汤色泽的衬托和茶具的材料对茶汤滋味和香气的影响两个方面。茶具的密度与泡茶效果有很大关系。密度受陶瓷茶具的烧结程度影响，烧结程度高的壶，敲出的声音清脆，吸水性低，泡起茶来，香味比较清扬，如绿茶、香片、白毫乌龙、红茶，可用密度较高的瓷壶来泡。密度低的壶，用来泡茶，香味比较低沉，如铁观音、水仙、佛手、普洱茶，可用密度较低的陶壶来泡。

②茶具形状对泡茶的影响

选用茶具时还要考虑茶壶形状。就视觉效果而言,茶具的外形有如茶具的色调,应与所泡茶叶相匹配,如用一把紫砂松干壶泡龙井,就没有青瓷番瓜壶来得协调,但紫砂松干壶泡铁观音就显得非常合适。就泡茶的功能而言,壶形仅表现在散热、方便与观赏三方面。壶口宽敞的、盖碗形的,散热效果较佳,用来冲泡需要70～80 ℃水温的茶叶最为适宜。因此盖碗经常用以冲泡绿茶、香片与白毫乌龙。壶口宽大的壶与盖碗在置茶、去渣方面也显得异常方便,很多人习惯将盖碗作为冲泡器使用就是这个道理。盖碗、或是壶口大到几乎像盖碗形的壶,冲泡茶叶后,打开盖子很容易观赏到茶叶舒展的情形与茶汤的色泽、浓度,对茶叶的欣赏、茶汤的控制颇有助益。配以适当的色调,可以很好地表现龙井、碧螺春、白毫银针、白毫乌龙等注重外形的茶叶。

③茶具色调对泡茶的影响

茶具的色调与泡茶也有关系。瓷质茶具的感觉与不发酵的绿茶、重发酵的白毫乌龙、全发酵的红茶的感觉颇为一致。火石质茶具的感觉较为坚实阳刚,与黄茶、白茶、半发酵的冻顶、铁观音、水仙的感觉相似。而陶质茶具的感觉较为粗犷低沉,与焙重火的半发酵茶、陈年普洱茶的感觉颇为一致。在泡茶时选择感觉一致的茶具会有更好的效果。就茶具的颜色来说,包括材料本身的颜色与装饰的釉色或颜料。白瓷土显得亮洁精致,用以搭配绿茶与红茶颇为适合,为保持其洁白,常上层透明釉。黄泥制成的茶具显得甘怡,可配以黄茶或白茶。朱泥或灰褐系列的火石器土制成的茶具显得高香、厚实,可配以铁观音、冻顶等轻、中焙火的茶类。紫砂或较深沉陶土制成的茶具显得朴实、自然,配以稍重焙火的铁观音、水仙相当搭调。若在茶具外表施釉,釉色的变化又左右了茶具的感觉,如淡绿色系列的青瓷,用以冲泡绿茶,感觉上较为协调。乳白色的釉彩,很适合冲泡白茶与黄茶。青花、彩绘的茶具可以表现红茶或熏花茶、调味的茶类。

(3)茶具的选用

①根据茶叶选择茶具

各种茶类可合理选配适宜的茶具。

a. 花茶

饮用花茶,为有利于香气的保持,可选用青瓷、青花瓷、斗彩、五彩等品种的盖碗、盖杯或壶杯泡茶。

b. 绿茶

饮用大宗绿茶,单人夏秋季可用无盖、有花纹或冷色调的玻璃杯;春冬季可用青瓷、青花瓷等各种冷色调瓷盖杯。多人则选用青瓷、白瓷等冷色调壶杯具。如果是品饮细嫩名优绿茶,用透明无花纹、无色彩的无盖玻璃杯或白瓷、青瓷无盖杯直接冲泡最为理想。不论冲泡何种细嫩名优绿茶,茶杯均宜小不宜大,大则水量多,热量大,会将茶叶泡熟,使茶叶色泽失却翠绿,其次会使芽叶熟化,不能在汤中林立,失去姿态;第三会使茶香减弱,甚至产生"熟汤味"。

c. 红碎茶

饮用红碎茶可用暖色瓷壶或紫砂壶来泡茶,然后将茶汤倒入白瓷杯中饮用。工夫红茶选用杯内壁上白釉的紫砂、白瓷、白底红花瓷的壶杯具、盖碗均可。

d. 乌龙茶

饮用轻发酵及重发酵类乌龙茶，用白瓷及白底花瓷壶杯具或盖碗，半发酵及重焙火类乌龙茶宜用紫砂茶具。在我国民间，还有“老茶壶泡，嫩茶杯冲”之说。这是因为较粗老的老叶，用壶冲泡，一则可保持热量，有利于茶叶中的水浸出物溶解于茶汤，提高茶汤中的可利用部分；二则较粗老茶叶缺乏观赏价值，用来敬客，不大雅观，这样，还可避免失礼之嫌。而细嫩的茶叶，用杯冲泡，一目了然，同时可收到物质享受和精神欣赏之美。

②根据地方风俗选择茶具

茶具的选用还与地方风俗相联系。中国地域辽阔，各地的饮茶习俗不同，对茶具的要求也不一样。

a. 长江以北地区

长江以北一带，大多喜爱选用有盖瓷杯冲泡花茶，以保持花香，或者用大瓷壶泡茶，尔后将茶汤倾入茶盅(杯)饮用。在长江三角洲沪杭宁和华北京津等地一些大中城市，人们爱好品细嫩名优茶，既要闻其香，啜其味，还要观其色，赏其形，因此，特别喜欢用玻璃杯或白瓷杯泡茶。

b. 江浙地区

在江、浙一带的许多地区，饮茶注重茶叶的滋味和香气，因此喜欢选用紫砂茶具泡茶，或用有盖瓷杯沏茶。

c. 华南地区

福建及广东潮州、汕头一带，习惯于用小杯啜饮乌龙茶，故选用“茶房四宝”——潮汕炉、玉书碨、孟臣罐、若琛瓯泡茶，以鉴赏茶的韵味。潮汕风炉是一种粗陶炭炉，专作加热之用；玉书碨是一把瓦陶壶，高柄长嘴，架在风炉之上，专作烧水之用；孟臣罐是比普通茶壶小一些的紫砂壶，用来泡茶；若琛瓯是只有半个乒乓球大小的小茶杯，每只约能容纳 4 mL 左右茶汤，专供饮茶用。

d. 四川等地

四川、甘肃饮茶特别钟情盖碗茶，喝茶时，左手托茶托，不会烫手，右手拿茶碗盖，用以拨去浮在汤面的茶叶。加上盖，能够保香，去掉盖，又可观形赏色。选用这种茶具饮茶，颇有清代遗风。至于我国边疆少数民族地区，至今多习惯于用碗喝茶，古风犹存。

(二)茶席设计

1. 何为茶席

茶席也可称为品茗环境，品茗环境可大可小，大到一间茶室，甚至一座专属于茶事活动的茶屋，小者仅指一张泡茶席。然而不管是大还是小，这种泡茶的空间都具有专属性，即品茗，它是中国饮茶艺术的重要组成部分。本文主要讨论“泡茶席”的品茗环境设计。

从饮茶成为一门独立艺术的时候起，人们就有意识或无意识地讲究着品茶的环境。如果说一方席就是一个独立的世界，那么茶席就是专属于茶的世界。精致的器物，圆融的秩序，都是为催生茶的第二次生命。每一个生命的诞生原本都无比壮丽，何况这天地日月精华所钟之茶！它在水中舒展并完整展示生命力量的过程，正是茶人毕生最高的期许，所以要有

一个如宗教般虔诚神圣的茶的舞台

茶席，让泡茶者身心放松、愉悦、专注、珍爱地完成茶的使命，把最美的芬芳、色彩、味道示以有缘人，这是真正意义的茶席。

2. 茶席设计的出发点——因茶而席

茶席是茶的舞台，所以一切设置都是从茶出发的。中国是最早认识和饮用茶的国度，无论传说还是史料记载中的茶，它总是带着悲悯情怀进入人们的生活的，中医认为茶性寒，是令人清醒冷静之物，所以茶一路带着清远之气走来。茶圣陆羽把茶与“精行俭德”之人紧密联系，所以他奠定了茶艺术的清雅简洁而又庄重的基调，后世几乎未曾改变，这种基调也构成了茶文化在东方文化中的重要地位及代表性。在经济繁荣国家昌盛的宋代，皇帝宋徽宗也称饮茶乃“盛世之清尚”，即便盛世饮茶，也未曾使之染上奢华与侈丽。

时光流转到今天，茶叶的种类丰富多彩，然而，它们总是不脱茶叶原本的清冷之气。同时，它们呈现了茶在同一个艺术领域的多种风格。我们可以按发酵分为不发酵茶、部分发酵茶、全发酵茶、后发酵茶；我们还可以根据“颜色”划分为绿茶、黄茶、白茶、青茶、红茶、黑茶。就像一棵大树，有了主干，然后有很多的分支，也许分支下面还有更多的分支。

我们可以按图索骥地认识到各种具象的茶。但是，这似乎不够，有时茶更像人，有自己深层次的个性和风格，有的年轻，有的成熟，有的包容，有的睿智。有时，茶也如天籁，我们会在喝茶的时候喝到古琴的味道，喝到竹笛的味道，喝到陶埙的味道。有时，茶也展示着大自然的四时万象，如绿茶像春天的草原充满勃勃生机，如乌龙茶像夏天的森林旺盛遒劲，如红茶像秋天的枫林婉约柔美，如陈年普洱像冬天的雪地静寂空灵。

因而茶的舞台——茶席首先定下的正是茶的基调，清雅简洁而不失庄重的基调，然后从各种茶的特性出发，在追求展示茶汤最美好的状态的前提下，展示茶性，也展示茶人借此对于时光与阅历无言的诉说。

3. 茶席的类型——室内与户外

自古而今，品茗的乐趣皆在于得到简单纯粹的满足，这种满足是充分享受到了茶的真香真味，器物的美好动人，环境的清静雅致，因而内心无比愉悦。更在于置身于山野竹林的空阔寂寥，啜一口佳茗，体验天人合一、物我两忘的悠游之感。所以茶席的设计可分为室内和户外两种基本类型。

室内的茶席，乃为服务于泡茶，力求集中展示茶境，所以，要求器物完备，空间布局合理有序，甚至恰当地装饰点缀，带给茶人恍若天然的意境。诚如陆羽在《茶经·九之略》所言：“但城邑之中，王公之门，二十四器阙一，则茶废矣。”(图 8-20 台北陆羽茶车)

户外的茶席，意在品茗中体验山水之乐。此时的茶席，无须繁复，甚至可以省略一些不影响泡茶的器具，因为饮茶为的是乐趣，携带的便宜也是茶人要追求的。山水之间，自有茶境，因而也不需多余的装饰，一切浑然天成，且带上最简便的泡茶器具，穿上自在舒适的衣物，或于巨石上，或于山洞口，或于竹林下，或于老树间，沏一壶香茗细品慢啜，俯仰云卷云舒，眺望细水长流，静听山林鸟语，天地即是茶席。(图 8-21《归去来辞》(裴煜))

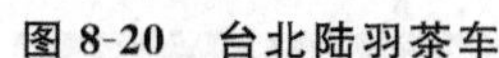

图 8-20 台北陆羽茶车

图 8-21 归去来辞

4. 茶席的准备——主题的确定与器物的收集

茶席一般应用于正式的场合，也会有特定的意义，所以在设计茶席前，要先确定茶席的主题。一般的茶事活动会按照地域文化、季节或者特别的节日举行，在这样的氛围下，茶席的主题可以围绕整个茶事活动的主题进行，以一类茶或者以系列茶品来进行茶席的设置。从泡好茶的角度出发，然后根据茶人自身的美学素养和茶学素养来确定茶席的主题，茶席的主题往往带着深厚的文学特质与艺术特质，如经典的《人淡如菊》、《龙井问茶》，由主题而令人遐思万里。

当主题确定后，也确定茶席要演绎的茶品，接下来就是准备茶器。人们常说，水为茶之母，器为茶之父，再好的茶品，也要借助好水与佳器来催发茶性，因而，择器成为茶席的首要任务。唐代陆羽确立下来饮茶用器的基本特性，即茶器的材质、造型与特定的美学价值，其中的材质与造型首先从"益茶汤"出发，然后从"精行俭德"出发，主张质朴，接着从茶的人间情怀出发，赋予茶器美感与内涵。因而讲究茶器成为饮茶艺术的重要环节，茶器之美乃是实用与美感的有机融合。这种思路为后世的茶人所沿用，成为东方茶道艺术普遍遵循的理念。

茶有不同的风格，有的清新爽朗，有的醇厚深沉，有的韵味悠远，这种独特风格欲寻求最佳体现需要借助最适宜的茶器来催发，只有如此，茶席的灵魂才能得到很好的诠释。所以，往往在确定茶席的茶品之后，先确定最佳冲泡器，即一般意义上的茶壶，然后按照茶壶的风格来搭配对应的其他茶器。

若是室内的单个完整的茶席，需要的器具包括以下几类：①主要泡茶器，包括茶壶（含茶船、壶垫）、茶盅（亦称公道杯，含滤网）、泡茶巾（即泡茶的独立小空间）、茶杯（含杯托）、奉茶盘；②辅助泡茶器，包括赏茶荷（含茶拂）、茶巾、渣匙，以及承载这些器具的卧式茶巾盘或立式器皿；③备水器具，包括煮水器、保温瓶、冷却壶、水盂；④储茶器，即茶叶罐。以冲泡器为出发点，寻求其他的全部器具，有时可以使用壶组，若没有成套的壶组，在搭配时力求简约、和谐，包括材质、色彩、容量的和谐。

若是户外的茶席，在确立了冲泡器后，必须有品茗器，其他的器具根据实际情况可以适当省略。

茶器的完整是为了泡茶的顺利进行，因为茶席是茶的舞台，但是为了烘托茶道艺术的氛围，往往还要对茶席进行茶境的渲染。一方小小的茶席，可以展示一个大大的天地，正是特定茶境的功能。所以茶人在准备妥当茶器后，还要考虑茶席的格调，某一种格调既体现了茶性，又展示茶人的文化与品位涵养。格调的形成来自以茶器为中心的茶席整体色彩、搭配以及画龙点睛般的装饰，古人称为“茶席四艺”，即焚香、挂画、插花、点茶。其中“点茶”通过茶器来呈现；焚香是在适当时候为导引茶席的氛围进行的；挂画则体现了茶席的厚重文化底蕴与深远的意境；插花亦成为“茶席之花”，是为活化茶席的氛围，带给茶人大自然的生机或生命意识的启发。四艺不是必须齐备不可的，根据茶席的主题需要，而且力求“精”，茶席是珍贵的，虔诚的，庄重的，茶人一定是把自己最宝贵的想与茶友一起分享的香炉、挂画、花木适当展示，如若没有，那就全心品茶，多多许不如少少许。

若是在户外，天地间即有云烟升腾，花草香气，天然的画卷，无须多余的点缀。

若为烘托茶席的独特氛围，茶人往往喜欢用一块“席”来定格泡茶的空间，或为质感极佳的布料，或为竹席草席，体现的都是清雅或古雅，绝无奢华浮躁之气，令品茗的过程融洽而安宁。（图 8-22 孙勤、张烁环的茶席）

图 8-22　清朴之风

图 8-23　竹林深处

5. 茶席的设计——空间的规划与布置

茶席的主题既已明确，茶器的收集也已完成，即可以把茶席设置出来。茶席的设置很像中国式的绘画，它的高级状态甚至很像书法，见者感觉到气韵灵动。因而空间的规划很重要，小小的茶席，大大的世界，正在于点、线、面的构成间。

茶席的首要要求是秩序美。因为茶席不是摆设，而是为泡茶。所以茶席的器具摆置首先要与泡茶技艺结合，让泡茶者能够挥洒自如、行云流水地泡茶、奉茶，让品茗者能够安详地欣赏、品茗，这样的空间才是茶席的追求。所以主泡器的位置当位于茶席的中心点，正对着泡茶者的地方，既便于操作，又体现“器”的尊贵地位，其他的茶器则如众星拱月，围绕四周，按照个人泡茶的习惯放置左右。泡茶的空间可以规划为三个区，正中间为主泡区，左右为备水区和辅助泡茶区，备水器具如保温壶、冷却壶可以放在茶席下面的储物柜中，物品整洁有序，线条流畅，相互呼应，空间感强烈，无堆砌感，留白处令人心旷神怡。（图 8-23《竹林深处》茶会茶席一）

在不影响泡茶与欣赏视野的位置，根据主题与茶境的需要，可以放置准备好的插花。插花本身即一个独立的艺术品，所以茶席的插花与茶器一样，只能是茶席的有机组成部分，它诠释着茶席的生机、万物枯荣的规律。诚如现代茶文化学者林瑞萱老师所言，茶席插花是茶席的"生命共同体"，令人感动，教人珍惜，从而升华茶席的意义。（图 8-24《插花》台湾王国忠老师）

图 8-24　插花

一段桃木，几颗桃果，展示的正是生命深处的力量；高低错落的二朵菊花，不正是那份"悠然见南山"的惬意吗？回到大自然的怀抱中，让茶汤带领茶人闲庭信步，淡泊开怀。

出于茶事活动的需要，在茶席的背后，也可以有大小合适的屏风，用来悬挂书法或绘画作品，书法流畅，内容契合茶席主题，大小以从属茶席为宜，绘画则力求简约，几笔写意的花木与江山，令人如置身山野的感受，品一杯茶的瞬间，仿佛已神游万里，此当为挂画的真谛。

若有香炉焚香，当考虑此香是否助茶香，因为茶席旨在品茗，所以香器的位置要安置妥当，若焚香在茶事前或茶事进行一半时，则在茶席外应令有一处单独的位置放置香器，以防止香料的味道干扰了茶香；若焚香在茶事结束后，则可在泡茶结束后将香器移至茶席上，且不破坏茶席的整体感与秩序。

其他的器物，根据茶席意境的需要安置，但力求整个茶席简约、雅致、整洁，突出茶器的地位，凸显主人的茶道品位。

6. 茶席的特性

茶席是为体现茶道之美与茶道精神的所在，所以它的美是茶之美、心之善，它有导引品茗者体验茶汤真精华彩与短暂时空的永恒美好感受的独特功能。鉴于此，茶席应该具备功能性与艺术性两个基本特性。

（1）茶席的功能性

茶席首先要服务于专注与专业的泡茶，称为功能性。它是泡茶者游刃有余的平台，器物齐全，伸手可及，空间规划合理健全；茶席的结构舒适、人性化。

(2)茶席的艺术性

在实用的基础上，茶席洋溢着感人的茶道氛围，称为茶席的艺术性。兹将艺术性概述为以下三点：

艺术性之一：简洁。空间感是最重要的，所谓空白之美的营造，更容易形成品茗的核心意义，并令品茗者心情放松愉悦。

艺术性之二：主题鲜明。由格调与器具的特性带领品茗者进入特定的茶道氛围中，或是黑茶的沉着，或是绿茶的清新，或是乌龙茶的回味，或是红茶的温暖；或是春天的生机，或是夏日的葱茏，或是秋天的旷远，或是冬日的寂寥；或是江南的灵秀，或是塞上的豪迈，或是岭南的精致，或是燕地的粗犷；或是秦汉的明月，或是唐宋的清风，或是明清的风土，或是今日的人情，等等。茶席是茶汤所演绎的人生，美丽而启人心智。

艺术性之三：和谐。器物的结构与材质的和谐，颜色的和谐，格调的和谐，人与环境的和谐。

7. 茶席的精神——精、净、清

茶席是正式的泡茶场所，其中处处蕴含的是茶的精神与茶人的修养，茶的精神通过茶人的修养在茶席中彰显。

(1)精

精。表现为茶之精、水之精、器之精、技艺之精。茶席之茶，意在静心品赏，人们在喝茶中体验茶之精妙，是“茶中三昧”带领茶人走进纯然的茶的世界中，清新、隽永、回味无穷，这些要取决于茶的品质之精良。水质决定着茶汤品质的层次，好茶借水而发，古人云，“水以清、轻、甘、洁为美”，好茶遇到好水才是美事。茶器功能的精良、外观的精美、内涵的丰富，是茶席的焦点，赏茶的过程其实也包含着赏器。茶、水、器都是客观条件，好的茶汤最终要借助茶人的技艺来完成，因为知茶、爱茶，必然也懂水、爱器，当娴熟的技艺经由爱心与专注贯穿于泡茶的过程时，茶席的精神瞬间升腾起来。

(2)净

净。茶席演绎的其实是水的艺术，所以有着水的透明、清澈，必然要求洁净无染。茶席环境需始终保持洁净，泡茶者则净手净心，空气中弥漫着清新的气息，品茶时因净而心无挂碍。而器物更是平时收拾得干燥洁净的，在泡茶的过程中，因为技艺精妙，所以也必然保持着器具的整洁，在茶事结束时，用心清理，也如开始时一般秩序井然。

(3)清

清。饮茶是一件清新爽神的事，所以茶席更要有“清”的精神。在席面上体现为恰到好处的布局，有空间感。在色彩格调上体现出清雅，不刻意雕琢，自然平和的氛围萦绕。在泡茶技艺上，力求庄重而自然洒脱，让品茗诸人心随茶走，方能体验茶席之意境美。品茗交流无须过多言语，静心欣赏，轻声交流，走到茶带来的芳香世界中，是为“清”。

8. 茶席设计的实例—《长沙往事》

茶席：长沙往事(图 8-25)。

设计者：程艳斐。

茶品：乌龙茶。

茶器：朱泥小壶、荷叶水盂、竹筒泡茶台、流金茶罐、手绘白瓷瓯等。

插花：《风自洞庭来》。

茶席的缘起：

长沙，仿佛一个古老的传说，我真不知怎样表达那份潮湿而迷离的情感，所以，还是喝茶。唯有茶汤才能诠释那段往事。斑驳而依旧洋溢人间烟火的街巷，兀自流淌的湘江，似乎忘却了时空，无数的人无数的往事，不管曾经怎样的烽火连天或是烟波浩荡，于今只留下回味与沉思。

图 8-25　长沙往事

朱泥小壶。尽管黑茶黄茶与绿茶都是长沙的骄傲，我却固执地认为那久远与宁静的时空更属于乌龙茶。坐在这座城市，深吸一口，是古木的奇香；细啜一口，是潇湘的神韵。静静观看袅袅升腾的茶烟，仿佛湘江的水云在缥缈。

荷叶水盂。当我看到街头巷尾那一担担翠绿饱满的莲蓬，就意识到拂过脸际的那缕清风或许就吹自洞庭湖。没有理由地迷恋着关于莲花的一切。我把玩着谜一样完整的莲蓬，它本身即是大地与湖水最杰出的艺术品。然而我还得咀嚼莲子，像面对佛祖一样虔诚地咀嚼它，知道它全部的味道，因为那是生命的味道。无法言说的甘与苦，唯有一盏清茶堪知。

竹筒泡茶台。那是在一个与那些老旧建筑一样蒙尘的角落里偶然发现的，连卖它的人都几乎淡忘了它的存在。留青竹刻，琴棋书画的主题，画中茶烟袅袅。我无数次展开再卷起，沉醉在那些传神的眼眸、衣带与发丝间，优雅极致的文化正是东方文明的灵魂。人总是可以有理由活得很丰实。当先人把文字镌刻在竹简与木牍上时，一定也想到了翻阅时独特的天籁。无纸又如何？偏是这些竹简流传千年，而纸却湮灭。而今，它遇到了茶，千载奇缘继续绵延，厚重，踏实。

世间的水是怎样的连结又是怎样的各自流淌？世间的因缘是怎样展开又各自结束？无从说起，且饮当下一盏茶，任往事在茶汤里钩沉，不止一次，而是一生。淡淡的，却不曾褪去。

三、择茶选水

茶与水之间有着必然的联系，茶为水之神，水为茶之体。沏茶时，要弄清茶水关系，选择适合于发展茶性的好水，以使好水名茶相得益彰。

（一）茶水关系

1. 人对水质的要求

（1）古人论水

人称“水为茶之母，器为茶之父。”茶的饮用与水有着极其紧密的联系。茶作为一种饮料，其饮用价值是通过水的溶解而实现的，茶的内质优劣，要通过冲泡后以眼看、鼻闻、口尝和手摸去感受、判别，而不同的水质、水温和水量又会孕育出不同的茶汤品质。

我国自古以来就十分讲究茶叶冲泡水的选择，甚至把“石泉佳茗”视为“人生清福”。早在唐代陆羽就在《茶经》中说："其水，用山水上，江水中，井水下。"并说取山中泉水时，要选择白色石隙中涌出的泉水，而水出源头时，又有石池盖水，再由石池中缓缓流出的最好。喷涌而出或飞流直下的水"勿食之"，若常饮用"令人有颈疾"。不畅通的死水，即使再清冷，也不能饮用。江水要取离居民点较远的水，井水要用人们常来汲取的井水。张源《茶录》中说："茶者水之神，水者茶之体，非真水莫显其神，非精茶曷窥其体。"许次纾在《茶疏》中也强调"精茗蕴香，借水而发，无水不可与论茶也。"张大复对茶与水的关系论述得更为详尽，他在《梅花草堂笔谈》中说："茶性必发于水，八分之茶，遇十分之水，茶亦十分矣；八分之水，试十分之茶，茶只八分耳"。这些人都从许多方面强调了茶与水之间的密切关系。

(2)古人品水标准

水品和茶品相似，也是有好坏之分的。综合分析前人的品水理论，古人对泡茶用水的选择，所依据的标准主要有水质和水味两个方面。

水质要求清、活、轻，清是对浊而言，要求水澄之无垢，搅之不浊；活是对死而言，要求有源有流，不是静止的死水；轻是对重而言，好水质地轻，浮于上，劣水质地重，沉于下。清是对浊而言，要求水澄之无垢，搅之不浊；活是对死而言，要求有源有流，不是静止的死水；轻是对重而言，好水质地轻，浮于上，劣水质地重，沉于下。水味要求甘、冽。

①清

清，即要求水质无色透明，无沉淀物。饮用水应当清洁，泡茶用水更是如此，水质不好是很难显出茶叶的色香味的。田艺衡认为水之清是"朗也、静也，澄水之貌"，把"清明不淆"的水称为"灵水"。水质清洁而无杂质且透明无色，才能显出茶色。如宋代斗茶时要求茶汤以白而微青为上，以水的清洁作为斗茶用水的第一标准，要取"山泉之清洁者"，如果没有清澈透明的水是很难点出表面鲜白的汤花的。宋徽宗说，有的江河之水有"鱼鳖之腥，泥泞之污"，这样的水，"虽轻、甘，无取"。苏东坡"自临钓石取深清"的"清"就是强调泡茶用水要清。

为达到清洁的目的，除了注意选择清洁的水源外，古人还十分讲究水质的保养，并总结出一些成功的经验。田艺衡曾说，移水取石子置瓶中，既养水味，又可澄水，令之不淆。还说，择水中洁净白石，置泉煮之，效果更好。明代罗禀在其《茶解》中还介绍了另外一种洁水方法，即将烧热的灶土投入水中，以吸收水中尘土之类的脏物，起到净化作用，这已有很科学的道理了。中国古代文人在泡茶选水中，不仅强调效果，还在这些日常生活中体味禅理，怡情养性。明代熊明遇就认为养水预置石于瓮，不惟益水，而白石清泉令心也不远。

为鉴别水是否清洁，古人还有"试水法"。明末茶书《茗芨》"试水法·试清"中说："水置白瓷器中，白日下令日光正射水，视日光下水中若有尘埃氤氲如游气者，此水质恶也。水之良者，其澄澈底"。

清，是对饮茶用水最基本的要求，只有水质清澈纯净，才能做到水质和水味的活、轻、甘、冽。

②活

水贵鲜活，"茶非活水，则不能发其鲜馥"。宋代唐庚在《斗茶记》中也说"水不问江井，要之贵活。"活就是要求水有源有流，不是静止的死水。田艺蘅也说："泉不活者，食之有害。"在选水泡茶中，并不是所有的活水都适宜煎茶饮用的。陆羽认为"瀑涌湍激，勿食之，久食令人有颈疾"。这种说法虽缺乏一定的科学依据，但古人说激流瀑布之水不宜茶，是因为"气盛而脉涌，缺乏中和淳厚之气，与茶之中和之旨不符"。可见茶的平和之性与水的中和淳厚应是

相和的。

③轻

轻也是古人品水的一条标准。明代张源在其《茶录》中有“山顶泉清而轻，山下泉清而重”之语，认为水质以轻为佳，清而轻的泉水是煎茶的理想用水。现代研究证明，每升水含 8 mg 以上钙、镁离子的即为硬水，而含钙、镁离子少于 8 mg 的则为软水。用软水泡茶，茶的天然品质不受损害，茶汤的色、香、味俱佳；用硬水泡茶则茶叶色、香、味俱减。清代乾隆皇帝认为水质越轻越宜于烹茶，常以斗量水质轻重来选水泡茶。北京的玉泉水就是因为水质轻被其封为“天下第一泉”的美称。

如果说“清”是以肉眼来辨水中是否有杂质，那么“轻”就是用器具来辨别水中看不见的杂质。现在已能利用科技手段分离出纯净水等，其泡茶效果较自来水好。

④甘

甘是指水含于口中有甜美感，无咸和苦味。王安石认为“水甘茶串香，故能养人”。水甘如茶香味甘一样，是水的天然属性，令人颇有回味。明代屠隆也说：“凡水泉不甘，能损茶味。”这句话反过来说更为准确，即凡水甘者能助茶味。自然界的水，有甘甜与苦涩之分，用舌尖舔尝一下，口颊之间就会产生不同的感觉。在古人眼中，无根之水即雨水占有重要的地位，雨水中最甜的又是江南梅雨季节的水。罗禀在《茶解》中说：“梅雨如膏，万物赖以滋养，其味独甘，梅后便不堪饮。”

⑤冽

冽，意为寒、冷。水的冷冽指水在口中使人有清凉感，也是烹茶时用水所讲究的。古人认为水“不寒则烦躁，而味必啬”。寒冷的水尤其以冰水、雪水为佳。水在结晶过程中水中的杂质下沉，而上面的结晶物则比较纯净。历史上用雪水煮茶颇为普遍，一取其甘甜，二取其清冷。唐白居易《晚起》诗中就有“融雪煎香茗”的诗句，宋辛弃疾的“细写茶经煮香雪”也是讲用雪水煎茶。宋人丁谓《煎茶》诗，记载他得到建安名茶，舍不得随便饮用，“痛惜藏书箧，坚留待雪天”。明代文震亨在《长物志》里说：“雪为五谷之精，取以煎茶，最为幽况。”他还认为，雪，“新者有土气，稍陈乃佳。”清代人用雪水煎茶有了更多的讲究，清人吴我鸥《雪水煎茶》诗：“绝胜江心水，飞花注满瓯。纤芽排夜试，古瓮隔年留。”用的是隔年雪水。《红楼梦》中也多次讲到。妙玉用五年前从梅花瓣上收集的雪水来烹茶，更为茶叶品饮平添了一些清香雅韵，也许是陈年雪水更为清冽。未经污染的天然雨水与雪水只是寒冷与否的差异，在感觉上雪水更轻几分，因此比雨水更受茶人青睐。

清、活、轻、甘、冽，这五条标准是古人凭借感官直觉总结出来的，虽然不是十分科学，也颇有道理。但如果任意突出其中的某一条，就可能步入歧途。若依乾隆的单以轻重来论水，那么现在的蒸馏水是最轻的，而结果是蒸馏水用来泡茶效果并不理想。总之，品水五字法只是古人得诸于口、会诸于心的品水经验。

2. 茶水关系

科学研究更是证明了水质的不同，泡茶品质的很大差别。有关专家、学者于 1984 年采集不同来源的水样，包括不同地区的泉水、自来水、浅井水、深井水、去离子水和京杭运河水，以炒青茶为材料，分别把水的总硬度、pH 值、电导率、茶汤光密度值（波长＝500 nm）和泡茶的感官审评等几项数据进行比较，来评价泡茶用水的优次。结果见表 8-2。

表 8-1　水质与茶的审评评价

	水源 水质	苏州 寒枯泉	黄山 鸣弦泉	杭州 龙井	去离 子水	苏州 自来水	5 m 浅井水	126 m 深井水	京杭 运河水
理化测定	总硬度	1.75	1.58	9.94	0.71	4.42	14.93	19.56	7.99
	pH 值	6.16	7.76	7.93	5.60	7.50	7.51	7.72	8.05
	电导率 (uv)	77	80	84	2.3	91	140	110	105
	茶汤 光密度值	0.127	0.172	0.225	0.102	0.393	0.770	0.735	0.600
感观审评	香气	清香纯正	香浓	香气馥郁	纯正清浓	具酸香味	中等	带老熟气	浊香
	滋味	醇厚和顺	鲜爽	醇厚鲜爽	淡泊	欠纯	略带 苦涩味	浓而欠纯	味浓厚 苦涩
	汤色	清澈明亮	黄亮	清而亮略 带黄绿色	清淡明亮	黄而明亮	清淡黄浊	黄浊较深	黄浊

表明泡茶用水确以泉水为佳，其次为去离子水，但茶的色香味均偏淡；城市自来水因有氯气，使香、味均受影响；井水和河水均属下品，相比之下，以浅井水稍佳。但是，上述结论也不可一概而论，有的井是通山泉的，泡茶亦甚佳。

(1)水质对茶汤的影响

湖北三峡职业技术学院龚永新等人于 2002 年选择三峡地区日常泡茶用的泉水、溪水、江水、池塘水、自来水、井水等 6 种水和本地名茶为研究材料，在对各种水源进行理化分析的基础上，深入研究各种水源用于泡茶后茶汤色、香、味的差别，比较与茶汤色、香、味密切相关的主要化学成分，对茶与水的关系进行了进一步的研究，也得到了相似的结果。从水的各种理化性状看，不同水源的水之间是有明显区别的，主要区别在于水的总硬度和溶解性固形物含量高低。在试验的 6 种水中，按水质好坏排列的顺序依次为：泉水、溪水、江水、池塘水、自来水、井水。

在茶叶冲泡过程中，水质的差别直接影响到茶质的好坏，好水能发挥和增进茶汤的色、香、味，水质差的则起到不良影响。三峡地区日常饮用的 6 种水源中，以泉水最能体现优质名茶的品质特征，井水和自来水对高级名茶滋味有不良影响。泡茶用水的泡茶效果优劣顺序依次是：泉水、溪水、江水、池塘水、自来水、井水。泡茶用水对茶叶的影响与茶叶品质有很大关系，茶叶品质越好，对水质不同所产生的影响就越敏感，随着茶叶品质的下降，水对茶汤色、香、味的影响差异渐趋变小，名茶名水，才能相得益彰。

(2)水的硬度对茶汤的影响

水有软水和硬水之分，凡水中钙、镁离子$<$4 mg/L 的为极软水，4～8 mg/L 为软水，8～16 mg/L 的为中等硬水，16～30 mg/L 的为硬水，超过 30 mg/L 的为极硬水。在自然水中，一般只有雨水和雪水为软水，其他均为硬水。硬水可分为永久硬水和暂时性硬水。永久性硬水含有钙、镁硫酸盐和氯化物，经煮沸仍溶于水，不可用于泡茶。因为水中不同的矿物离子对茶的汤色和滋味有很大的影响。低价铁会使茶汤变暗，滋味变淡；锰、钙、铅都会使茶汤滋味发苦；钙、铅会使味涩；镁、铝会使味淡。暂时性硬水因含碳酸氢钙、碳酸氢镁而引起的硬水在煮沸后，生成不溶性的沉淀即水垢，使硬水变成软水，对泡茶效果没有什么影响。

(3)水的 pH 值对茶汤的影响

水的 pH 值对茶汤色泽有较大影响，一般名茶用 pH 值为 7.1 的蒸馏水冲泡，茶汤 pH 值大体在 6.0～6.3 之间，炒青绿茶 pH 值在 5.6～6.1 之间。若泡茶用水 pH 值偏酸或偏

碱，即影响茶汤 pH 值。绿茶的茶汤，当 pH 值>7 呈橙红色，>9 呈暗红色，>11 呈暗褐色。红茶茶汤，当 pH 值为 4.5～4.9 汤色明亮，>5 则汤色较暗，>7 则汤色暗褐，而<4.2 则汤色浅薄。由此可见，泡茶用水以中性及偏酸性的较好。

（二）择茶

要沏泡出好茶，茶叶的选择至关重要。不同的茶具有不同的特性，不同的人也人不同的状况，不同的时间、地点、不同的环境条件，都会影响人与茶之间的关系，所以，科学合理的饮茶需要因人因时因地因茶而异，不能机械刻板。

1. 不同茶的不同特性

(1)茶的外形特性

千姿百态、丰富多彩的茶叶形状，构成了一个形态美的大千世界，或似花、或似茅、或似碗钉、或似针、或似珠、或似眉、或似片、或似螺、或似碗、或似饼、或似方。这精美的不同艺术造型，给品茶者产生丰富的艺术联想，培养审美情趣。

①花朵型茶

如浙江江山绿牡丹条直似花瓣，形态自然，犹如牡丹，白毫显露，色泽翠绿诱人。小兰花茶芽叶相连，叶片卷曲，芽有白毫，犹如含苞待放的兰花。

②茅型茶

毛尖和毛峰类茶叶，形似枪茅，白毫显露，熠熠生辉。

③针型茶

两端略尖呈针状，有些肥壮重实如钢针，如白茶中的白毫银针、黄茶中的君山银针、绿茶中的蒙顶石花等；有些则苗条秀紧如松针，如安化松针等。

④扁型茶

以西湖龙井最具代表性，形似碗钉，扁平光滑、尖削挺直，能给人以质朴、端庄的美感。

⑤珠型茶

以珠茶为代表，滚圆细紧沉凝，状似珍珠，给人以浑圆壮实的美感。

⑥眉形茶

以珍眉为代表，形态纤细微弯，宛如少女的娥眉，给人以柔美之感。

⑦片型茶

又分整片型和碎片型两种，整片型如六安瓜片，叶缘略向叶背翻卷，状似瓜子；碎片型茶又有秀眉、三角片等。

⑧方型茶

茯砖和康砖等砖茶，线条笔直，明快大方，给人以平稳安的美感。

⑨尖型茶

如太平猴魁，两叶抱芽，自然伸长，两端略尖，魁伟匀整，挺直有锋，给人以英武壮美之感。

⑩饼型茶

外形圆整、洒面均匀显毫，色泽黑褐油润，散发出特殊的陈香味，给人以憨厚之美感。

⑪碗型茶

以沱茶为代表，从面上看，状似圆面色；从底看，似厚碗，中间下凹，外观显毫，颇具特色。

⑫螺型茶

以碧螺春为代表，条型纤细，卷曲如螺，色泽碧绿，外被白毫，正是“铜丝条、螺旋形、浑身毛，花香果味，鲜爽生津”，给人以轻快、柔美之感。

(2)茶的温凉特性

从中医的角度看，一般说来茶的药性属微寒，偏于平、凉，但相对来说红茶性偏温，对胃的刺激性小，绿茶性偏凉，对肠胃的刺激性较大；从另一个角度看，刚炒制出来的新茶，不管是绿茶还是红茶，均有较强的热性，多饮使人上火，但这种热性只是短暂存在，一般放置数周后就会消失；相反，陈茶则性趋寒，一般是越陈越寒。

(3)不同茶的化学成分含量

从现代科技角度看，不同的茶叶含有不同的机能成分含量，如绿茶富含各种儿茶素，而红茶中儿茶素大多已被氧化成茶黄素、茶红素等氧化缩合产物，乌龙茶的情况则处于红茶和绿茶之间。较粗老的砖茶含有较多的茶多糖，这对糖尿病治疗有益，但它同时含有太多的氟，饮用时需考虑如何减少氟的摄入量。普洱茶含有一些由微生物转化而来的特殊成分，药性偏凉，但对肠胃的刺激性小。不同茶叶的咖啡因含量也会有很大差异，甚至还有脱咖啡因的茶产品，而不同人群、不同饮茶时间对咖啡因的敏感性不同，咖啡碱是合理饮茶需要考虑的重要因素之一。

(4)复方保健茶和药茶

作为对茶医药保健功效的深入开发，茶已用于数以千计的中药方剂和保健茶配方之中，这些配方茶被称为保健茶或药茶。这类茶的药性更是千差万别，其性质不仅与所含有的茶叶有关，还决定于所配伍的其他中药材的性质。对于此类茶及一些茶药膳的选用，需要有专业人士的指导。

2.沏泡用茶的选择

(1)茶叶质量的选择

一般红、绿茶的选择，应注重“新、干、匀、香、净”五个字。所谓“新”，是避免使用“香沉味晦”的陈茶。对于名茶和高档绿茶尤其如此，因为新茶香气清鲜，滋味鲜爽，汤明叶亮，给人以清新感觉。一般把当季或当年采制的茶叶称新茶，而前一年或更久以前采制的茶叶称为陈茶。择茶时要注意，新鲜的绿茶呈嫩绿或翠绿色，有光泽；而陈茶则灰黄，色泽暗晦。新的红茶色泽油润 或乌润，陈红茶色泽灰褐。闽南的铁观音也属于此类选择方法，但由于现今制茶者为迎合市场需求，也有部分重焙火的茶同闽北乌龙、黑茶一样可存放数年至更久。

“干”是指茶叶含水量低(＜6%)，保持干燥，用手可碾成粉末。“干”是茶叶保鲜的重要条件，若含水量高，茶叶品质的内含化学成分，如茶多酚、氨基酸、叶绿素等易被破坏，导致茶叶色、香和味的陈化。“匀”是指茶叶的粗细、大小和色泽均匀一致，这是衡量茶叶采摘和加工优劣的重要依据。合理的采摘，芽叶完整，干茶中的单片和老片少，规格一致；良好的加工，色泽均匀，无焦斑，上、中、下档茶比例适宜，片末碎茶少。“香”，指香气高而纯正，茶香纯正与否，有无烟、焦、霉、酸、馊等异味，都可从干茶香中鉴别出来。“净”是指净度好，茶叶中不掺杂异物。这里所指的异物包括两类：一类茶树本身的夹杂物，如梗、籽、朴、片、毛衣等；另一类是非茶夹杂物，如草叶、树叶、沙泥、竹丝、竹片、棕毛等。这些夹杂物直接影响到茶叶的品质和卫生。

花茶则以透出浓、鲜、清、纯的花香者为上品。只要取一把花茶放在手中，送至鼻端嗅一下，具有浓郁纯正花香，茶叶中略有花瓣者为优。只有茶味无花香，而茶中夹杂许多花干的，多半是用花干掺入茶中形成的拌花茶，档次较低。选择茶叶时，还应根据茶叶花色品种确定品质特征，有些花色品种经合理的短时存放，甚至久存后，品质更佳。例如西湖龙井、旗枪和莫干黄芽等，采制完毕后，放入生石灰缸中密封存放1～2个月后，色泽更为美观，香气更加清香纯正。云南普洱茶、广西六堡茶、湖南黑茶和湖北茯砖茶，经合理存放后，会产生受茶人欢迎的新香型。隔年的闽北武夷岩茶，反而香气馥郁，滋味醇厚。

(2)气候、季节与茶类的选择

气候条件是影响人们生活方式的重要因素。饮茶消费习俗的形成也与消费者所在地的气候条件密切相关。在非洲炎热干旱的沙漠气候下，人们需要清凉，所以这些地区的人多喜欢饮用绿茶，并在绿茶中加入薄荷等清凉饮料，用于解暑并弥补缺少蔬菜所产生的某些人体必需的营养成分的不足。而在纬度偏北的北部地区，气候寒冷，人们更需要温暖驱寒，所以多喜欢热饮红茶或花茶。红茶性温，再加上热饮，可驱寒暖身。在气候炎热的地方，常饮凉茶可清凉解暑，但在寒冷潮湿地区，以热饮红茶或乌龙茶为好，因为暖性的红茶和乌龙茶热饮，可渲肺解郁，温暖身体。

饮茶还须根据一年四季气候的变化来选择不同属性的茶。夏日炎炎宜饮绿茶。绿茶性凉，饮上一杯清凉的绿茶或白茶，可以驱散身上的暑气，消暑解渴。冬天天气寒冷，饮一杯味甘性温的红茶，或饮一杯发酵程度较重的乌龙茶，可给人以生热暖胃之感。因此在中国有"夏饮龙井，冬饮乌龙"之说。春天，由冷变暖，雨水较多，湿度大，如饮用香气馥郁的花茶，不仅可以去寒邪，还有利于理郁，促进人体阳刚之气的回升。

(3)人的身体、生理状况与茶叶选择

茶虽是保健饮料，但由于各人的体质不能同，习惯有别，因此每个人更适合喝哪种茶要因人而异。一般说来，初次饮茶或偶尔饮茶的人，最好选用高级名绿茶，如西湖龙井、黄山毛峰、庐山云雾等。喜欢清淡口味者，可以选择高档烘青和名优茶，如茉莉烘青、敬亭绿雪、天目青顶等；如平时要求茶味浓醇者，则以选择炒青类茶叶为佳，如珍眉、珠茶等。若平时畏寒，以选择红茶为好，因红茶性温，有祛寒暖胃之功；若平时畏热，那么以选择绿茶为上，因为绿茶性寒，有使人清凉之感。由于绿茶含茶多酚较多，对胃会产生一定的刺激作用，如饮用绿茶感到胃不适的话，可改饮红茶，还可在茶汤中加入牛奶或糖之类。如果是身体肥胖的人，以饮用乌龙茶或沱茶就更为合适，这些具有很好的消脂减肥功效。

(三)选水

沏茶用水首先要无毒或不超过有毒的标准，其次是无污染或不超过污染的规定，第三是有利于溶解茶叶的有益成分。在日常泡茶用水时，无论茶叶优次，要尽量选用能反映茶叶质量的水质，对自来水、井水一类，可进行简单处理，如静置、澄清、过滤等，以消除水质对茶叶品质的不良影响，从而品尝到茶的本色真香原味。

1. 水质类型

泡茶用水，一般都用天然水。天然水按其来源可分为泉水(山水)、溪水、江水(河水)、湖水、井水、雨水、雪水等。泡茶首先是山泉水或溪水为最好；其次是江(河)水、湖水和井水。

自来水是通过工业净化的，也属于天然水。

(1)泉水

各地散有各种泉水水源，只要是无污染的活水，均可用之。一般说来，在天然水中，泉水是比较清爽的，杂质少，透明度高，污染少，水质最好。泉水涌出地面之前为地下水，经地层反复过滤，涌出地面时，水质清澈透明，沿溪涧流淌，又吸收空气，增加溶氧量；并在二氧化碳的作用下，溶解岩石和土壤中的钠、钾、钙、镁等元素，具有矿泉水的营养成分。用罐桶盛接泉水，先置容器中一昼夜，让水中悬浮的固体物沉淀，上部清水就可用于泡茶，如用活性炭芯的净水器过滤则更好。若有条件，亦可用离子交换净水器，除去水中钙、镁离子，使硬水变为软水。有的泉水，如硫磺矿泉水就失去了饮用价值。

(2)地表流动之水

泡茶用水，虽以泉水为佳，但溪水、江水与河水等长年流动之水，用来沏茶也并不逊色。宋代诗人杨万里曾写诗描绘船家用江水泡茶的情景，诗云："江湖便是老生涯，佳处何妨且泊家，自汲淞江桥下水，垂虹亭上试新茶。"明代许次纾在《茶疏》中说："黄河之水，来自天上，浊者土色也，澄之既净，香味自发。"说明有些江河之水，尽管浑浊度高，但澄清之后，仍可饮用。唐代《茶经》中提到："其江水，取去人远者。"表示要到远离人烟的地方去取江水。如今环境污染较为普遍，通常靠近城镇之处，江水河水易受污染，取用时应在远离污染源的地方取水，或是经过净化处理。

(3)井水

井水属地下水，是否适宜泡茶，不可一概而论。有些井水，水质甘美，是泡茶好水，如北京故宫博物院文华殿东传心殿内的"大庖井"，曾经是皇宫里的重要饮水来源。一般说，深层地下水有耐水层的保护，污染少，水质洁净；而浅层地下水易被地面污染，水质较差。有些井水含盐量高，不宜用于泡茶。城市里的井水，受污染多，多咸味，不宜泡茶，而农村井水，受污染少，水质好，适宜饮用。井水要用人们常来汲取的井水。井水要用人们常来汲取的井水。很多井水与砂岩中的泉眼相连，水质绝佳。如湖南长沙城内著名的"白沙井"，是从砂岩中涌出的清泉，终年长流不息，水质好，取之泡茶，香味俱佳。

(4)降水

雨水和雪水，古人誉为"天泉"。雨水一般比较洁净，但因季节不同而有很大差异。秋季，天高气爽，尘埃较少，雨水清洌，泡茶滋味爽口回甘；梅雨季节，和风细雨，有利于微生物滋长，泡茶品质较次，夏季雷阵雨，常伴飞沙走石，水质不净，泡茶茶汤浑浊，不宜饮用。但如今空气污染严重，雨水、雪水也不适宜用来冲泡茶叶。

(5)自来水

城市中最为方便的水源是自来水，自来水一般采自江、湖，并经过净化处理，比较符合生活饮用水卫生标准。由于标准中有一条，即游离余氯与水接触 30 min 后应不低于 0.3 mg/L，因此，自来水普遍有股漂白粉的氯气气味，直接泡茶，使香味逊色。为此，要想法解决。一是用水缸养水。将自来水放入陶瓷缸内，放置一昼夜，让氯气挥发殆尽，再煮水泡茶。二是在自来水龙头出口处接上离子交换净水器，使自来水通过树脂层，将氯气及钙、镁等矿物质离子除去，成为去离子水，然后用于泡茶。特别是北方，自来水的水源为地下水，pH 值均超过 7，不宜用于泡茶，去离子后，也能使 pH 值小于 7。

另外，市面上出售的矿泉水、纯净水因在制造时已经过处理，可直接煮水泡茶。一般来

说，矿泉水相当适合用来泡茶，因为水中矿物质的增加，会使茶汤的口感柔软清甜。蒸馏水是人工制造出的纯水，水质内容绝对公正，对茶汤表现毫无增减作用，泡茶效果保持茶的原味，但蒸馏水的使用成本高，以蒸馏水泡茶的人并不多。

2.**水质标准**

随着科学技术的进步，人们对生活用水（也包括泡茶）的认识逐步完善，提出了科学的水质标准与卫生标准。根据国家卫生部 2006 年颁布的 GB5749-2006 生活饮用水标准，归纳起来共有四个方面指标：

(1)感官指标和一般化学指标

色度＜15 度，并不得呈现其他异色，浑浊度＜3 度，特殊情况＜5 度，不得有异臭、异味，不得含有肉眼可见物。

pH 值为 6.5～8.5；总硬度（以碳酸钙计）＜450 mg/L；铝＜0.2 mg/L，锰＜0.1 mg/L，铜＜1.0 mg/L，锌＜1.0 mg/L，挥发酚类（以苯酚计）＜0.002 mg/L，阴离子合成洗涤剂＜0.3 mg/L。硫酸盐＜250 mg/L，氯化物＜250 mg/L，溶解性总固体＜1 000 mg/L，耗氧量在原水耗氧量＞6 mg/L 时为 5。

(2)毒理学指标

砷＜0.01 mg/L，镉＜0.005 mg/L，铬（6 价）＜0.05 mg/L，铅＜0.01 mg/L，汞＜0.001 mg/L，硒＜0.01 mg/L，氰化物＜0.05 mg/L，氟化物＜1.0 mg/L，硝酸盐（以氮计）＜20 mg/L，三氯甲烷＜0.06 mg/L，四氯化碳＜0.002 mg/L，溴酸盐（使用臭氧时）＜0.01 mg/L，甲醛（使用臭氧时）＜0.9 mg/L，亚氯酸盐（使用二氧化氯消毒时）＜0.7 mg/L，氯酸盐（使用二氧化氯消毒时）＜0.7 mg/L。

(3)细菌学指标

总大肠菌群（MPN/100 mL 或 CFU/100 mL）不得检出，耐热大肠菌群（MPN/100 mL 或 CFU/100 mL）不得检出，大肠埃希氏菌（MPN/100 mL 或 CFU/100 mL）不得检出，菌落总数（CFU/mL）不得超过 100。

(4)放射性指标

总 α 放射性＜0.5 Bq/L；总 β 放射性＜1 Bq/L。

四、泡茶技艺

从古到今，品茶都讲究泡茶的技巧。不同的历史时期，茶叶泡茶方式不同，品饮方法各异。茶的泡茶不仅要充分体现茶的本色、真香和原味，还要有礼有节，表现出中国茶道博大的内涵与传统的礼仪，这才是真正的泡茶技艺。

（一）茶叶冲泡方式的演变

中国的茶叶冲泡方式可以分为煮茶法和泡茶法两大类，煮茶法、煎茶法、点茶法和泡茶法四小类，在煮茶法的基础上形成了煎茶法，煎茶法是特殊的煮茶法。泡茶法是由点茶法演变而来的，点茶法是特殊的泡茶法。煎茶法和点茶法都形成于特定的历史时期，也曾广为流传，风行天下，远播海外，但作为冲泡茶的特殊形态，终归消亡，现今广泛存在的有煮茶法和泡茶法。

1.煮茶法

从汉魏六朝到初唐，煮茶法是当时饮茶的主流方式。饮茶脱胎于茶的食用和药用，煮茶法直接来源于茶的食用和药用方法。煮茶法简便易行，茶与水混合，置炉上火煎，直至煮沸，可酌情加盐、姜、椒、桂、酥等调饮，也可不加任何佐料清饮，调饮是煮茶法的主要方式。即便是今天，源于唐宋的紧压固形茶（如团饼茶、砖茶）仍流行藏、蒙、回、维吾尔等少数民族地区，依然煮饮。

2.煎茶法

唐代饮茶的主流形式，是中国茶艺的最早的形式，曾流传日本、韩国、朝鲜，在历史上产生广泛影响。煎茶在本质上属于一种特殊的末茶煮饮法，以鍑盛水置于风炉上，取火候汤，水初沸时投茶入鍑，以竹夹环搅，陆羽主张这时加点盐调味但不能加其他佐料。到鍑中茶水二沸时茶便煎成，用瓢舀到茶碗中趁热饮用。如用铫煎茶，因其有柄有流，则可直接倒入茶碗。煎茶法萌芽于晋，盛于中晚唐，衰于五代，亡于南宋。煎茶法的衰亡之日，便是点茶法的隆盛之时。

3.点茶法

两宋饮茶的主流形式，对日本抹茶道和高丽茶礼有较大的影响。点茶用茶粉，不仅碾还要磨，将汤瓶置风炉上取火候汤，点茶的水温选择初沸或二沸水，过老过嫩皆不好。熁盏令热，用茶匙量取茶粉投入茶盏中，先注沸水少许，调成膏状，然后边注沸水边用茶筅环搅，待盏面乳沫浮起时茶就沏好了。点茶法可直接在小茶盏中点茶，也可在大茶瓯中点茶，再用杓分到小茶盏中饮用。点茶法萌芽于晚唐，始于五代，盛于两宋，衰于元亡于明朝后期。

4.泡茶法

中华茶艺的代表形式，自明朝中期形成以来流行至今。泡茶法有两个来源，一是源于唐代“庵茶”的壶泡法；一是源于宋代点茶法的“撮泡法”。当代多用敞口的玻璃杯来泡茶，透过杯子可观赏汤色、芽叶舒展的情形。撮泡法一人一杯，直接在杯中续水，颇适应现代人的生活特点，故在当代更流行。

在当代，以壶泡与撮泡及工夫茶为基础，加以变化，又产生一些新的泡茶法，如在传统工夫茶的基础上，发明闻香杯和茶海（公道杯）的台湾工夫茶，以及用盖碗代壶的台湾变式工夫茶。当代的泡茶法已是五彩缤纷，不一而足。

（二）泡茶技巧

茶叶的冲泡，一般只要备具、备茶、备水，经沸水冲泡即可饮用。但要把茶固有的色、香、味充分发挥出来，冲泡得好，也不是易事，要根据茶的不同特性，应用不同的冲泡技艺和方法才能达到。

1.茶叶泡茶要素

茶叶的泡茶包括三个要素，即泡茶水温、茶水比例、泡茶次数和时间。

(1)泡茶水温

泡茶水温高低是影响茶叶水溶性物质溶出比例和香气成分挥发的重要因素。水温低，

茶叶滋味成分不能充分溶出，香味成分也不能充分散出来。但水温过高，尤其加盖长时间闷泡嫩芽茶时，易造成汤色和嫩芽黄变，茶香也变得低浊。而且，煮水时水沸过久也加 速水溶氧的散失而缺乏刺激性，用这种水泡茶时，茶汤应有的新鲜风味也受到损失。唐代陆羽《茶经》早有叙述："其沸，如鱼目、微有声，为一沸；边缘如涌泉连珠 ，为二沸；腾波鼓浪为三沸；以上水老，不可食也"。明代许次予的《茶疏》也持相同观点 ，认为"水一入铫，便需急煮，候有松声即去盖以消息其老嫩。蟹眼之后，水有微涛，是为 当时。大涛鼎沸、旋至无声，是为过时；过则老而散香，决不堪用"。如今沏茶水温则是以温度来评价，不同茶类，因其嫩度和化学成分含量不同，对泡茶所用水温的要求也不同。高级绿茶，特别是各种芽叶细嫩的名茶，不能用 100 ℃的沸水冲泡，一般以 80 ℃(指水烧开后再冷却)左右为宜，这样泡出的茶汤嫩绿明亮，滋味鲜爽，茶叶维生素 C 也较少破坏，而在高温下，茶汤容易变黄，造成"熟汤失味"。但气候寒冷时，由于茶具温度低，对泡茶用水的冷却作用明显，可适当提高沏茶用水的温度。一般红茶、绿茶、花茶宜用正沸的开水冲泡，如水温低，茶中有效成分浸出较少，茶味淡薄。泡饮乌龙茶、普洱茶和沱茶，每次用茶量较多，而且茶叶较粗老，必须用 100 ℃的滚开水冲泡，有时，为了保持和提高水温，还要在冲泡前用开水烫热茶具，冲泡后在壶外冲淋开水。原料老的紧压茶，用煮渍法沏茶，要将砖茶敲碎，放在锅中熬煮。可使茶叶在沸水中保持较长时间，充分提取茶叶的有效成分，以便获得浓度适宜的茶汤。

(2)茶水比例

现代科学证明，茶水比为 1：50 时冲泡 5 min，茶叶的多酚类和咖啡因溶出率因水温不同而有异。水温 87.7 ℃以上时，两种成分的溶出率分别为 57%和 87%以上。水温为 65.5 ℃时，其值分别为 33%和 57%。茶水比例不同，茶汤香气的高低和滋味浓淡各异。据研究，茶水比为 1：7、1：18、1：35 和 1：70 时，水浸出物分别为干茶的 23%、28%、31%和 34%，说明在水温和冲泡时间一定的前提下，茶水比越小，水浸出物的绝对量就越大。另一方面，茶水比过小，茶叶内含物被浸溶出茶汤的量虽然较大，但由于用水量大，茶汤浓度却显得很低，茶味淡，香气薄。相反，茶水比过大，由于用水量少，茶汤浓度过高，滋味苦涩，而且不能充分利用茶叶的有效成分。试验表明，不同茶类、不同泡法，对于香、味成分含量及其溶出比例不同。不同饮茶习惯，对茶叶滋味浓度要求各异，对茶水比的要求也不同。

每次茶叶用多少，并无统一的标准，人们在沏茶时要注意茶水比例。这主要根据茶叶种类、茶具大小以及消费者的饮用习惯而定。茶叶种类繁多，茶类不同，用量各异，一般认为，冲泡红、绿茶及花茶，茶水比可掌握在 1：60～80 为宜。若用玻璃杯或瓷杯冲泡，每杯约置 3 g 茶叶，注入 180～220 mL 沸水。品饮铁观音等乌龙茶时，要求香、味浓度高，用若琛杯细细品尝，茶水比可大些，1：30 左右。即用壶泡时，茶叶体积约占壶容量的 1/2～2/3 左右。紧压茶，如金尖、康砖、茯砖和方苞茶等，因茶原料较粗老，用煮渍法才能充分提取出茶叶香、味成分，而原料较细嫩的饼茶则可采用冲泡法。用煮渍法时，茶水比可用 1：80，冲泡法则茶水比略大，约 1：50。品饮普洱茶，如用冲泡法时，茶水比一般用 1：30～40。泡茶所用的茶水比大小还依消费者的嗜好而异，经常饮茶者喜爱饮较浓的茶，茶水比可大些。相反，初次饮茶者则喜淡茶，茶水比要小。此外，饮茶时间不同，对茶汤浓度的要求也有区别，饭后或酒后适饮浓茶，茶水比可大；睡前饮茶宜淡，茶水比应小。

(3)泡茶次数和时间

茶叶的泡茶次数和时间决定于茶类、沏茶方式和沏茶水温等因子。按照中国人饮茶习俗，一般红茶、绿茶、乌龙茶以及高档名茶，均采用多次冲泡品饮法，其主要目的有三个，一是充分利用茶叶的有效成分。如在前述茶水比、水温条件下，第一次冲泡虽可提取88%的茶多酚，但茶叶中各种成分的溶出速率是有区别的，有些物质溶出速率比茶多酚慢。因此，茶叶固形物的提取率在第一次冲泡只有50%～55%，第二、三次分别为30%和10%。所以，一般红茶、绿茶、花茶和高档名茶多以泡茶三次为宜。而且，每次添水时，杯内尚留有约1/3的茶水，以使每泡茶汤浓度比较近似。如用茶杯泡饮一般红绿茶，每杯将茶叶3 g左右放入杯中后，先倒入少量开水，以浸没茶叶为度，加盖3 min左右，再加开水到七八成满，便可趁热饮用。当喝到杯中余三分之一左右茶汤时，再加开水，这样可使前后茶汤浓度比较均匀，一般以冲泡三次为宜。如饮用颗粒细小、揉捻充分的红碎茶与绿碎茶，用沸水冲泡3～5 min后，其有效成分大部分已浸出，便可一次快速饮用，饮用速溶茶，也是采用一次冲泡法。品饮乌龙茶多用小型紫砂壶，用茶量较多，第一泡1 min就要倒出来，第二泡比第一泡增加15 s，从第二泡开始要逐渐增加冲泡时间，这样前后茶汤浓度才比较均匀。

2. 各类茶叶的泡茶技巧

(1)红茶冲泡法

红茶是世界上消费量最大的茶类，具有红汤红叶的品质特征，各地饮法各有不同。以使用的茶具来分，红茶泡茶可分为杯饮法和壶饮法。一般各类工夫红茶、小种红茶、袋泡红茶和速溶红茶等，大多采用杯饮法；各类红碎茶及红茶片、末等，为使冲泡过的茶叶与茶汤分离，便于饮用，习惯采用壶泡法。红茶茶性温和，滋味醇厚，具有很好的兼容性，能与各种饮品调配，酸如柠檬，甜如蜜糖，烈如白酒，清如菊花，辛如肉桂，都可相融，因此，以茶汤中是否添加其他调味品来分，红茶有清饮法也有调饮法。

①清饮法

清饮法，就是将茶叶放人茶壶中，加沸水冲泡，然后注入茶杯中细品慢饮。我国绝大多数地方饮红茶采用"清饮法"，没有在茶汤中添加其他调料的习惯。好的工夫条红茶一般可冲泡2～3次，而红碎茶只能冲泡1～2次。清饮时用下投法，可杯泡也可壶泡，品饮时静赏红茶的真香本味，能体会到黄庭坚"恰似灯下故人，万里归来对影，口不能言，心下快活自省"的绝妙境界。

②调饮法

调饮则可调出多姿多彩、风味各异的现代茶饮。在欧美一些国家一般采用"调饮法"，人们普遍爱饮牛奶红茶。通常的饮法是将茶叶放入壶中，用沸水冲泡，浸泡5 min后，再把茶汤倾入茶杯中，加入适量的奶或糖、柠檬汁、蜂蜜、香槟酒等，根据个人爱好，任意选择调配，就成为一杯芳香可口的牛奶红茶，风味各异。调饮法用的红茶，多数是用红碎茶制的袋泡茶，茶汁浸出速度快，浓度大，也易去茶渣。俄罗斯民族特别爱饮柠檬红茶和糖茶，饮茶时常把茶烧得滚烫，加上很多糖、蜂蜜和柠檬片。

冰红茶风行于欧美国家，其配制方法是先将红茶泡制成浓度略高的茶汤，然后，将冰块加入杯中达八分满，徐徐加入红茶汤。再视各人的爱好加糖或蜂蜜等搅拌均匀，即可调制出一杯色、香、味俱全的冰红茶。

近年来在市面上流行一种台式泡沫红茶，其泡茶方法是红茶经冲泡后将茶汤倒入调酒器中，加上蜂蜜、冰块、果酱、糖水等配料，然后上下、左右摇动几十下，再倒入透明玻璃杯中品饮。由于茶汤含有皂素，利用冷热冲击下急速冷却的原理产生泡沫，在透明杯中层次分

明，十分美观，品饮泡沫红茶，别有情趣，特别是青年人更为喜爱。

茶冻也是红茶的一种泡茶方式，配制方法是用白砂糖170 g，果胶粉7 g，冷水200 mL，茶汤824 mL(可用红茶或其他茶代替)。先用开水冲泡茶叶后，过滤出茶汤备用。然后，把白砂糖和果胶粉混匀，加冷水拌和，再用文火加热，不断搅拌至沸腾。再把茶汤倒入果胶溶液中，混和倒入模型杯(用小碗或酒杯均可)，冷凝后放入冰箱中，随需随取随食。茶冻是在夏天能使人凉透心肺、暑气全消的清凉饮料。

(2)绿茶冲泡法

绿茶是我国历史最久，品种最多，产量最高，消费最广的一种茶类。因加工工艺的不同，绿茶也有很多种，炒青、烘青、蒸青，品质有较大差别。这要求在冲泡过程中，掌握共性，突出个性，以把茶性发挥到极致，冲泡出色正、香高、味醇的好茶来。绿茶中的名优绿茶都是由细嫩的茶芽精制而成，一般有“色绿、香悠、味醇、形美”等四个特点，正确的冲泡方法是让这四大特点淋漓尽致地显示出来，使人得到审美的充分享受。要达到这一目的应当掌握好器皿选择、掌握用水、投茶方式和泡茶技巧等四个环节。

①器皿选择

器具选择是名优绿茶泡茶的第一步。冲泡细嫩的名优绿茶要求茶具(茶杯或茶碗)洁净，通常用透明度好的玻璃杯(壶)、瓷杯或茶碗冲泡。杯、碗内瓷质洁白，便于衬托碧绿的茶汤和茶叶。特别是用晶莹剔透的高档玻璃杯，精器配名茶，不仅可以增添视觉美感，而且便于观赏茶的汤色和茶芽在汤水中的舒展、浮沉、活动等变化，人们称之为“杯中赏茶舞”。对着阳光或灯光还可以看到茶汤中有细细的茸毫沉浮游动，闪闪发光，星斑点点，如梦如幻。中高档的绿茶亦可选择瓷杯或盖碗冲泡。

②掌握用水

掌握用水是名优绿茶泡茶的关键。自古以来茶人对泡茶的水质和水温都十分讲究。细嫩绿茶的泡茶要求水质要好。通常选用洁净的优质矿泉水，也可用经过净化处理的自来水。水的酸碱度为中性或微酸性，切勿用碱性水，以免茶汤深暗。煮水初沸即可，这样泡出的茶汤鲜爽度较好。泡茶时要特别注意水的温度。水温过高茶芽会被闷熟，茶叶中的茶多酚类物质也会在高温下氧化使茶汤很快变黄，很多芳香物质在高温下也很快挥发散失，使茶汤失去香味。泡出的茶汤黄浊，维生素也易被大量破坏，即俗称“熟汤失味”。若水温过低，茶汤又会香薄味淡，甚至茶浮于水上，饮用不便。沏茶的水温，一般要求在85 ℃左右最为适宜，越细嫩的绿茶，要求泡茶的水温就越低。

③投茶方式

泡绿茶时投茶的方式有下投法、中投法和上投法三种。下投法就是先将茶叶置入茶杯中，一次性冲水至水量适度；中投法是置茶于杯中，先冲入90 ℃左右的开水至杯容量的三分之一，待干茶吸收水分展开时再冲水至满；上投法是先将85～90 ℃开水冲入杯中，然后再投放茶叶。不同茶叶，由于其外形、质地、比重、品质成分含量及其溶出速率不同，要求不同的投茶方法，做到置茶有序。身骨重实、条索紧结、芽叶细嫩、香味成分含量高以及品赏中对香气和汤色要求高的各类名茶，可用上投法。条形松展、比重轻、不易沉入水中的茶叶，宜用下投法或中投法。不同季节，由于气温和茶冷热不同，投茶方式也应有所区别，一般可采用“秋中投，夏上投，冬下投。”

④泡茶技巧

绿茶的泡茶技巧主要有三方面。一是冲水时要高悬壶、斜冲水，使水流紧贴杯壁斜冲而下，在杯中形成旋涡，带动茶叶旋转。冲泡的手法很有讲究，要求手持水壶往茶杯中注水，采用"凤凰三点头"的手势。待客时可将泡好茶的茶杯或茶碗，放入茶盘中，捧至客人面前，以手示意，请客人品饮。二是冲水后要根据茶叶、水温、天气等具体情况决定加不加杯盖，以确保泡出的茶汤适宜品饮。三是续水要及时。头一泡冲出的茶称为"一开茶"或"头水茶"。当客人饮到杯中茶汤尚余三分之一水量时应及时加水，这称为续水。

(3)乌龙茶冲泡法

乌龙茶也称青茶，它是在茶叶的顶芽发育快成熟时才连同2～3片嫩叶一同采摘加工而成，其干茶条索粗壮肥厚，内含成分丰富，冲泡后香高而持久，味浓而鲜醇，回味甘而强烈。乌龙茶既具有绿茶的鲜灵清纯，红茶的醇厚甘爽，又具有花茶的芬芳幽香。乌龙茶的品饮特点是重品香，不重品形，先闻其香后尝其味，因此十分讲究泡茶方法。从茶叶的用量、泡茶的水温、泡茶的时间，到泡饮次数和斟茶方法都有一定的要求。

乌龙茶的泡茶讲究器具选择，要品味乌龙茶的真香和妙韵必须要有考究而配套的茶具。冲泡器皿最好选用宜兴紫砂壶或小盖碗(三才杯)。杯具最好是极精巧的白瓷小杯、紫砂小杯(若琛杯)或由闻香杯与品茗杯组成的对杯。选壶则因人数多少确定。沏茶时特别要强调高温。这是因为乌龙茶采摘的原料是成熟的茶枝新梢，对水温要求与细嫩的名优茶有所不同。泡茶乌龙茶时，水温高，茶汁浸出率高，茶味浓、香气高。器温和水温双高才能使乌龙茶的内质发挥得淋漓尽致，更能品饮出乌龙茶特有的韵味。因此开泡前先要淋壶烫杯，泡茶过程中还要保持茶具和环境的温度。注意煮水火候也是乌龙茶泡茶必须注意的。冲泡用水要滚开但却不可过老，常用二沸之水。一沸之水泡茶香味不全，三沸之水泡茶不够鲜爽，唯二沸之水才能泡出色、香、味、韵俱全的好茶。

泡茶乌龙茶时应旋冲旋啜，即边冲泡边品饮。斟茶方法也与泡茶一样讲究，传统的方法是用拇、食、中指夹着壶的把手。斟茶时应低行，以防失香散味。茶汤按顺序注入几个小茶杯内，注茶量不宜过满，以每杯容积的1/2为宜，逐渐加至八成满，使每杯茶汤香味均匀。冲泡乌龙茶时茶叶的用量比一般名优茶和大宗花茶、红茶、绿茶要多，以装满泡茶壶容积的1/2为宜。常喝乌龙茶者，茶叶用量应增加。乌龙茶较耐泡，一般泡饮5～6次，仍然余香犹存。泡的时间要由短到长，第一次冲泡，时间短些，随冲泡次数增加，泡的时间相对延长。使每次茶汤浓度基本一致，便于品饮欣赏。

(4)花茶冲泡法

花茶属于再加工茶，融茶之韵与花之香为一体，其冲泡就是要展茶味，发花香。在沏茶时要根据不同花茶茶坯的品种、外形、嫩度来决定泡茶方法和品饮程序。品饮花茶特别讲究"一看、二闻、三品味"，也称目品、鼻品、口品。

一般选用洁净的白瓷杯、白瓷茶壶或是盖碗冲泡，水温要求100 ℃，通常冲入沸水宜提高茶壶，使壶口沸水从高处落下，促使茶杯内茶叶滚动，以利浸泡。一般冲水至八分满为止，冲后立即加盖，以保茶香。冲泡4 min后即可斟饮。居家品饮花茶，常采用茶壶泡茶分饮法，具有方便、卫生的特点，家人团聚，泡上一壶茶，一边品饮，一边拉家常，会给家庭增添温馨气氛。泡茶高档名优花茶，也可选用透明的玻璃杯冲泡。茶叶用量与水之比与名优绿茶相似。宜用90 ℃左右的沸水冲泡。冲泡次数以2～3次为宜。可透过玻璃杯欣赏茶胚精美别致的造型。泡好后，先揭盖闻香，鲜灵浓纯，扑鼻而来。再尝其味，花香茶味，令人精神振

奋。

(5)紧压茶冲泡法

紧压茶泡茶至今仍沿用古老的传统方法。我国生产的紧压茶较为坚实,加之原料较粗老,所以用开水冲泡难以浸出茶汁。饮用时必须先将砖茶捣碎,在铁锅或铝壶中烹煮,而且有时在烹煮过程中,还要不断搅拌,以使茶汁充分浸出。饮用紧压茶的以西藏、内蒙古、新疆等地的兄弟民族为主,那里多属高原地区,气压低、水不到100 ℃就沸腾,需用烹煮法才能饮用。由于地区不同,民族不同,风俗不同,紧压茶的调制方法也有所不同。调制方法一般是在饮用时先要将紧压茶捣碎,放入锅中烹煮,倒出茶汤,再加上佐料,采用调饮方式饮茶。

本章小结

泡茶技艺涉及人、茶、水、器、境、艺六个要素。要达到茶艺美,就必须做到六要素俱美。在泡茶过程中,人是六要素中的主体,具有决定作用,茶由人制,境由人创,水由人鉴,茶具组合、沏茶程序都是由人来编制,因此,人之美是茶艺美中最美的要素。

沏茶的礼仪要素表现在人的仪表和风度上,其内容有两个方面,即用为自然人所表现的外在形体美和作为社会人所表现的内在心灵美,包括仪表美、风度美、语言美和心灵美等。沏茶的基本礼仪包括鞠躬礼、伸掌礼、注目礼、扣手礼、奉茶礼、寓意礼等。要做到仪容美,自然要注意修饰仪容。修饰仪容的基本规则,是美观、整洁、卫生、得体。

"水为茶之母,器为茶之父"。茶具,按其狭义的范围是指茶杯、茶壶、茶碗、茶盏、茶碟、茶盘等饮茶用具。广义的茶具泛指完成茶叶泡饮全过程所需的设备、器具及茶室用品;狭义的茶具主要是指泡茶和饮茶的用具,即以茶杯、茶壶为重点的主茶具。对茶具总的要求是实用性与艺术性并重,要求有益于茶汤内质,又力求典雅美观。品茶之趣,讲究茶的色、香、味、形和品茶的心态、环境,要获得良好的沏泡效果和品茶享受,泡茶用具的选配是至关重要的。茶具的种类丰富多彩,材料各异,功能不一,而且,不同茶具的泡茶效果也有很大区别。泡茶时要根据具体实际,选用、配置合适的茶具。

中国的茶叶冲泡方式可以分为煮茶法和泡茶法两大类,煮茶法、煎茶法、点茶法和泡茶法四小类,在煮茶法的基础上形成了煎茶法,煎茶法是特殊的煮茶法。泡茶法是由点茶法演变而来的,点茶法是特殊的泡茶法。煎茶法和点茶法都形成于特定的历史时期,也曾广为流传,风行天下,远播海外,但作为冲泡茶的特殊形态,终归消亡,现今广泛存在的有煮茶法和泡茶法。

思考题

1. 茶艺礼仪有哪些? 各代表什么含义?
2. 怎样根据茶叶选配茶具?
3. 评价水质好坏的标准有哪些?
4. 沏茶时注意哪些方面?
5. 茶席设计的要点是什么?
6. 什么是茶艺、茶道?

实训十六　玻璃杯冲泡技艺

绿茶是我国历史最久、品类最多、产量最高、消费最广的茶类。绿茶中的名品不计其数，一般有“色绿、香悠、味醇、形美”的四大特点。正确的冲泡方法是让这四大特点淋漓尽致地显示出来，使人得到审美的充分享受。

一、绿茶的冲泡要领

1.器具选择

冲泡细嫩的名优绿茶应首选晶莹剔透的玻璃杯，这样精器配名茶，不仅可以增添视觉美感，而且便于观赏茶的汤色和茶芽在水中的舒展、浮沉、活动的变化。中高档的绿茶亦可选择瓷杯或盖碗冲泡。

2.水温控制

自古以来茶人对茶的水质和水温都十分考究。水温过高茶芽会被闷熟，泡出的茶汤会黄浊，维生素也易被大量的破坏，即俗称的“熟汤失味”。若水温过低，茶汤又会香薄味淡，甚至茶浮在水面上，饮用不便。一般是越细嫩的绿茶，要求泡茶的水温就越低。

3.投茶方式

投茶的方式有三种：

(1)上投法：即是先向杯中一次性的注水到七分满，然后要投茶。

(2)中投法：一是将茶先投入到杯中后注水到三分之一，经摇香后再注水到七分满。二是将开水注入杯中容量三分之一的容量，然后再投茶，经干茶吸水后再冲水到七分满。

(3)下投法是先置茶入杯中，一次性冲水。

4.冲泡技巧

(1)冲水时要悬壶高冲，且要斜冲水，使水流紧贴杯沿斜冲而下，在杯中形成旋涡，带动茶叶旋转。

(2)冲水后加不加盖要看天、看茶、看水温。

(3)续水要及时。

二、实训用具

玻璃杯、茶船、茶盘、杯托、茶道组、随手泡、茶叶罐、桌布、茶巾、水盂等。

三、绿茶茶艺操作步骤

1.配具

用一个大茶盘将3个玻璃杯放置在茶盘里，纵向搁置在泡茶台的左边，将茶荷、茶叶罐、茶道组、茶巾等放置在泡茶台中间，小盘中放置开水壶，横放在右侧。

图 S16-1　进场

图 S16-2　鲜花迎宾

2. 备具

双手将茶叶罐捧出置于茶盘左前方，将茶巾放于茶盘右后方，茶荷及茶匙取出放于茶盘左后方。形成左干右温的摆放形式。

图 S16-3　备具

图 S16-4　煮水凉汤

3. 净具

将茶盘里的玻璃杯横放在自己的面前，右手虎口朝下，握住杯左侧，左手虎口侧向挡住玻璃杯右侧，同时转动手腕，将倒置的杯翻转，使杯口向上。用开水把茶具再烫洗一遍。

4. 凉汤

许多名优绿茶比较细嫩，不能用温度过高的开水冲泡。凉汤就是把开水倒入瓷壶适当降温。

5. 赏茶

打开茶叶罐，用茶匙拨出适量茶叶于茶荷中，给到场的客人欣赏，并介绍茶叶的相关信息。

图 S16-5　洗杯

图 S16-6　赏茶

6. 投茶

将茶叶罐打开，按照每杯 2～3 g 茶叶的投茶量，用茶匙把茶叶罐中的茶叶拨入茶荷中，最后将茶荷中的茶叶分别均匀地投放到玻璃杯中。如茶荷一次装不了，可以分次完成。

图 S16-7　投茶

图 S16-8　润茶

7. 润茶

双手将茶巾拿起，搁放在左手手掌前半部手反指部位，右手提煮水器（或开水壶），用左手垫茶巾处托住壶底，右手手腕按逆时针方向采用回转手法，使壶中的开水沿着玻璃杯壁冲入杯中，水温为 85 ℃左右，水量为茶杯容量的 1/4～1/3，充分浸泡杯中茶叶为止，使茶叶汲水润透，便于茶中内含物浸出。用手握住茶杯中下部，轻轻摇动茶杯，使茶叶在水中膨胀、展开，便于茶半充分溢出。

8. 冲水

采用前述拿壶的方法，悬壶冲水，要求用“凤凰三点头”的技法，将水冲至杯容量的七分满，以体现“七分满，三分情”的精神。同时，还要通过三次高冲低斟，把杯中茶叶冲得上下翻动，使茶汤均匀。

图 S16-9　冲水

9. 敬茶

茶叶冲泡完后，端起茶盘向客人一一敬茶。敬茶时手伸掌礼请客人喝茶，敬茶时要注意，不要用手拿茶杯的杯沿。

10. 品茶

茶杯中茶叶舒展后，客人先闻香，再看看汤色，然后啜饮。品茶时，客人右手虎口握杯，女性可用左手托住杯底，男性可单手持杯。

图 S16-10　敬茶品茶

11.收具

敬茶结束后,回到泡茶台前,将桌上泡茶用具全部收到大茶盘中,向客人行鞠躬礼,离开泡茶台。

图 S16-11　收具谢茶

实训十七　壶盅单杯泡法工夫茶艺

所谓壶盅单杯工夫茶法是指一壶一盅，在品饮时只有一个小杯进行喝茶的品饮形式，这种品饮方法在潮汕最为普遍。70年代，台湾陆羽茶艺推广中心的蔡荣章等人，把这种民族的喝茶方法进行继承并发扬，创作出《陆羽小壶茶法24则茶道精神》。在这种冲泡方法的学习中，习茶者不仅不受茶类的限制，而且还能修炼个人素养，提高茶道精神。

小壶茶法是指以小型壶具冲泡叶形茶（非茶末，但含紧压茶），装一次茶叶，冲泡一至数道，倒出茶汤以供多人品饮的泡茶方法。小壶茶法在基本架构外，还有许多动作与风格上的差异，此篇介绍的是"陆羽茶艺中心"在茶道教室上所实施的方式，故称为"陆羽小壶茶法"。在传统上常见到的小壶茶多用来冲泡半发酵茶，但小壶茶法可以冲泡绿茶、红茶、乌龙茶、普洱茶，是学习茶道最基础的行茶礼法，现仅就其中主要的24道过程加以叙述，而且是以"茶车"为基础发展而成，若不使用茶车，而是一般的桌面，则操作台改为一条泡茶巾或泡茶盘，排水、排渣的设备改用水盂，并于桌旁准备一个侧柜以代替茶车内部的柜子就可以了。

图 S17-1　茶席

一、备具

备具要求是左湿右干的原则，依次排放是：主茶具在泡茶者正前方，辅茶具在右手边，备水器在左手边，储茶器在泡茶桌（或茶车）内柜，并将四个或适量的杯子反扣在茶盘上。这些泡茶用具，平日依据性能与美观固定排放妥当，以方便自己或招待客人泡茶时可随时取用。

准备泡茶时，先将茶巾拿到主茶具右下方，然后翻正茶盘的杯子，并移到主茶具上。

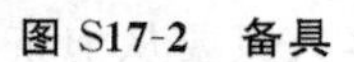

图 S17-2　备具

图 S17-3　备水

图 S17-4　行礼

二、备水

泡茶前的第二项准备工作。

将电茶壶移到主茶具腾出来的位置加水，准备工作就算全部完成，客人在座，巡视一下客人，站起来向大家行个礼。

三、温壶

开始泡茶的第一个动作是“温壶”。从这时开始，总是以左手提电热壶，、右手拿茶壶。采左右分工：左手取左边的电茶壶，右手取右边的泡茶壶，除方便就近操作外，也可以纠正人们在泡茶过程中长期用一手操作的习惯，这样有助于身体均衡的健康。

图 S17-5　温壶

图 S17-6　备茶

四、备茶

温壶期间，泡茶者将茶罐取出，倒出适量的茶叶到茶荷内“备茶”。茶叶的多少应根据茶壶的大小、冲泡的次数与茶叶的松紧程度来决定。

五、识茶

备完茶后，泡茶者双手捧起茶荷，仔细观看茶叶状况：茶叶的老嫩、发酵的轻重、紧结的程度。

图 S17-7　识茶

图 S17-8　赏茶

图 S17-9　温盅

六、赏茶

请客人欣赏也是茶事活动的主要事项，将茶荷递给客人"赏茶"，客人只要从泡茶者提供的茶叶、单纯作外观与美感的欣赏即可，无需太多的批评。

七、温盅

客人赏茶期间，泡茶者将温壶的水倒入到茶盅温"盅"。

品尝青茶类要做到壶温水温双高，温盅的目的除了提高盅的温度外，更可以做到盅的茶汤的容量，以此来决定泡茶的水量。

八、置茶

"赏茶"的茶荷送回后，泡茶者持茶荷将茶叶置入壶内。这段过程中，有许多器物如茶荷、渣匙、壶盖、茶拂等，需要操作。在器物一取一放间，放入自己感情，尽量要做到轻柔、有韵味。

图 S17-10　置茶

图 S17-11　清理茶荷

图 S17-12　收拾茶叶罐

九、闻香

茶叶在受热后的茶壶内闷热一段时间，是"闻香"的最好时机，客人从"赏茶"到"闻香"，也是对茶叶品质有大致的了解。这一程序在茶事活动中起到了互动和交流作用，并促进茶人之间的感情。

十、冲泡第一道茶

冲泡第一道茶(也可为浸润泡)，这时泡茶者一定要留意自己的姿态；身体坐正，腰板挺直，提壶的肩膀不能歪斜一边。

图 S17-13　闻香

图 S17-14　泡第一道茶汤

图 S17-15　计时

十一、计时

在壶内冲入热水，盖上盖后，按下计时器，初学者利用计时器可以掌握时间，尽可能地把茶叶浸泡到最佳状态。一名优秀的茶艺师是可不需借用计时器的。

十二、烫杯

茶叶在壶内浸泡时间，持盅将温盅的热水倒入每个杯子内"烫杯"。烫杯的目的，一方面是提高杯温，免得茶汤很快变凉了。另一方面是当着客人的面在烫一下茶杯是体现泡茶者的一种尊敬。

图 S17-16　烫杯

图 S17-17　倒茶入盅

十三、注茶入盅

茶叶浸泡到一定的浓度后，持茶壶将茶汤一次注入茶盅内。其目的是使茶汤浓度均匀一致。倒茶时，正常的壶具倾斜到 90°以内就可将茶汤全部倒出。

十四、备杯

茶汤倒入到茶盅后，将烫杯的水一一倒掉。其中有三个步骤：①倒水（倒掉烫杯的水）。②沾干（在茶巾上把杯底的水沾干）。③归位（将茶杯放回到杯托上）。茶杯依此步骤一一排放于奉茶盘上时，操作的手法要一气呵成，并产生节奏般的韵律美感。操作其他茶具也是一样，要做到"松、静、圆、柔、韵、绵"的要求。

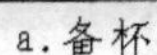

a.备杯　　b.蘸巾　　c.归位

图 S17-18

十五、分茶

“备杯”完成后，持茶盅将茶汤分入茶杯中，目的将茶杯的容量一致。

十六、端杯奉茶

应双手端起奉茶盘，正面敬给客人，表示尊敬。泡茶者要留一杯给自己，随时掌握好下一泡的茶汤浓度。

十七、冲第二道茶

小壶茶法一般会冲泡四至五次，冲第二道茶时，可参考第一道茶的情况加以调整水温或时间，使这壶茶汤在四至五次冲泡后的茶汤滋味一致。

图 S17-19　倒茶入盅

图 S17-20　分茶

图 S17-21　奉茶

十八、持盅奉茶

(1)第二道茶汤泡好后，持盅将茶汤倒入客人的杯内。如从客人左边奉茶，以左手持盅倒茶，同样，递壶给客人闻香时，最好也将壶把调整到客人方便拿取的位置。持杯奉茶时，如果杯子有把手，也要把杯柄调到客人的右方，这就是茶道中“处处为他人着想”之意。

(2)品泉与茶食

喝了数道茶后，请客人喝一道白开水，这道程序称为“品泉”，在茶道中体现“此时无茶胜有茶”之感。

图 S17-22　持盅奉茶左手边

图 S17-23　持盅奉茶右手边

十九、去渣

喝完数道茶，不再冲泡或换茶续泡时，泡茶者开始做去渣工作，这时可将泡过的叶底取出一部分摊放在茶船上给客人欣赏，俗称“赏叶底”。

a

b

图 S17-24　去渣

二十、涮壶

(1)去渣后，冲半壶水涮壶，还要清理渣匙，茶船、盖置。并把桌面恢复如前，这些收拾残局的工作，是磨炼泡茶者耐性最好的方法，收拾残局是茶人做事有始有终的表现。

(2)客人看到泡茶者已涮完壶，可以欣赏茶壶，增加茶事活动的趣味性，更可以交流冲泡器皿的收藏价值，增强茶文化知识。

a

b

图 S17-25　清壶

二十一、归位

客人将壶送回归位。

图 S17-26　倒渣

图 S17-26　归位

二十二、清盅

接下来是茶盅滤网的冲洗归位，小壶茶法从开始到结束所有的动作都依照秩序进行，如茶具的排放与移动，泡茶的手法、茶荷的转动、翻杯的步骤等等，事先都做好完整的秩序规划。因此操作时乃能从容自我表现，化作效率与美感。

a

b

c

图 S17-28　清盅

二十三、收杯

茶会结束时，礼貌上是应由客人将喝过的茶杯归一一归还到桌上的奉茶盘上，同样，先前的奉茶也是由客人自己取杯。为何要这样做呢？因为泡茶者要茶道上有其应有的尊重。是不可等同与仆人来看的。这是小壶茶法提醒人们“尊重泡茶者”的茶道精神，但如有长辈在座，为体现尊敬由主人和泡茶者前去收杯是允许的，那是例外的做法。

二十四、结束

收拾好一切，主客起身行礼告别。

图 S17-29　收杯

图 S17-30　结束

实训十八　壶盅双杯泡法工夫茶艺

双杯冲泡法是武夷山茶艺的特色，在宋徽宗赵佶在《大观茶论》中赞到，武夷山一带的茶"采择之精、制作之工、品第之胜、烹点之妙，莫不盛造其极"；大文豪范仲淹的《和章岷从事斗茶歌》便是宋代武夷茶艺的最好写照。武夷山是全人类的自然遗产和文化遗产，这里物华天宝，人杰地灵，自古以来饮茶在武夷山就是带有文化色彩的艺术。双杯泡法可以让初学者体会到在冲泡茶叶时"三看、三闻、三品、四回味"的技巧。

一、实训用具

木制茶盘一个，宜兴紫砂母子壶一对，龙凤变色杯若干对，茶道具一套，茶巾二条，开水壶一个，酒精炉一套，香炉一个，茶荷一个。

图 S18-1　茶席

二、冲泡流程

1. 点香、煮泉

a. 焚香

b. 煮水

图 S18-2

代大文豪苏东坡是一个精通茶道的茶人，他总结泡茶的经验说："活水还须活火烹"。活煮甘泉，即用旺火煮沸壶中的山泉水，现代人多数已应用电子随手泡。

2.茶具介绍

图 S18-3　介绍茶具

"水为茶之母，器为茶之父"，给嘉宾介绍茶和泡茶器皿，这是茶事活动中接近彼此之间的距离最好的表现。

图 S18-4　欣赏茶叶

3.温壶烫盏

品青茶要注重壶温水温双高，用开水浇烫茶壶，其目的是洗壶并提高壶温。此时，利用壶的温度将投入的茶叶进行烘烤，可提高茶香。

图 S18-5　温壶

图 S18-6　投茶

4.冲水、刮沫

“高冲水,低斟茶”这是冲泡青茶类的技巧,其目的是将开水壶提高,向紫砂壶内冲水,使壶内的茶叶随水浪翻滚,起到浸润作用,以便再次冲泡出更好的茶汤。

用壶盖轻轻地刮去茶汤表面泛起的白色泡沫,使壶内的茶汤更加清澈洁净。

图 S18-7 浸润泡

图 S18-8 刮沫

5.洗茶、泡茶

品饮讲究“头泡汤,二泡茶,三泡、四泡是精华”。头一泡冲出的茶汤是不敬客人的,这是体现对客人的一种尊敬和对茶的虔诚。

图 S18-9 洗茶

图 S18-10 泡茶

再次注入开水,不仅要将开水注满紫砂壶,而且在加盖后还要用开水浇淋壶的外部,这样内外加温,有利于茶香的散发。

图 S18-11 温双杯

图 S18-12 提高杯温

6. 分茶、敬茶

冲泡青茶一般要备有两把壶，一把紫砂壶专门用于泡茶；另一把容积相等的壶用于储存泡好的茶汤，称之为“海壶”，现代也有人用“公道杯”代替海壶来储备茶水，其目的是均匀茶汤使茶汤浓度达到一致。

把泡茶壶中的茶汤倒干后，趁着壶温还热再第二次泡茶。

图 S18-13　均匀茶汤

图 S18-14　第二次冲泡

7. 祥龙行雨、凤凰点头

将海壶中的茶汤快速而均匀地依次注入闻香杯，称之为“祥龙行雨”，取其“甘霖普降”的吉祥之意。

当海壶中的茶汤所剩不多时，则应将巡回快速斟茶改为点斟，这时茶艺小姐的手势一高一低有节奏地点斟茶水，形象地称之为“凤凰点头”，象征着向嘉宾们行礼致敬。

过去有人将这道程序称之为“关公巡城”、“韩信点兵”，因这样解说充满刀光剑影，杀气太重，有违茶道以“和”为贵的基本精神，所以我们予以扬弃。

图 S18-15　分茶

图 S18-16　均匀茶汤

8. 夫妻和合、鲤鱼翻身

闻香杯中斟满茶后，将描有龙的品茗杯倒扣过来，盖在描有凤的闻香杯上，称之为夫妻和合，也可称为“龙凤呈祥”。

把扣合的杯子翻转过来，称之为“鲤鱼翻身”。中国古代神话传说，鲤鱼翻跃过龙门可化龙升天而去，我们借助这道程序祝福在座的各位嘉宾家庭和睦、事业发达。

图 S18-17　反扣品茗杯

图 S18-18　单手翻杯

9. 捧杯敬茶、众手传盅

捧杯敬茶是茶艺小姐用双手把龙凤杯捧到齐眉高，然后恭恭敬敬地向右侧第一位客人行注目点头礼，并把茶传给他。客人接到茶后不能独自先品为快，应当也恭恭敬敬向茶艺小姐点头致谢，并按照茶艺小姐的姿势依次将茶传给下一位客人，直到传到坐得离茶艺小姐最远的一位客人为止，然后再从左侧同样依次传茶。通过捧杯敬茶众手传盅，可使在座的宾主们心贴得更紧，感情更亲近，气氛更融洽。

a

b

图 S18-19　敬茶

10. 鉴赏双色、喜闻高香

鉴赏双色是指请客人用左手把描有龙凤图案的茶杯端稳，用右手将闻香杯慢慢地提起来，这时闻香杯中的热茶全部注入品茗杯，随着品茗杯温度的升高，由热敏陶瓷制的乌龙图案会从黑色变成五彩。这时还要观察杯中的茶汤是否呈清亮艳丽的琥珀色。

喜闻高香是武夷岩茶三闻中的头一闻，即请客人闻一闻杯底留香。第一闻主要闻茶香的纯度，看是否香高辛锐无异味。

图 S18-20　观色

图 S18-21　闻香

11. 三龙护鼎、初品奇茗

三龙护鼎是请客人用拇指、食指托杯,用中指托住杯底。这样拿杯既稳当又雅观。三根手指头喻为三龙,茶杯如鼎,故这样的端杯姿势称为三龙护鼎。

初品奇茗是武夷山品茶三品中的头一品。茶汤入口后不要马上咽下,而是吸气,使茶汤在口腔中翻滚流动,使茶汤与舌根、舌尖、舌侧的味蕾都充分接触,以便能更精确地悟出奇妙的茶味。初品奇茗主要是品这泡茶的火功水平,看有没有"老火"或"生青"。

图 S18-22　观色

图 S18-23　品茗

12. 再斟流霞、二探兰芷

再斟流霞,是指为客人斟第二道茶。

宋代范仲淹有诗云:"干茶味兮轻醍醐,干茶香兮薄兰芷。"兰花之香是世人公认的王者之香。二探兰芷,是请客人第二次闻香,请客人细细地对比,看看这清幽、淡雅、甜润、悠远、捉摸不定的茶香是否比单纯的兰花之香更胜一筹。

图 S18-24　第二次倒茶入盅

a. 右手斟茶

b. 左手斟茶

图 S18-25

13.二品云腴、喉底留甘

“云腴”是宋代书法家黄庭坚对茶叶的美称。“二品云腴”即请客人品第二道茶。二品主要品茶汤的滋味，看茶汤过喉是否鲜爽、甘醇，还是生涩、平淡。

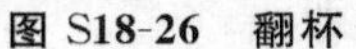
图 S18-26　翻杯

图 S18-27　第二次观色

14.三斟石乳、荡气回肠

“石乳”是元代武夷山贡茶中的珍品，后人常用来代替武夷茶。三斟石乳，即斟第三道茶。荡气回肠，是第三次闻香。品啜武夷岩茶，闻香讲究“三口气”，即不仅用鼻子闻，而且可用口大口地吸入茶香，然后从鼻腔呼出，连续三次，这样可全身心感受茶香，更细腻地辨别茶叶的香型特征。茶人们称这种闻香的方法为“荡气回肠”。第三次闻香还在于鉴定茶香的持久性。

15.含英咀华、领悟岩韵

含英咀华，是品第三道茶。清代大才子袁枚在品饮武夷岩茶时说“品茶应含英咀华并徐徐咀嚼而体贴之。”其中的英和华都是花的意思。含英咀华即在品茶时像是在嘴里含着一朵小兰花一样，慢慢地咀嚼，细细地玩味，只有这样才能领悟到武夷山岩茶特有的“香、清、甘、活”无比美妙的韵味。

16.君子之交、水清味美

古人讲“君子之交淡如水”，而那淡中之味恰似在品了三道浓茶之后，再喝一口白开水。喝这口白开水千万不可急急地咽下去，应当像含英咀华一样细细玩味，直到含不住时再吞下去。咽下白开水后，再张口吸一口气，这时您一定会感到满口生津，回味甘甜，无比舒畅。多数人都会有“此时无茶胜有茶”的感觉。这道程序反映了人生的一个哲理：平平淡淡总是真。

17.名茶探趣、游龙戏水

好的武夷岩茶七泡有余香，九泡仍不失茶真味。名茶探趣，是请客人自己动手泡茶。看一看壶中的茶泡到第几泡还能保持茶的色、香、味。

游龙戏水，是把泡后的茶叶放到清水杯中，让客人观赏泡后的茶叶，行话称为“看叶底”。武夷岩茶是半发酵茶，叶底三分红、七分绿。叶片的周边呈暗红色，叶片的内部呈绿色，称之为“绿叶红镶边”。在茶艺表演时，由于乌龙茶的叶片在清水中晃动很像龙在玩水，故名“游龙戏水”。

a

b

图 S18-28　赏叶底

18.宾主起立、尽杯谢茶

孙中山先生曾倡导以茶为国饮。鲁迅先生曾说:“有好茶喝,会喝好茶是一种清福。”饮茶之乐,其乐无穷。自古以来,人们视茶为健身的良药、生活的享受、修身的途径、友谊的纽带,在茶艺表演结束时,请宾主起立,同干了杯中的茶,以相互祝福来结束这次茶会。

图 S18-29　尽杯谢茶

第九章 国外茶艺

中国是茶的发源地,其品饮艺术作为一种茶文化载体,随着中国的商品及文化方面的交流走向了世界各地。由于各个国家地区的文化和生活习惯的不同,他们在接受中国品饮艺术时加以继承和发展,逐渐形成了各具特色的品饮艺术。

一、日本茶道

中国是亚洲的文化重心,悠久的茶文化历史对邻近诸国的文化产生着深远的影响。茶传入到邻国文化的冲击中以韩国、日本最为深远。首先是茶叶成品的传入,它在上层社会中珍若拱璧,其次是有智之士从中国带茶种回国进行栽种,继而学习中国制茶法及饮茶法,然后继承和开发出一套适合本国的饮茶文化。而茶的影响力渐见普及后,不但少数嗜茶之士饮茶,一般人的日常生活中也到处充满了茶的足迹;招待客人用茶,馈赠亲友用茶婚丧礼仪用茶等。茶由茶道文化更推广为社交礼俗。

(一)器具准备

日本茶道是在"日常茶饭事"的基础上发展起来的。日本茶道虽然源于中国,但在大和民族独特的环境下,它有自己的形成、发展过程和特有的内蕴。它将日常生活行为与宗教、哲学、伦理和美学熔为一炉,成为日本一门综合性的文化艺术活动。到十六世纪末千利休(公元 1522—1592 年)继承、汲取了日本历代茶道精神,创立并形成了日本茶道。

千利休将标准茶室的四张半榻榻米缩小为三张甚至两张,并将室内的装饰简化到最小的限度,使茶道的精神世界最大限度地摆脱了物质因素的束缚,使得茶道更易于为一般大众所接受。同时,千利休还将茶道从禅茶一体的宗教文化还原为淡泊寻常的本来面目。他不拘于世间公认的名茶具,将生活用品随手拈来作为茶道用具,强调体味和"本心";并主张大大简化茶道的规定动作,抛开外界的形式操纵,以专心体会茶道的趣味。并确定了日本茶道精神的"四规七则",至此,日本茶道渐臻成熟。

图 9-1 到字画前行礼

图 9-2 到火炉前行礼

现代日本茶道，一般在面积大小不一的茶室中举行，茶室附设茶厨（上茶上饭的预备室）、茶庭。标准的茶室面积为四张半榻榻米，一次茶事的客人最多五人。茶室内清雅别致，书法挂轴、朴素的插花是不可少的摆设。除了讲究室外的幽雅环境，还很讲究室内的布局与装饰，通常壁上挂一幅古朴的书画，再配上一枝或几枝鲜花装饰，虽简单却显得高雅幽静。本节介绍的是天福茶博物院日本茶道教室8张榻榻米的演示与操作程序。日本茶道流程如下。

1. 备具

茶具主要有茶碗、茶筅、茶杓、茶巾、绢巾、茶盒、水勺、茶釜、釜盖承、清水罐、废水盂、地炉（现代人用电炉代替）。

茶道中的茶具都有多种造型、多种质地可供选择和组合。在选购时比较重视茶具的产地、制作人，有些茶具是自己制作，主人还要为这些茶具取名，其色彩主要体现为枯寂之感。

2. 泡茶前的准备

（1）清扫布置茶室与茶具

（2）电火炉

图 9-3 主泡手进场之食品

图 9-4 备水

图 9-5 备茶碗与茶盒

火炉分为地炉或风炉（可移动，5月到10月间使用）。添炭技法有地炉添炭技法和风炉添炭技法之分，均以火上得快、不浪费为原则。重点掌握现炭的洁净与添炭手法的娴熟与优美。茶道用炭有十种规格，长短粗细各不相同，并各有名称，摆放的位置也有严格的规定。为防止木炭燃烧时发生迸出火花，要经过擦洗，去除表面的炭屑并晾干备用，为了保持茶室清洁，主人添炭前先往火炉里撒一层湿润的炉灰。这种灰是在在夏季三伏天用茶水搅拌，手工揉制成大小均匀的细小颗粒，密封冷藏备用。撒灰的次数、动作、动作与方位有明确的规定。然后开始添炭，主人用火箸将炭斗中不同规格、排列有序的炭，遵照规定的顺序与位置，一件件地放进炉里。这个过程主人要不断地用羽帚清扫地炉以保持清洁。以上是传统的茶道煮水器皿，现代人均已用电代替。

图 9-6 备茶碗与茶盒

图 9-7 擦拭茶盒

图 9-8 擦拭茶杓

茶具摆放的要求：

(1)茶巾的摆点增加茶筅(茶筅的黑结要朝自己)。

(2)茶杓(茶杓是竹子的有节，拿起时不能超过竹节)。

(3)茶罐，薄茶用漆器盒子、浓茶用象牙做的茶入盒。

(4)主人跪坐姿势行真礼，携茶碗、茶盒步入茶室。按规定把茶具一一摆放；

(5)用绢巾逐件擦拭茶盒、茶杓。

(二)泡茶流程

1.温碗

温碗要透，注入茶碗约三分之一的热水。

a

b

c

图 9-9　温碗

2.过筅、擦拭茶碗

过筅是右手拿茶筅左手护碗，要把茶筅放入到流茶碗里转动两圈，称为过筅。此目的是使茶筅受热后变软，不沾茶粉。用茶巾擦拭茶碗，最后将茶碗的正面转向自己。

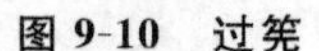
图 9-10　过筅

图 9-11　洗碗

图 9-12　擦拭茶碗

3.投茶

取茶匙舀取二匙茶粉约 2 g 左右放在茶碗中，将茶匙在茶碗口轻磕一下以磕掉茶匙上的茶粉。

a

b

c

图 9-13 投茶

4. 点茶

用水勺在茶釜舀起 100 mL 约 80 ℃。打茶时，左手四指并拢放在碗上，拇指向后护住流茶碗，右手用茶筅快速、均匀地上下搅动约 30 s，使茶汤表层泛起汤花，茶泡沫越细越白越好。点打时茶筅不要接触到碗底，目的是把茶茉打散。

点茶的收筅要注意：呈乃字形收茶筅，目的在于茶汤泡沫堆集在茶汤的中间不散开。其手法是将茶筅沿茶碗内壁划一圈，从茶碗的正中间离开茶汤表面，此时茶汤表面中间稍稍隆起，形成一座小山峰。

图 9-14 加入冷水凉汤

图 9-15 冲水

图 9-16 击打汤花

5. 敬茶与行礼

敬茶时，要把碗的正面对着客人，以示尊敬。当客人端过茶碗时，宾主间行真礼致意。

a

b

图 9-17 敬茶

图 9-18 品茶前行礼

6. 品茗

薄茶一人一碗品饮，浓茶一碗多人品饮。

薄茶独饮的程序是：客人用跪坐的姿势取茶碗回到自己的坐处，端起茶碗放在左手手心，右手将茶碗顺时针转动两次，将茶碗的正面正对主人，举至额头平齐，收回，然后慢慢地用三口半饮尽，喝完后用怀纸（或手指）擦拭嘴接触到的碗沿部分，将茶碗逆时针转动两次，将茶碗的正面对着自己，仔细观赏茶碗的造型、色泽、花纹等工艺，然后将茶碗的正面面对主人，连称“好茶！好茶！”表示敬意，最后放回原处。

浓茶一碗多人品饮方式：主客用跪坐的姿势取茶碗回到自己的坐处，端起茶碗放在左手手心，右手将茶碗顺时针转动两次，将茶碗的正面正对主人，举至额头平齐，收回，只饮一口，喝完后用怀纸擦拭嘴接触到的碗沿部分，将茶碗放到次客的前面，行礼示意，次客仿主客动作。品完茶后，仔细观赏茶碗的造型、色泽、花纹等工艺，然后将茶碗的正面面对主人，称“好茶！好茶！”表示敬意，最后放回原处。

a

b

c

图 9-19　品茗

7. 赏茶碗

在茶道中，欣赏茶碗已经超越了茶道具本身的价值，而成为美学境界。欣赏茶碗是对主人的一种尊重。

a

b

c

图 9-20　赏茶碗

8. 收具结束（清洗茶筅）

呈乃字开始搅击，沾巾归位，奉起流茶碗将水倒掉。

图 9-21 收具结束

图 9-22 添水

图 9-23 水缸盖归位

9. 收拾茶具

将茶盒、茶杓、茶碗等茶具当着客人的面收到操作间。

图 9-24 收拾水盂退场

图 9-25 进场收拾茶荷与茶碗

图 9-26 收拾水缸

10. 谢茶结束

当主人将水盂端置于于品茶室内一侧时，行真礼恭送自客人，客人同样行真礼致谢。客人走出茶室，主人再次跪坐于门口与客人告别，客人躬身与主人告别。

图 9-27 收拾水缸

图 9-28 收拾水缸行礼

图 9-29 谢茶结束

日本茶道的四规原则是“和、敬、清、寂”，从十六世纪末千利休继承吸取村田珠光等人的茶道精神提出来后，一直是日本茶道仪式的核心。“和”指的是和谐、和悦、表现为主客之间的和睦；“敬”指的是尊敬、纯洁、诚实，表现为上下关系分明，主客间互敬互爱，有礼仪；“清”就是纯洁、清静，表现在茶室茶具的清洁、人心的清净；“寂”就是凝神、摒弃欲望，表现为茶室中的气氛恬静、茶人们表情庄重，凝神静气。“和、敬、清、寂”要求人们通过茶事中的饮茶进行自我思想反省，彼此思想沟通，于清寂之中去掉自己内心的尘垢和彼此的芥蒂，以达到和敬的目的。

所谓“七则”就是：茶要浓、淡适宜；添炭煮茶要注意火候；茶水的温度要与季节相适应；

插花要新鲜；时间要早些，如客人通常提前 15～30 min 到达；不下雨也要准备雨具；要照顾好所有的顾客，包括客人的客人。从这些规则中可以看出，日本的茶道中蕴含着很多来自艺术、哲学和道德伦理的因素。茶道将精神修养融于生活情趣之中，通过茶会的形式，宾主配合，在幽雅恬静的环境中，以用餐、点茶、鉴赏茶具、谈心等形式陶冶情操，培养朴实无华、自然大方、洁身自好的完美意识和品格；同时，它也使人们在审慎的茶道礼法中养成循规蹈矩和认真的、无条件的履行社会职责，服从社会公德的习惯。因此，日本人一直把茶道视为修身养性、提高文化素养的一种重要手段。这也就不难理解，为什么茶道在日本会有着如此广泛的社会影响和社会基础，且至今仍盛行不衰了。

日本茶道发展到今天已有一套固定的规则和一个复杂的程序和仪式。与中国茶道相比，日本仪式的规则更严格，这是经过精心提炼后形成的最周到、最简练的动作。如入茶室前要净手，进茶室要弯腰、脱鞋、以表谦逊和洁净。日本有一句格言："茶室中人人平等。"从前，把象征阶级和地位的东西留在茶室外，武士的宝剑、佩刀、珠宝等都不能带进茶室。现在虽不强调这些，但进茶室不能交头接耳，因为茶会必须保持"和谐、尊重、纯净、安宁"的环境。

二、韩国茶礼

韩国的民族史有 5 千多年，其饮茶史也有数千年的历史。在公元 7 世纪新罗时期就开始接受、输入中国的茶文化，饮茶首先在宫廷贵族、僧侣和上层社会中传播并流行，还开始了种茶、制茶，在饮茶方法上则仿效唐代的煎茶法。到高丽王朝时期，受中国茶文化发展的影响，朝鲜半岛茶文化和陶瓷文化逐渐兴盛，饮茶之风已遍及全国，并流行于广大民间，茶文化也就成为韩国传统文化的一部分，并形成了以"和、敬、俭、真"为基本精神的韩国茶礼。

20 世纪 80 年代，韩国的茶文化又再度复兴、发展，并为此还专门成立了"韩国茶道大学院"，教授茶文化。现在韩国每年 5 月 25 日为茶日，年年举行茶文化祝祭。其主要内容有韩国茶道协会的传统茶礼表演、韩国茶人联合会的成人茶礼和高丽五行茶礼以及新罗茶礼、陆羽品茶汤法等。源于中国的韩国茶礼，讲求心地善良，以礼待人，俭朴廉政和以诚相待。其宗旨是"和、敬、俭、真"。"和"，即善良之心地；"敬"，即彼此间敬重、礼遇；"俭"，即生活俭朴、清廉；"真"，即心意、心地真诚，人与人之间以诚相待。韩国历来一直通过"茶礼"，向人们宣传、传播茶文化，并有机地引导社会大众消费茶叶。

成人茶礼是韩国茶日的重要活动之一。韩国自古以来就以"礼仪之邦"著称，家庭，社会生活的各个方面都非常重视礼节。礼仪教育是韩国用儒家传统教化民众的一个重要方面，如冠礼（成人）教育，就是培养即将步入社会的青年人的社会义务感和责任感。成人茶礼是通过茶礼仪式，对刚满 20 岁的少男少女进行传统文化和礼仪教育，其程序是司会主持成人者同时入场，会长献烛，副会长献花，冠者（即成年）进场向父母、宾客致礼，司会致成年祝辞，进行献茶式，成年人合掌致答辞，再拜父母，父母答礼。下面将天福茶博物院的韩国茶道教室的《韩国茶礼》泡茶流程进行讲解。韩国茶礼基本步骤如下：

（一）备具

1. 行礼准备

韩国人对品茶非常看重，一般建有专门的品茶室，对器皿是精心准备，并盖有红色的布

巾。主人在泡茶入座后，整理衣襟飘带，把红盖布折起来放右侧的退水器后面。

图 9-30　进场行礼准备

图 9-31　备具揭布巾

图 9-32　备具揭布巾

2. 添水

泡茶煮水所用的器具已用电代替，将煮水器后面水盂的凉水加入到煮水器里进行降温。

a

b

c

图 9-33　添水

（二）泡茶流程

1. 温壶、温杯

茶礼中，温壶、温杯实际上也是清洗茶具的过程，这是对客人的一种尊敬，更体现泡茶者对茶的虔诚。

图 9-34　温碗

图 9-35　温壶

图 9-36　温杯

2. 投茶

韩国人品茶所用的均是蒸青绿茶。投茶前要进行凉汤，用木勺从煮水器里舀两勺到茶碗中进行凉汤，茶壶盖子打开方在盖置上，取茶盒投茶。

a

b

c

图 9-37　投茶

3. 冲泡

将已凉好到适度的开水冲入到茶壶里，立即盖上壶盖，进行酝香。

图 9-38　凉汤

图 9-39　冲泡

图 9-40　酝香

4. 分茶

在酝香等待的过程中，进行洗杯。此时，茶在水温的作用下已浸润出浓郁的茶汤，进行分茶后，把茶杯放入到杯托中递交助手。

图 9-41　洗杯

图 9-42　分茶

图 9-43　杯递助手

5. 敬茶

从主宾开始行奉茶礼，最后敬奉给主人。

6. 品茗

宾主间品茶前要相互交流，告诉客人希望今天品茗活动，能给大家带来一个愉悦的心情。

7. 收杯

跟客人一起行礼后一杯分三次喝完，并点头致意主人，感谢主人用心泡上的一壶好茶。品茗冲泡一般可三次。就可以收杯了。

图 9-44　敬上茶与茶点

图 9-45　宾主品茗

图 9-46　收杯

8. 归位

将杯子与杯托当着客人的面清洗干净后，一一归位。

9. 整理茶具

将茶具逐一整理，并将茶巾还原覆盖在茶具上。

10. 结束

宾主品茗行礼，将客人送到屋外才表示茶会结束。

图 9-47　归位

图 9-48　整理茶具归位

图 9-49　结束行礼

三、欧美茶艺

中国的茶叶在 1660 年传到了欧洲的荷兰和葡萄牙，1662 年葡萄牙凯瑟琳公主嫁与英国国王查里斯二世，她保持着葡萄牙饮茶的习惯，并且用茶招待来访的宾客，于是，饮茶的风气很快在英国宫廷中盛行，并引领着欧洲饮茶的时尚。

英国人品茶的习俗还得功归于葡萄牙公主凯瑟琳・布拉甘萨，1662 年嫁给英国国王查尔斯二世的葡萄牙公主凯瑟琳・布拉甘萨，每天下午招待闺中密友在自己卧室里喝茶聊天，这一习惯很快在上流社会女性团体中流传开来。

从 16 世纪中茶传入英国开始，就和浓郁的东方神秘气质难以分割。为了在享用这来自遥远东方的美味饮料的同时更有气氛，英国上层社会开始在家中兴建茶室。茶室通常设在女主人的卧房或画室，茶桌四周总是环绕着精美的艺术品或大量东方风格的家具及装饰品。

“英式下午茶”作为一种重要的社交活动而进行，参加下午茶活动的人们从饮茶的器具、茶桌的摆设、主客的着装、点心的食用等等，都必须严格遵守相关约定，否则有失体面，视为无礼。下午茶的时间通常在下午四点钟开始。男士身着燕尾服，头戴高筒帽子和手持雨伞；女士们则身穿白色礼服，头戴女士礼帽参加下午茶活动。女主人则身着正式礼服亲自为客人冲泡茶汤进行服务，以表示对来宾的尊重。

（一）器具准备

1. 茶壶

英国茶具和英国茶一样，起源于中国。质地坚硬、色泽光润洁白呈半透明状的高温陶瓷。

2. 茶杯碟

茶杯碟给茶勺的摆放带来方便。

图 9-50　精美的英式茶具

3. 茶箱和茶罐

茶叶在两三百年前的英国非常金贵，所以用来盛放茶叶的器皿也小巧，并且和现在国人喜爱的爱马仕手提包一样，需要能摆出来炫耀。所以在茶箱和茶罐的设计制作上，为贵族服务的手工艺人可以算是极尽所能，镶嵌、雕刻、镂空、水晶、贝壳、玳瑁、金银等艰深工艺和稀有材料能用的都用上。

4. 茶桌和茶盘

茶桌是一种比餐桌略低略小的桌子，可以小到放一人份的茶具一套，也可以大到可以围坐六七个人的程度。桌沿通常有略高于桌面的镶边，防止茶具滑落。

5. 水壶

与潮州功夫茶很相似，在英国早期茶饮历史中，烧热水的壶也是摆放在茶桌上或茶桌边

的。因为茶是稀物，所以烧热水的壶也比较小，太太小姐们可以自己拎起来泡茶。后来茶壶尺寸大起来，中心夹层，可以放木炭，用来加温，大型水壶则延续了用蜡烛来加热的方式，国人有时会在这种水壶里直接煮茶。

6. **奶罐和糖罐**

17世纪中期，英国的有关茶会的绘画中描绘了糖罐和糖夹，但没有出现牛奶罐。清朝满族商人中，有在茶里加牛奶的习俗，被当时的欧洲商人仿效并带到欧洲。17世纪中晚期，红茶加奶的风俗渐渐普及。

7. **糖夹、茶勺、茶滤**

糖夹和茶勺，这是英国茶饮中的正规配件。如果要判断一家茶室是否传统正规，就要看它的桌上有没有糖罐，糖罐里有没有放上一把精致的糖夹。茶勺总是放在茶杯碟上，正确的摆放方式为：如果客人面对茶杯，那么茶杯把手要转到客人的右侧，茶勺横向摆放在茶杯的后面（茶杯在茶勺和客人中间），勺把指向右侧。茶滤则是过滤茶渣之用。

8. **暖蕾丝桌布、餐巾**

浪漫的蕾丝花边是必不可少的装饰，没有什么比雪白挺括的带着蕾丝刺绣的白色麻质桌布和餐巾更能衬托银质和瓷质茶具的精美。

9. **茶和点心**

茶叶：中国红茶、印度红茶、斯里兰卡红茶；

茶点：三明治、传统英式点心烤饼、蛋糕、水果。

（二）冲泡流程

1. **温壶烫杯**

向茶壶和茶杯均注入约一半的沸水，以此提高壶和杯的温度。右手提壶、左手轻轻压住壶盖摇动，待壶温均匀受热后，把水倒入水盂中。

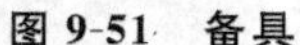

图 9-51　备具

图 9-52　投茶

2. **投茶**

每人 5 g 的茶量，茶水比例为 1∶40。

3. 泡茶

用沸水冲泡，加盖浸泡 5～6 min。

4. 过滤茶汤

通过过滤器注入茶壶中备用。

图 9-53　注水泡茶

图 9-54　过滤茶叶

图 9-55　过滤茶叶

5. 分茶

将过滤的茶汤注入杯中，分别敬给客人。

6. 添加配料

将茶汤注入杯中约一半的量，然后再根据自己的口味添加牛奶、方糖。

图 9-56　分茶

图 9-57　加入牛奶

图 9-58　加糖

7. 搅拌品饮

把放在杯托左边的汤匙用右手拿起，把茶汤、牛奶、糖进行搅拌均匀，而后放在茶杯前方方可进行饮用了。

图 9-59　搅拌

图 9-60　品饮

图 9-61　收具

8. **收具**

在英国，传统上这种喝茶方式通常在下午16点到17点左右，不会超过晚上19点，包括茶、面包、黄油和蛋糕。现在一般的餐厅是15点到17点，按顺序供应茶、咸味的食品，比如三明治，然后是烤松饼、奶酪和果酱，然后是烤制的甜点、蛋糕之类。

a

b

c

图9-62　收具

(三)冰红茶茶艺操作步骤

美洲分为南美、北美、拉丁美洲，其中饮茶最为代表的是美国人的饮茶方式。美国地处北美洲中部，当地饮茶在18世纪以中国武夷岩茶为主，19世纪以中国绿茶为主，20世纪以红茶为主，80年代以来，绿茶销售又开始回升。美国是个相当年轻的国家，饮茶的习惯是由欧洲移民带去的，饮茶方法与欧洲大体相仿，但在此基础上，美国人继承和发挥了自己的本土饮食文化，大多人在茶内除添加入柠檬、糖外，更多的是添加冰块后进行饮用。

冰茶之所以受到美国人的欢迎，这是因为冰茶应顺了快节奏的生活方式，人体在紧张劳累的体力活动之后，尤其是在盛茶，喝上一杯即有茶的醇味，又有果的清香，饮之满口生津，暑气顿消，清凉舒适之感使精神为之一振。

美国人也喝鸡尾茶酒，特别是在风景秀丽的夏威夷，普遍有喝鸡尾茶酒的习惯。鸡尾茶酒的制法并不复杂，即在鸡尾酒中，根据各人的需要，加入一定比例的红茶汁，就成了鸡尾茶酒。只是对红茶质量的要求较高，茶必须是具有汤色浓艳，刺激味强，滋味鲜爽的高级红茶，认为用这种茶汁泡制而成的鸡尾茶酒，味更醇，香更高，能提神，可醒脑，因而受到欢迎。下面以冰红茶的冲泡方式为例。

1. **茶具及用品**

(1)茶具

高脚杯、有滤胆冲泡壶(或过滤器)、冷却壶、热水壶、奶缸、摇酒器、牛奶、糖浆、柠檬汁、吸管、装饰匙等；

(2)糖浆

用白糖和水熬煮后的而制成的糖水；

(3)冰块

可自行用冰块模型制作；

(4)茶叶

中国红茶、斯里兰卡红茶、CTC红茶。

图 9-63　茶席布置

2.冰红茶茶艺操作步骤

(1)备具

将高脚杯、泡茶壶、摇酒器等泡茶器皿摆放在桌上,用鲜活水注入开水壶中加热备用。

(2)投茶

将茶叶以每人 5 g 的茶量投入到茶壶中,制作冰红茶要考虑到冰块的水量会稀释到茶汤浓度,因冰红茶的泡制是二次冷却(即二次投放冰块),所以茶汤要比其他的调味茶要浓稠些。

(3)冲泡

注入开水冲泡或煮沸,进行冷却备用。茶水比例为 1∶30。

(4)冷却

将泡好的茶汤进行凉汤。

图 9-64　投茶

图 9-65　冲泡

图 9-66　冷却

(5)打开摇酒器

在使用摇酒器时要注意方法,一定要先把小盖打开,然后在开大盖。切记不要直接打开摇酒器的上半部分,否则在摇摆摇酒器时因里面有空气密封不紧,茶汤会溢出。

(6)放入冰块

第一次冷却。即向摇酒器里放冰块,注茶汤七分满。

(7)过滤茶汤

把已凉好的红茶汤通过过滤器注入摇酒器中。

图 9-67 打开摇酒器

图 9-68 放入冰块

图 9-69 过滤茶汤

(8)摇出泡沫

在人手臂的摇摆过程中,加速茶汤的冲击力,从而产生丰富的茶汤泡沫和鲜爽的滋味。

(9)加入冰块

第二次冷却,即在每只茶杯中放置 3～5 块冰块,然后将摇酒器中的冰茶依次倒入茶杯,每杯约倒茶杯总量的七成满即可。向高脚杯中加入牛奶、糖浆。此种方法可有效地防止因茶汤浓度过高而出现白霜化的现象。

图 9-70 盖好摇酒器

图 9-71 摇出泡沫

图 9-72 加入冰块

(10)斟茶

打开摇酒器斟茶时要注意,先打开小盖进行分茶,茶汤倒完后,再打开大盖,把里面丰富的泡沫再倒入到杯中。

图 9-73 注入糖浆和牛奶

图 9-74 斟茶

图 9-75 丰富的茶汤

(11)装饰

将吸管与装饰匙放入到高脚杯中进行装饰。将有装饰的高脚杯冰红茶奉给来宾，奉茶时行伸掌礼。

图 9-76　装饰

图 9-77　敬茶

图 9-78　收具

当今世界各国、各民族的饮茶风俗，都因本民族的传统、地域民情和生活方式的不同而各有所异，然而“客来敬茶”却是古今中外的共同礼俗。

四、非洲茶艺

茶是世界三大饮料之一，世界上的许多饮茶国家都与茶文化有着千丝万缕的联系。全球性的文化交流，使茶文化传播世界，同各国人民的生活方式、风土人情，以至宗教意识相融合，呈现出五彩缤纷的世界各民族饮茶习俗。非洲的多数国家气候干燥、炎热，居民多信奉伊斯兰教，不饮酒而饮茶。饮茶已成为日常生活的主要内容。

非洲地区饮茶主要消费国家有：摩洛哥、毛里塔尼亚、塞内加尔、马里、几内亚、尼日利亚、赞比亚、尼日尔、利比里亚、肯尼亚等国家。由于非洲地处世界上最大的撒哈拉大沙漠境内或四周，常年天气炎热，天气干燥，那里的人们出汗多，消耗大，而茶能解干热，消暑热，补充水分和营养。加之，非洲各方的人民常年以食牛、羊肉为主，少食蔬菜，而饮茶能往腻消食，又可以补充维生素类物质。因此，这里的人民以消费绿茶为主，这与绿茶所具有的脍炙人口的色、香、味及怡神、止渴、解暑、消食等药理功能和营养作用是分不开的。绿茶的这种特有功效和风味，正是各方非洲人民在特殊生活条件下所迫切需要的。非洲人民嗜茶为癖，饮茶如粮。而饮茶风俗，富含阿拉伯情调，以“面广、次频、汁浓、掺加作料”为其特点。下面我们就以肯尼亚、尼日利亚两国的饮茶习俗为代表介绍非洲人民的饮茶方式。

(一)肯尼亚奶茶

肯尼亚位于非洲高原的东北部，属于热带草原型气候，是非洲产茶的国家。肯尼亚濒临印度洋，横跨赤道，海拔平均将近 2 000 m，终年气候温和，雨量充足，土壤呈红色，属于酸性土壤，非常适合茶叶的生长，肯尼亚人民喝茶深受英国统治时期的影响，和英国人一样喜欢喝下午茶。冲泡红茶加糖的习惯很普遍，主要的茶叶是以红碎茶、CTC 为主，并和牛奶稀释后饮用。

1. 准备材料

(1)备具

肯尼亚人民喝茶时器皿不像亚洲国家人品茶时讲究，所用的泡茶用具总体为：有盖的奶锅、电磁炉、过滤器、茶匙、汤匙、小号玻璃杯、保温瓶、牛奶等。

(2)备茶

CTC 红茶、红碎茶。

(3)配料

牛奶、白糖。

图 9-79 煮茶用具布置

2. 冲泡流程

(1)熬煮配料

水和牛奶的比例为 3∶1,还可根据个人的口味来增减牛奶的比重。放在奶锅里进行熬煮至沸腾。

图 9-80 水与奶的比例

图 9-81 投茶

图 9-82 搅拌均匀

(2)投放茶叶

按 1 g 茶叶兑 30 mL 的水的比例进行投茶。

(3)加热

投入茶叶后,可在炉上再进行加热 1 min,搅拌均匀,把茶汁煮出滋味色泽出来。

(4)过滤装瓶

茶汤煮好后，进行过滤，然后再次装入到保温瓶中，以保证长时间饮用到鲜爽可口的牛奶红茶。

(5)喝茶

肯尼亚人喝茶时可以根据自己的需求自行加糖。

图 9-83　过滤茶汤

图 9-84　装入保温瓶

图 9-85　倒茶

(二)尼日利亚薄荷茶

尼日利亚是非洲人口最多、石油资源非常丰富的国家，地处非洲的西海岸，沿海地区是热带雨林气候，内路地区是热带草原气候，在沿海地区有暖流经过，气候湿润，而且有尼日尔河流经过。尼日利亚一带的人喜爱清饮红茶，其泡法是把生姜投入到水中同时煮沸，然后再投茶饮用。同时尼日利亚人更喜欢绿茶，在煮茶的过程中投入糖和薄荷叶，三者交融煮沸增加刺激清爽的香味，饭后提神解渴全身凉爽，这不仅是尼日利亚的喜爱，更是整个北非人民的酷爱。

1.泡茶前的准备

(1)备具

尼日利亚人和肯尼亚人的茶具大致相同，都是用的小型玻璃杯。所用的器皿有火炉、大铁壶、生姜、中国绿茶(或红碎茶、CTC)、小玻璃杯、过滤器等。

(2)茶叶

中国绿茶(或珠茶)、红碎茶、CTC。

(3)配料

生姜、新鲜的薄荷叶、糖。

图 9-86　红茶材料的准备

图 9-87　绿茶材料的准备

2. 冲泡程序

(1)煮水

新鲜的冷水注入煮水壶里煮沸，因为水龙头流出来的水饱含了空气，可以将红茶的香气充分导引出来。特别注意的是如果是冲泡红茶用水时一定要加入生姜煮沸后才投茶（而绿茶则不用）。生姜味辛性温，长于发散风寒、化痰止咳，非常适合非洲的气候环境。

(2)投茶

在煮水壶中投入茶叶。红茶的茶水比例为 1 g∶30 mL，绿茶的茶水比例根据茶叶的细嫩度来决定，一般可在 8 g∶200 mL，糖为 200 mL∶40 g。

(3)煮茶

煮茶时间是根据茶汤的颜色来判断的，特别是绿茶，经过煮后的汤色呈现浓郁原橙黄色，方为煮好了。

图 9-88　投放生姜

图 9-89　投放绿茶和糖

图 9-90　投放红茶

图 9-91　煮绿茶搅拌

(4)加入配料

在装入红茶汤前要在保温瓶里放入新鲜薄荷叶，以保证刺激清爽的香味。但绿茶却是要与糖、薄荷叶一起投放后进行熬煮，这样三者交融才能使绿茶更适合清凉的口感而不会感苦涩。

图 9-92　放入薄荷叶

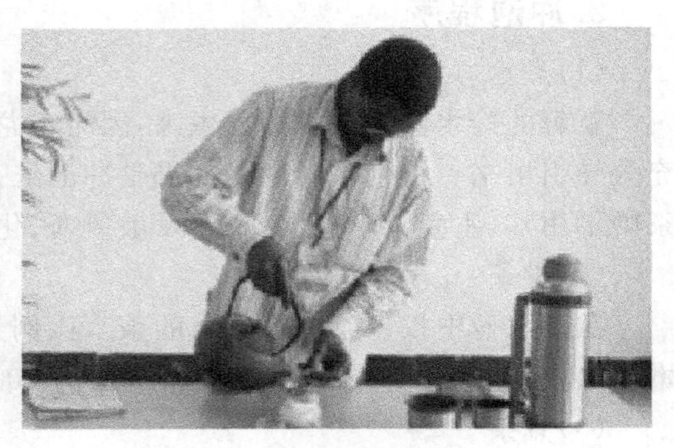

图 9-93　观绿茶汤色

(5)过滤分茶

因是煮茶,要过滤到保温瓶中,可长时间保持茶温。

图 9-94　过滤红茶汤

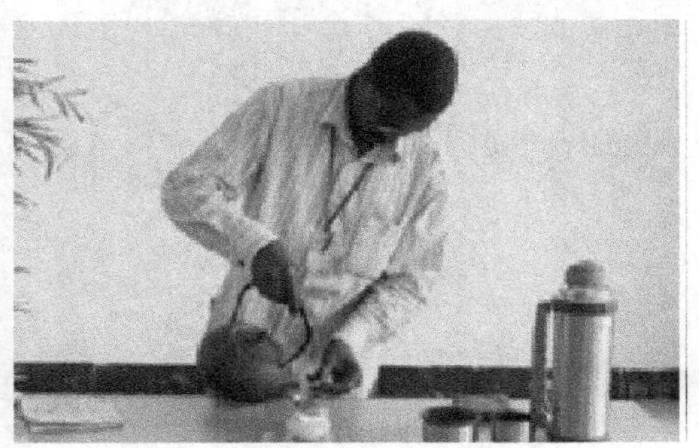

图 9-95　过滤绿茶汤

(6)喝茶

品红茶汤时人手一杯,喝完茶后,可自行从保温瓶中斟茶。红茶可在煮好后,根据自身口味要求在茶杯里放适量的糖,绿茶的品饮可旋冲旋啜,也可在保温瓶中储存饮用。

图 9-96　敬奉红茶

图 9-97　敬奉绿茶

本章小结

中国是茶的发源地，其品饮艺术作为一种茶文化载体，随着中国的商品及文化方面的交流走向了世界各地。由于各个国家地区的文化和生活习惯的不同，他们在接受中国品饮艺术时加以继承和发展，逐渐形成了各具特色的品饮艺术，如日本茶道、韩国茶礼、欧美茶艺等。

日本茶道虽然源于中国，但在大和民族独特的环境下，它有自己的形成、发展过程和特有的内蕴。它将日常生活行为与宗教、哲学、伦理和美学熔为一炉。现代日本茶道，一般在面积大小不一的茶室中举行，茶室附设茶厨（上茶上饭的预备室）、茶庭。标准的茶室面积为四张半榻榻米，一次茶事的客人最多五人。茶室内清雅别致，书法挂轴、朴素的插花是不可少的摆设。除了讲究室外的幽雅环境，还很讲究室内的布局与装饰，通常壁上挂一幅古朴的书画，再配上一枝或几枝鲜花装饰，虽简单却显得高雅幽静。日本茶道基本流程包括温碗、过筅、擦拭茶碗、投茶、点茶、敬茶、品茗、赏茶碗、收拾茶具、谢茶等。

韩国的民族史有 5 千多年，其饮茶史也有数千年的历史。在公元 7 世纪新罗时期就开始接受、输入中国的茶文化，饮茶首先在宫廷贵族、僧侣和上层社会中传播并流行，还开始了种茶、制茶，在饮茶方法上则仿效唐代的煎茶法。到高丽王朝时期，受中国茶文化发展的影响，朝鲜半岛茶文化和陶瓷文化逐渐兴盛，饮茶之风已遍及全国，并流行于广大民间，茶文化也就成为韩国传统文化的一部分，并形成了以“和、敬、俭、真”为基本精神的韩国茶礼。

韩国自古以来就以“礼仪之邦”著称，家庭，社会生活的各个方面都非常重视礼节。礼仪教育是韩国用儒家传统教化民众的一个重要方面，如冠礼（成人）教育，就是培养即将步入社会的青年人的社会义务感和责任感。成人茶礼是韩国茶日的重要活动之一。成人茶礼是通过茶礼仪式，对刚满 20 岁的少男少女进行传统文化和礼仪教育，其程序是司会主持成人者同时入场，会长献烛，副会长献花，冠者（即成年）进场向父母、宾客致礼，司会致成年祝辞，进行献茶式，成年人合掌致答辞，再拜父母，父母答礼。

从 16 世纪中茶传入英国开始，就和浓郁的东方神秘气质难以分割。“英式下午茶”作为一种重要的社交活动而进行，参加下午茶活动的人们从饮茶的器具、茶桌的摆设、主客的着装、点心的食用等等，都必须严格遵守相关约定，否则有失体面，视为无礼。下午茶的时间通常在下午四点钟开始。男士身着燕尾服，头戴高筒帽子和手持雨伞；女士们则身穿白色礼服，头戴女士礼帽参加下午茶活动。女主人则身着正式礼服亲自为客人冲泡茶汤进行服务，以表示对来宾的尊重。

非洲地区饮茶主要消费国家有：摩洛哥、毛里塔尼亚、塞内加尔、马里、几内亚、尼日利亚、赞比亚、尼日尔、利比里亚、肯尼亚等国家。

思考题

1. 日本茶道的用具有哪些？
2. 日本茶道的流程有哪些？
3. 韩国茶礼有哪些用具？

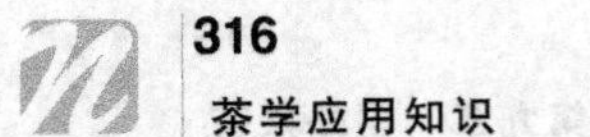

4. 韩国茶礼的流程有哪些？
5. 简述冰红茶的冲泡流程。
6. 简述英国红茶的冲泡流程。
7. 简述非洲人民饮茶方法。

参考文献

[1] 骆耀平.茶树栽培学(第四版)[M].北京:中国农业出版社,2010
[2] 杨亚军.中国茶树栽培学[M].上海:上海科学技术出版社,2005
[3] 刘宝祥.茶树的特性与栽培[M].上海:上海科学技术出版社,1980
[4] 李蟠.中国栽培植物发展史[M].北京:科学出版社,1984
[5] 严学成.茶树形态结构和品质鉴定[M].北京:农业出版社,1990
[6] 郭孟良.明代茶叶生产的发展[J].殷都学刊(2),2000
[7] 许允文.20世纪我国茶树栽培技术发展回顾[J].中国茶叶(5),2000
[8] 陈宗懋.中国茶经[M].上海:上海文化出版社,1992
[9] 张彭年.茶树栽培学[M].北京:中国农业出版社,1992
[10] 童启庆主编.茶树栽培学(第三版)[M].中国农业出版社,2000
[11] 施兆鹏主编.茶叶加工学[M].中国农业出版社,1997
[12] 陈椽主编.制茶学(第二版)[M].中国农业出版社,1988
[13] 程启坤.茶叶品种适制性的生化指标——酚氨比[J].中国茶叶,1983,(1):38
[14] 张泽岑.对茶树早期鉴定品质指标和酚氨比的一点看法[J].茶叶通讯,1991,(2):22~25
[15] 唐明熙.茶树鲜叶中氨基酸含量变化对茶类适制性的影响[J].氨基酸和生物资源,1996,18(1):41~43
[16] 陆锦时,谭和平.绿茶贮藏过程主要品质化学成分的变化特点[J].西南农业学报,1994,7(增):77~81
[17] 汪有钿.红茶贮藏过程中品质劣变的主因及其防范措施[J].广西作物科技,1991,(4):33~35
[18] 单虹丽,唐茜.茶叶贮藏过程中含水量变化及其影响因素研究[J].现代食品科技,2005,21(1):58~60,63
[19] 赖凌凌,郭雅玲.茶鲜叶的保鲜原理与技术[J].茶叶科学技术,2004,(3):32~34
[20] 施兆鹏主编.茶叶审评与检验[M].中国农业出版社,2010
[21] 宛晓春主编.中国茶谱[M].中国林业出版社,2007
[22] 王同和编著.茶叶鉴赏[M].中国科学技术大学出版社,2008
[23] 陈郁蓉主编.细品福建乌龙茶[M].福建科学技术大学出版社,2010
[24] 张木树主编.乌龙茶审评[M].厦门大学出版社,2011
[25] 杨亚军主编.评茶员培训教程[M].金盾出版社,2008
[26] 鲁成银主编.茶叶审评与检验技术[M].中央广播电视大学出版社,2009
[27] 龚永新.茶文化与茶道艺术[M].北京:中国农业出版社,2006
[28] 林乾良,陈小忆.中国茶疗[M].北京:中国农业出版社,1998

[29] 吴树良. 茶疗药膳[M]. 北京:中国医药科技出版社,1999
[30] 杨力. 走近茶道[M]. 太原:山西人民出版社,2001
[31] 黄志根. 中华茶文化[M]. 杭州:浙江大学出版社,2002
[32] 梁兴才等. 中国茶疗[M]. 南宁:广西科学技术出版社,2002
[33] 宛晓春. 茶叶生物化学[M]. 北京:中国农业出版社,2003
[34] 骆少君. 饮茶与健康[M]. 北京:中国农业出版社,2003
[35] 卓文. 喝茶与健康[M]. 上海:上海科学技术文献出版社,2004
[36] 朱永兴,Hervé Huang 等. 茶与健康[M]. 北京:中国农业科学技术出版社,2004
[37] 林治. 中国茶道[M]. 北京:中华工商联合出版社,2000
[38] 范增平. 中华茶艺学[M]. 北京:台海出版社,2000
[39] 林治. 中国茶艺[M]. 北京:中华工商联合出版社,2000
[40] 刘勤晋. 茶文化学[M]. 北京:中国农业出版社,2000
[41] 龚永新主编. 茶文化与茶道艺术(第三版)[M]. 北京:中国农业出版社,2010
[42] 龚永新,蔡烈伟等. 三峡茶区不同水质泡茶效果研究[J]. 湖北农学院报,2002
[43] 蔡烈伟主编. 茶树栽培技术[M]. 北京:中国农业出版社,2014